平面设计师的私房菜

你无法绕开的第一本 Photoshop 实战技能宝典

刘喜慧　张冬梅　张照渊　主编

清华大学出版社
北　京

内 容 简 介

本书案例中穿插了实用性的理论，全方位地讲述了 Photoshop 软件的各种功能和商业性实用案例。本书共分为 12 章，主要内容包括基础知识，图像摆正、裁剪与色彩调整，选择与选区抠图的使用，图像的填充与擦除，画笔与绘图的使用，图像编修工具的使用，图层与路径的使用，蒙版与通道的使用，照片修饰与调整，特效文字的制作，企业形象设计，海报广告设计与制作。本书涵盖了日常工作中所用到的全部工具与命令，并涉及平面设计行业中的常见任务。

本书附赠案例的素材文件、效果文件、PPT 课件和视频教学文件，方便读者在学习过程中利用案例文件进行练习，提高兴趣、实际操作能力以及工作效率。

本书着重于以案例形式讲解软件功能和商业应用，针对性和实用性较强，不仅能使读者巩固学到的 Photoshop 知识技巧，而且可以作为读者工作中的参考手册。本书适合作为各大院校、培训机构的教学用书，以及读者自学 Photoshop 的参考书。

图书在版编目（CIP）数据

你无法绕开的第一本 Photoshop 实战技能宝典 / 刘喜慧，张冬梅，张照渊主编 . —北京：清华大学出版社，2021.5

（平面设计师的私房菜）

ISBN 978-7-302-57750-8

Ⅰ . ①你… Ⅱ . ①刘… ②张… ③张… Ⅲ . ①图像处理软件 Ⅳ . ① TP391.413

中国版本图书馆 CIP 数据核字 (2021) 第 050878 号

责任编辑：秦 甲 韩宜波
封面设计：李 坤
责任校对：吴春华
责任印制：宋 林

出版发行：清华大学出版社
网 址：http://www.tup.com.cn，http://www.wqbook.com
地 址：北京清华大学学研大厦 A 座 邮 编：100084
社 总 机：010-62770175 邮 购：010-62786544
投稿与读者服务：010-62776969，c-service@tup.tsinghua.edu.cn
质 量 反 馈：010-62772015，zhiliang@tup.tsinghua.edu.cn
印 装 者：涿州汇美亿浓印刷有限公司
经 销：全国新华书店
开 本：185mm×260mm **印 张：**21.25 **字 数：**520 千字
版 次：2021 年 6 月第 1 版 **印 次：**2021 年 6 月第 1 次印刷
定 价：99.00 元

产品编号：047403-01

前言

当您正踌躇于如何快速而简单地学习 Photoshop 时，那么恭喜您翻开了这本书！您找对了。市面上虽然有大量的 Photoshop 书籍，但通常内容要么是理论类型的，要么是单纯案例类型的。

本系列图书开发的初衷是兼顾理论与实践，所以在内容上通过案例的形式来展现每章的知识点，在讲解实战案例的同时，兼顾软件的功能知识，让读者能够真正做到在学习案例的同时顺带掌握软件的功能知识。本书主要针对初学者，内容方面就兼顾了 Photoshop 的功能基础，但是在每章的内容中又以案例的形式进行展现，在案例中包含实例思路、实例要点、技巧和提示等内容，从而大大强化了案例的启迪作用。

随着计算机技术的不断进步，软件更新也加快了脚步，一本看似与版本相对应的书籍会在软件升级后变得落伍，虽然新版本的书也会很快地铺满市场，但购买一年或两年后又会遭到淘汰，此时读者的心情必然会变得很糟。本着对读者负责的态度，我们反复衡量用户的需求，特意为不想总去书店购买新版本书籍的人士推出了这本《你无法绕开的第一本 Photoshop 实战技能宝典》，本书的最大优点，就是突破版本限制并将理论与实战相互结合，对于计算机中无论安装的是老版本还是新版本 Photoshop 的读者而言，完全不会受到软件版本上的限制。跟随本书的讲解，大家可以非常轻松地实现举一反三，从而以最快的速度进入 Photoshop 的奇妙世界。

鉴于 Photoshop 在平面设计行业应用程度之高，我们编写本书时，分成了软件和商业案例两个部分，通过案例介绍 Photoshop 软件的各种功能，并详解商业案例的制作步骤。本书的作者有着多年的丰富教学经验与实际工作经验，在编写本书时，最希望能够将自己实际授课和作品设计制作过程中积累下来的经验与技巧展现给读者。希望读者能够在体会 Photoshop 软件强大功能的同时，把该软件的各种主要功能的使用和创意设计应用到自己的作品中。

本书特点

- 内容全面，几乎涵盖了 Photoshop 中的所有知识点。本书由具有丰富教学经验的设计师编写，从平面设计的一般流程入手，逐步引导读者学习软件和设计作品的各种技能。
- 语言通俗易懂，前后呼应，以最小的篇幅、最易读懂的语言来讲解每一个案例以及案例中穿插的功能技巧，让您学习起来更加轻松，阅读更加容易。

- 书中把许多重要工具、重要命令都精心地放置到与之相对应的案例中，让您在不知不觉中学习到案例的制作方法和软件的操作技巧。
- 注重技巧的归纳和总结。使读者更容易理解和掌握，从而方便知识点的记忆，进而能够举一反三。
- 全视频教学，学习轻松方便，使读者像看电影一样记住其中的知识点。本书配有所有案例的多媒体视频教程、案例最终源文件、素材文件、教学 PPT 和课后习题。

本书内容安排

第 1 章为基础知识。主要讲述 Photoshop 的基本操作知识，内容主要涉及图像基本概念的认识（像素与分辨率、位图与矢量图、颜色模式），文件的基本操作（新建、打开、保存、复制、粘贴），标尺网格参考线的设置等。

第 2 章为图像摆正、裁剪与色彩调整。主要讲述 Photoshop 软件对图像的旋转、翻转、裁剪等方面的操作知识，以及对于图像色彩与曝光方面的调整方法。每个案例都针对软件的技能来完成最终的效果。

第 3 章为选择与选区抠图的使用。主要讲述 Photoshop 中最基本的选择与选区抠图的使用，内容涉及选框、套索、魔术棒工具，以及编辑选区、移动工具和图像变形操作。

第 4 章为图像的填充与擦除。主要讲述在 Photoshop 中的填充，即被编辑的文件中，可以对整体或局部使用单色、渐变色或复杂的图案进行覆盖，而擦除正好与之相反，是对图像的整体或局部进行清除。

第 5 章为画笔与绘图的使用。主要讲述画笔和绘图工具的使用，包括绘画工具（画笔工具、铅笔工具）、画笔面板、图章工具（仿制图章工具、图案图章工具）、历史记录工具（历史记录面板、历史记录画笔工具、历史记录艺术画笔工具）等。

第 6 章为图像编修工具的使用。主要讲述 Photoshop 图像编修工具的使用，内容涉及修复画笔工具、污点修复画笔工具、修补工具、红眼工具、模糊工具、锐化工具、涂抹工具、减淡工具、加深工具和海绵工具等。

第 7 章为图层与路径的使用。主要讲述 Photoshop 中核心部分的图层知识与路径知识，通过实例的操作让读者更轻松地掌握 Photoshop 核心内容。

第 8 章为蒙版与通道的使用。主要通过实例的方式讲解关于“蒙版和通道”在实际应用的具体操作。

第 9 章为照片修饰与调整。在已经对 Photoshop 软件绘制与编辑图像的强大功能有初步了解的基础上，带领读者使用 Photoshop 对照片进行修饰与调整的实例操作。

第 10 章为特效文字的制作。主要讲述使用 Photoshop 对文字特效部分进行编辑与应用制作，使读者了解平面设计中文字的魅力。

第 11 章为企业形象设计。主要讲述企业形象设计时应该了解的内容。商业案例包括 Logo、名片和企业前台。

第 12 章为海报广告设计与制作。以海报广告的形式精心设计三个不同行业的海报广告，分别是网店首屏广告、电影海报和文化海报。

读者对象

本书主要面向初、中级读者。对于软件每个功能的讲解安排到案例中，以前没有接触过Photoshop 的读者无须参照其他书籍即可轻松入门，接触过 Photoshop 的读者可以从中快速了解 Photoshop 的各种功能和知识点，自如地踏上新的台阶。

本书由刘喜慧、张冬梅、张照渊主编，其中，甘肃省财政学校的刘喜慧老师负责编写了第 1 ～ 4 章，共计 180 千字；甘肃省财政学校的张冬梅老师负责编写了第 5 ～ 8 章，共计200 千字；甘肃省教育考试院的张照渊老师负责编写了第 9 ～ 12 章，共计 140 千字。其他参与书中内容整理的人员有王红蕾、陆沁、时延辉、张猛、齐新、王海鹏、刘爱华、张杰、王君赫、潘磊、周荣、陆鑫、周莉、刘智梅、陈美荣、曹培强、曹培军等，在此表示感谢。

本书提供了实例的素材、源文件和视频文件，以及 PPT 课件，扫一扫下面的二维码，推送到自己的邮箱后下载获取。

由于作者知识水平有限，书中难免有疏漏和不妥之处，恳请广大读者批评、指正。

编 者

目　　录
contents

第 6 章 图像编修工具的使用 141

第 7 章 图层与路径的使用 155

第 8 章 蒙版与通道的使用 206

第1章

基础知识

本章讲解 Photoshop 的基本操作知识，内容主要涉及图像基本概念的认识（像素与分辨率、位图与矢量图、颜色模式），文件的基本操作（新建、打开、保存、复制、粘贴），标尺网格参考线的设置等。让大家在处理图像之前，先对图像的概念、基础操作以及颜色模式进行初步的了解。

本章案例内容

- 认识图像及图形
- 认识工作界面
- 认识图像的基础处理步骤
- 设置和使用标尺与参考线
- 设置暂存盘、内存和缓存
- 设置显示颜色
- 改变当前文档的画布大小
- 添加图像边框
- 改变照片分辨率
- 了解颜色模式
- Photoshop 图片编修流程表

实例 1　认识图像及图形

实例思路

无论使用哪个设计软件，都应该对图像处理中涉及的位图与矢量图的知识进行一下了解。

实例要点

- 位图概念
- 矢量图概念
- 像素概念

什么是位图

位图图像也叫作点阵图，是由许多不同色彩的像素组成的。与矢量图形相比，位图图像可以更逼真地表现自然界的景物。此外，位图图像与分辨率有关，当放大位图图像时，位图中的像素增加，图像的线条将会显得参差不齐，这是像素被重新分配到网格中的缘故。此时可以看到构成位图图像的无数个单色块，因此放大位图或在比图像本身的分辨率低的输出设备上显示位图时，将丢失其中的细节，并会呈现出锯齿效果，如图 1-1 所示。

图 1-1　位图放大后的效果

什么是像素

“像素”（Pixel）是用来计算数码影像的一种单位。数码影像也具有连续性的浓淡色调，我们若把影像放大数倍，会发现这些连续色调其实是由许多色彩相近的小方点所组成的，这些小方点就是构成影像的最小单位——“像素”（Pixel）。

什么是矢量图

矢量图形是使用数学方式描述的曲线，以及由曲线围成的色块组成的面向对象的绘图图像。矢量图形中的图形元素叫作对象，每个对象都是独立的，具有各自的属性，如颜色、形状、轮廓、大小和位置等。由于矢量图形与分辨率无关，因此无论如何改变图形的大小，都不会影响图形的清晰度和平滑度，如图 1-2 所示。

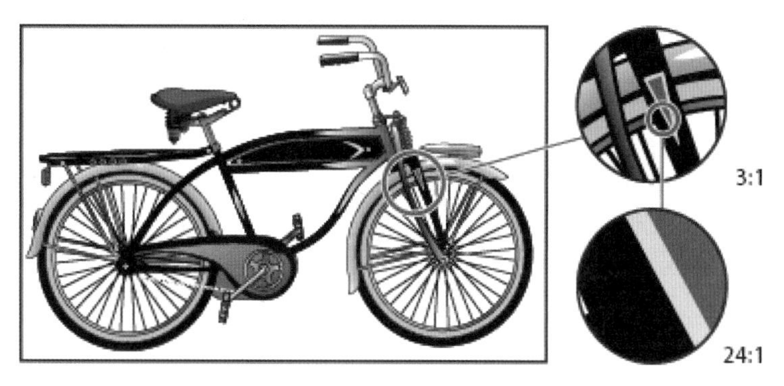

图 1-2 矢量图放大后的效果

提示： 矢量图进行任意缩放都不会影响分辨率，矢量图形的缺点是不能表现色彩丰富的自然景观和色调丰富的图像。

技巧： 如果希望位图图像放大后边缘保持光滑，就必须增加图像中的像素数目，此时图像占用的磁盘空间就会加大。在 Photoshop 中，除了路径外，我们遇到的图形均属于位图一类的图像。

实例 2 认识工作界面

实例思路

任何图形图像软件在进行创作时都不会绕过软件的工作界面，打开软件后可以通过“新建”或“打开”命令来显示整体的工作界面，本例是通过“打开”命令打开如图 1-3 所示的“纸巾效果样机”，以此来认识 Photoshop CC 的工作界面。

图 1-3 效果图

实例要点

- “打开”命令的使用
- 界面中各个功能的介绍

操作步骤

步骤01 执行菜单中的“文件”|“打开”命令，打开随书附带的“素材文件\第1章\纸巾效果样机.psd”文件，整个Photoshop CC的工作界面如图1-4所示。

图1-4 工作界面

步骤02 标题栏位于整个窗口的顶端，显示了当前应用程序的名称，以及用于控制文件窗口显示大小的窗口最小化、窗口最大化（还原窗口）、关闭窗口等几个快捷按钮。在Photoshop CC中标题栏与菜单在同一行中。

步骤03 Photoshop CC的菜单栏由“文件”“编辑”“图像”“图层”“类型”“选择”“滤镜”“3D”“视图”“窗口”和“帮助”共11类菜单组成，包含了操作时要使用的所有命令。要使用菜单中的命令，只需将鼠标指针指向菜单中的某项并单击，此时将显示相应的下拉菜单。在下拉菜单中上下移动鼠标进行选择，然后再单击要使用的菜单选项，即可执行此命令。如图1-5所示的图像就是选择“图像”|“图像旋转”选项后的下拉菜单。

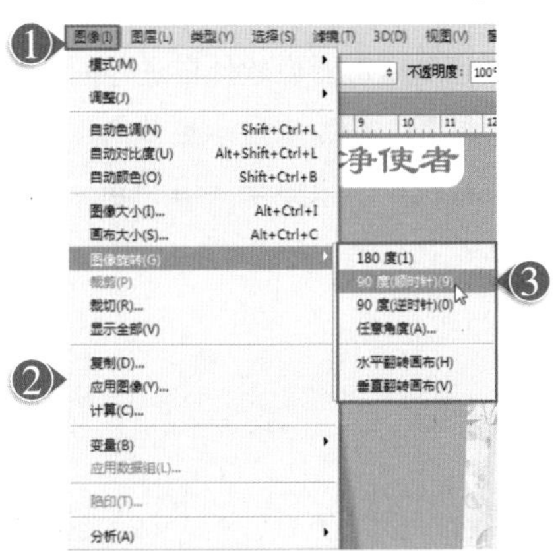

图1-5 菜单栏

技巧：如果菜单中的命令呈现灰色，则表示该命令在当前编辑状态下不可用；如果在菜单右侧有一个三角符号▸，则表示此菜单包含有子菜单，只要将鼠标移动到该菜单上，即可打开其子菜单；如果在菜单右侧有省略号…，则执行此菜单命令时将会弹出与之有关的对话框。

步骤04 Photoshop 的工具箱位于工作界面的左边，所有工具全部放置到工具箱中；如果要使用工具箱中的工具，只要单击该工具图标即可在文件中使用；如果该图标中还有其他工具，单击鼠标右键即可弹出隐藏工具栏，选择其中的工具单击即可使用，如图 1-6 所示的图像就是 Photoshop 的工具箱。（此工具箱为 CC 版本的）

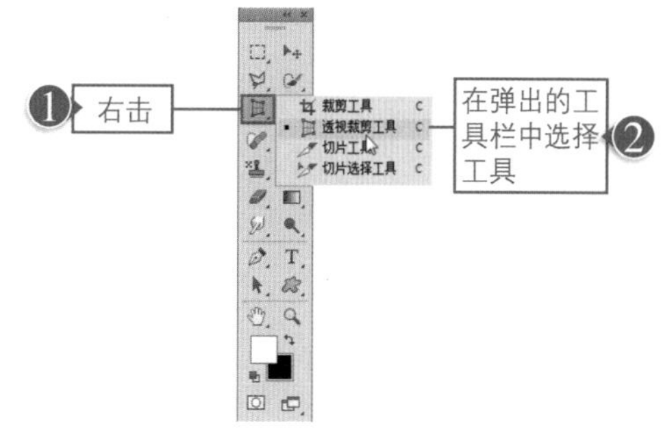

图 1-6 工具箱

> **技巧：** Photoshop 从 CS3 版本后，只要在工具箱顶部单击三角形转换符号，就可以将工具箱的形状在单长条和短双条之间变换，如图 1-7 所示。

步骤05 Photoshop 的属性栏（选项栏）提供了控制工具属性的选项，其显示内容根据所选工具的不同而发生变化，选择相应的工具后，Photoshop 的属性栏（选项栏）将显示该工具可使用的功能和可进行的编辑操作等，属性栏一般被固定存放在菜单栏的下方。如图 1-8 所示就是在工具箱中单击▣（矩形选框工具）后，所显示的该工具属性栏。

步骤06 “工作区域”是进行绘图、处理图像的工作区域。用户还可以根据需要执行“视图 / 显示”选项中的适当命令，来控制工作区内的显示内容。

步骤07 面板组是放置面板的地方，根据设置工作区的不同会显示与该工作相关的面板，如“图层”面板、“通道”面板、“路径”面板、“样式”面板和“颜色”面板等，总是浮动在窗口的上方，用户可以随时切换以访问不同的面板内容。

步骤08 工作窗口可以显示当前图像的文件名、颜色模式和显示比例的信息。

步骤09 状态栏在图像窗口的底部，用来显示当前打开文件的一些信息，如图 1-9 所示。单击三角符号打开子菜单，即可显示状态栏包含的所有可显示选项。

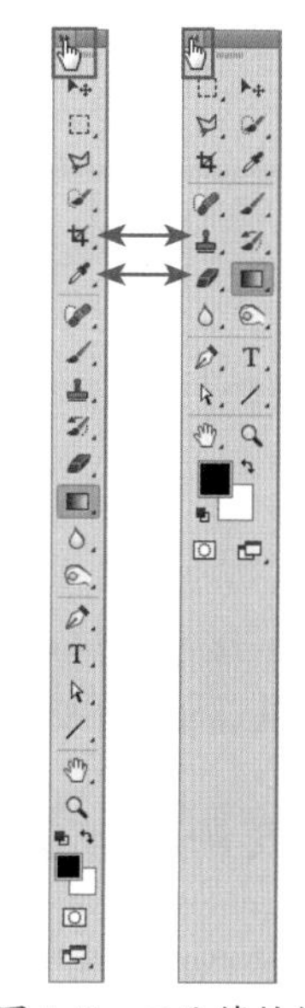

图 1-7 工具箱转换

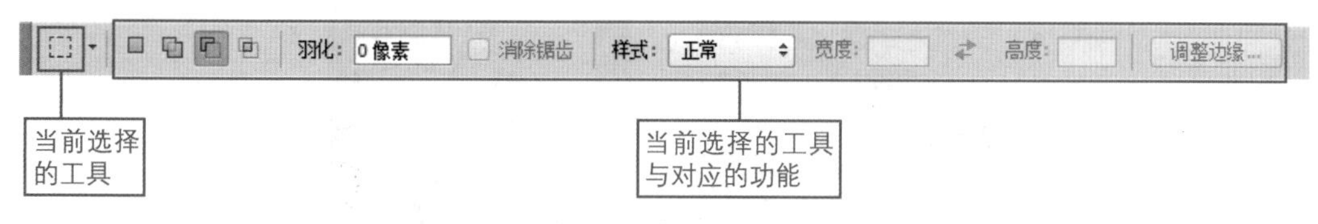

图 1-8 矩形选框工具属性栏

其中的各项含义如下。

- Adobe Drive：用来连接 VersionCue 服务器中的 VersionCue 项目，可以让设计人员合力处理公共文件，从而让设计人员轻松地跟踪或处理多个版本的文件。
- 文档大小：在图像所占空间中显示当前所编辑图像的文档大小情况。
- 文档配置文件：在图像所占空间中显示当前所编辑图像的图像模式，如 RGB 颜色、灰度、

CMYK 颜色等。

- 文档尺寸：显示当前所编辑图像的尺寸大小。
- 测量比例：显示当前进行测量时的比例尺。
- 暂存盘大小：显示当前所编辑图像占用暂存盘的大小情况。
- 效率：显示当前所编辑图像操作的效率。
- 计时：显示当前所编辑图像操作所用去的时间。
- 当前工具：显示当前编辑图像时用到的工具名称。
- 32 位曝光：编辑图像曝光只在 32 位图像中起作用。
- 存储进度：用来显示后台存储文件时的时间进度。

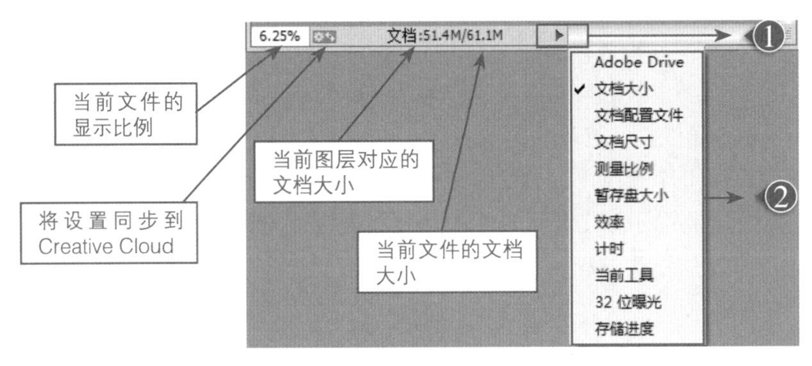

图 1-9 状态栏

实例 3 认识图像的基础处理步骤

实例思路

认识新建文件、打开文件、保存文件、关闭文件的一些基础知识和图像处理步骤，是对于 Photoshop 的基础操作部分的一个初步了解，处理流程如图 1-10 所示。

图 1-10 处理流程

实例要点

- “新建”“打开”和“保存”命令的使用
- “缩放”命令的使用
- “移动工具”的应用
- 填充前景色

操作步骤

步骤01 执行菜单中的“文件”|“新建”命令或按 Ctrl+N 键，打开“新建”对话框，将其适当命名，设置文件的“宽度”为 600 像素，“高度”为 600 像素，“分辨率”为 72 像素 / 英寸，在“颜色模式”选项组中选择“RGB 颜色”，选择“背景内容”为“白色”，如图 1-11 所示。

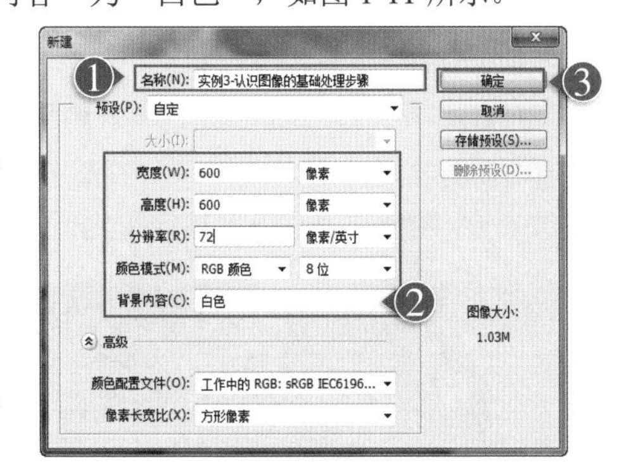

图 1-11 “新建”对话框

其中的各项含义如下。

- 名称：用于设置新建文件的名称。
- 预设：在该下拉列表中包含软件预设的一些文件大小，例如照片、Web 等。
- 大小：在“预设”选项中选择相应的预设后，可以在“大小”选项中设置相应的大小。
- 宽度 / 高度：新建文档的宽度与高度。单位包括像素、英寸、厘米、毫米、点、派卡和列。
- 分辨率：用来设置新建文档的分辨率。单位包括“像素 / 英寸”和“像素 / 厘米”。
- 颜色模式：用来选择新建文档的颜色模式。包括位图、灰度、RGB 颜色、CMYK 颜色和 Lab 颜色。定位深度包括 1 位、8 位、16 位和 32 位。主要用于设置可使用颜色的最大数值。
- 背景内容：用来设置新建文档的背景颜色。包括白色、背景色（创建文档后“工具箱”中的背景颜色）和透明。
- 颜色配置文件：用来设置新建文档的颜色配置。
- 像素长宽比：设置新建文档的长宽比例。
- 存储预设：用于将新建文档的尺寸保存到预设中。
- 删除预设：用于将保存到预设中尺寸删除。（该选项只对自定储存的预设起作用）

图 1-12 新建

步骤02 设置完成单击“确定”按钮后，系统会新建一个白色背景的空白文件，如图 1-12 所示。

步骤03 执行菜单中的“文件”|“打开”命令，打开随书附带的“素材文件 \ 第 1 章 \ 自行车 .jpg”文件，如图 1-13 所示。

图 1-13 素材

其中的各项含义如下。

- 查找范围：在下拉列表中可以选择需要打开的文件所在的文件夹。
- 文件名：当前选择准备打开的文件。
- 文件类型：在下拉列表中可以选择需要打开的文件类型。
- 图像序列：勾选该复选框会将整个文件夹中的文件以帧的形式打开到“动画”调板中。

步骤04 使用（移动工具）拖曳“自行车”文件中的图像到刚刚新建的空白文件中，在“图层”面板的新建图层名中的名称上双击鼠标左键并将其命名为“自行车运动员”，如图 1-14 所示。

步骤05 执行菜单中的“编辑”|“变换”|“缩放”命令，调出缩放变换框，按住 Shift+Alt 键拖曳控制点将图像按中心位置进行等比例缩小，如图 1-15 所示。

图 1-14 重命名

图 1-15 缩小图像

技巧：按住 Shift 键拖曳控制点，将会等比例缩放对象；按住 Shift+Alt 键拖曳控制点，将会从变换中心点开始等比例缩放对象。

步骤06 按 Enter 键，确认对图像的变换操作。在“图层”面板中选中“背景”图层，按 Alt+Delete 键将背景填充为默认的前景色，如图 1-16 所示。

步骤07 执行菜单中的“文件”|“存储为”命令，弹出“另存为”对话框，选择好文件存储的位置，设置“文件名”为“实例 3 认识图像的基础处理步骤”，在“格式”中选择需要存储的文件格式（这里选择的格式为 PSD 格式），如图 1-17 所示。设置完成后单击“保存”按钮，文件即保存。

图 1-16 填充

图 1-17 “另存为”对话框

其中的各项含义如下。

- 保存位置：在下拉列表中可以选择需要存储的文件所在的文件夹。
- 文件名：用来为储存的文件进行命名。
- 保存类型：选择要储存的文件格式。
- 存储：用来设置要储存文件时的一些特定设置。
  - 作为副本：可以将当前的文件储存为一个副本，当前文件仍处于打开状态。
  - Alpha 通道：可以将文件中的 Alpha 通道进行保存。
  - 图层：可以将文件中存在的图层进行保存，该选项只有在储存的格式和图像中存在图层时才会被激活。
  - 注释：可以将文件中的文字或语音附注进行储存。
  - 专色：可以将文件中的专色通道进行储存。
- 颜色：用来对储存文件时的颜色进行设置。
  - 使用校样设置：当前文件如果储存为 PSD 或 PDF 格式时，此复选框才处于激活状态。勾选此复选框，可以保存打印用到的样校设置。
  - ICC 配置文件：可以保存嵌入文档中的颜色信息。
- 缩览图：勾选该复选框，可以为当前储存的文件创建缩览图。

技巧： 在 Photoshop CC 中可以通过“置入”命令将其他格式的图片导入到当前文档中，在图层中会自动以智能对象的形式进行显示。

步骤 08 执行菜单中的“文件”|“关闭”命令或按 Ctrl+W 键可以将当前编辑的文件关闭，当对文件进行了改动后，系统会弹出如图 1-18 所示的警告对话框。

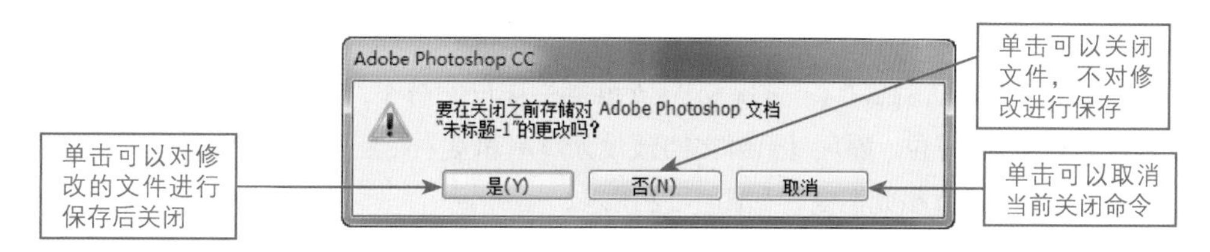

图 1-18 警告对话框

实例 4 设置和使用标尺与参考线

实例思路

在设计作品时，了解“标尺”和“参考线”的具体使用，可以帮助大家更加精确地进行图像对象的对齐和分布，添加标尺和参考线的操作流程如图 1-19 所示。

图 1-19　操作流程

实例要点

- “打开”命令的使用
- 显示标尺
- 添加参考线
- “文字工具”的使用
- “移动工具”的应用
- “缩放”命令的使用

操作步骤

步骤01 执行菜单中的“文件”|“打开”命令，打开随书附带的“素材文件\第 1 章\儿童相片 .jpg”文件，如图 1-20 所示。

步骤02 执行菜单中的“视图”|“标尺”命令或按 Ctrl+R 键，可以显示或隐藏标尺，如图 1-21 所示。

图 1-20　素材

图 1-21　显示标尺

步骤03 执行菜单中的“编辑”|“首选项”|“单位与标尺”命令，弹出“首选项”对话框，在其中可以预置标尺的单位、列尺寸、新文档预设分辨率和点/派卡大小，在此只设置标尺的“单位”为“像素”，其他参数不变，如图 1-22 所示。

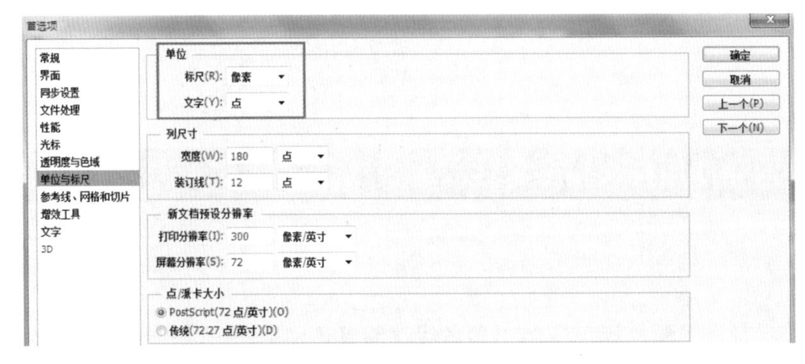

图 1-22　首选项

步骤04 设置完成后单击“确定”按钮，标尺的单位改变，如图 1-23 所示。

步骤05 执行菜单中的“视图”|“新建参考线”命令，弹出“新建参考线”对话框，选中“水平”单选按钮，设置“位置”为 320 像素，然后单击“确定”按钮，如图 1-24 所示。

图 1-23 改变标尺单位

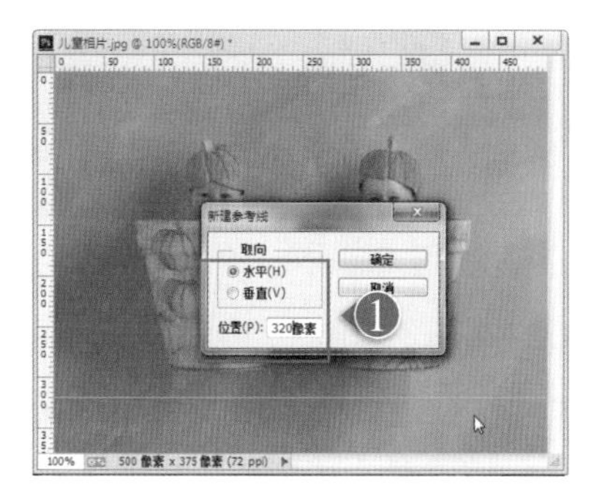

图 1-24 设置水平参考线

提示：要显示与应用参考线时，必须要先显示标尺。

步骤06 将鼠标放在左侧标尺上按下鼠标，之后向中间位置拖曳，此时会拖出文档的参考线，当参考线到达文档中间时会停顿一下，此时松开鼠标，便可以创建一个垂直参考线，如图 1-25 所示。

图 1-25 拖曳设置垂直参考线

技巧：将鼠标指针指向标尺处，按住鼠标左键向工作区内水平或垂直拖曳，在目的地释放鼠标按键后，在工作区内将会显示参考线；选择（移动工具），当鼠标指针指向参考线时，按住鼠标左键便可移动参考线在工作区内的位置；将参考线拖曳到标尺处即可删除参考线。

步骤07 在工具箱中单击“切换前景色与背景色”按钮，将前景色设置为白色，背景色设置为黑色，如图 1-26 所示。

步骤08 使用（横排文字工具），设置合适的文字大小和文字字体后，在页面上输入白色文字，使用（移动工具）将文字向垂直和水平相交的参考线处拖曳，将其进行对齐，如图 1-27 所示。

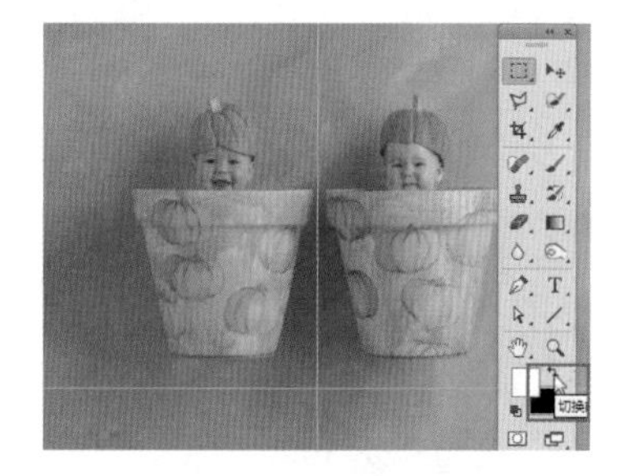

图 1-26 切换前景色与背景色

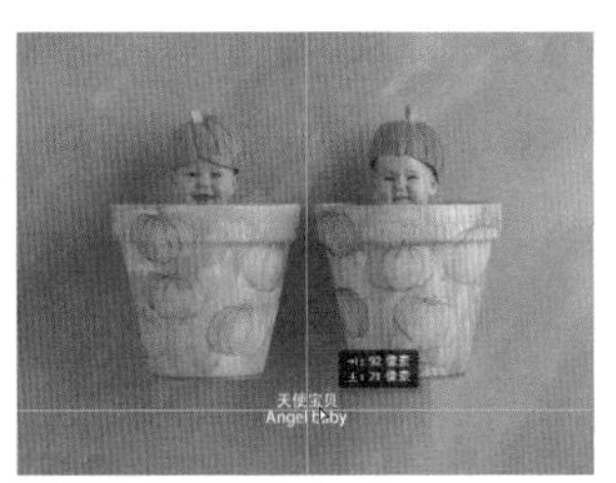

图 1-27　输入文字并对齐

步骤09 执行菜单中的“视图”|“清除参考线”命令，清除参考线。执行菜单中的“文件”|“打开”命令，打开随书附带的“素材文件\第1章\小精灵.png”文件，使用（移动工具）拖曳“小精灵”文件中的图像到“儿童相片”文档中，如图 1-28 所示。

图 1-28　移入素材

技巧：要想让文字或图像容易与参考线对齐，只要执行菜单中的“视图”|“对齐”|“参考线”命令即可，再次执行此命令，可以取消对齐参考线。

步骤10 按 Ctrl+T 键调出变化框，拖动控制点，将小精灵图像缩小，如图 1-29 所示。

步骤11 按 Enter 键完成变换，按住 Alt 键向右拖曳小精灵，复制一个副本，如图 1-30 所示。

步骤12 执行菜单中的“编辑”|“变换”|“水平翻转”命令，再使用（多边形工具）绘制一个三角形。至此本例制作完成，最终效果如图 1-31 所示。

图 1-29　变换

图 1-30　复制

图 1-31　最终效果

实例 5　设置暂存盘、内存和缓存

实例思路

设计作品时，可以通过对暂存盘、内存和缓存等内容的设置，来使软件的运行更佳。

实例要点

- 设置软件的暂存盘
- 设置软件的内存

操作步骤

步骤 01 执行菜单中的“编辑”|“首选项”|“性能”命令，弹出“首选项”对话框，设置暂存盘 2 为 D:\，3 为 E:\，4 为 F:\，如图 1-32 所示。

步骤 02 设置完成，单击“确定”按钮后，暂存盘即可使用。

> 技巧：第一盘符最好设置为软件的安装位置盘，其他的可以按照自己硬盘的大小设置预设盘符。

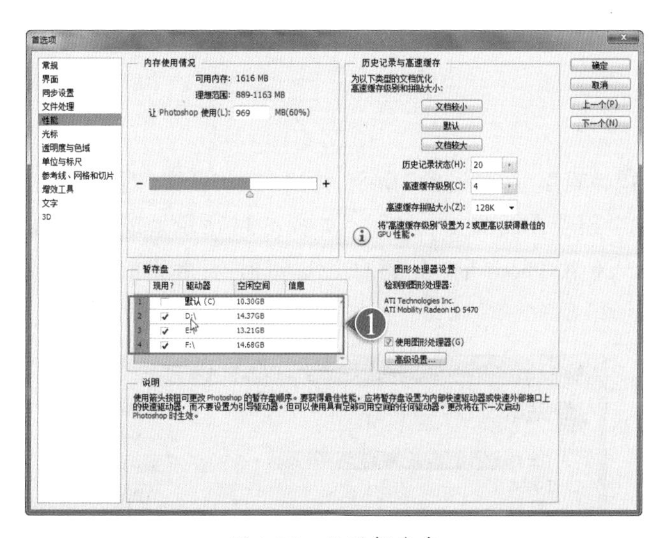

图 1-32 设置暂存盘

步骤 03 执行菜单中的“编辑”|“首选项”|“性能”命令，弹出“首选项”对话框，设置“高速缓存级别”为 6，Photoshop 占用的最大内存为 60%，如图 1-33 所示。

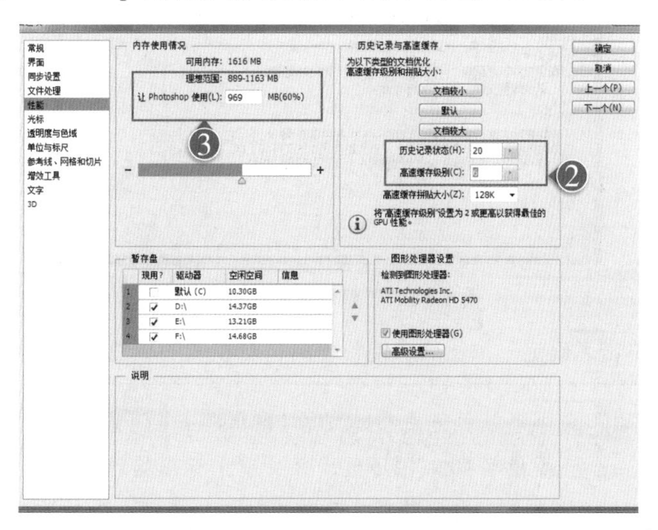

图 1-33 设置高速缓存级别及最大内存

步骤 04 设置完成，单击“确定”按钮后，在下一次启动该软件时，更改即可生效。

实例 6 设置显示颜色

实例思路

在开始进行设计创作时，应用的颜色应该是帮助设计不可取代的一项内容。本例就是为大家讲解最接近自己需要的显示颜色的方法。

实例要点

- 不同工作环境下的不同颜色设置

操作步骤

步骤 01 执行菜单中的“编辑”|“颜色设置”命令，弹出“颜色设置”对话框。选择不同的色彩配置，在下面的说明框中则会出现详细的文字说明，如图 1-34 所示。按照不同的提示，可以自行做颜色设置。由于每个人使用 Photoshop 处理的工作不同，计算机的配置也不同，这里将其设置为最普通的模式。

图 1-34 “颜色设置”对话框

步骤 02 设置完成，单击“确定”按钮后，便可使用自己设置的颜色进行工作了。

> 技巧：“颜色设置”命令可以保证用户建立的 Photoshop CC 文件有稳定而精确的色彩输出。该命令还提供了将 RGB（红、绿、蓝）标准的计算机彩色显示器显示模式向 CMYK（青色、洋红、黄色、黑色）转换的设置。

实例 7 改变当前文档的画布大小及添加图像边框

实例思路

打开的素材图像时不但可以通过“描边”命令来制作边框，还可以应用“画布大小”来为图像添加单色边框，本例的步骤流程如图 1-35 所示。

图 1-35 步骤流程

实例要点

- “打开”命令的使用
- 设置画布的边框颜色
- “画布大小”命令的使用

操作步骤

步骤 01 执行菜单中的“文件”|“打开”命令，打开随书附带的“素材文件\第 1 章\快递.jpg”文件，如图 1-36 所示。

步骤 02 执行菜单中的“图像”|“画布大小”命令，打开“画布大小”对话框，勾选“相对”复选框，设置“宽度”和“高度”都为“10 像素”，如图 1-37 所示。

图 1-36 打开素材

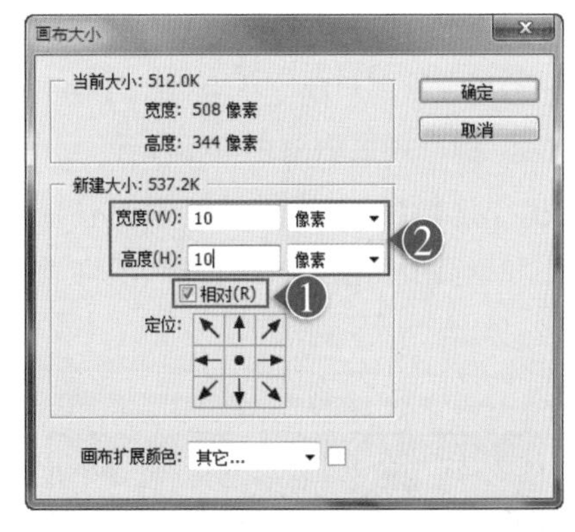

图 1-37 “画布大小”对话框

其中的各项含义如下。

- 当前大小：指的是当前打开图像的实际大小。
- 新建大小：用来对画布进行重新定义大小的区域。
  - 宽度和高度：用来扩展或缩小当前文件尺寸。

- 相对：勾选该复选框，输入的“宽度”和“高度”的数值将不再代表图像的大小，而表示图像被增加或减少的区域大小。输入的数值为正值，表示要增加区域的大小；输入的数值为负值，表示要裁剪区域的大小。
- 定位：用来设定当前图像在增加或减少图像时的位置。

技巧：在“画布大小”对话框中，勾选“相对”复选框后，设置“宽度”和“高度”为正值时，图像会在周围显示扩展的像素；为负值时图像会被缩小。

- 画布扩展颜色：用来设置当前图像增大空间的颜色，可以在下拉列表框中选择系统预设颜色，也可以通过单击后面的颜色图标打开“选择画布扩展颜色”对话框，在对话框中选择自己喜欢的颜色。

步骤03 单击“画布扩展颜色”后面的色块，弹出“拾色器（画布扩展颜色）”对话框，将鼠标指针在素材中颜色最深的位置上单击，以此来吸取颜色，如图 1-38 所示。

步骤04 通常在设置边框颜色时，要将边框颜色设置得比图像中最深颜色要再深一些，这里我们将颜色设置为（R=48、G=31、B=31），如图 1-39 所示。

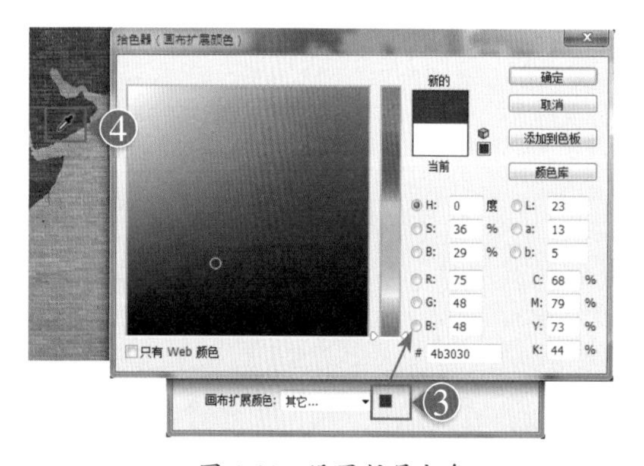

图 1-38 设置扩展颜色

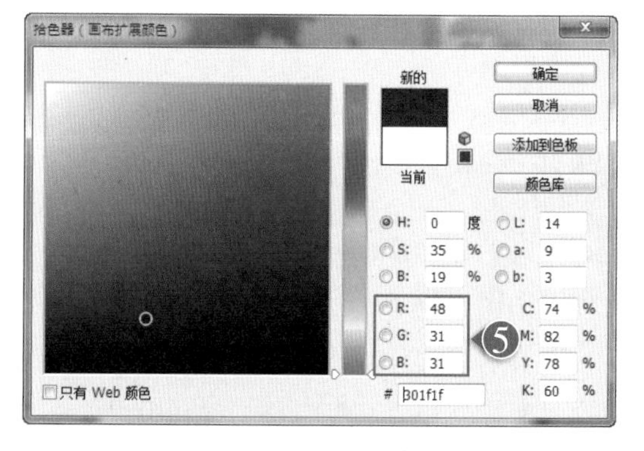

图 1-39 设置颜色

步骤05 设置完成后单击“确定”按钮，返回“画布大小”对话框，再单击“确定”按钮，完成画布大小的调整，效果如图 1-40 所示。

步骤06 再次执行菜单中的“图像”|“画布大小”命令，打开“画布大小”对话框，勾选“相对”复选框，设置“宽度”和“高度”都为“5 像素”，将“画布扩展颜色”设置为“黑色”，如图 1-41 所示。

图 1-40 扩展画布后

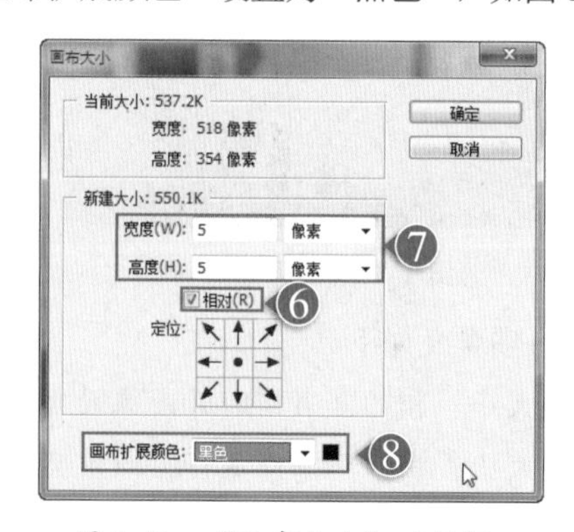

图 1-41 “画布大小”对话框

步骤 07 设置完成单击“确定”按钮，至此本例制作完成，效果如图 1-42 所示。

图 1-42 最终效果

技巧：在实际操作中，画布指的是实际打印的工作区域，改变画布大小，直接会影响最终的输出与打印。

实例 8 改变照片分辨率

实例目的

使用“图像大小”命令可以调整图像的像素多少、文档大小和分辨率。本例就是教大家了解在“图像大小”中改变图像分辨率的方法，效果对比如图 1-43 所示。

图 1-43 效果对比

实例要点

- “图像大小”对话框

操作步骤

步骤 01 打开随书附带的“素材文件 \ 第 1 章 \ 儿童相片 2.jpg”文件，将此照片作为改变分辨率后的对比图像，如图 1-44 所示。

图 1-44　素材

步骤02 执行菜单中的“图像”|“图像大小”命令，打开“图像大小”对话框，将“分辨率”设置为 300 像素 / 英寸，如图 1-45 所示。

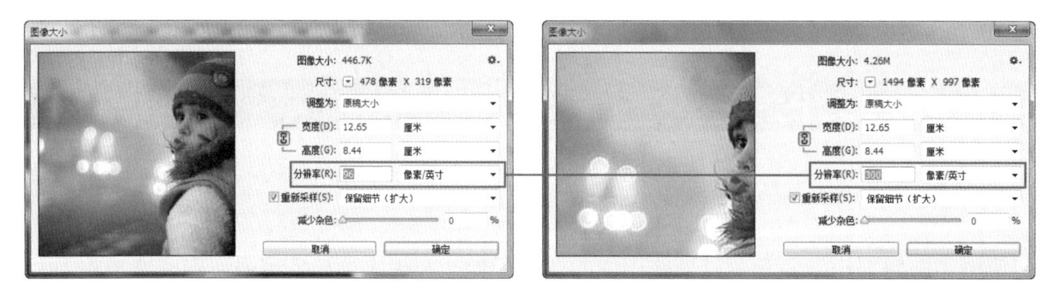

图 1-45　“图像大小”对话框

其中的各项含义如下。

- 图像大小：用来显示图像像素的大小。
- 尺寸：选择尺寸显示单位。
- 调整为：在下拉列表中可以选择设置的方式。选择“自定”后，可以重新定义图像像素的“宽度”和“高度”，单位包括像素和百分比。更改像素尺寸不仅会影响屏幕上显示图像的大小，还会影响图像品质、打印尺寸和分辨率。
- 约束比例：对图像的长宽可以进行等比例调整。
- 重新取样：在调整图像大小的过程中，系统会将原图的像素颜色按一定的内插方式重新分配给新像素。在下拉菜单中可以选择进行内插的方法。
  - 自动：按照图像的特点，在放大或是缩小时系统自动进行处理。
  - 保留细节（扩大）：在图像放大时可以将图像中的细节部分进行保留。
  - 邻近：不精确的内插方式，以直接舍弃或复制邻近像素的方法来增加或减少像素，此运算方式最快，会产生锯齿效果。
  - 两次线性：取上下左右 4 个像素的平均值来增加或减少像素，品质介于邻近和两次立方之间。
  - 两次立方：取周围 8 个像素的加权平均值来增加或减少像素，由于参与运算的像素较多，运算速度较慢，但是色彩的连续性最好。

- 两次立方较平滑：运算方法与两次立方相同，但是色彩连续性会增强，适合增加像素时使用。
- 两次立方较锐利：运算方法与两次立方相同，但是色彩连续性会降低，适合减少像素时使用。

● 减少杂色：实际是将图像以模糊的形式来去除图像中的噪点，如果设置参数过大，图像就会出现模糊。并不是说减少杂色就是一点杂色也没有了，只是控制在允许的范围内。

提示：在调整图像大小时，位图图像与矢量图像会产生不同的结果：位图图像与分辨率有关，因此，更改位图图像的像素尺寸可能导致图像品质和锐化程度损失；相反，矢量图像与分辨率无关，可以随意调整其大小而不会影响边缘的平滑度。

技巧：在“图像大小”对话框中，更改像素多少时，文档大小会跟随改变，“分辨率”不发生变化；更改文档大小时，像素多少会跟随改变，“分辨率”不发生变化；更改“分辨率”时，像素多少会跟随改变，文档大小不发生变化。

技巧：像素多少、文档大小和分辨率三者之间的关系可用如下的公式来表示；像素多少 / 分辨率 = 文档大小

技巧：如果想把之前的小图像变大，最好不要直接调整为最终大小，否则会将图像的细节大量地丢失，我们可以把小图像一点一点地往大调整，这样可以将图像的细节少丢失一点。

步骤03 设置完成，单击“确定”按钮，效果如图 1-46 所示。

图 1-46 分辨率调整为 300

实例 9 了解颜色模式

实例思路

了解 Photoshop 软件中针对图像所需要的不同颜色模式，再了解将当前打开图像转换为双色调模式的方法。

实例要点

- 灰度模式
- 了解位图模式
- 了解双色调模式
- 索引颜色模式
- 了解 RGB 颜色模式
- 了解 CMYK 颜色模式
- 了解 Lab 颜色模式
- 了解多通道颜色模式
- 打开素材
- 转换 RGB 模式为灰度模式
- 转换灰度模式为双色调颜色模式

灰度模式

灰度模式只存在灰度，它由 0 ～ 256 个灰阶组成。当一个彩色图像转换为灰度模式时，图像中的色相及饱和度等有关色彩信息将被消除掉，只留下亮度。亮度是唯一能影响灰度图像的因素。当灰度值为 0（最小值）时，生成的颜色是黑色；当灰度值为 255（最大值）时，生成的颜色是白色。执行菜单中的“图像”|“模式”|“灰度”命令，可以将彩色图像转换为灰度模式的黑白图像，如图 1-47 所示。

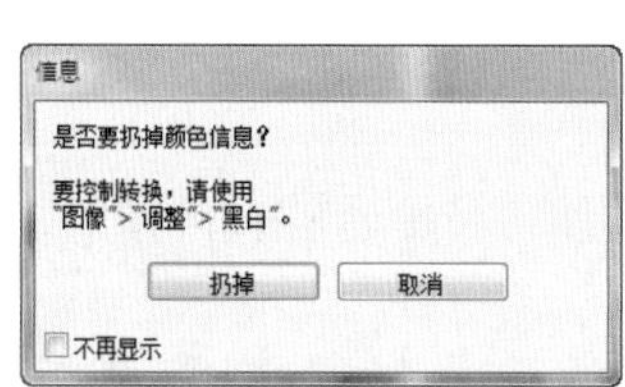

图 1-47　转换为灰度模式

位图模式

位图模式包含两种颜色，所以其图像也叫黑白图像，由于位图模式只有黑白色表示图像的像素，在进行图像模式的转换时会失去大量的细节，因此，Photoshop 提供了几种算法来模拟图像中失去的细节。在宽、高和分辨率相同的情况下，位图模式的图像尺寸最小，约为灰度模式的 1/7 和 RGB 模式的 1/22 以下。彩色图像要转换成位图模式时，首先要将彩色图像转换成灰度模式去掉图像中的色彩，在转换成位图模式时会出现如图 1-48 所示的“位图”对话框。

其中的各项含义如下。

- 输出：用来设定转换成位图后的分辨率。
- 方法：用来设定转换成位图后的 5 种减色方法。
  - 50% 阈值：将大于 50% 的灰度像素全部转化为黑色，将小于 50% 的灰度像素全部转化为白色。
  - 图案仿色：此方法可以使用图形来处理灰度模式。
  - 扩散仿色：将大于 50% 的灰度像素转换成黑色，将小于 50% 的灰度像素转换成白色。由于转换过程中的误差，会使图像出现颗粒状的纹理。
  - 半调网屏：选择此项，转换位图时会弹出如图 1-49 所示的对话框。在其中可以设置频率、角度和形状。
  - 自定图案：可以选择自定义的图案作为处理位图的减色效果。选择该项时，下面的“自定图案”选项会被激活，在其中选择相应的图案即可。

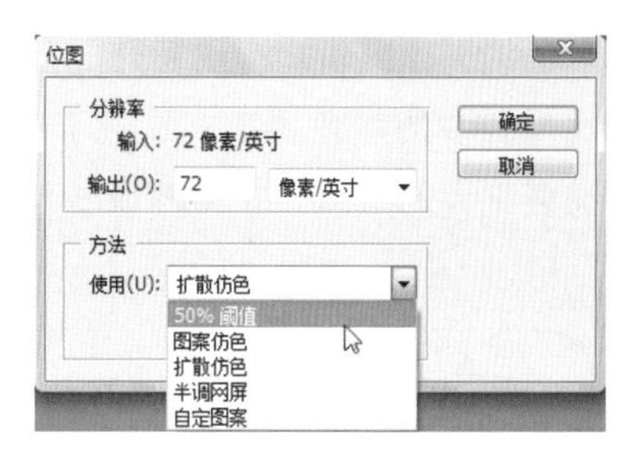

图 1-48 “位图”对话框

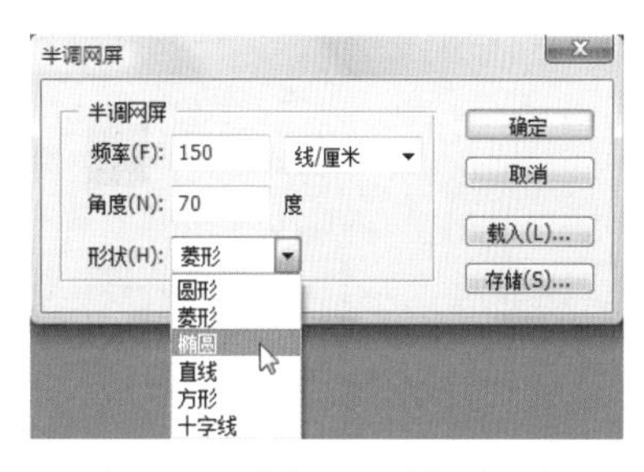

图 1-49 “半调网屏”对话框

> **提示：** 只有灰度模式的图像才可以转换成位图模式。

选择不同转换方法后会得到相应的效果图，如图 1-50 至图 1-55 所示的图像分别为灰度模式的原图与转换后的效果。

图 1-50 原图

图 1-51 50% 阈值

图 1-52 图案仿色

图 1-53 扩散仿色

图 1-54 半调网屏

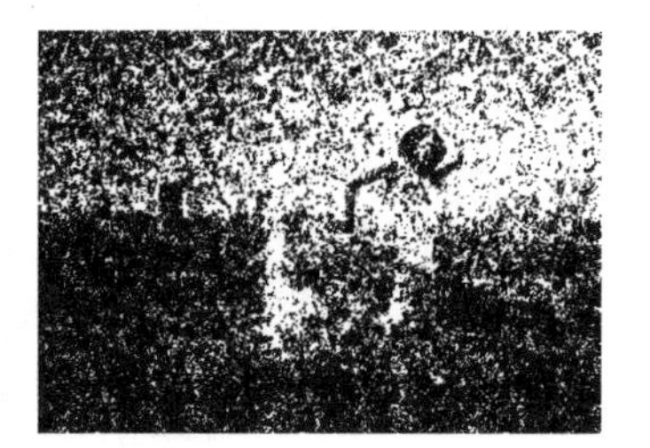

图 1-55 自定图案

双色调模式

双色调模式采用 2 ～ 4 种彩色油墨来创建由双色调（2 种颜色）、三色调（3 种颜色）和四色调（4 种颜色）混合其色阶来组成图像。在将灰度图像转换为双色调模式的过程中，可以对色调进行编辑，产生特殊的效果。而使用双色调模式最主要的用途是使用尽量少的颜色表现尽量多的颜色层次，这对于减少印刷成本是很重要的，因为在印刷时，每增加一种色调都需要更大的成本。在将图像转换成双色调模式时，会弹出如图 1-56 所示的“双色调选项”对话框。

> **技巧：** 颜色模式中的“双色调模式”只有灰度模式图像才能转换。

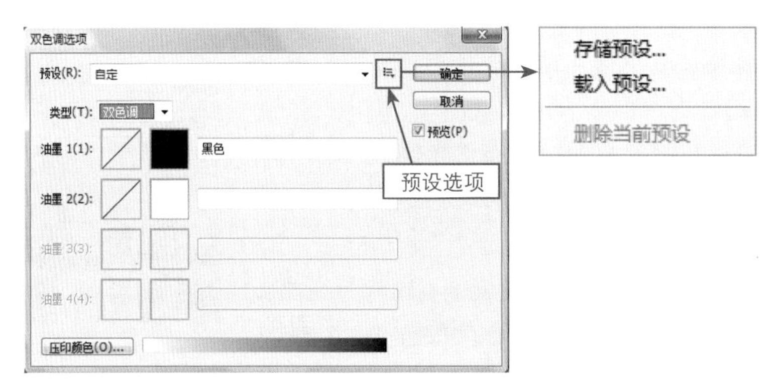

图 1-56 “双色调选项”对话框

其中的各项含义如下。

- 预设：用来存储已经设定完成的双色调样式，在下拉菜单中可以看到预设的选项。
- 预设选项：用来对设置的双色调进行存储或删除，还可以载入其他双色调预设样式。

> **提示：** 选取自行储存的双色调样式时，“删除当前预设”选项才会被激活。

- 类型：用来选择双色调的类型。
- 油墨：可根据选择的色调类型对其进行编辑，单击曲线图标会打开如图 1-57 所示的“双色调曲线”对话框。通过拖动曲线来改变油墨的百分比；单击油墨 1 后面的颜色图标会打开如图 1-58 所示的“选择油墨颜色”对话框。单击油墨 2 后面的颜色图标会打开如图 1-59 所示的“颜色库”对话框。

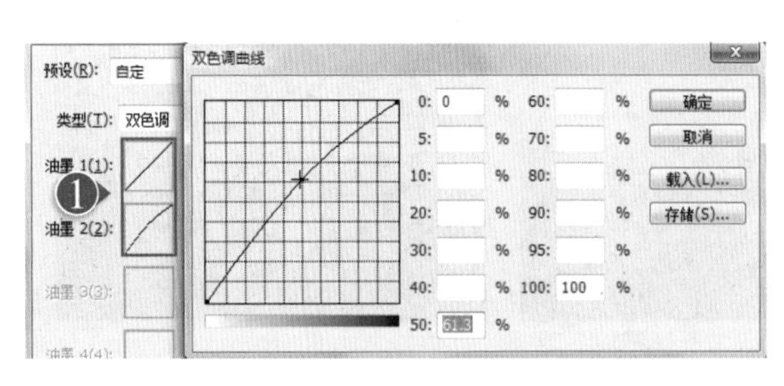

图 1-57 “双色调曲线”对话框

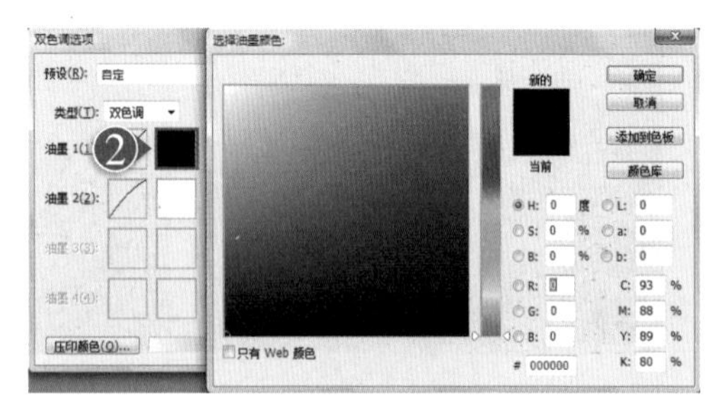

图 1-58 “选择油墨颜色”对话框

- 压印颜色：相互打印在对方之上的两种无网屏油墨，单击“压印颜色”按钮会弹出如图 1-60 所示的“压印颜色”对话框。在对话框中可以设置压印颜色在屏幕上的外观。

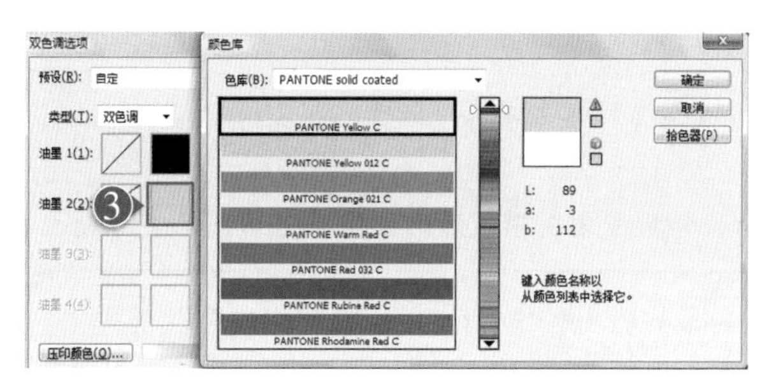

图 1-59 “颜色库”对话框

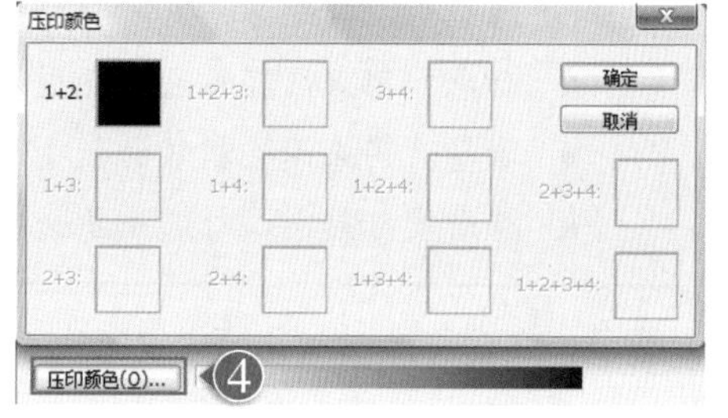

图 1-60 “压印颜色”对话框

提示：在双色调模式的图像中，每种油墨都可以通过一条单独的曲线来指定颜色如何在阴影和高光内分布，它将原始图像中的每个灰度值映射到一个特定的油墨百分比，通过拖动曲线或直接输入相应的油墨百分比数值，可以调整每种油墨的双色调曲线。

技巧：在“双色调选项”对话框中，当对自己设置的双色模式不满意时，只要按住键盘上的 Alt 键，即可将对话框中的“取消”按钮变为“复位”按钮，单击即可恢复最初状态。

索引颜色模式

索引颜色模式可生成最多 256 种颜色的 8 位图像文件。当转换为索引颜色时，Photoshop 将构建一个颜色查找表（CLUT），用以存放并索引图像中的颜色。如果原图像中的某种颜色没有出现在该表中，则程序将选取最接近的一种，或使用仿色以现有颜色来模拟该颜色。

尽管其调色板很有限，但索引颜色能够在保持多媒体演示文稿、Web 页等所需的视觉品质的同时，减少文件大小。在这种模式下只能进行有限的编辑。要进一步进行编辑，应临时转换为 RGB 模式。索引颜色文件可以存储为 Photoshop、BMP、DICOM、GIF、Photoshop EPS、大型文档格式（PSB）、PCX、Photoshop PDF、Photoshop Raw、Photoshop 2.0、PICT、PNG、TGA 或 TIFF 格式。

在将一张 RGB 颜色模式的图像转换成索引颜色模式时，会弹出如图 1-61 所示的“索引颜色”对话框。

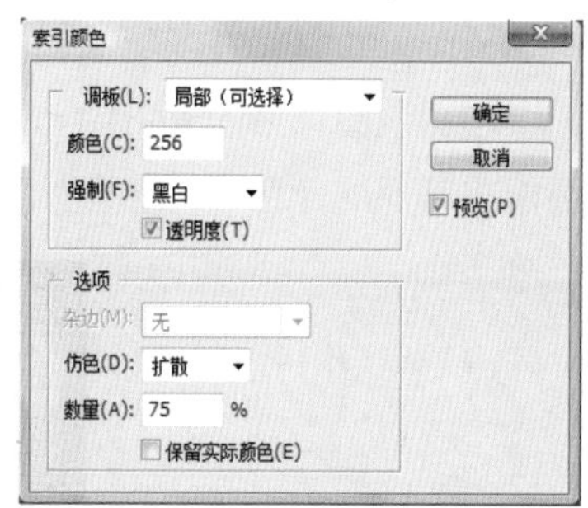

图 1-61 “索引颜色”对话框

其中的各项含义如下。

- 调板：用来选择转换为索引模式时用到的调板。
  - 颜色：用来设置索引颜色的数量。
  - 强制：在下拉列表中可以选择某种颜色并将其强制放置到颜色表中。
- 选项：用来控制转换索引模式的选项。
  - 杂边：用来设置填充与图像的透明区域相邻的消

除锯齿边缘的背景色。

- 仿色：用来设置仿色的类型。包括无、扩散、图案、杂色。
- 数量：用来设置扩散的数量。
- 保留实际颜色：勾选此复选框后，转换成索引模式后的图像将保留图像实际颜色。

提示：灰度模式与双色调模式可以直接转换成索引模式；RGB 模式转换成索引模式时会弹出“索引颜色”对话框，设置相应参数后才能转换成索引模式，转换为索引模式后，图像会丢失一部分颜色信息，再转换为 RGB 模式后，丢失信息不会复原。

技巧：索引色模式的图像是 256 色以下的图像，在整幅图像中最多只有 256 种颜色，所以索引色模式的图像只可当作特殊效果及专用，而不能用于常规的印刷中。索引色彩也称为映射色彩，索引色模式的图像只能通过间接方式创建，而不能直接获得。

RGB 颜色模式

Photoshop 中 RGB 颜色模式使用 RGB 模型，并为每个像素分配一个强度值。在 8 位 / 通道的图像中，彩色图像中的每个 RGB（红色、绿色、蓝色）分量的强度值范围为 0（黑色）～255（白色）。例如，亮红色的 R 值可能为 246，G 值为 20，而 B 值为 50。当所有这 3 个分量的值相等时，结果是中性灰度级；当所有分量的值均为 255 时，结果是纯白色；当所有分量的值都为 0 时，结果是纯黑色。

RGB 图像使用 3 种颜色或通道在屏幕上重现颜色。在 8 位 / 通道的图像中，这 3 个通道将每个像素转换为 24（8 位 ×3 通道）位颜色信息；对于 24 位图像，这 3 个通道最多可以重现 1 670 万种颜色 / 像素；对于 48 位（16 位 / 通道）和 96 位（32 位 / 通道）图像，每个像素可重现甚至更多的颜色。新建 Photoshop 图像的默认模式为 RGB，计算机显示器使用 RGB 模型显示颜色。这意味着在使用非 RGB 颜色模式（如 CMYK）时，Photoshop 会将 CMYK 图像插值处理为 RGB，以便在屏幕上显示。

尽管 RGB 是标准颜色模型，但是所表示的实际颜色范围仍因应用程序或显示设备而异。Photoshop 中的 RGB 颜色模式会根据“颜色设置”对话框中指定的工作空间的设置而不同。

当彩色图像中的 RGB（红色、绿色、蓝色）3 种颜色中的两种颜色叠加到一起后，会自动显示出其他的颜色，3 种颜色叠加后会产生纯白色，如图 1-62 所示。

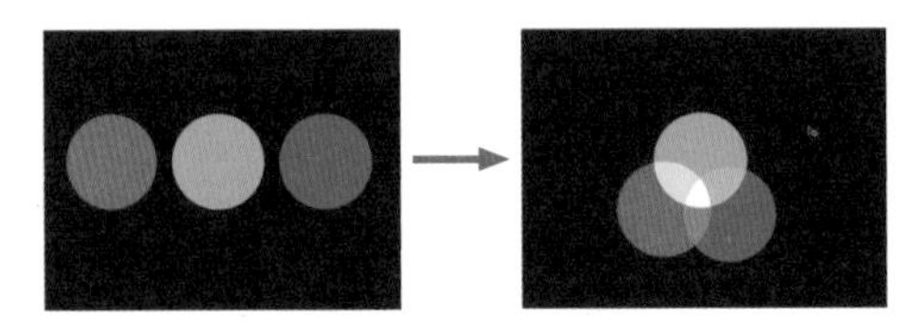

图 1-62　RGB 色谱

CMYK 颜色模式

在 CMYK 模式下，可以为每个像素的每种印刷油墨指定一个百分比值。为最亮（高光）颜色指定的印刷油墨颜色百分比较低，而为较暗（阴影）颜色指定的百分比较高。例如，亮红色可能包含 2% 青色、93% 洋红、90% 黄色和 0% 黑色。在 CMYK 图像中，当 4 种分量的值均为 0% 时，就会产生纯白色。

在制作要用印刷色打印的图像时，应使用 CMYK 模式。将 RGB 图像转换为 CMYK 图像会产生分色。从处理 RGB 图像开始，则最好先在 RGB 模式下编辑，然后在处理结束后转换为 CMYK。在 RGB 模式下，可以使用“校样设置”命令模拟 CMYK 转换后的效果，而无须真正更改图像数据，也可以使用 CMYK 模式直接处理从高端系统扫描或导入的 CMYK 图像。

尽管 CMYK 是标准颜色模型，但是其准确的颜色范围随印刷和打印条件而变化。Photoshop 中的 CMYK 颜色模式会根据“颜色设置”对话框中指定的工作空间设置而不同。

在图像中绘制三个分别为 CMYK 黄、CMYK 青和 CMYK 洋红的圆形，将两种颜色叠加到一起时会产生另外一种颜色，三种颜色叠加在一起就会显示出黑色，但是此时的黑色不是正黑色，所以在印刷时还要添加一个黑色作为配色，如图 1-63 所示。

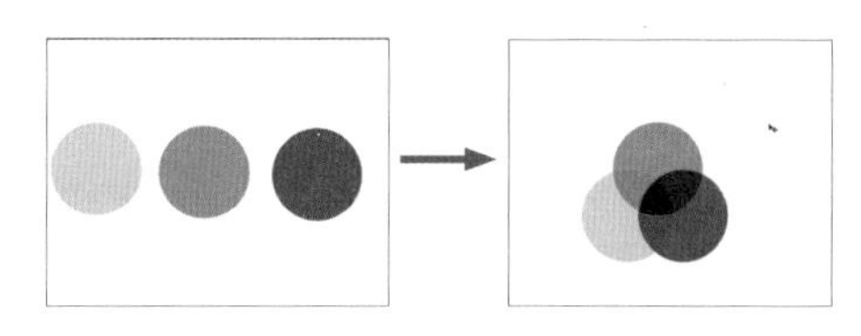

图 1-63 CMYK 色谱

> 提示：尽管 CMYK 是标准颜色模型，但是其准确的颜色范围随印刷和打印条件而变化。Photoshop 中的 CMYK 颜色模式会根据您在“颜色设置”对话框中指定的工作空间的设置而不同。

Lab 颜色模式

CIE L*a*b* 颜色模型（Lab）基于人对颜色的感觉。Lab 中的数值描述正常视力的人能够看到的所有颜色。因为 Lab 描述的是颜色的显示方式，而不是设备（如显示器、桌面打印机或数码相机）生成颜色所需的特定色料的数量，所以 Lab 被视为与设备无关的颜色模型。颜色色彩管理系统使用 Lab 作为色标，以将颜色从一个色彩空间转换到另一个色彩空间。

Lab 颜色模式的亮度分量（L）范围是 0 到 100。在 Adobe 拾色器和“颜色”调板中，a 分量（绿色 - 红色轴）和 b 分量（蓝色 - 黄色轴）的范围是 +127 到 -128。

> 提示：Lab 色彩空间涵盖了 RGB 和 CMYK。

多通道模式

多通道模式图像在每个通道中包含 256 个灰阶，对于特殊打印很有用。多通道模式图像可以存储为 Photoshop、大文档格式（PSB）、Photoshop 2.0、Photoshop Raw 或 Photoshop DCS 2.0 格式。

当将图像转换为多通道模式时，可以使用下列原则：

- 颜色原始图像中的颜色通道在转换后的图像中变为专色通道。
- 通过将 CMYK 图像转换为多通道模式，可以创建青色、洋红、黄色和黑色专色通道。
- 通过将 RGB 图像转换为多通道模式，可以创建青色、洋红和黄色专色通道。
- 通过从 RGB、CMYK 或 Lab 图像中删除一个通道，可以自动将图像转换为多通道模式。
- 若要输出多通道图像，请以 Photoshop DCS 2.0 格式存储图像。

转换为双色调模式

操作步骤

步骤01 打开随书附带的“素材文件 \ 第 1 章 \ 创意图 .jpg”文件，将其作为背景。通常状况下 RGB 颜色模式是不能够直接转换成位图与双色调颜色模式的，必须先将 RGB 颜色模式转换成灰度模式。执行菜单中的“图像”|“模式”|“灰度”命令，弹出“信息”对话框后，单击“扔掉”按钮，将图像中的彩色信息消除，此时会将打开的图像变为黑白效果。

步骤02 执行菜单中的“图像”|“模式”|“双色调”命令，打开“双色调选项”对话框，在“类型”下拉列表中选择“双色调”选项，在“油墨”后面的颜色图标上单击，选择自己喜欢的颜色，如图 1-64 所示。

步骤03 设置完成单击“确定”按钮，效果如图 1-65 所示。

图 1-64 “双色调选项”对话框

图 1-65 变为双色调后的效果

实例 10 Photoshop 图片编修流程表

实例思路

对于拍摄后的相片图像，每张照片存在的问题都是不同的，但在处理时无外乎进行整体调整、曝光调整、色彩调整、瑕疵修复和清晰度调整等 5 个主要步骤，通过这几个步骤，可以完成对变形图像、过暗、过亮、偏色、模糊、瑕疵等问题的调整，具体流程可以参考如图 1-66 所示的处理图像的基本流程。

实例要点

▶▶ 图片编修流程表

图片编修流程表				
1. 摆正、裁剪、调大小	2. 曝光调整	3. 色彩调整	4. 瑕疵修复	5. 清晰度
①转正横躺的直幅相片与歪斜相片 ②矫正变形图像 ③裁剪图像和修正构图 ④调整图像大小 ⑤更改画布大小	①查看相片的明暗分布状况 ②调整整体亮度与对比度 ③修正局部区域的亮度与对比度	①移除整体色偏 ②修复局部区域的色偏 ③强化图像的色彩 ④更改图像色调	①清除脏污与杂点 ②去除多余的杂物 ③人物美容	①增强图像锐化度 ②提升照片的清晰效果 ③改善模糊相片

图 1-66 图像编修流程表

本章练习与习题

练习

打开文档以及储存调整后的文档。

习题

1. 在 Photoshop 中打开素材的快捷键是（　　）。

   A. Alt+Q 键　　B. Ctrl+O 键　　C. Shift+O 键　　D. Tab+O 键

2. Photoshop 中属性栏又称为（　　）。

   A. 工具箱　　B. 工作区　　C. 选项栏　　D. 状态栏

3. 画布大小的快捷键是（　　）。

   A. Alt+Ctrl+C　　B. Alt+Ctrl+R　　C. Ctrl+V　　D. Ctrl+X

4. 显示与隐藏标尺的快捷键是（　　）。

   A. Alt+Ctrl+C　　B. Ctrl+R　　C. Ctrl+V　　D. Ctrl+X

5. 在 Photoshop 中新建文档的快捷键是（　　）。

   A. Alt+Ctrl+C　　B. Ctrl+R　　C. Ctrl+V　　D. Ctrl+N

第 2 章

图像摆正、裁剪与色彩调整

本章通过多个案例的方式，在实践中讲解 Photoshop 软件对图像旋转、翻转、裁剪等方面的操作知识，以及对图像色彩与曝光方面的调整方法。每个案例都针对软件的技能来完成最终效果。

本章案例内容

- 横幅变直幅效果
- 通过裁剪制作 2 寸照片
- 校正倾斜照片
- 为照片增强层次感
- 调整曝光不足的照片
- 使用曲线更改图像色调
- 校正背光照片
- 校正偏色照片
- 通过“设置灰场”校正偏色
- 加强图像中的白色区域
- 增加夜晚灯光的亮度
- 添加渐变发光效果
- 增加照片颜色鲜艳度
- 制作灰度图像
- 匹配颜色

实例 11 横幅变直幅效果

实例思路

拍摄的照片在输入电脑中后，由于拍摄问题，常常会遇到横幅与直幅之间的转换或翻转等问题。本例就是教大家解决此类问题，以得到自己需要的效果，具体操作流程如图 2-1 所示。

图 2-1 操作流程

实例要点

- “旋转图像”命令的使用

操作步骤

步骤 01 执行菜单中的“文件”|“打开”命令，打开随书附带的“素材文件 \ 第 2 章 \ 横躺照片 .jpg”文件，如图 2-2 所示。

图 2-2 素材

步骤 02 执行菜单中的“图像”|“图像旋转”|“90 度（逆时针）”命令，如图 2-3 所示。

步骤 03 应用此命令后横躺的照片会变为直幅效果，将其存储后，再在电脑中打开后，会发现照片会一直以直幅效果显示，如图 2-4 所示。

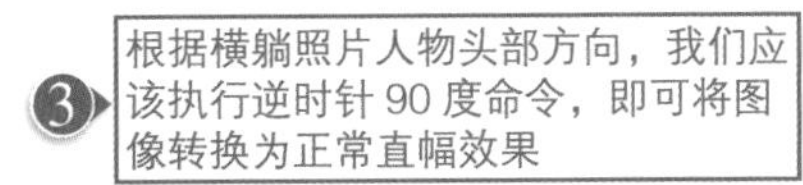

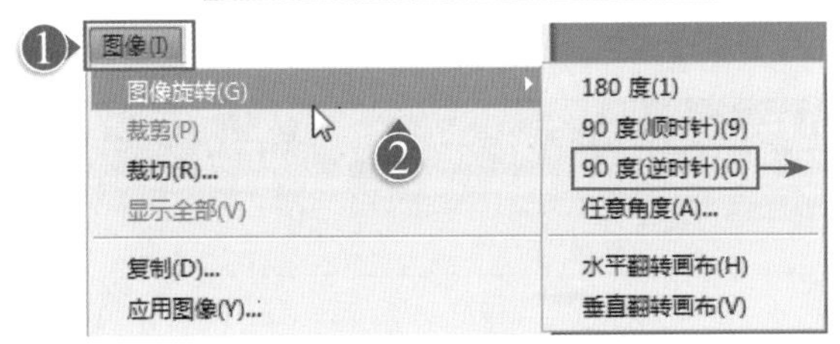

图 2-3 旋转菜单

图 2-4 直幅

> **提示：** 在“图像旋转”子菜单中的“90 度（顺时针）”和“90 度（逆时针）”命令是常用的转换直幅与横幅命令。

步骤 04 执行菜单中的“图像”|“图像旋转”|“水平翻转画布”或“垂直翻转画布”命令，会将当前照片进行翻转处理，效果如图 2-5 所示。

图 2-5 翻转

> **技巧：** 执行菜单中的“编辑”|“变换”|“水平翻转或垂直翻转”命令，同样可以对图像进行水平或垂直翻转。此命令不能直接应用在“背景”图层中。

> **技巧：** 在 Photoshop 中处理图像时难免会出现一些错误，或处理到一定程度时看不到原来效果作为参考，这时我们只要通过 Photoshop 中的“复制”命令，就可以将当前选取的文件创建一个复制品来作为参考，执行菜单中的“图像”|“复制”命令，系统会为当前文档新建一个副本文档，为源文件更改色相时，副本不会受影响。

> **技巧：** 使用 Photoshop 处理图像时，难免会出现错误。当错误出现后，如何还原，是非常重要的一项操作，我们只要执行菜单中的“编辑”|“还原”命令或按 Ctrl+Z 键便可以向后返回一步；反复执行菜单中的“编辑”|“后退一步”命令或按 Ctrl+Alt+Z 键可以将多次的错误操作还原。

实例 12　通过裁剪制作 2 寸照片

实例思路

很多时候，我们都会需要一些工作照片，在没有时间去拍摄的时候，我们可以利用先前的照片或者是使用手机现拍摄一张，但是这里就会有一个关键的问题需要解决，就是照片的尺寸并不是我们需要的大小，这时只要通过Photoshop软件，就可以非常便捷地进行制作了，如图2-6所示就是制作2寸照片的过程。

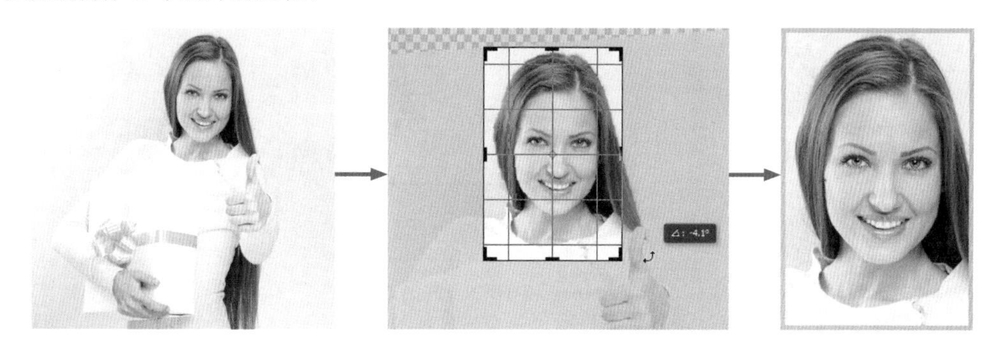

图 2-6　操作流程

实例要点

- “裁剪工具”的使用
- “描边”命令的使用

操作步骤

步骤01 执行菜单中的“文件”|“打开”命令，打开随书附带的“素材文件\第2章\人物照片01.jpg”文件，如图2-7所示。

图 2-7　素材

步骤02 在工具箱中选择（裁剪工具）后，在属性栏中设置“宽度”为3.5厘米、“高度”为5.3厘米、“分辨率”为150，如图2-8所示。

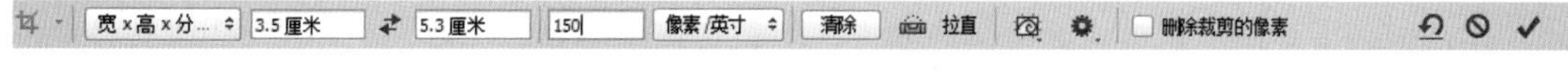

图 2-8　裁剪图像大小和设置分辨率

步骤03 此时在图像中会出现一个裁剪框，我们可以使用鼠标拖动裁剪框或移动图像的方法来选择最终保留的区域，如图2-9所示。

步骤04 将鼠标指针移动到裁剪框的右下角上，按下鼠标旋转裁剪框，效果如图2-10所示。

步骤05 按回车键完成裁剪的操作，如图2-11所示。

图 2-9　调整裁剪框

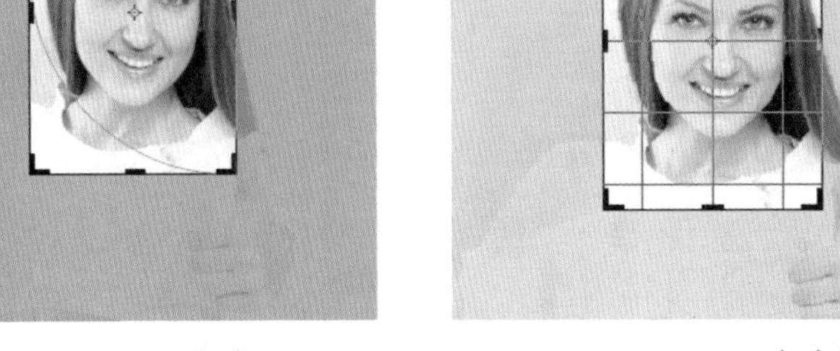

图 2-10　旋转裁剪框

图 2-11　裁剪

提示：设定后的裁剪值可以在多个图像中使用，设置固定大小，裁剪多个图像后。都具有相同的图像大小和分辨率。裁剪后的图像与绘制的裁剪框大小无关。

步骤06 照片裁剪完成后，我们为其添加一个描边，只要执行菜单中的“编辑”|“描边”命令，打开“描边”对话框，其中的参数值设置如图 2-12 所示。

步骤07 设置完成单击“确定”按钮，完成本例的制作，效果如图 2-13 所示。

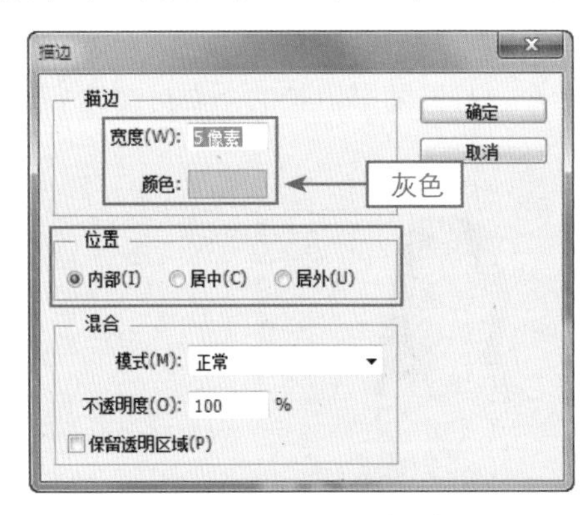

图 2-12　“描边”对话框

图 2-13　最终效果

实例 13　校正倾斜照片

实例思路

在拍摄照片时由于角度或姿势等问题，会把相片拍摄成倾斜效果，但通过 Photoshop 可以轻松地将其修正过来而不需要重新去拍摄，如图 2-14 所示就是修正倾斜照片的过程。

实例要点

- “标尺”的使用
- “任意旋转”命令的使用

图 2-14 操作流程

操作步骤

步骤01 执行菜单中的“文件”|“打开”命令，打开随书附带的“素材文件\第2章\倾斜照片.jpg”文件，如图 2-15 所示。

步骤02 在工具箱中选择（标尺工具）后，沿海平面绘制出一条标尺线，如图 2-16 所示。

图 2-15 素材

图 2-16 绘制标尺线

步骤03 在属性栏中单击“拉直图层”按钮，将图像根据绘制的标尺进行拉直，效果如图2-17所示。

图 2-17 拉直

步骤04 再使用（裁剪工具）在图像中绘制裁剪框，按 Enter 键完成裁剪，此时倾斜照片便会完成校正，效果如图 2-18 所示。

图 2-18　裁剪前后

提示：在 Photoshop 的老版本中，要调整倾斜图像时，必须通过“任意角度”命令结合（裁剪工具）才能完成，操作步骤如图 2-19 所示。

图 2-19　在老版本中修正倾斜图像

实例 14　为照片增强层次感

实例目的

在拍摄相片时，由于摄影技巧与光源的原因，拍出的照片给人的感觉会有一种人物与背景相融合的效果，不能有效地体现整张相片中作为主体的人物，本例就通过如图 2-20 所示的调整流程增强层次感，了解“色阶”“亮度 / 对比度”和“照片滤镜”命令的应用。

图 2-20 操作流程

实例要点

- 打开素材
- 使用“色阶”命令调整图像亮度，使图像更具有层次感
- 使用“亮度 / 对比度”命令增加亮度和对比
- 使用“照片滤镜”命令调整图片的色调

操作步骤

步骤01 执行菜单中的“文件”|“打开”命令，打开随书附带的“素材\第 2 章\人物照片 02.jpg”素材，如图 2-21 所示。

步骤02 执行菜单中的“图像”|“调整”|“色阶”命令，打开“色阶”对话框，将“阴影”和“高光”的控制滑块都拖曳到有像素分布的区域，如图 2-22 所示。

图 2-21 素材

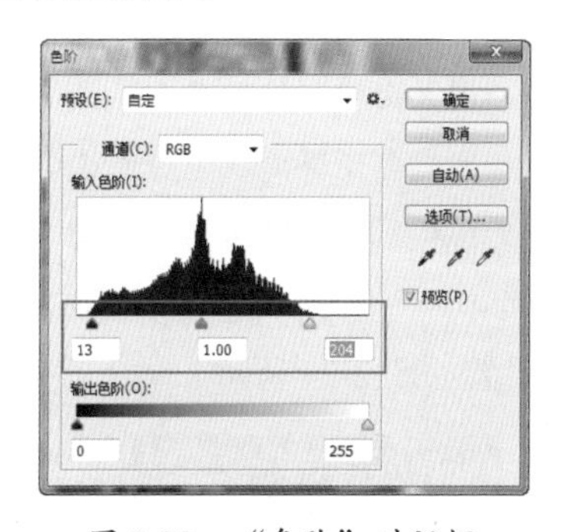

图 2-22 “色阶”对话框

其中的各项含义如下。

- 预设：用来选择已经调整完成的色阶效果，单击右侧的倒三角形按钮，即可弹出下拉列表。
- 通道：用来选择设定调整色阶的通道。

> **技巧**：在“通道”调板中按住 Shift 键在不同通道上单击，可以选择多个通道，再在“色阶”对话框中对其进行调整。此时在“色阶”对话框中的“通道”选项中将会出现选取通道名称的字母缩写。

- 输入色阶：在输入色阶对应的文本框中输入数值或拖动滑块来调整图像的色调范围，

以提高或降低图像对比度。

- 输出色阶：在输出色阶对应的文本框中输入数值或拖动滑块来调整图像的亮度范围，“暗部”可以使图像中较暗的部分变亮；“亮部”可以使图像中较亮的部分变暗。
- 弹出菜单：单击该按钮可以弹出下拉菜单，其中包含储存预设、载入预设和删除当前预设。
    - 存储预设：执行此命令，可以将当前设置的参数进行储存，在“预设”下拉列表中可以看到被储存选项。
    - 载入预设：单击该按钮可以载入一个色阶文件作为对当前图像的调整。
    - 删除当前预设：执行此命令可以将当前选择的预设删除。
- 自动：单击该按钮可以将“暗部”和“亮部”自动调整到最暗和最亮。单击此按钮执行命令得到的效果与“自动色阶”命令相同。
- 选项：单击该按钮可以打开“自动颜色校正选项”对话框，在对话框可以设置“阴影”和“高光”所占的比例。
- 设置黑场：用来设置图像中阴影的范围。在“色阶”对话框中单击“设置黑场”按钮后，将光标在图像中选取相应的点单击，图像中比选取点更暗的像素颜色将会变得更深（黑色选取点除外）。使用光标在黑色区域单击后会恢复图像。
- 设置灰场：用来设置图像中中间调的范围。在“色阶”对话框中单击“设置灰点”按钮后，将光标在图像中选取相应的点单击，即可应用设置灰场。使用光标在黑色区域或白色区域单击后会恢复图像。
- 设置白场：与设置黑场的方法正好相反，用来设置图像中高光的范围。在“色阶”对话框中单击“设置白场”按钮后，将光标在图像中选取相应的点单击，图像中比选取点更亮的像素颜色将会变得更浅（白色选取点除外）。使用光标在白色区域单击后会恢复图像。

步骤03 设置完成单击“确定”按钮，效果如图 2-23 所示。

步骤04 执行菜单中的“图像”|“调整”|“亮度 / 对比度”命令，打开“亮度 / 对比度”对话框，其中的参数值设置如图 2-24 所示。

图 2-23　调整色阶后

图 2-24　“亮度 / 对比度”对话框

其中的各项含义如下。

- 亮度：用来控制图像的明暗度，负值会将图像进一步调暗，正值可以加亮图像，取值范围是 -100 ~ 100。
- 对比度：用来控制图像的对比度，负值会将降低图像对比度，正值可以加大图像对比度，取值范围是 -100 ~ 100。

● 使用旧版：将“亮度 / 对比度”命令变为老版本时的调整功能。

步骤05 设置完成单击“确定”按钮，效果如图 2-25 所示。

步骤06 执行菜单中的“图像”|“调整”|“照片滤镜”命令，打开“照片滤镜”对话框，设置“滤镜”为“冷却滤镜（LBB）”，设置“浓度”为 19%，如图 2-26 所示。

图 2-25 调整后

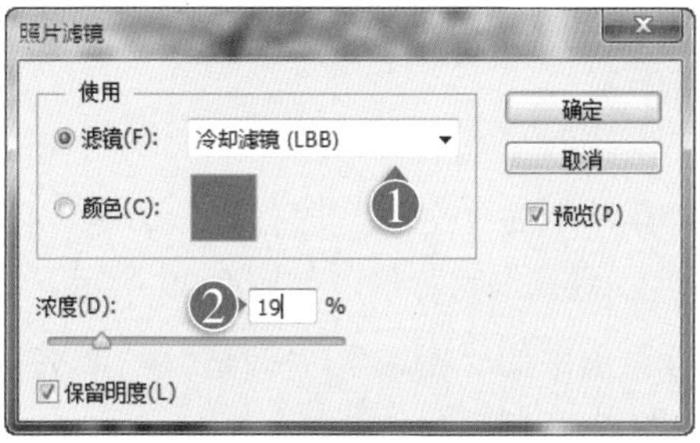

图 2-26 “照片滤镜”对话框

其中的各项含义如下。

● 滤镜：选中此单选按钮后，可在右面的下拉列表中选择系统预设的冷、暖色调选项。

● 颜色：选中此单选按钮后，可根据后面“颜色”图标弹出的“选择路径颜色拾色器”对话框选择定义冷、暖色调的颜色。

● 浓度：用来调整应用到照片中的颜色数量，数值越大，色彩越接近饱和。

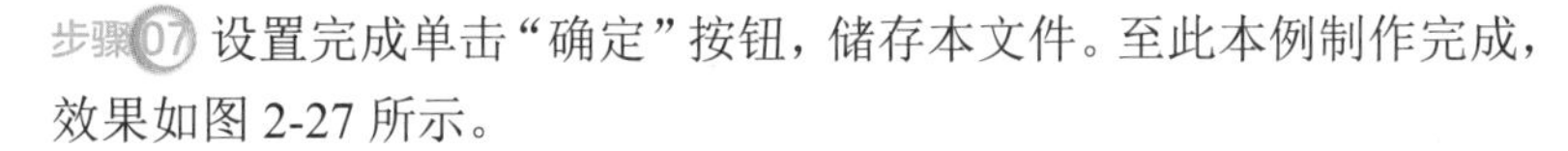

步骤07 设置完成单击“确定”按钮，储存本文件。至此本例制作完成，效果如图 2-27 所示。

图 2-27 最终效果

实例 15 调整曝光不足的照片

实例思路

在拍照时经常会出现由于曝光不足而产生画面发灰或发黑的效果，从而影响照片的质量，要想将照片以最佳的状态进行储存，一是在拍照时调整好光圈、角度和位置，来得到最佳效果；二是不慎将照片拍坏后，使用 Photoshop 对其进行修改，以得到最佳效果。可通过如图 2-28 所示的流程图，了解“曝光度”与“色阶”命令在本例中的应用。

图 2-28 操作流程

实例要点

- 打开文件
- 使用“曝光度”调整曝光
- 使用“色阶”增强层次感

操作步骤

步骤01 执行菜单中的“文件”|“打开”命令，打开随书附带的“素材文件\第 2 章\人物照片 03.jpg”文件，将其作为背景，如图 2-29 所示。

步骤02 执行菜单中的“图像”|“调整”|“曝光度”命令，打开“曝光度”对话框，其中的参数值设置如图 2-30 所示。

图 2-29　素材

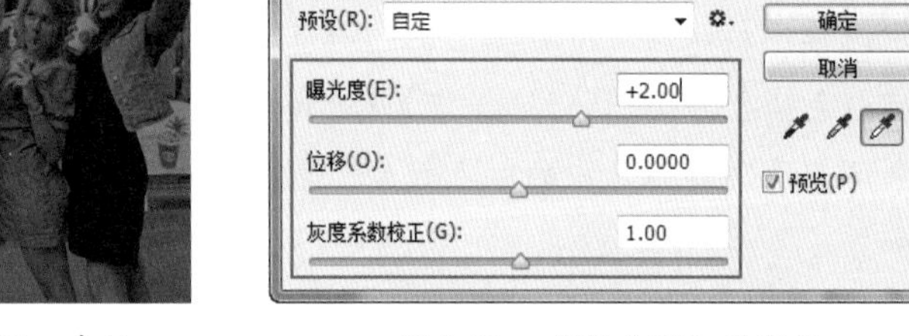

图 2-30　“曝光度”对话框

其中的各项含义如下。

- 曝光度：用来调整色调范围的高光端，该选项可对极限阴影产生轻微影响。
- 位移：用来使阴影和中间调变暗，该选项可对高光产生轻微影响。
- 灰度系数校正：用来设置高光与阴影之间的差异。

步骤03 设置完成单击“确定”按钮，效果如图 2-31 所示。

步骤04 执行菜单中的“图像”|“调整”|“色阶”命令，打开“色阶”对话框，分别调整“中间调”和“高光”的控制滑块，如图 2-32 所示。

步骤05 设置完成单击“确定”按钮，至此本例制作完成，效果 2-33 所示。

图 2-31　调整曝光

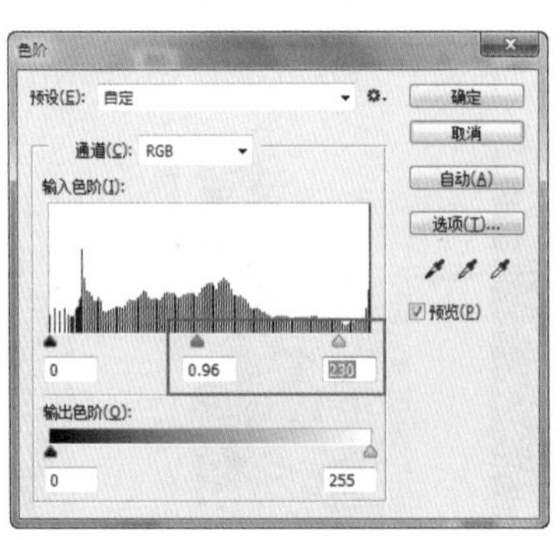

图 2-32　“色阶”对话框

图 2-33　最终效果

实例16 使用曲线更改图像色调

实例思路

“曲线”对话框中的预设命令，可以将打开的素材调整成为非常炫酷的效果，再通过“反相”命令将负片反转，流程如图2-34所示。

图2-34 操作流程

实例要点

- 打开文档
- 使用“曲线”调整色调
- 使用“反相”命令
- 设置混合模式

操作步骤

图2-35 素材

步骤01 执行菜单中的“文件”|“打开”命令，打开随书附带的“素材文件\第1章\树.jpg”文件，如图2-35所示。

步骤02 拖动“背景”图层到 （创建新图层）按钮上，复制“背景”图层，得到“背景 拷贝”图层。执行菜单中的“图像”|“调整”|“曲线”命令，打开“曲线”对话框，在“预设”下拉列表中选择“彩色负片（RGB）”选项，如图2-36所示。

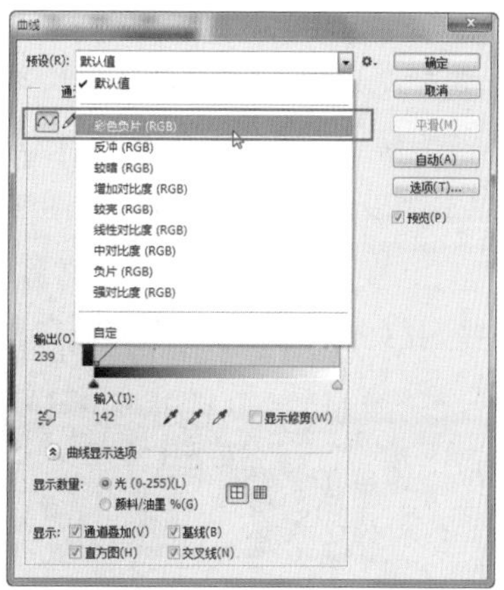

图2-36 “曲线”对话框

其中的各项含义如下。

- 通过添加点来调整曲线：可以在曲线上添加控制点来调整曲线。拖动控制点，即可改变曲线形状。
- 使用铅笔绘制曲线：可以随意在直方图内绘制曲线，此时平滑按钮被激活，用来控制绘制铅笔曲线的平滑度。
- 高光：拖动曲线中的高光控制点可以改变高光。
- 中间调：拖动曲线中的中间调控制点可以改变图像中间调，向上弯曲会将图像变亮，向下弯曲会将图像变暗。
- 阴影：拖动曲线中的阴影控制点可以改变阴影。
- 显示修剪：勾选该复选框后，可以在预览的情况下显示图像中发生修剪的位置。
- 显示数量：包括"光"的显示数量和"颜料 / 油墨"显示数量两个单选按钮，分别代表加色与减色颜色模式状态。
- 显示：包括显示不同通道的曲线、显示对角线（那条浅灰色的基准线）、显示色阶直方图和显示拖动曲线时水平和竖直方向的参考线。
- 显示网格大小：在两个按钮上单击，可以在直方图中显示不同大小的网格，"简单网格"指以 25% 的增量显示网格线，如图 2-37 所示；"详细网格"指以 10% 的增量显示网格，如图 2-38 所示。

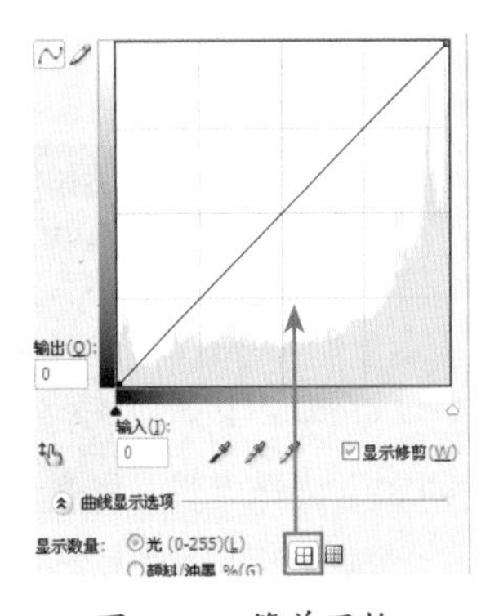

图 2-37　简单网格

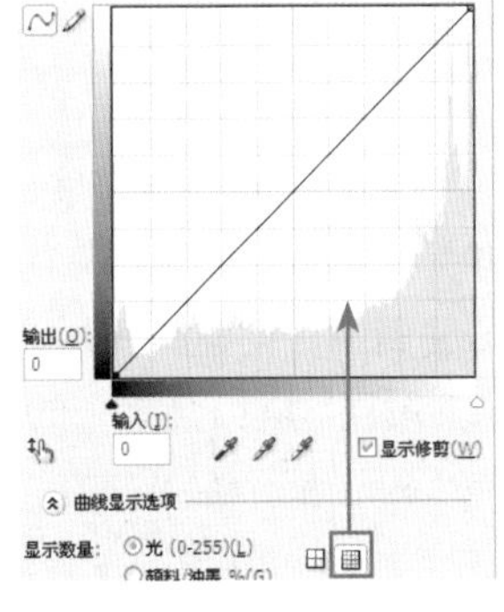

图 2-38　详细网格

- 添加曲线调整点：单击此按钮后，使用鼠标指针在图像上单击，会自动按照图像单击像素点的明暗，在曲线上创建调整控制点，按下鼠标在图像上拖动即可调整曲线。

步骤 03 设置完成单击"确定"按钮，效果如图 2-39 所示。

图 2-39　曲线调整

步骤04 执行菜单中的“图像”|“调整”|“反相”命令或按 Ctrl+I 键，设置“不透明度”为 60%，效果如图 2-40 所示。

图 2-40 反相并设置不透明度

步骤05 复制“背景拷贝”图层，得到一个“背景 拷贝 2”图层，设置“混合模式”为“颜色”、“不透明度”为 60%，效果如图 2-41 所示。

步骤06 至此本例制作完成，效果如图 2-42 所示。

图 2-41 混合模式

图 2-42 最终效果

实例 17 校正背光照片

实例思路

拍照时如果镜头对着的方向太亮，或是光线过强，都会出现人物背光处较暗的效果，本例就使用 Photoshop 中的“阴影”|“高光”命令，对照相时出现的背光效果进行调整，使照片还原为优良的场景。操作流程如图 2-43 所示。

图 2-43 操作流程

实例要点

- ▶▶ 打开素材图像
- ▶▶ 使用“阴影和高光”命令调整图像

操作步骤

步骤01 执行菜单中的“文件”|“打开”命令或按 Ctrl+O 键，打开随书附带的“素材文件\第2章\背光照片.jpg”文件，如图2-44所示。

图 2-44　素材

步骤02 打开素材后会发现照片中人物面部较暗，此时只要执行菜单中的“图像”|“调整”|“阴影 / 高光”命令，打开“阴影 / 高光”对话框，设置默认值即可，如图 2-45 所示。

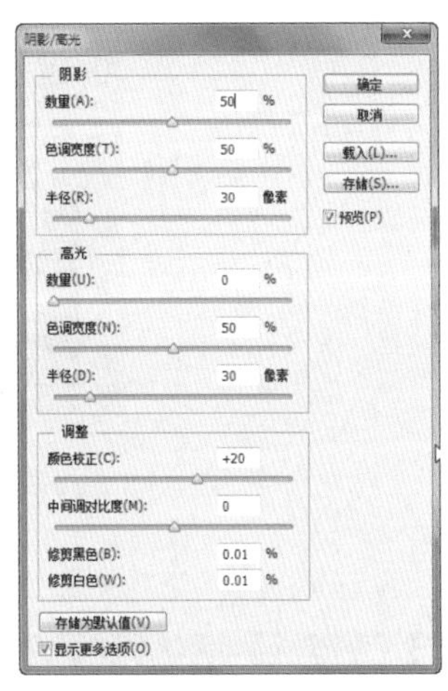

图 2-45　“阴影 / 高光”对话框

其中的各项含义如下。

- 阴影：用来设置暗部在图像中所占的数量多少。
- 高光：用来设置亮部在图像中所占的数量多少。
- 数量：用来调整“阴影”或“高光”的浓度。“阴影”的“数量”越大，图像上的暗部就越亮；“高光”的“数量”越大，图像上的亮部就越暗。
- 色调宽度：用来调整“阴影”或“高光”的色调范围。“阴影”的“色调宽度”数值越小，调整的范围就越集中于暗部；“高光”的“色调宽度”数值越小，调整的范围就越集中于亮部。当“阴影”或“高光”的值太大时，也可能会出现色晕。
- 半径：用来调整每个像素周围的局部相邻像素的大小，相邻像素用来确定像素是在“阴影”还是在“高光”中。通过调整“半径”值，可获得焦点对比度与背景相比的焦点的级差加亮（或变暗）之间的最佳平衡。
- 颜色校正：用来校正图像中已做调整的区域色彩，数值越大，色彩饱和度就越高；数值越小，色彩饱和度就越低。
- 中间调对比度：用来校正图像中中间调的对比度，数值越大，对比度越高；数值越小，对比度就越低。
- 修剪黑色 / 修剪白色：用来设置在图像中会将多少阴影或高光剪切到新的极端阴影（色阶为 0）和高光（色阶为 255）颜色。数值越大，生成图像的对比度越强，但会丢失图像细节。

步骤03 设置完成单击“确定”按钮，调整背光照片后的效果如图 2-46 所示。

图 2-46　调整背光后

实例 18 校正偏色照片

实例思路

在使用相机拍照时，由于拍摄的原因，常会出现一些偏色的照片。本例就要带领大家用 Photoshop 中的“色彩平衡”命令轻松修正照片色，从而还原相片的本色。流程如图 2-47 所示。

图 2-47 操作流程

实例要点

- 打开素材图像
- 使用“色彩平衡”调整偏色
- 使用“信息”面板对比信息
- 使用“色阶”调整层次

操作步骤

步骤 01 执行菜单中的“文件”|“打开”命令或按 Ctrl+O 键，打开随书附带的“素材文件\第 2 章\偏色照片 .jpg”文件，如图 2-48 所示。

> 技巧：如果想确认照片是否偏色，最简单的方法就是使用“信息”调板查看照片中白色、灰色或黑色的位置，因为白色、灰色和黑色都属于中性色，这些区域的 RGB 颜色值应该是相等的，如果发现某个数值太高，就可以判断该图片为偏色照片。

> 提示：在照片中寻找黑色、白色或灰色的区域时，可以找人物的头发、白色衬衣、灰色路面、墙面等。由于每个显示器的色彩都存在一些差异，所以我们最好使用“信息”调板来精确判断，再对其进行修正。

步骤 02 执行菜单栏中的“窗口”|“信息”命令，打开“信息”面板，在工具箱中选择（吸管工具），设置“取样大小”为“3×3 平均”，如图 2-49 所示。

图 2-48　素材

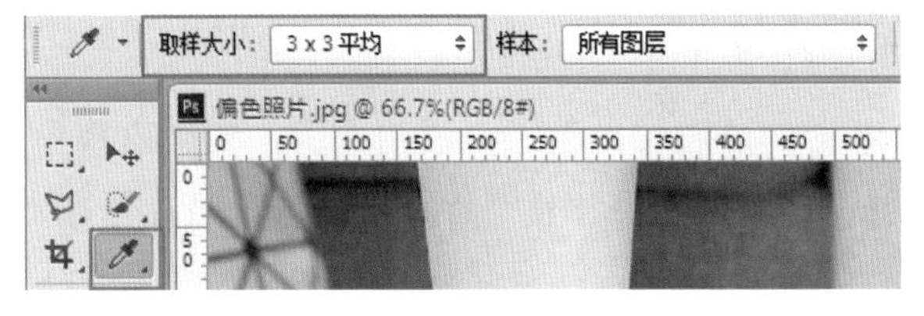

图 2-49　设置吸管

步骤03 使用 （吸管工具），将鼠标指针移到相片中人物穿的黑色鞋的带子上，此时在“信息”调板中发现黑色中的RGB值明显不同，红色远远小于蓝色与绿色，说明相片为缺少红色，如图2-50所示。

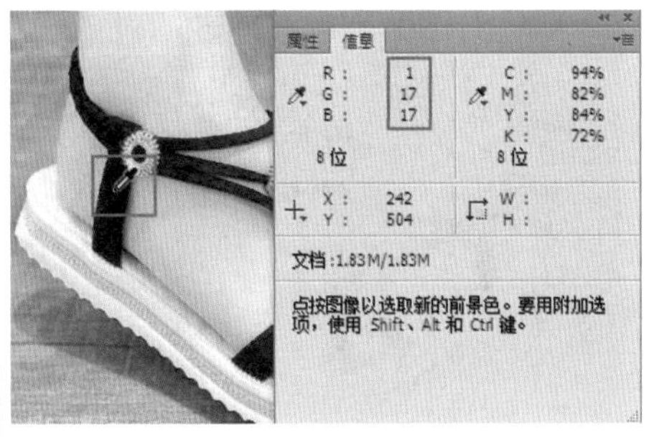

图 2-50　查看信息

> 技巧：检测色偏时，在选择图像白色时最好避开反光点，因为反光点会呈现为全白或接近全白，从而较难判断色偏。

步骤04 执行菜单中的“图像”|“调整”|“色彩平衡”命令，打开“色彩平衡”对话框，在面板中由于图像缺少红色，所以将“青色 / 红色”控制滑块向红色区域拖动，如图2-51所示。

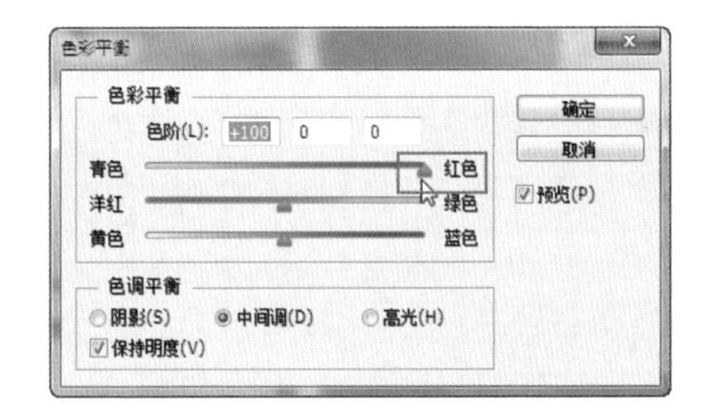

图 2-51　“色彩平衡”对话框

其中的各项含义如下。

- 色彩平衡：可以在对应的文本框中输入相应的数值或拖动下面的三角滑块来改变颜色的增加或减少。
- 色调平衡：可以选择在阴影、中间调或高光中调整色彩平衡。
- 保持明度：勾选此复选框后，在调整色彩平衡时会保持图像明度不变。

步骤05 将鼠标指针再次拖曳到黑色鞋带上，发现“绿色和蓝色”偏高，这时我们要降低一下“绿色和蓝色”，如图2-52所示。

步骤06 将鼠标指针再次拖曳到黑色鞋带上，此时发现RGB的颜色值比较接近，如图2-53所示。

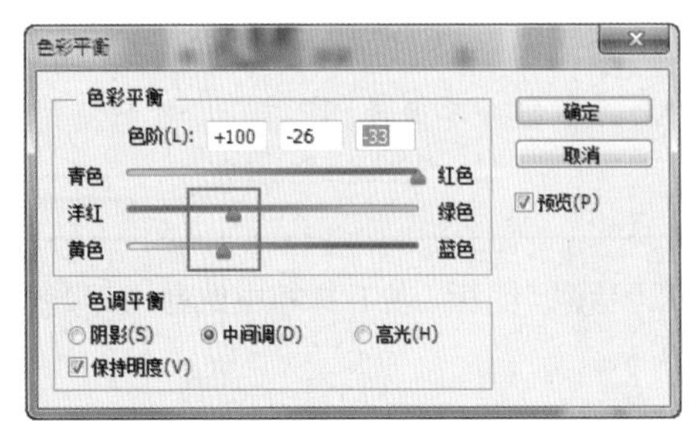

图 2-52　降低绿色和蓝色

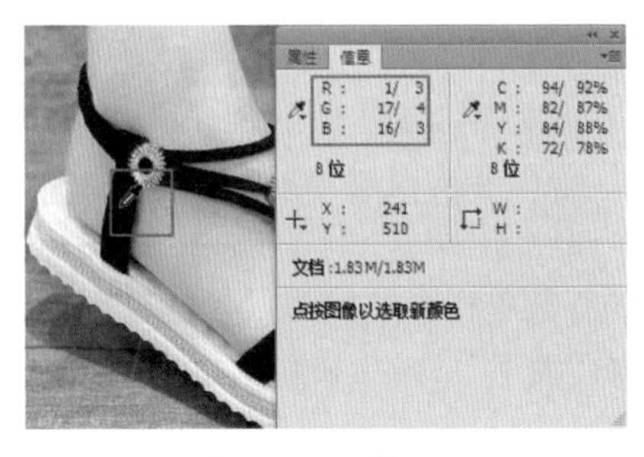

图 2-53　调整后

技巧：通过“信息”面板中显示的数据，理论上如果将RGB中的三个数值设置成相同参数时，应该会彻底清除色偏，但是，往往实际操作中会根据实例的不同而只将三个参数设置为大致相同即可。如果非要将数值设置成一致的话，那么也许会出现另一种色偏。

技巧：在Photoshop中能够对某种颜色过多产生的色偏，通过色彩平衡、曲线、色阶或颜色匹配等命令来纠正。使用“曲线”或“色阶”时，只要将过多颜色的通道降低即可；使用“颜色匹配”时，只要调整中和选项的参数即可。

步骤07 设置完成单击“确定”按钮，效果如图2-54所示。

步骤08 执行菜单中的“图像”|“调整”|“色阶”命令，打开“色阶”对话框，参数设置如图2-55所示。

技巧：在“色阶”对话框中，拖动滑点改变数值后，可以将较暗的图像变得亮一些。勾选“预览”复选框，可以在调整的同时看到图像的变化。

步骤09 设置完成单击的“确定”按钮。至此本例制作完成，效果如图2-56所示。

图2-54 调整偏色后

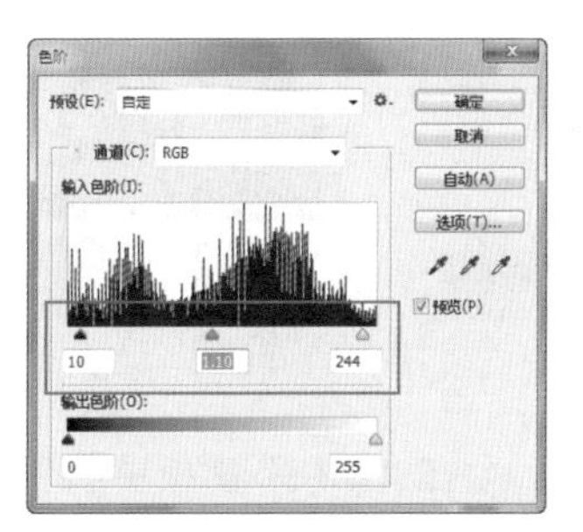

图2-55 “色阶”对话框

图2-56 最终效果

实例19 通过“设置灰场”校正偏色

实例思路

本例还是通过“色阶”命令对拍照时产生的色偏进行修正，通过本例的讲解，让大家了解“色阶”对话框中“设置灰场”清除色偏的方法，来还原相片的本色。流程如图2-57所示。

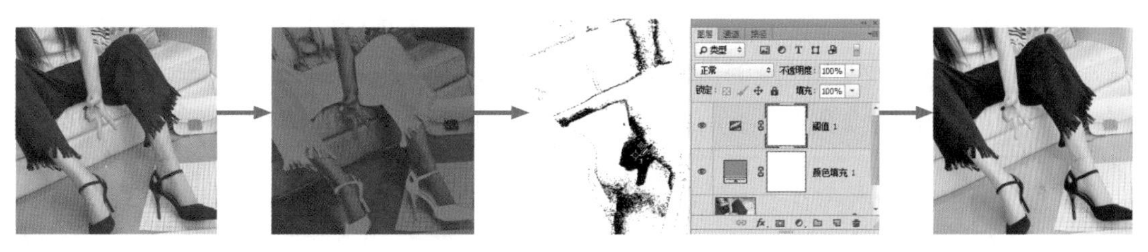

图2-57 操作流程

实例要点

- 打开文档
- 创建“填充图层”图层
- 设置“差值”混合模式
- “阈值”调整
- “色阶”对话框中的“设置灰场”

操作步骤

步骤01 执行菜单中的“文件”|“打开”命令或按 Ctrl+O 键，打开随书附带的“素材文件 \ 第 2 章 \ 偏色照片 2.jpg”文件，效果如图 2-58 所示。

步骤02 在“图层”面板中，单击“创建新的填充或调整图层”按钮，在弹出的菜单中选择“纯色”命令，打开“拾色器（纯色）”对话框，将颜色设置为“灰色”，如图 2-59 所示。

图 2-58 素材

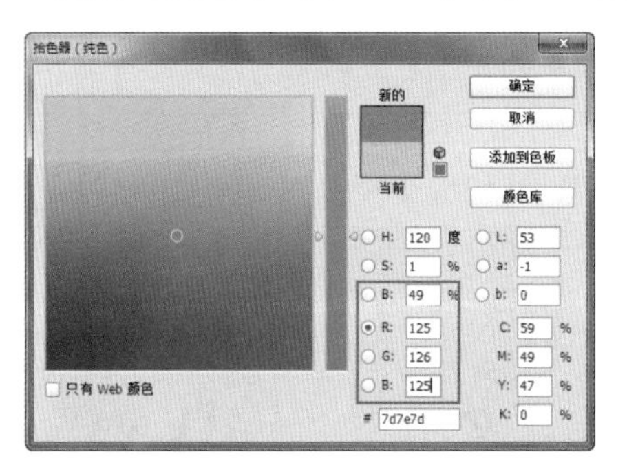

图 2-59 设置灰色

步骤03 设置完成单击“确定”按钮，会在“图层”面板中新建一个“颜色填充”图层，设置“混合模式”为“差值”，效果如图 2-60 所示。

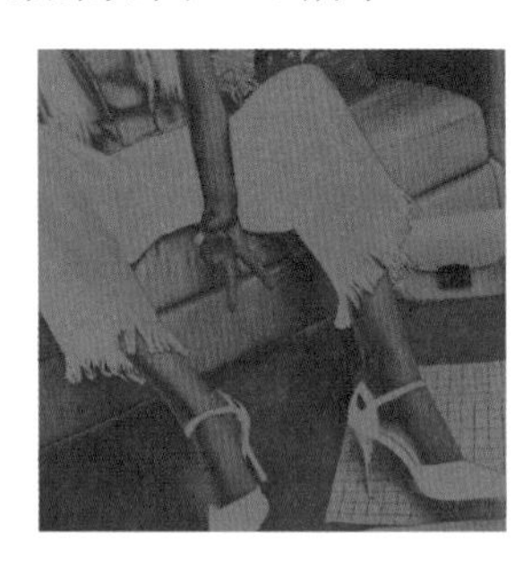

图 2-60 混合模式

步骤04 单击“创建新的填充或调整图层”按钮，在弹出的菜单中选择“阈值”命令，打开“属性”面板，设置“阈值色阶”为 35，如图 2-61 所示。

步骤05 此时再使用（颜色取样工具）在图像中黑色位置上单击，进行取样，如图 2-62 所示。

> **技巧：** 在黑色上取样的目的，是为了将图像进行更加准确的颜色校正。此处的黑色就是原图像中的灰色区域。

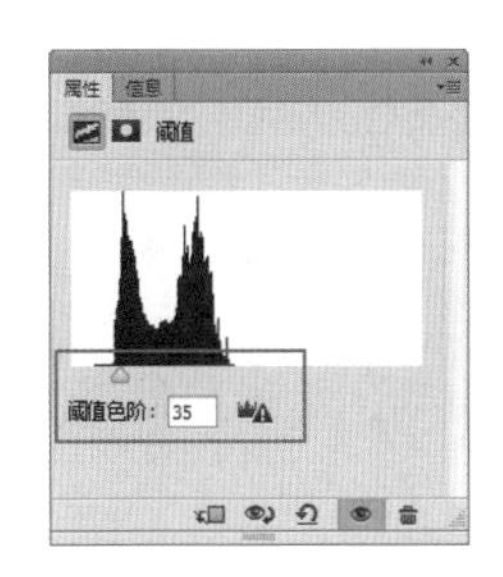

图 2-61 设置“阈值”属性

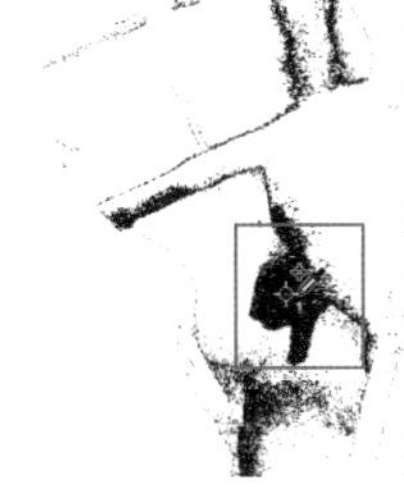

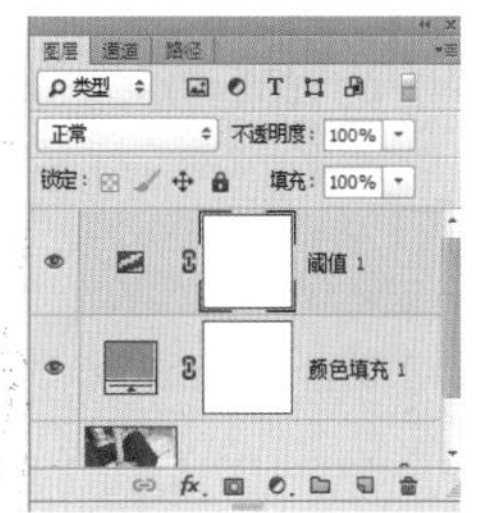

图 2-62 取样

> 技巧：在图像中存在多个黑色区域时，可以对其进行多个标记，好处是如果一个标记产生的效果不好，可以马上换另一个，既节省时间，又便于观察。

步骤06 将两个调整图层隐藏，选择“背景”图层，如图 2-63 所示。

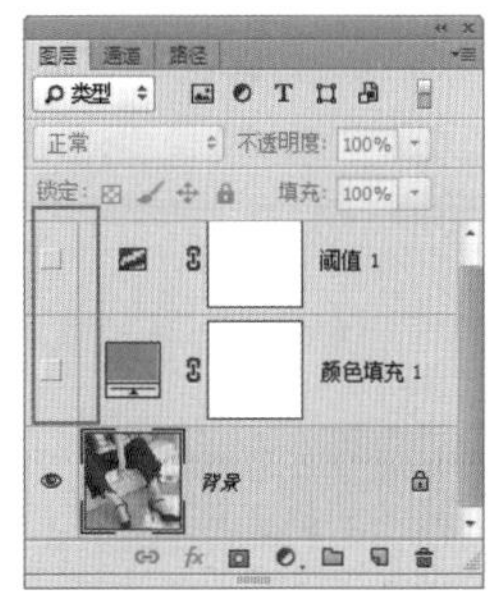

图 2-63 隐藏图层

步骤07 执行菜单中的“图像”|“调整”|“色阶”命令，打开“色阶”对话框，单击“设置灰点”按钮，此时将鼠标指针移到图像中的取样点上单击，如图 2-64 所示。

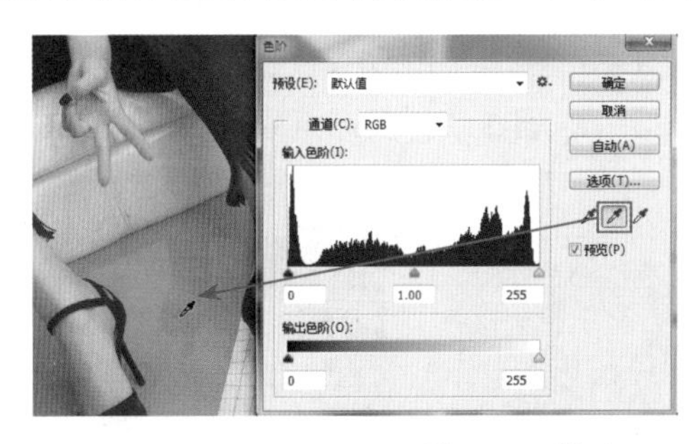

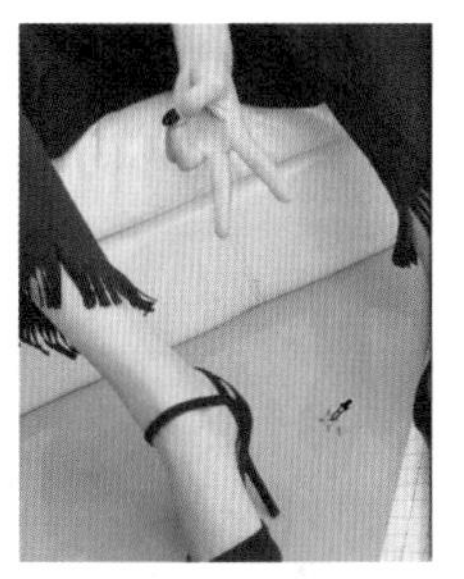

图 2-64 校正

步骤08 此时偏色已经被校正过来，最终效果如图 2-65 所示。

图 2-65 最终效果

实例 20　加强图像中的白色区域

实例思路

本例通过“通道混合器”命令，让打开素材中的白色像素部分增加得更加白一些，流程如图 2-66 所示。

图 2-66　操作流程

实例要点

- 使用“打开”菜单命令打开素材图像
- 设置图层的“混合模式”为“变亮”
- 复制图层并使用“通道混合器”菜单命令

操作步骤

步骤01 执行菜单中的“文件”|“打开”命令或按 Ctrl+O 键，打开随书附带的“素材文件\第 2 章\银色海滩 .jpg”文件，将其作为背景，如图 2-67 所示。

步骤02 拖动“背景”图层至“创建新图层”按钮上，复制背景图层得到“背景 拷贝”图层，如图 2-68 所示。

图 2-67　素材

图 2-68　复制图层

> 技巧：在“背景”图层中按 Ctrl+J 键可以快速复制一个图层副本，只是名称上会按图层顺序进行命名。

步骤03 选中“背景 拷贝”图层，执行菜单中的“图像”|“调整”|“通道混合器”命令，打开“通道混合器”对话框，参数设置如图2-69所示。

其中的各项含义如下。

- 预设：系统保存的调整数据。
- 输出通道：用来设置调整图像的通道。
- 源通道：根据色彩模式的不同，会出现不同的调整颜色通道。
- 常数：用来调整输出通道的灰度值。正值可增加白色，负值可增加黑色。200%时输出的通道为白色；-200%时输出的通道为黑色。
- 单色：勾选该复选框，可将彩色图片变为单色图像，而图像的颜色模式与亮度保持不变。

图2-69 “通道混合器”对话框

技巧：在“通道混合器”对话框中，如果先勾选“单色”复选框，再取消，则可以单独修改每个通道的混合，从而创建一种手绘色调外观。

步骤04 单击“确定”按钮，完成“通道混合器”对话框的设置，图像效果如图2-70所示。

步骤05 设置“混合模式”为“柔光”，“不透明度”为65%，如图2-71所示。

图2-70 通道混合器调整后

图2-71 混合模式

步骤06 储存本文件。至此本例制作完成，效果如图2-72所示。

图2-72 最终效果

实例 21 增加夜晚灯光的亮度

实例思路

夜晚风景中的灯光是越亮越能映衬风景的。通过“反相”和“色阶”调整图像，结合“混合模式”为“划分”来制作增亮效果，操作流程如图 2-73 所示。

图 2-73 操作流程

实例要点

- 使用“打开”菜单命令打开素材图像
- 使用“反相”调整命令
- “划分”模式设置图像亮度
- 使用“色阶”调整图像的亮度

操作步骤

步骤 01 执行菜单中的“文件”|“打开”命令或按 Ctrl+O 键，打开随书附带的“素材文件\第 2 章\夜景 .jpg”文件，如图 2-74 所示。

步骤 02 拖动“背景”图层至“创建新图层”按钮上，复制“背景”图层得到“背景 拷贝”图层，如图 2-75 所示。

图 2-74 素材

图 2-75 复制图层

步骤 03 选中“背景 拷贝”图层，执行菜单中的“图像”|“调整”|“反相”命令，将图像反相，在“图层”调板中设置“背景 拷贝”图层的“混合模式”为“划分”，效果如图 2-76 所示。

图 2-76　反相并设置混合模式

技巧：通过“创建新的填充或调整图层”来调整当前图像时，不需要再复制图层，直接在背景图层上创建调整图层后即可，混合模式可以通过创建的调整图层直接设置。

步骤04 执行菜单中的“图像”|“调整”|“色阶”命令，打开“色阶”对话框，参数设置如图2-77所示。

技巧：在“色阶”对话框中，拖动滑点改变数值后，可以将较暗的图像变得亮一些。勾选“预览”复选框，可以在调整的同时看到图像的变化。

步骤05 设置完成单击“确定”按钮，储存本文件。至此本例制作完成，效果如图2-78所示。

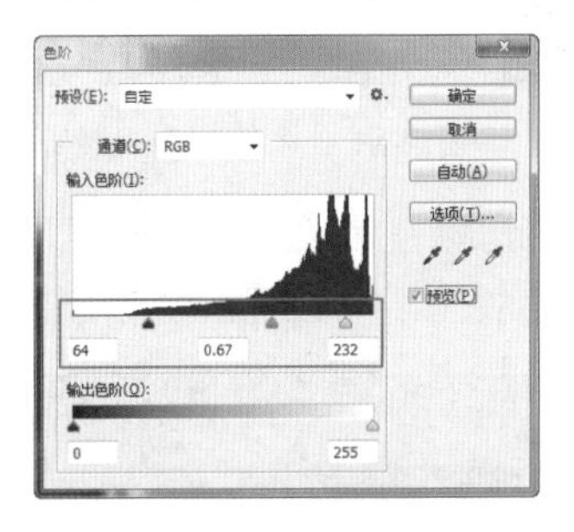

图 2-77　“色阶”对话框

图 2-78　最终效果

实例 22　添加渐变发光效果

实例目的

炫丽的图像或图形添加渐变发光后，会让图像或图形更加的炫酷，本例就是通过“渐变映射”来添加渐变发光效果，流程如图2-79所示。

图 2-79　操作流程

实例要点

- 打开素材图像
- 使用“渐变填充”命令
- 使用“渐变映射”调整命令

操作步骤

步骤01 执行菜单中的“文件”|“打开”命令或按Ctrl+O键，打开随书附带的“素材文件\第2章\狼头.jpg”文件，将其作为背景，如图2-80所示。

步骤02 单击“创建新的填充或调整图层”按钮，在弹出的菜单中选择“渐变映射”命令，如图2-81所示。

图2-80　素材

图2-81　选择“渐变映射”命令

步骤03 打开“属性”面板，单击渐变条，打开“渐变编辑器”对话框，设置从左向右的RGB颜色依次为（0、0、0；255、110、2；255、255、0），如图2-82所示。

图2-82　编辑渐变

> 技巧：在“渐变映射”界面中，勾选“仿色”复选框可添加随机杂色以平滑渐变填充的外观并减少带宽效果，勾选“反向”复选框则可切换渐变相反的填充方向。

步骤04 设置完成单击“确定”按钮，效果如图2-83所示。

步骤05 单击“创建新的填充或调整图层”按钮，在弹出的菜单中选择“渐变”命令，打开“渐变填充”对话框，其中的参数值设置如图 2-84 所示。

图 2-83 渐变映射后

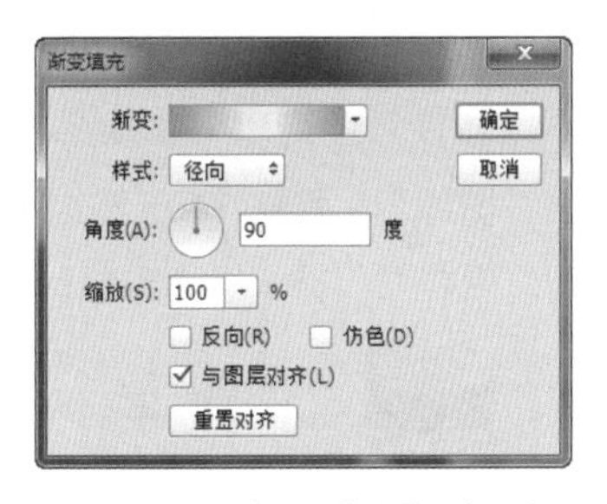

图 2-84 “渐变填充”对话框

步骤06 设置完成单击“确定”按钮，设置“混合模式”为“色相”，如图 2-85 所示。

步骤07 至此本例制作完成，最终效果如图 2-86 所示。

图 2-85 混合模式

图 2-86 最终效果

实例 23 增加照片颜色鲜艳度

实例目的

照片放久了，多数的彩色照片都会出现褪色，本例就是使用“自然饱和度”命令来将褪色的照片增加鲜艳度，流程如图 2-87 所示。

图 2-87 操作流程

实例要点

- 打开素材图像
- 使用“亮度 / 对比度”命令
- 使用“自然饱和度”命令

操作步骤

步骤01 执行菜单中的“文件”|“打开”命令或按 Ctrl+O 键，打开随书附带的“素材文件\第2章\路边 .jpg” 文件，将其作为背景，如图 2-88 所示。

步骤02 执行菜单中的“图像”|“调整”|“自然饱和度”命令，打开“自然饱和度”对话框，设置“自然饱和度” 为 100、“饱和度” 为 28，如图 2-89 所示。

图 2-88 素材

图 2-89 “自然饱和度”对话框

其中的各项含义如下。

- 自然饱和度：可以将图像进行从灰色调到饱和色调的调整，用于提升不够饱和的图片，或调整出非常优雅的灰色调，取值范围是 -100 ~ 100 之间，数值越大色彩越浓烈。
- 饱和度：通常指的是一种颜色的纯度，颜色越纯，饱和度就越大；颜色纯度越低，相应颜色的饱和度就越小，取值范围是 -100 ~ 100 之间，数值越小颜色纯度越小，越接近灰色。

步骤03 设置完成单击“确定”按钮，效果如图 2-90 所示。

步骤04 执行菜单中的“图像”|“调整”|“亮度 / 对比度”命令，打开“亮度 / 对比度”对话框，其中的参数值设置如图 2-91 所示。

图 2-90 调整后

图 2-91 “亮度 / 对比度”对话框

步骤05 设置完成单击“确定”按钮，存储本文件。至此本例制作完成，效果如图 2-92 所示。

图 2-92 最终效果

实例 24 制作灰度图像

实例思路

为图像去掉颜色的方法很多，本例通过“阈值”命令结合“色相”混合模式来制作黑白效果，流程如图 2-93 所示。

图 2-93 操作流程

实例要点

- 使用“打开”菜单命令打开文件
- 使用“混合模式”制作黑白效果
- 使用“阈值”菜单命令制作图像效果

操作步骤

步骤01 执行菜单中的“文件”|“打开”命令或按 Ctrl+O 键，打开随书附带的“素材文件 \ 第 2 章 \ 花 .jpg”文件，将其作为背景，如图 2-94 所示。

步骤02 拖动“背景”图层至“创建新图层”按钮上，复制“背景”图层得到“背景 拷贝”图层，如图 2-95 所示。

图 2-94 素材

图 2-95 复制背景

步骤03 执行菜单中的“图像”|“调整”|“阈值”命令，打开“阈值”对话框，参数设置如图 2-96 所示。

步骤04 设置完成单击“确定”按钮，设置“混合模式”为“色相”，效果如图 2-97 所示。

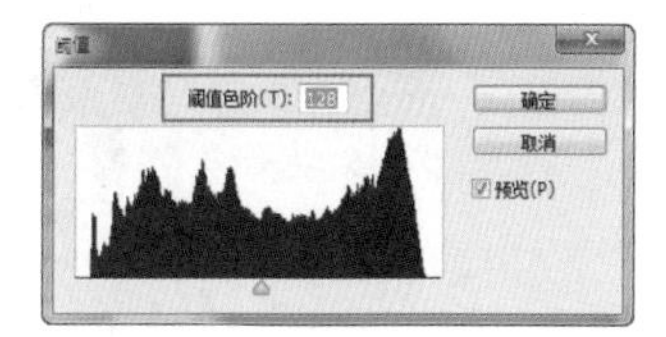

图 2-96 “阈值”对话框

步骤05 存储本文件。至此本例制作完成，效果如图 2-98 所示。

图 2-97　应用阈值并设置混合模式

图 2-98　最终效果

实例 25　匹配颜色

实例思路

将其中的一张图片匹配成与其他图像色调相一致，可以让图像之间融合得更加贴切，本例通过“匹配颜色”命令来让其中一张图片与另一张图片色调一致，流程如图 2-99 所示。

图 2-99　操作流程

实例要点

- 使用“打开”菜单命令打开素材图像
- 使用“匹配颜色”菜单命令调整图像的颜色

操作步骤

步骤01 执行菜单中的“文件”|“打开”命令或按 Ctrl+O 键，打开随书附带的“素材文件 \ 第 2 章 \ 窗外 .jpg 和可乐 .jpg”文件，如图 2-100 所示。

图 2-100　素材

步骤02 选中“窗外”图像，执行菜单中“图像”|“调整”|“匹配颜色”命令，打开“匹配颜色”对话框，设置参数如图 2-101 所示。

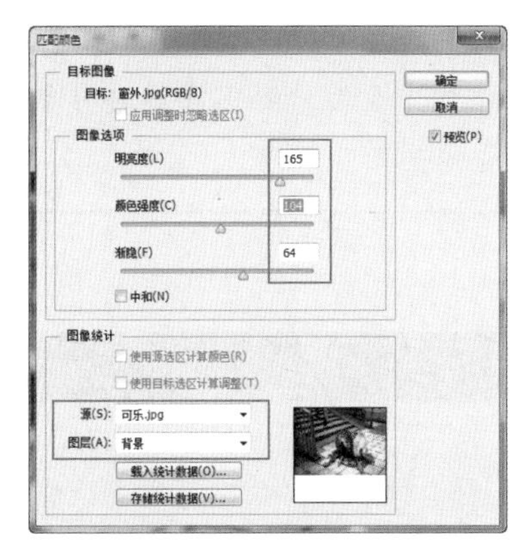

图 2-101 “匹配颜色”对话框

其中的各项含义如下。

- 目标图像：当前打开的工作图像，其中的“应用调整时忽略选区”复选框指的是在调整图像时会忽略当前选区的存在，只对整个图像起作用。
- 图像选项：调整被匹配图像的选项。
  - 明亮度：控制当前目标图像的明暗度。当数值为 100 时，目标图像将会与源图像拥有一样的亮度，当数值变小时图像会变暗；当数值变大时图像会变亮。
  - 颜色强度：控制当前目标图像的饱和度，数值越大，饱和度越强。
  - 渐隐：控制当前目标图像的调整强度，数值越大调整的强度越弱。
  - 中和：勾选该复选框可消除图像中的色偏。
- 图像统计：设置匹配与被匹配的选项设置。
  - 使用源选区计算颜色：如果在源图像中存在选区，勾选该复选框，可使用源图像选区中的颜色计算调整，不勾选该复选框，则会使用整幅图像进行匹配。
  - 使用目标选区计算调整：如果在目标图像中存在选区，勾选该复选框，可以对目标选区进行计算调整。
  - 源：在下拉菜单中可以选择用来与目标相匹配的源图像。
  - 图层：用来选择匹配图像的图层。
  - 载入统计数据：单击此按钮，可以打开“载入”对话框，找到已存在的调整文件。此时，无须在 Photoshop 中打开源图像文件，就可以对目标文件进行匹配。
  - 存储统计数据：单击此按钮，可以将设置完成的当前文件进行保存。

步骤03 单击“确定”按钮，存储本文件。至此本例制作完成，效果如图 2-102 所示。

图 2-102 最终效果

技巧： 或许有人以为编修图像可以修复所有的图像问题，实际上并非如此，我们必须先有个观念，即图像修复的程度取决于原图所记录的细节：细节愈多，编修的效果愈好；反之细节愈少，或是根本没有将被摄物的细节记录下来，那么再厉害的图像软件，也很难无中生有地变出你要的图像。因此，若希望编修出好的相片，原图的质量不能太差。

本章练习与习题

练习

1. 通过“旋转”命令将图像在直幅与横幅之间进行改变。
2. 通过“黑白”调整命令改变图像为单色效果。

习题

1. 下面哪个是打开“色阶”对话框的快捷键？（　　）

   A. Ctrl+L　　B. Ctrl+ U　　C. Ctrl+A　　D. Shift+Ctrl+L

2. 下面哪个是打开“色相 / 饱和度”对话框的快捷键？（　　）

   A. Ctrl+L　　B. Ctrl+U　　C. Ctrl+B　　D. Shift+Ctrl+U

3. 下面哪几个功能可以调整色调？（　　）

   A. 色相 / 饱和度　　B. 亮度 / 对比度　　C. 自然饱和度　　D. 通道混合器

4. 可以得到底片效果的命令是（　　）。

   A. 色相 / 饱和度　　B. 反相　　C. 去色　　D. 色彩平衡

5. 下面哪个是打开“色阶”对话框的快捷键？（　　）

   A. Ctrl+L　　B. Ctrl+U　　C. Ctrl+B　　D. Shift+Ctrl+U

第3章

选择与选区抠图的使用

本章主要讲解 Photoshop 中最基本的选择与选区抠图的使用，内容涉及选框、套索、魔术棒工具，以及编辑选区（选择区域的基本操作、选择区域的移动和隐藏、选择区域的羽化、选择区域的修改和变形、选择区域的保存和载入、利用色彩范围选取图像）、移动工具和图像变形操作（图像的移动和复制、图像的变形操作、图像的对齐和分布）。下面通过实例进行全面细致的讲解。

本章案例内容

- 矩形选框工具局部抠图
- 椭圆选框工具局部抠图
- 不规则图像抠图
- 通过魔棒工具创建选区
- 快速选择工具创建选区
- 选区的载入与储存
- 图像通过选区创建边界效果
- 图像中的毛发抠图
- 变换选区形状
- 利用色彩范围创建选区

实例 26　矩形选框工具局部抠图

实例思路

本例是通过使用⬚（矩形选框工具）创建矩形选区，复制副本后将其水平翻转并移动到合适位置，最后将图像进行裁剪，完成最终效果的制作，流程如图 3-1 所示。

图 3-1　操作流程

实例要点

- “打开”命令的使用
- “矩形选框工具”的使用
- 复制选区副本
- “移动工具”的使用
- “水平翻转”命令的应用
- 裁剪图像

操作步骤

步骤 01 执行菜单中的“文件”|“打开”命令或按 Ctrl+O 键，打开随书附带的“素材文件\第 3 章\创意摄影 .jpg”文件，如图 3-2 所示。

步骤 02 在工具箱中选择⬚（矩形选框工具）后，在照片的右半部分处按住鼠标，向对角处绘制，松开鼠标后得到矩形选区，如图 3-3 所示。

图 3-2　素材

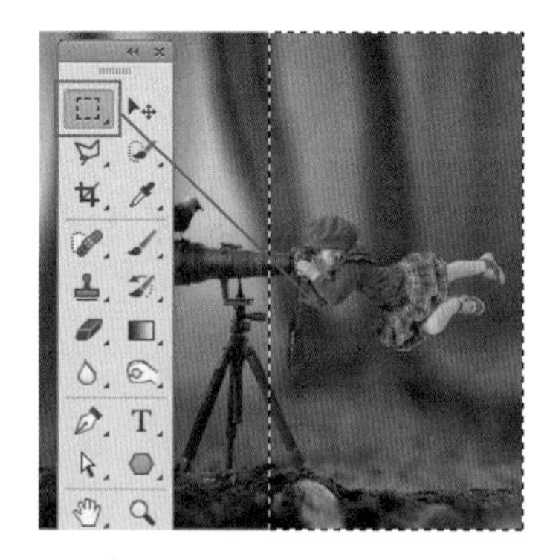

图 3-3　绘制选区

技巧：绘制矩形选区的同时按住 Shift 键，可以绘制出正方形选区。

步骤 03 按 Ctrl+J 键复制选区内的图像，在“图层”面板中会出现“图层 1”图层，如图 3-4 所示。

图 3-4 复制

步骤04 执行菜单中的“编辑”|“变换”|“水平翻转”命令，将“图层 1”中的图像水平翻转，效果如图 3-5 所示。

步骤05 选择（移动工具），按住鼠标左键将“图层 1”中的图像拖曳到页面的左侧，如图 3-6 所示。

图 3-5 水平翻转　　图 3-6 移动

步骤06 在“背景”图层上双击，会弹出“新建图层”对话框，一切以默认值为准，单击“确定”按钮，将“背景”图层变为“图层 0”，如图 3-7 所示。

图 3-7 解锁背景图层

步骤07 将“图层 0”和“图层 1”一同选取，使用（移动工具）将两个图层中的图像向右移动，如图 3-8 所示。

步骤08 使用（裁剪工具）在图像中创建裁剪框，按 Enter 键完成裁剪，至此本例制作完成，效果如图 3-9 所示。

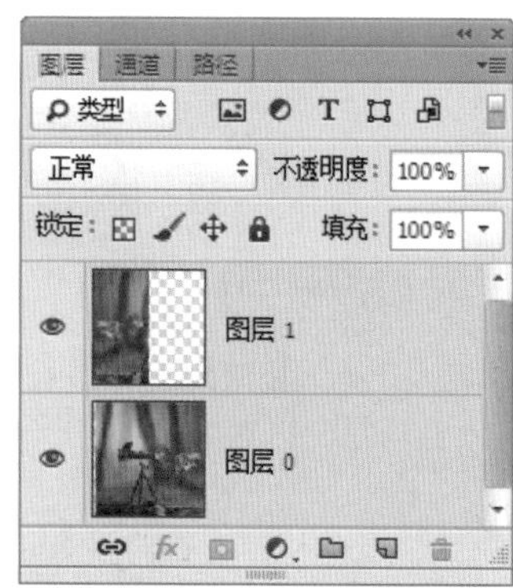

图 3-8　移动

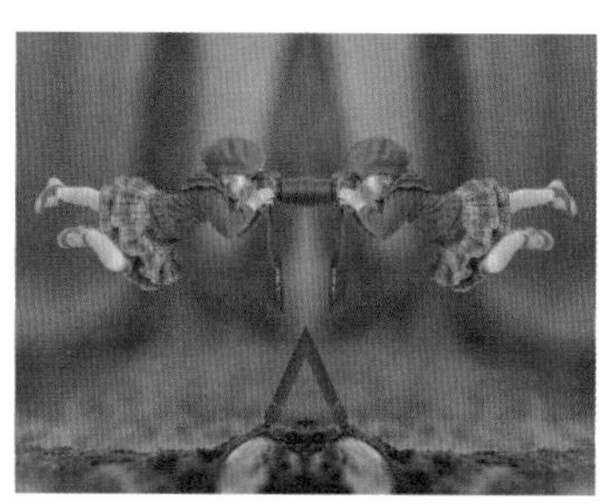

图 3-9　最终效果

技巧：按住 Shift 键在原有选区上绘制选区时可以添加新选区；按住 Alt 键在原有选区上绘制选区时可以减去相交的部分；按 Alt+Shift 键在原有选区上绘制选区时只留下相交的部分。

实例 27　椭圆选框工具局部抠图

实例思路

在 Photoshop 中用来创建椭圆或正圆选区的工具只有（椭圆选框工具），本例就是通过创建并编辑选区来对其进行正圆抠图处理，再通过“匹配颜色”命令，在同一文档中进行不同图层的图像颜色匹配，流程如图 3-10 所示。

图 3-10　操作流程

实例要点

- 打开两个素材
- 使用◯（椭圆选框工具）创建选区
- 拖动选区内的图像到背景中
- 变换移入的图像
- “匹配颜色”调整不同图层的图像色调
- 裁剪图像

操作步骤

步骤01 执行菜单中的“文件”|“打开”命令或按Ctrl+O键，打开随书附带的“素材文件\第3章\剪影.jpg和足球.jpg”文件，如图3-11所示。

图3-11　素材

步骤02 选择“足球”素材后，选择◯（椭圆选框工具），设置“羽化”值为1像素，勾选“消除锯齿”复选框，在足球上创建正圆选区，如图3-12所示。

图3-12　创建选区

技巧： 绘制椭圆选区的同时按住Shift键，可以绘制出正圆选区；选择起始点后，按住Alt键可以以起始点为中心向外创椭圆选区；选择起始点后，按住Alt+Shift键可以以起始点为中心向外创正圆选区。

技巧： 属性栏中的“消除锯齿”选项，在使用“矩形选框工具”时，该功能将不能使用。在勾选该项情况下，绘制的椭圆选区无锯齿现象，所以在选区中填充颜色或图案时，边缘具有很光滑的效果。

技巧：应用属性栏中的“羽化”功能可以将选区的边界进行柔化处理，在数值文本框中输入数值即可。其取值范围在0px～255px。范围越大，填充或删除选区内的图像时边缘就越模糊。如图3-13所示的图像为“羽化”分别为0、20和50时为选区填充白色后的效果。

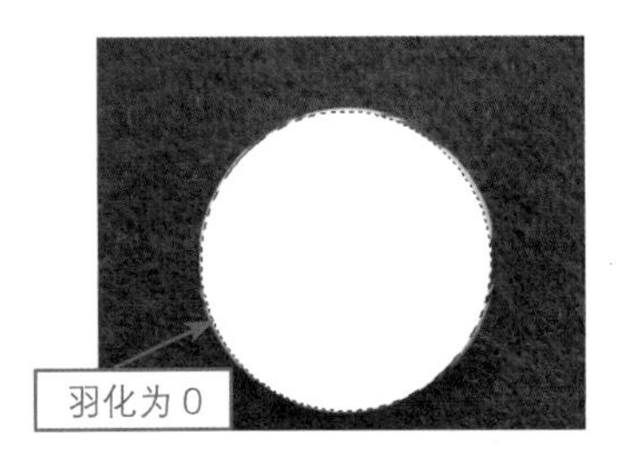

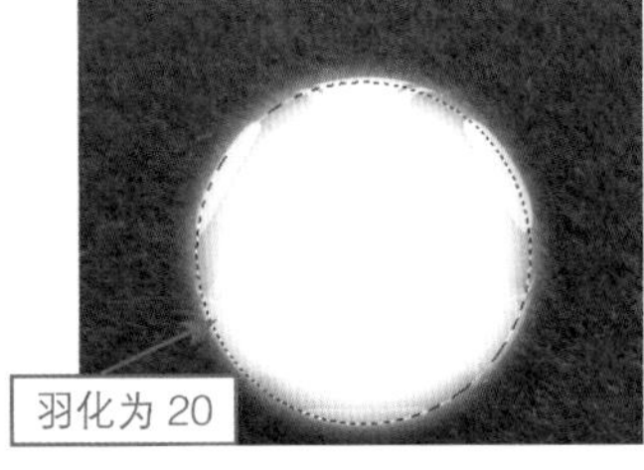

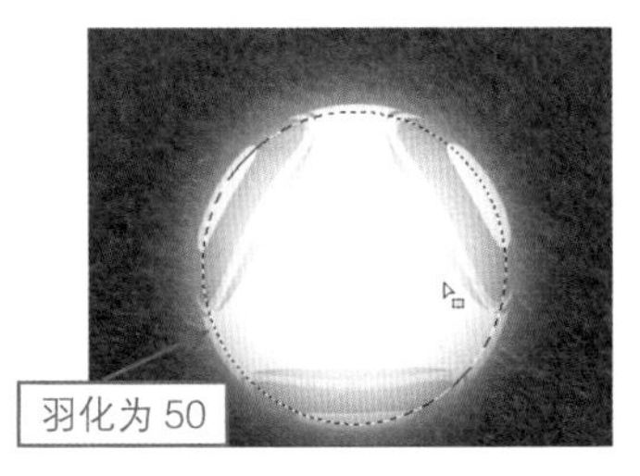

图3-13 不同羽化值的填充效果

步骤03 选择（移动工具），拖动选区中的图像到“剪影”文件中，得到“图层1”，按Ctrl+T键调出变换框，拖动控制点，将图像缩小，如图3-14所示。

图3-14 创建选区

步骤04 按Enter键完成变换，执行菜单中的“图像”|“调整”|“匹配颜色”命令，打开“匹配颜色”对话框，其中的参数值设置如图3-15所示。

步骤05 设置完成单击“确定”按钮，效果如图3-16所示。

图3-15 “匹配颜色”对话框

图3-16 颜色匹配后

步骤06 再使用（裁剪工具）在图像中绘制裁剪框，如图 3-17 所示。

步骤07 按 Enter 键确定。至此本例制作完成，效果如图 3-18 所示

图 3-17 创建裁剪框

图 3-18 最终效果

实例 28 不规则图像抠图

实例思路

对于不规则图像创建选区或进行抠图，能够应用的选区工具是（磁性套索工具）和（多边形套索工具），两个工具在使用上都有自己的特点，将两个工具一块使用的话，选区的创建会更加容易，本例就是通过（磁性套索工具）和（多边形套索工具）相结合，来为不锈钢水壶创建选区并进行抠图的操作，流程如图 3-19 所示。

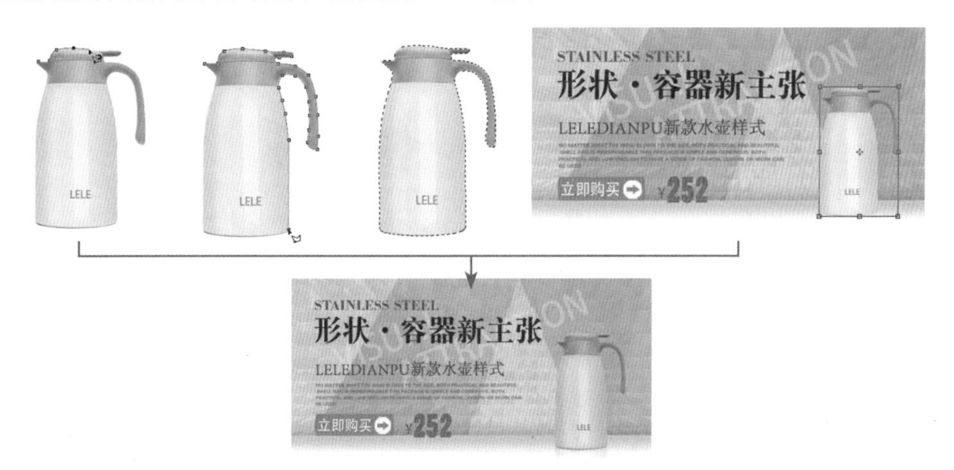

图 3-19 操作流程

实例要点

- “多边形套索工具”和“磁性套索工具”的应用
- 添加图层蒙版
- “移动工具”的应用
- “渐变工具”编辑蒙版
- “羽化”的使用
- 添加投影并创建图层
- “变换”命令的使用
- “亮度 / 对比度”调整图像

操作步骤

步骤01 执行菜单中的“文件”|“打开”命令或按Ctrl+O键，打开随书附带的“素材文件\第3章\水壶.jpg”文件，如图3-20所示。

步骤02 在工具箱中单击（磁性套索工具），在属性栏中设置“羽化”值为1像素，“宽度”为10像素、“对比度”为15%、“频率”为57，在“水壶”素材的图像上单击进行选区创建，如图3-21所示。

图3-20 素材

图3-21 创建选区

技巧：使用（磁性套索工具）创建选区时，单击鼠标也可以创建矩形标记点，用来确定精确的选区；按Delete键或Backspace键，可按照顺序撤销矩形标记点；按Esc键消除未完成的选区。

步骤03 拖动鼠标到水壶边缘较直的区域时，按Alt键在水壶边缘单击，此时会将（磁性套索工具）转换为（多边形套索工具），沿边缘单击创建选区，如图3-22所示。

图3-22 创建选区

技巧：使用（磁性套索工具）进行选区创建时，按住Alt键单击会将（磁性套索工具）转换为（多边形套索工具），松开Alt键后，会将（多边形套索工具）恢复为（磁性套索工具）。

步骤04 在水壶底部边缘处时松开Alt键将（多边形套索工具）恢复为（磁性套索工具），沿水壶边缘创建选区，使用同样的方法将整个水壶选区创建出来，如图3-23所示。

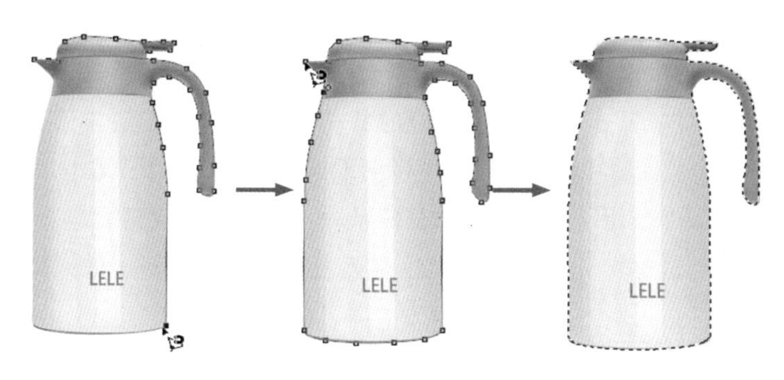

图 3-23 创建选区

步骤05 选区创建完成后，执行菜单中的“选择”|“修改”|“收缩”命令，打开“收缩选区”对话框，设置“收缩量”为 1 像素，设置完成单击“确定”按钮，会将创建的选区收缩一个像素，如图 3-24 所示。

图 3-24 收缩选区

步骤06 执行菜单中的“文件”|“打开”命令或按 Ctrl+O 键，打开随书附带的“素材文件\第 3 章\水壶背景.jpg”文件，将其作为新文档的背景，选择“水壶”文档，使用(移动工具)将选区内的图像拖曳到“水壶背景”文档中，此时在“图层”面板中会出现“图层 1”图层，按 Ctrl+T 键调出变换框，拖动控制点将水壶缩小，如图 3-25 所示。

图 3-25 变换

> **技巧**：在英文输入法状态下按键盘上的 L 键，可以选择(套索工具)、(多边形套索工具)或(磁性套索工具)；按 Shift+L 键可以在它们之间自由转换。

步骤07 按 Enter 键完成变换，按 Ctrl+J 键复制一个“图层 1 拷贝”图层，在“图层”面板中调整图层顺序，如图 3-26 所示。

图 3-26 复制并改变图层顺序

步骤08 执行菜单中的“编辑”|“变换”|“垂直翻转”命令，将“图层 1 拷贝”图层中的图像进行垂直翻转，再使用（移动工具）将图像向下拖动，单击（添加图层蒙版）按钮，为图层添加空白蒙版，使用（渐变工具）在蒙版中从上向下拖动鼠标填充一个“从白色到黑色”的线性渐变，效果如图 3-27 所示。

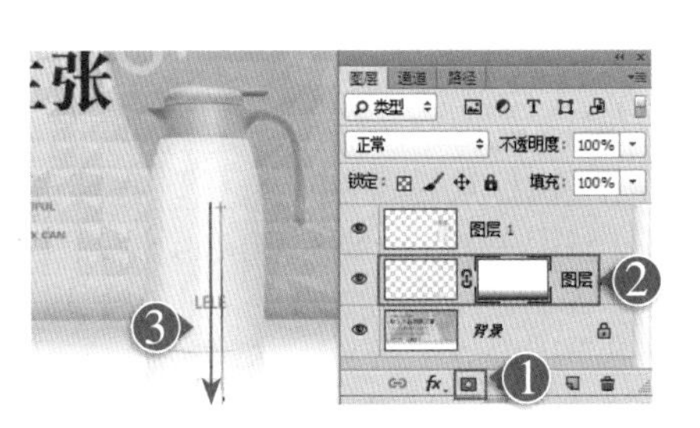

图 3-27 编辑蒙版

步骤09 选择“图层 1”图层，执行菜单中的“图层”|“图层样式”|“投影”命令，打开“投影”面板，其中的参数值设置如图 3-28 所示。

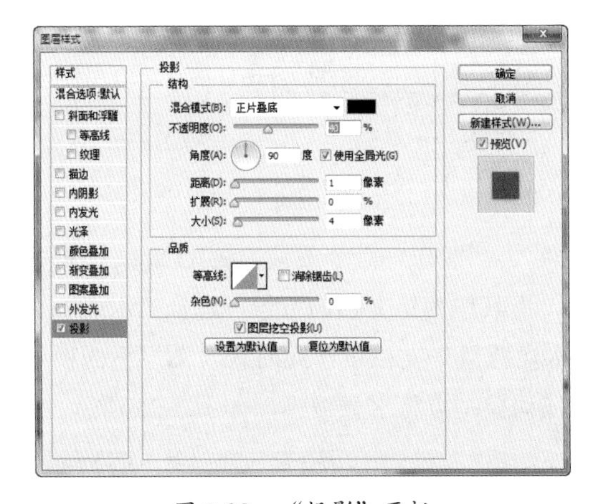

图 3-28 “投影”面板

步骤10 设置完成单击“确定”按钮，效果如图 3-29 所示。

图 3-29 添加投影

步骤11 执行菜单中的“图层”|“图层样式”|“创建图层”命令，在弹出的警告对话框中直接单击“确定”按钮，就可以将图层与添加的投影变为单独两个图层，如图 3-30 所示。

图 3-30 创建图层

步骤 12 选择投影所在的图层，选择 （多边形套索工具），在文档中绘制一个“羽化”为 10 像素的封闭选区，按 Delete 键清除选区内容，效果如图 3-31 所示。

图 3-31 清除选区

步骤 13 按 Ctrl+D 键去掉选区，选择“图层 1”图层，单击 （创建新的填充或调整图层）按钮，在弹出的菜单中选择“亮度 / 对比度”命令，在弹出的“亮度 / 对比度”属性面板中设置各个参数值，如图 3-32 所示。

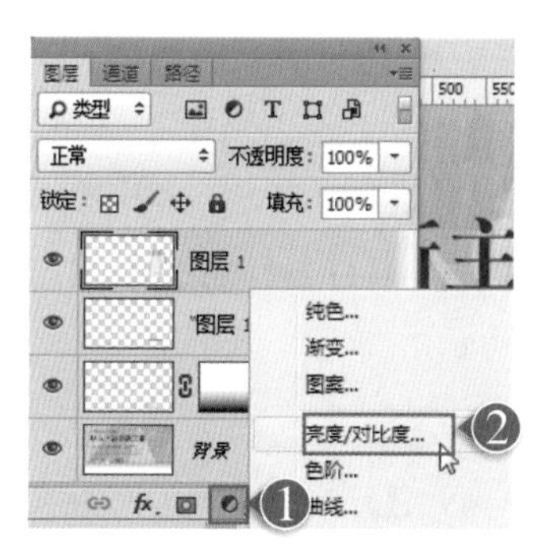

图 3-32 设置参数值

步骤 14 设置完成，完成本例的制作，效果如图 3-33 所示。

图 3-33 最终效果

实例 29 通过魔棒工具创建选区

实例思路

在 Photoshop 中使用（魔棒工具）能选取图像中颜色相同或相近的像素，像素之间可以是相连的，也可以是不连续的。创建选区的方法非常简单，只要在图像中某个颜色像素上单击，系统便会自动创建以该选取点为样本的选区，本例是通过（魔棒工具）快速为图像相近区域创建选区并清除选区内容。流程如图 3-34 所示。

图 3-34 操作流程

实例要点

- 打开素材将两个图像移到一个文档中
- 设置（魔术棒工具）属性
- 使用（魔术棒工具）在背景上单击调出选区
- 清除选区内容
- 应用“匹配颜色”命令匹配图像颜色

操作步骤

步骤 01 执行菜单中的“文件”|“打开”命令或按 Ctrl+O 键，打开随书附带的“素材文件 \ 第 3 章 \ 门庭 .jpg 和天空 .jpg”文件，如图 3-35 所示。

图 3-35 素材

步骤 02 使用（移动工具）将“门庭”素材中的图像拖动到“天空”文档中，按 Ctrl+T 键调出变换框，拖动控制点将图像进行放大，如图 3-36 所示。

图 3-36　移动

步骤 03 按 Enter 键完成变换。选择（魔术棒工具），在属性栏中设置“容差”为 30，勾选“连续”复选框，再使用（魔术棒工具）在图像中的天空上单击调出选区，如图 3-37 所示。

步骤 04 按 Delete 键清除选区内容，在属性栏中设置“选区模式”为“添加到选区”，在小门洞的背景处单击，将此处添加到选区，如图 3-38 所示。

图 3-37　设置魔术棒并调出选区　　图 3-38　添加选区

步骤 05 按 Delete 键清除选区内容，再按 Ctrl+D 键取消选区，效果如图 3-39 所示。

图 3-39　替换背景后

步骤 06 此时发现天空与地面的颜色亮度不是很一致，下面就对其进行调整，执行菜单中的“图像”|“调整”|“匹配颜色”命令，其中的参数值设置如图 3-40 所示。

步骤 07 设置完成单击“确定”按钮，至此本例制作完成，效果如图 3-41 所示。

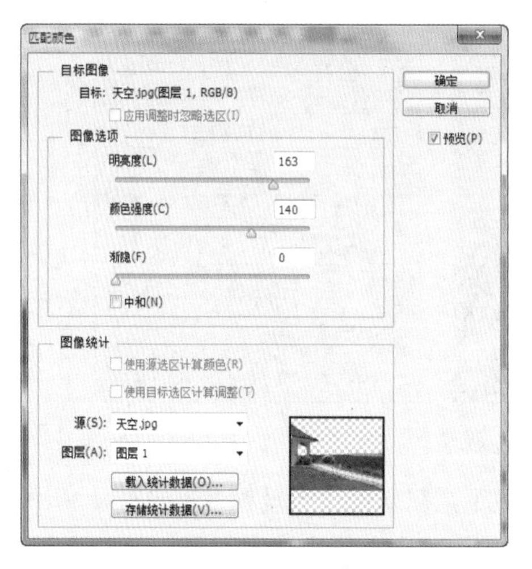

图 3-40　匹配颜色

图 3-41　最终效果

实例 30　快速选择工具创建选区

实例思路

在 Photoshop 中使用（快速选择工具）可以快速在图像中对需要选取的部分建立选区，使用方法非常简单，只要选择该工具后，使用指针在图像中拖动，即可将鼠标经过的地方创建为选区，本例就是通过（快速选择工具）创建选区，并使用“色相 / 饱和度”调整颜色。流程如图 3-42 所示。

图 3-42　操作流程

实例要点

- 打开素材
- 使用（快速选择工具）创建选区
- 应用“色相 / 饱和度”调整色相

操作步骤

步骤 01 执行菜单中的“文件”|“打开”命令或按 Ctrl+O 键，打开随书附带的“素材文件 \ 第 3 章 \ 足球宝贝 .jpg”文件，如图 3-43 所示。

步骤02 选择（快速选择工具），在属性栏中单击“添加到选区”按钮，再使用（快速选择工具）在图像人物中的衣服、短裤和袜子部位拖动创建选区，如图 3-44 所示。

图 3-43 素材

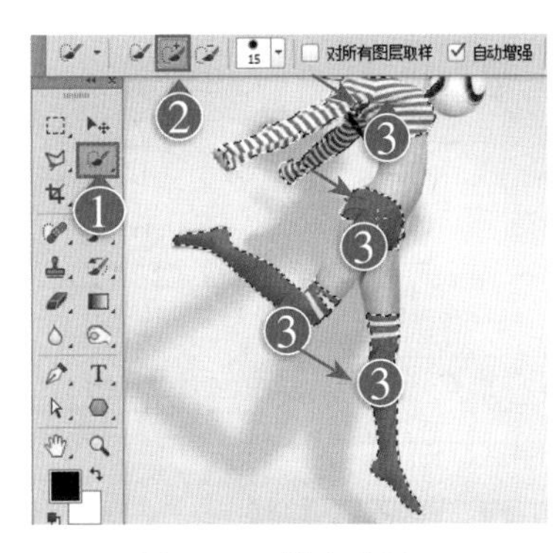

图 3-44 创建选区

步骤03 执行菜单中的“图像”|“调整”|“色相 / 饱和度”命令，打开“色相 / 饱和度”对话框，设置“色相”为 -36，其他不变，如图 3-45 所示。

图 3-45 “色相 / 饱和度”对话框

其中的各项含义如下。

- 预设：系统保存的调整数据。
- 编辑：用来设置调整的颜色范围。
- 色相：通常指的是颜色，即红色、黄色、绿色、青色、蓝色和洋红。
- 饱和度：通常指的是一种颜色的纯度，颜色越纯，饱和度就越大；颜色纯度越低，相应颜色的饱和度就越小。
- 明度：通常指的是色调的明暗度。
- 着色：勾选该复选框后，只可以为全图调整色调，并将彩色图像自动转换成单一色调的图片。
- 按图像选取点调整图像饱和度：单击此按钮，使用鼠标在图像的相应位置拖动时，会自动调整被选取区域颜色的饱和度，按住 Ctrl 键拖动时会改变色相。

在“色相 / 饱和度”对话框的“编辑”下拉列表中选择单一颜色后，“色相 / 饱和度”对话框的其他功能会被激活，如图 3-46 所示。

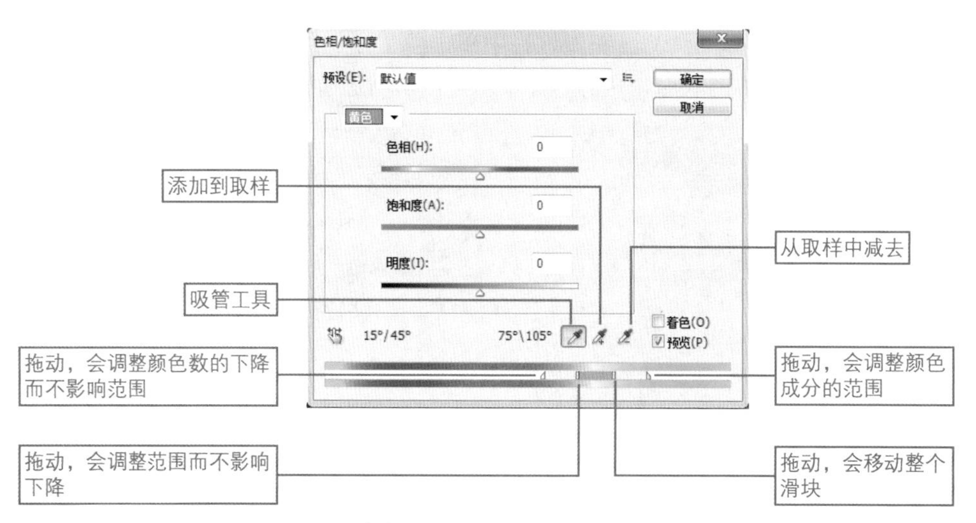

图 3-46　“色相 / 饱和度”对话框（功能激活）

其中的各项含义如下。

- 吸管工具：可以在图像中选择具体编辑色调。
- 添加到取样：可以在图像中为已选取的色调再增加调整范围。
- 从取样中减去：可以在图像中为已选取的色调减少调整范围。

步骤04 设置完成单击“确定”按钮，按 Ctrl+D 键取消选区，本例的最终效果如图 3-47 所示。

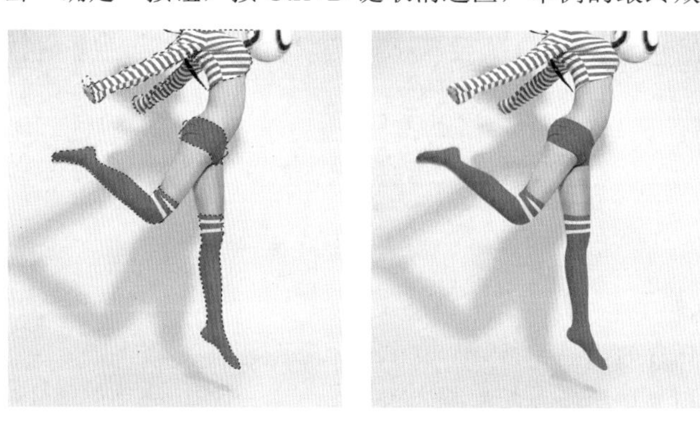

图 3-47　最终效果

实例 31　选区的载入与存储

实例思路

在处理图像时，创建的选区不止使用一次，如果想对创建的选区进行多次使用时，就应该将其储存以便以后的多次应用，对选区的储存可以通过“存储选区”命令来完成，对选区的载入可以通过“载入选区”命令来完成，本例就是结合选区的载入与存储，来为其应用“极坐标”滤镜，以此制作出飞出的特效，流程如图 3-48 所示。

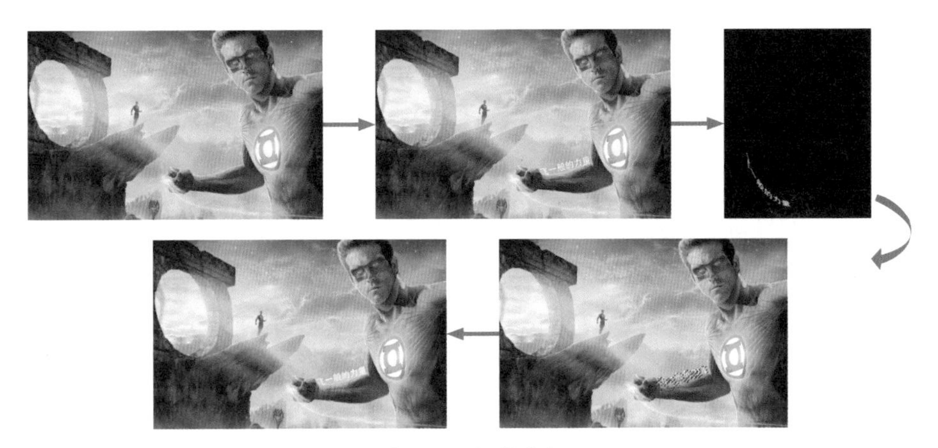

图 3-48 操作流程

实例要点

- “横排文本工具”的应用
- “风”命令的应用
- “载入选区”和“存储选区”的应用
- “图像旋转”命令的应用
- “极坐标”命令的应用

操作步骤

步骤 01 执行菜单中的“文件”|“打开”命令或按 Ctrl+O 键，打开随书附带的“素材文件 \ 第 3 章 \ 海报 .jpg”文件，如图 3-49 所示。

图 3-49 素材

步骤 02 使用T（横排文字工具），设置合适的文字字体及文字大小后，在画布中单击输入文本，按 Ctrl+T 键调出变换框，拖动控制点移动文字方向并调整位置，按 Enter 键完成，如图 3-50 所示。

图 3-50 输入文字

步骤 03 执行菜单中的“选择”|“载入选区”命令，打开“载入选区”对话框，其中的参数值设置如图 3-51 所示。

其中的各项含义如下。

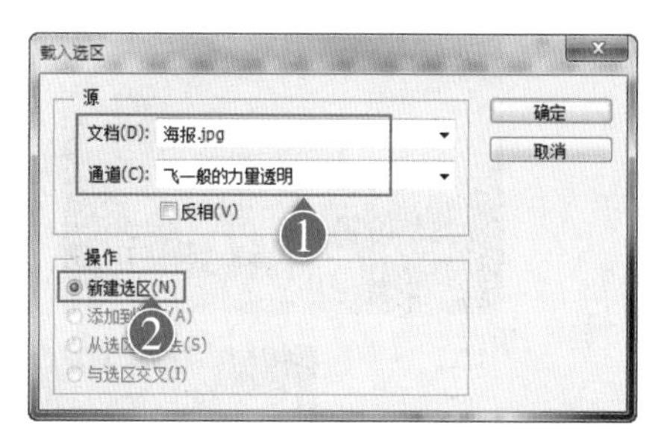

图 3-51 “载入选区”对话框

- 文档：要载入选区的当前文档。
- 通道：载入选区的通道。
- 反相：勾选该复选框，会将选区反选。
- 新建选区：载入通道中的选区，当图像中存在选区时，勾选此项可以替换图像中的选区，此时操作部分的其他选项会被激活。
- 添加到选区：载入选区时与图像的选区合成一个选区。
- 从选区中减去：载入选区时与图像中选区交叉的部分将会被刨除。
- 与选区交叉：载入选区时与图像中选区交叉的部分保留。

图 3-52 载入选区

步骤04 设置完成单击“确定”按钮，选区被载入，效果如图 3-52 所示。

> 技巧：在“载入选区”对话框中，如果被存储的选区多于 1 个时，在“操作”复选框中其他选项才会被激活。

步骤05 执行菜单中的“选择”|“存储选区”命令，打开“存储选区”对话框，其中的参数值设置如图 3-53 所示。

步骤06 设置完成后，单击“确定”按钮，执行菜单中的“窗口”|“通道”命令，打开“通道”面板，选择新建的 Alpha 1，效果如图 3-54 所示。

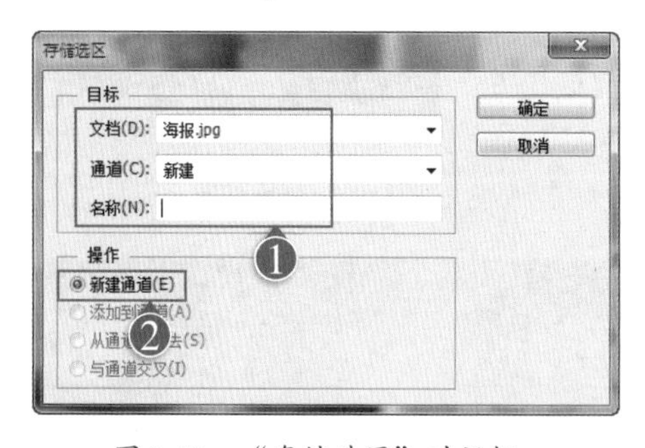

图 3-53 “存储选区”对话框

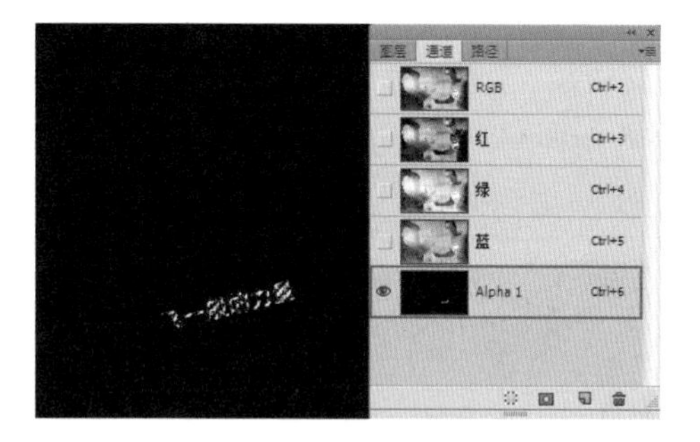

图 3-54 通道

步骤07 按 Ctrl+D 键，取消选区，执行菜单中的“滤镜”|“扭曲”|“极坐标”命令，打开“极坐标”对话框，选中“平面坐标到极坐标”单选按钮，如图 3-55 所示。

步骤08 设置完成后，单击“确定”按钮，执行菜单中的“图像”|“旋转图像”|“顺时针 90 度”命令，效果如图 3-56 所示。

步骤09 执行菜单中的“滤镜”|“风格化”|“风”命令，打开“风”对话框，其中的参数值设置如图 3-57 所示。

步骤10 设置完成后，单击“确定”按钮，再按 Ctrl+F 键两次，为图像再应用两次“风”滤镜，效果如图 3-58 所示。

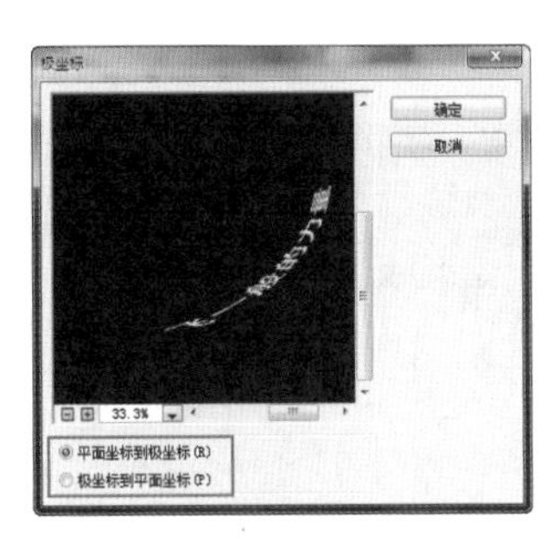

图 3-55 “极坐标”对话框

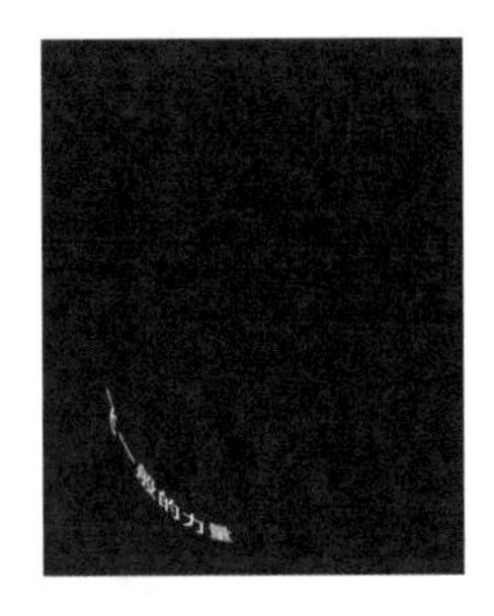

图 3-56 设置极坐标后旋转图像

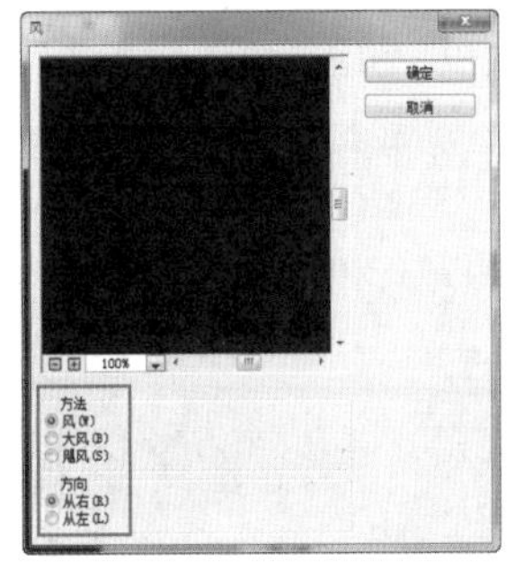

图 3-57 “风”对话框

图 3-58 使用风滤镜后

技巧： 应用滤镜命令后，按 Ctrl+F 键可以再次应用上次使用的滤镜。

步骤 11 执行菜单中的“图像”|“旋转图像”|“逆时针 90 度”命令，效果如图 3-59 所示。

步骤 12 执行菜单中的“滤镜”|“扭曲”|“极坐标”命令，打开“极坐标”对话框，选中“极坐标到平面坐标”单选按钮，效果如图 3-60 所示。

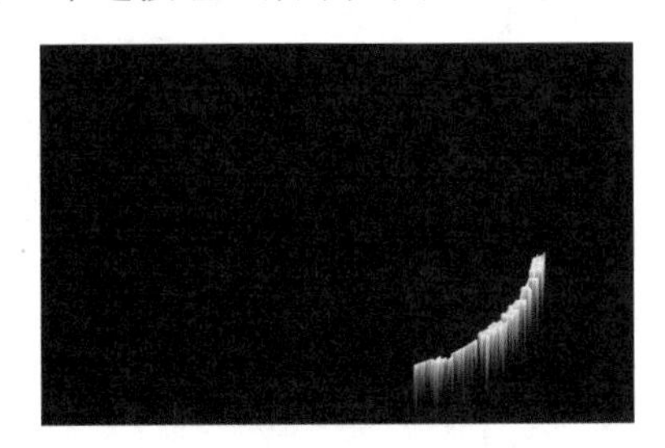

图 3-59 旋转

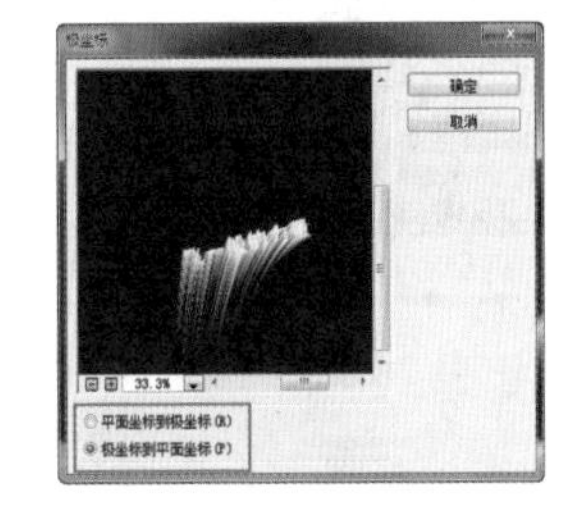

图 3-60 “极坐标”对话框

步骤 13 设置完成单击“确定”按钮，效果如图 3-61 所示。

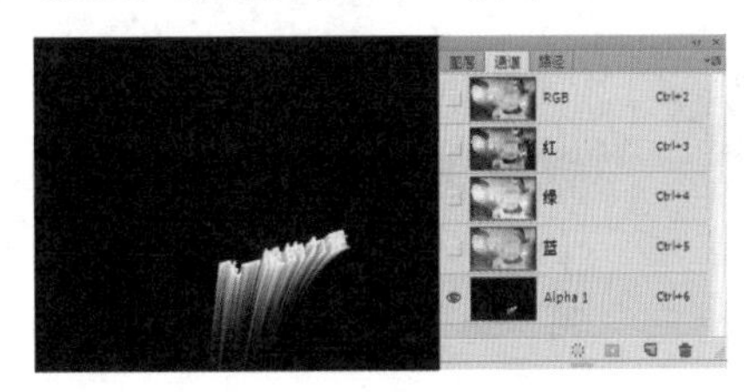

图 3-61 设置坐标后

步骤14 选择“复合”通道，执行菜单中的“选择”|“载入选区”命令，打开“载入选区”对话框，其中的参数值设置如图 3-62 所示。

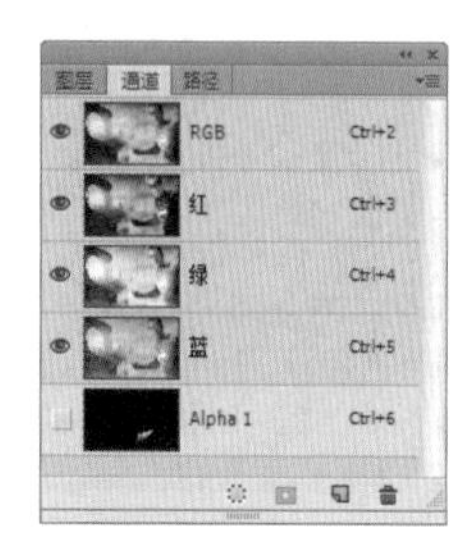
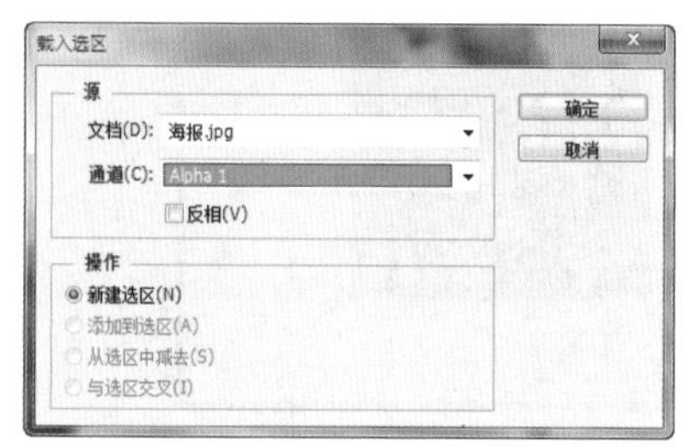

图 3-62　载入选区

步骤15 设置完成单击“确定”按钮，转换到“图层”面板，新建一个“图层 1”图层，如图 3-63 所示。

图 3-63　新建“图层 1”图层

步骤16 将前景色设置为海报顶端的“青色”，如图 3-64 所示。

步骤17 按 Alt+Delete 键填充前景色，如图 3-65 所示。

图 3-64　设置前景色

图 3-65　填充前景色

步骤18 按 Ctrl+D 键去掉选区，设置“混合模式”为“线性减淡（添加）”，效果如图 3-66 所示。

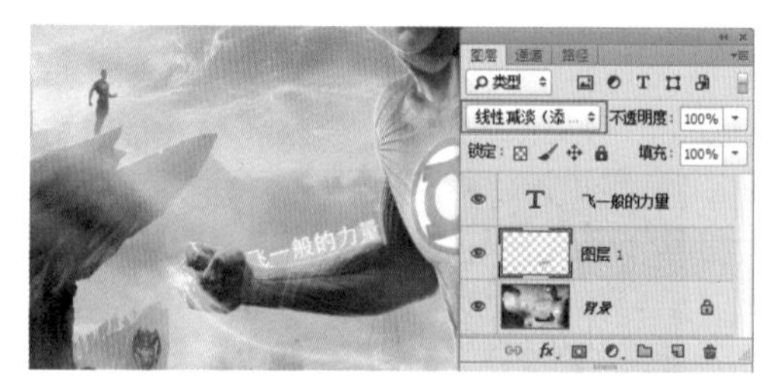

图 3-66　设置混合模式

步骤19 按 Ctrl+J 键复制“图层 1”图层，得到“图层 1 拷贝”图层，设置“混合模式”为“正常”、“不透明度”为15%，如图3-67所示。

步骤20 至此本例制作完成，最终效果如图3-68所示。

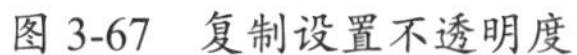

图3-67 复制设置不透明度

图3-68 最终效果

实例32 图像通过选区创建边界效果

实例思路

在Photoshop中“边界”命令可以在原选区的基础上向内外两边扩大选区，扩大后的选区会形成新的选区，本例通过“边界和羽化”命令对创建的选区制作边框，流程如图3-69所示。

图3-69 操作流程

实例要点

- “打开”命令的使用
- “马赛克拼贴”滤镜的使用
- “边界”命令调整选区
- “羽化”命令调整选区
- 填充选区

操作步骤

步骤01 执行菜单中的“文件”|“打开”命令或按Ctrl+O键，打开随书附带的“素材文件\第3章\小朋友.jpg”文件，如图3-70所示。

图3-70 素材

步骤02 执行菜单中的“滤镜”|“滤镜库”命令，在对话框中选择“纹理/马赛克拼贴”命令，打开“马赛克拼贴（100%）”对话框，其中的参数值设置如图3-71所示。

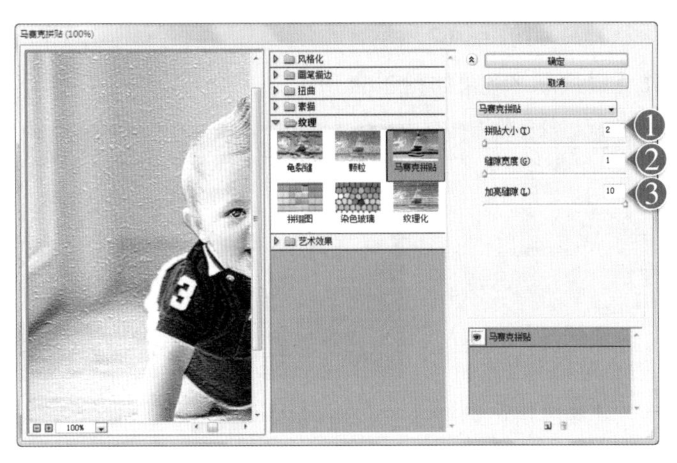

图 3-71 “马赛克拼贴（100%）”对话框

步骤03 设置完成后，单击“确定”按钮，效果如图 3-72 所示。

步骤04 按 Ctrl+A 键调出整个图像的选区，新建一个图层并将其重命名为“边框”，如图 3-73 所示。

图 3-72 马赛克拼贴后

图 3-73 调出选区

技巧：在“图层”面板中按住 Ctrl 键将鼠标指针移到图层名称缩览图上后，单击可以快速调出当前图层的选区。背景图层不能使用此方法调出选区。

步骤05 执行菜单中的“选择”|“修改”|“边界”命令，打开“边界选区”对话框，设置“宽度”值为 20 像素，单击“确定”按钮后，效果如图 3-74 所示。

步骤06 执行菜单中的“选择”|“修改”|“羽化”命令，打开“羽化选区”对话框，设置“羽化半径”值为 5 像素，单击“确定”按钮后，效果如图 3-75 所示。

图 3-74 设置边界

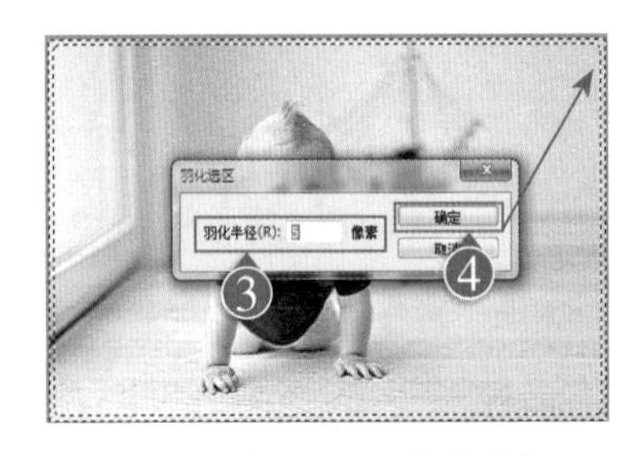

图 3-75 设置羽化

步骤07 在工具箱中设置“前景色”颜色值为 RGB（22、42、80），按 Alt+Delete 键填充前景色，效果如图 3-76 所示。

步骤08 按Ctrl+D键，取消选区，执行菜单中的“图层”|“图层样式”|“斜面和浮雕”命令，打开“斜面和浮雕”面板，其中的参数值设置如图3-77所示。

图3-76 填充选区

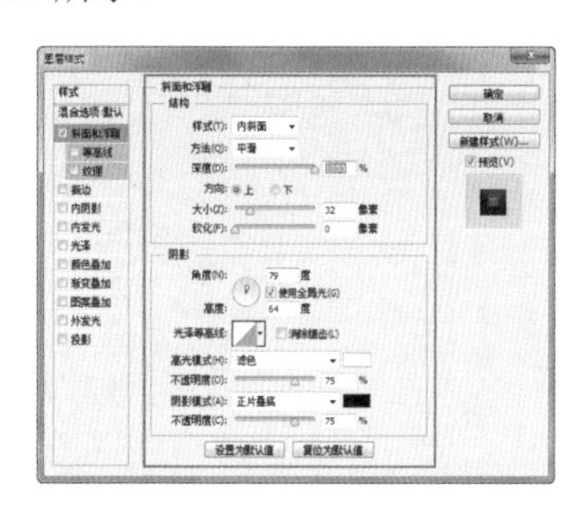

图3-77 “斜面和浮雕”面板

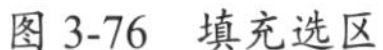

步骤09 设置完成后，单击“确定”按钮，本例的最终效果如图3-78所示。

图3-78 最终效果

实例33 图像中的毛发抠图

实例思路

抠图时会遇到人物的发丝区域，如果使用（多边形套索工具）或（钢笔工具）进行抠图，会发现头发区域出现背景抠不干净的效果，此时使用“调整边缘”命令可以对已经创建的选区进行半径、对比度、平滑和羽化等调整，会将毛发区域抠取得更加细致，流程如图3-79所示。

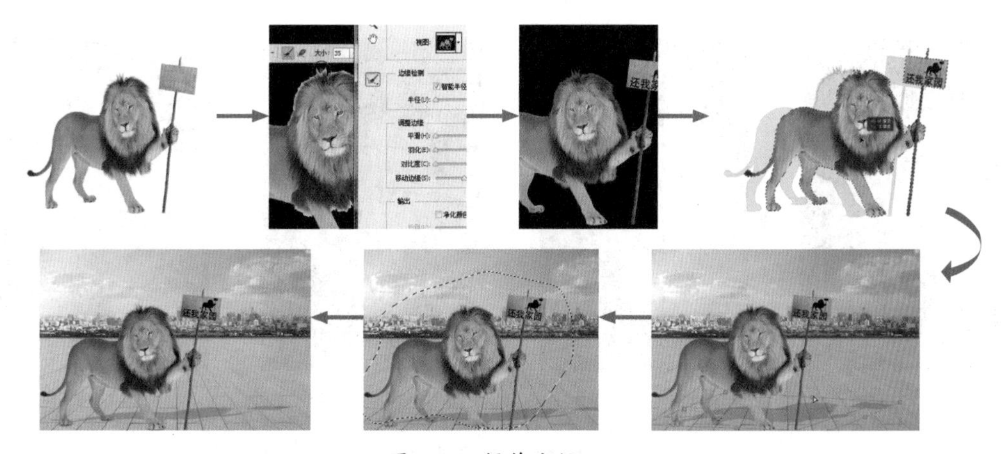

图3-79 操作流程

实例要点

- "打开"命令的使用
- "快速选择工具"创建选区
- 变换选区填充颜色
- 调整不透明度
- 创建"投影"并创建图层
- 创建羽化选区并删除选区内的图像

操作步骤

步骤01 执行菜单中的"文件"|"打开"命令或按 Ctrl+O 键，打开随书附带的"素材文件\第 3 章\狮子 .jpg"文件，如图 3-80 所示。

步骤02 使用（快速选择工具）在狮子上拖动创建一个选区，创建选区后，执行菜单中"选择"|"调整边缘"命令，打开"调整边缘"对话框，选择（调整半径工具），在狮子毛发边缘处向外按下鼠标拖动，如图 3-81 所示。

图 3-80　素材　　　　图 3-81　编辑选区

步骤03 在毛发处按下鼠标细心涂抹，此时会发现毛发边缘已经出现在视图中，拖动过程如图 3-82 所示。

步骤04 涂抹后发现边缘处有多余的部分，此时只要按住 Alt 键，在多余处拖动，就会将其复原，如图 3-83 所示。

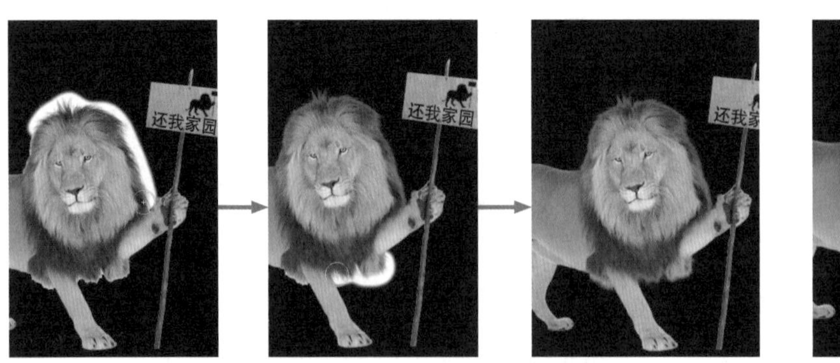

图 3-82　编辑毛发　　　　图 3-83　编辑选区

步骤05 设置完成单击"确定"按钮，调出编辑后的选区，打开"城市"素材，使用（移动工具）

将“狮子”素材选区内的图像拖动到“城市”文档中，如图 3-84 所示。

图 3-84　移动

步骤 06 按住 Ctrl 键单击“狮子”所在图层，调出选区后，新建一个图层，命名为“影”，将选区填充为黑色，如图 3-85 所示。

图 3-85　填充

步骤 07 按 Ctrl+T 键调出变换框变换形状，按 Enter 键完成变换，调整“不透明度”为 24%，效果如图 3-86 所示。

图 3-86　变换

步骤 08 按 Enter 键完成变换，选择狮子所在的“图层 1”图层，执行菜单中的“图层”|“图层样式”|“投影”命令，打开“投影”面板，其中的参数值设置如图 3-87 所示。

步骤 09 设置完成单击“确定”按钮，效果如图 3-88 所示。

步骤 10 执行菜单中的“图层”|“图层样式”|“创建图层”命令，在弹出的警告对话框中直接单击“确定”按钮，就可以将图层与添加的投影变为单独两个图层，选择投影所在的图层，使用（多边形套索工具），在文档中绘制一个“羽化”为 10 像素的封闭选区，按 Delete 键清除选区内容，

效果如图 3-89 所示。

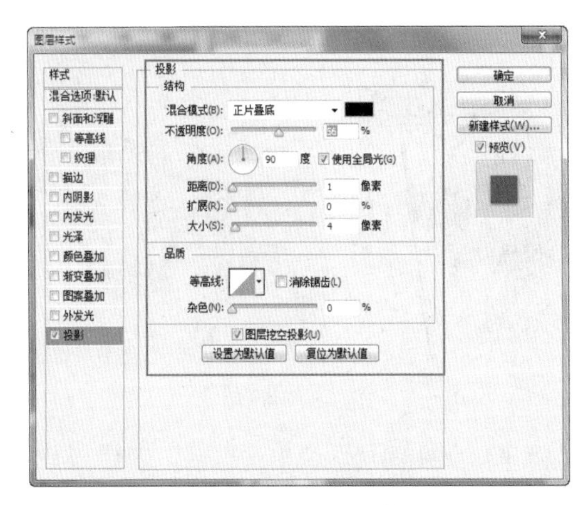

图 3-87　设置投影

图 3-88　添加了投影

图 3-89　编辑

步骤 11 按 Ctrl+D 键去掉选区，至此本例制作完成，效果如图 3-90 所示。

图 3-90　最终效果

实例 34 变换选区形状

实例思路

“变换选区”命令指的是可以直接改变创建选区蚂蚁线的形状，而不会对选取的内容进行变换。在图像中创建选区后，在菜单中执行“选择”|“变换选区”命令，此时会调出选区变换框，只要拖动控制点即可对创建的选区进行变换，本例就是通过“变换选区”后，再对选区进行填充，流程如图 3-91 所示。

图 3-91 操作流程

实例要点

- “移动工具”的应用
- “载入选区”命令与“变换选区”命令的应用
- “高斯模糊”命令的应用
- 不透明度

操作步骤

步骤01 执行菜单中的“文件”|“打开”命令或按 Ctrl+O 键，打开随书附带的“素材文件\第3章\相拥.png 和图.jpg”文件，如图 3-92 所示。

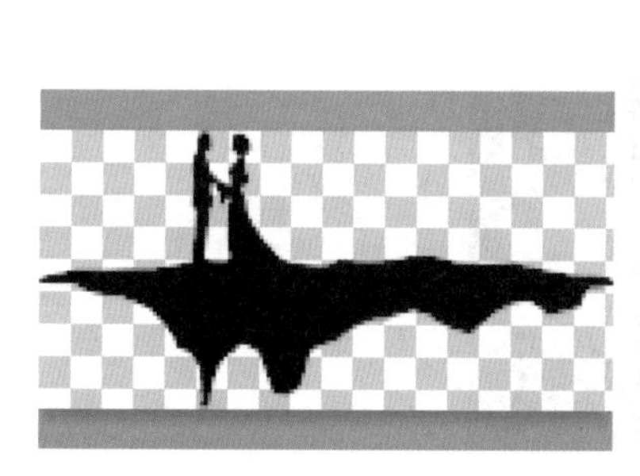

图 3-92 素材

步骤02 使用（移动工具）将“相拥”素材中的图像拖曳到“图”文档中，按 Ctrl+T 键，调出变换框，改变图像的大小并将其移动到相应的位置，再将新建的图层重命名为“相拥”，如图 3-93 所示。

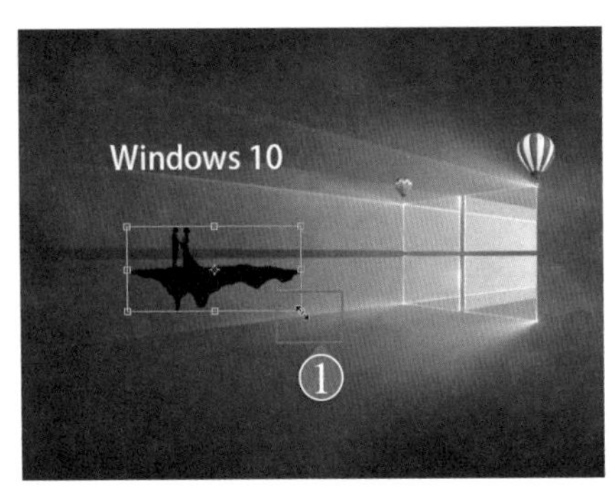

图 3-93 移动

步骤03 按Enter键完成变换，执行菜单中的“选择”|“载入选区”命令，打开“载入选区”对话框，其中的参数设置如图3-94所示。

步骤04 设置完成后，单击“确定”按钮，“相拥”图层的选区被调出，在“图层”面板上单击“创建新图层”按钮，新建一个图层并将其重命名为“影”，如图3-95所示。

图 3-94 “载入选区”对话框

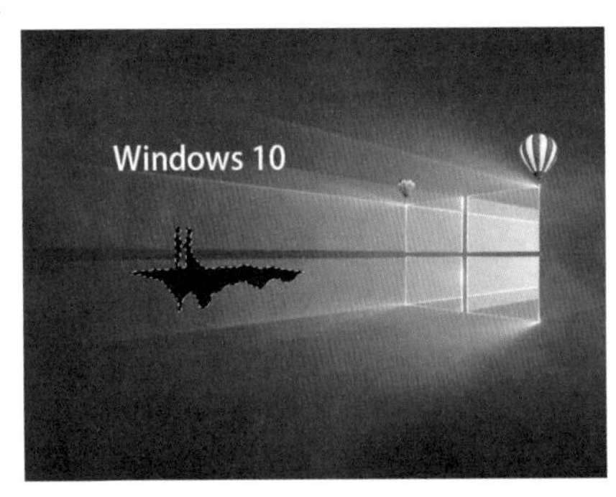

图 3-95 调出选区并创建新图层

步骤05 执行菜单中的“选择”|“变换选区”命令，调出“变换选区”变化框，按住Ctrl键拖曳控制点改变选区的形状，如图3-96所示。

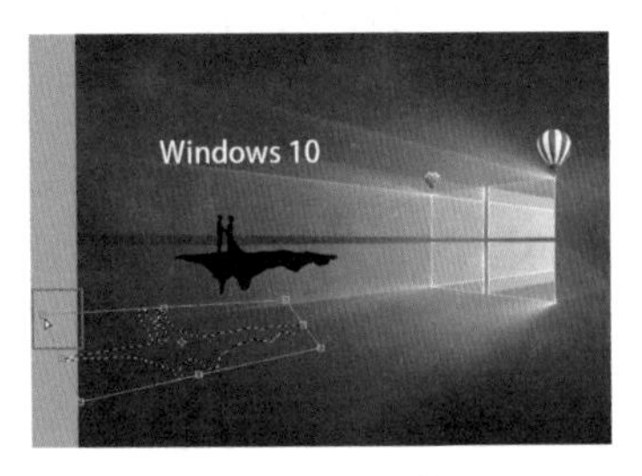

图 3-96 变换选区

技巧： 使用“变换选区”变换框时，按住Ctrl键，同时按住鼠标左键拖曳选取的变化点，就可以随意变换选区。

技巧： 在对已经应用变换框变换过的对象，只要复制它，按 Ctrl+Shift+T 键，就可以重复前一步的变化效果，按 Ctrl+Alt+Shift+T 键可以复制图像并重复前一步的变化效果。

步骤06 按 Enter 键，按 Alt+Delete 键将选区填充默认的黑色，在“图层”面板中将“影”图层拖曳到“相拥”图层的下方，如图 3-97 所示。

图 3-97 更改图层顺序

步骤07 按 Ctrl+D 键取消选区，执行菜单中的“滤镜”|“模糊”|“镜头模糊”命令，打开“镜头模糊（100%）”对话框，其中的参数设置如图 3-98 所示。

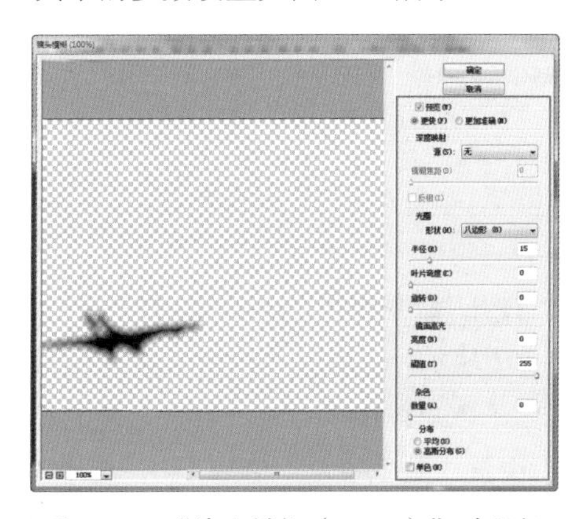

图 3-98 “镜头模糊（100%）”对话框

步骤08 设置完成后，单击“确定”按钮，并在“图层”面板上设置“不透明度”值为 82%，效果如图 3-99 所示。

步骤09 至此本例制作完成，效果如图 3-100 所示。

图 3-99 模糊后并设置不透明度

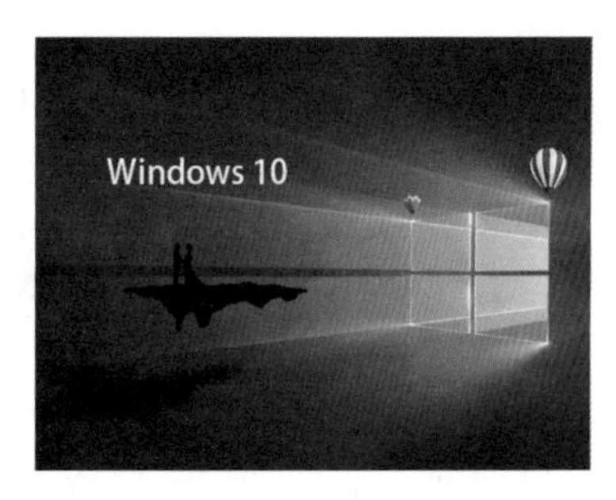

图 3-100 最终效果

实例 35 利用色彩范围创建选区

实例思路

在 Photoshop 中使用“色彩范围”命令可以根据选择图像中指定的颜色自动生成选区，如果图像中存在选区，那么色彩范围只局限在选区内，本例就是通过“色彩范围”命令将图像中相似的颜色范围调出选区，流程如图 3-101 所示。

图 3-101 操作流程

实例要点

- 打开文档
- “色彩范围”命令的应用
- “图层”面板中“创建新的填充或调整图层”
- “色相 / 饱和度”调整颜色

操作步骤

步骤 01 执行菜单中的“文件”|“打开”命令或按 Ctrl+O 键，打开随书附带的“素材文件\第 3 章\飞舞的抱枕 .jpg”文件，如图 3-102 所示。

步骤 02 执行菜单中的“选择”|“色彩范围”命令，打开“色彩范围”对话框，在“选择”下拉菜单中选择“取样颜色”，设置“颜色容差”值为 140，选中“选择范围”单选按钮，使用 （颜色选择器）在打开素材中人物抱着的抱枕上选取作为选区的颜色，如图 3-103 所示。

图 3-102 素材

图 3-103 色彩范围

该对话框中的各项含义如下。

- 选择：用来设置创建选区的方式，在下拉菜单中可以选择。
- 检测人脸：自动对像素对比较为强烈的边缘进行选取，更加有效地对人物脸部肤色进行选取，该复选框只有选中“本地化颜色簇”复选框后才会被激活。
- 本地化颜色簇：用来设置相连范围的选取，勾选该复选框后，被选取的像素呈现放射状扩散相连的选区。
- 颜色容差：用来设置被选颜色的范围。数值越大，选取的同样颜色范围越广。只有在“选择”下拉菜单中选择“取样颜色”时，该选项才会被激活。
- 范围：用来设置（吸管工具）点选的范围，数值越大，选区的范围越广。只有使用（吸管工具）单击图像后，该选项才会被激活。
- 选择范围 / 图像：用来设置预览框中显示的是选择区域还是图像。
- 选区预览：用来设置文件图像中的预览选区方式。包括“无”“灰度”“黑色杂边”“白色杂边”和“快速蒙版”。
  - 无：不设置预览方式，如图 3-104 所示。
  - 灰度：以灰度方式显示预览，选区为白色，如图 3-105 所示。
  - 黑色杂边：选区显示为原图像，非选区区域以黑色覆盖，如图 3-106 所示。
  - 白色杂边：选区显示为原图像，非选区区域以白色覆盖，如图 3-107 所示。
  - 快速蒙版：选区显示为原图像，非选区区域以半透明蒙版颜色显示，如图 3-108 所示。

图 3-104　无

图 3-105　灰度

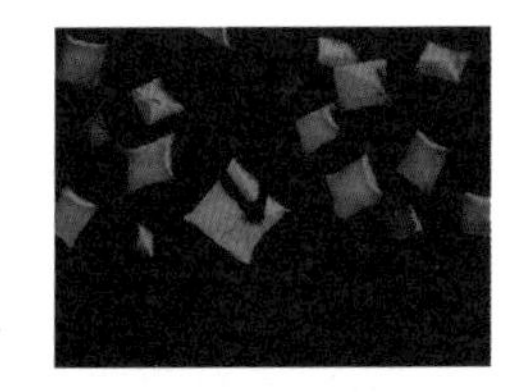

图 3-106　黑色杂边

图 3-107　白色杂边

图 3-108　快速蒙版

- 载入：可以将先前的选区效果应用到当前文件中。
- 存储：将制作好的选区效果进行存储，以备后用。
- 吸管工具：使用（吸管工具）在图像上单击，可以设置由蒙版显示的区域。
- 添加到取样：使用（添加到取样）在图像上单击，可以将新选取的颜色添加到选区内。
- 从取样中减去：使用（从取样中减去）在图像上单击，可以将新选取的颜色从选区中删除。
- 反相：勾选该复选框，可以将选区反转。

> 技巧：在“色彩范围”对话框中，如果选中“图像”单选按钮，在对话框中就可以看到图像。“色彩范围”命令不能应用于 32 位 / 通道的图像。

步骤03 设置完成后，单击“确定”按钮，调出选取的选区，如图 3-109 所示。

步骤04 在“图层”面板上单击 (创建新的填充或调整图层)按钮，在打开的下拉菜单中选择“色相 / 饱和度”选项，如图 3-110 所示。

步骤05 打开“色相 / 饱和度”属性面板，设置参数值如图 3-111 所示。

图 3-109 调出选区

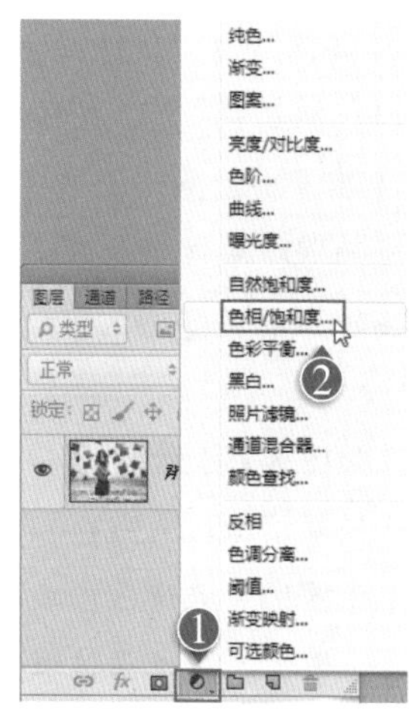

图 3-110 选择“色相 / 饱和度”选项

图 3-111 色相 / 饱和度面板

步骤06 设置完成后，本例制作完成，效果如图 3-112 所示。

图 3-112 最终效果

本章练习与习题

练习

以不同模式创建选区的方法。

用于设置选区的创建模式主要包含：(新选区)、(添加到选区)、(从选区中减去)和(与选区交叉)。

1. 新选区

当文档中存在选区时，再创建选区会将先前的选区替换，如图 3-113 所示。

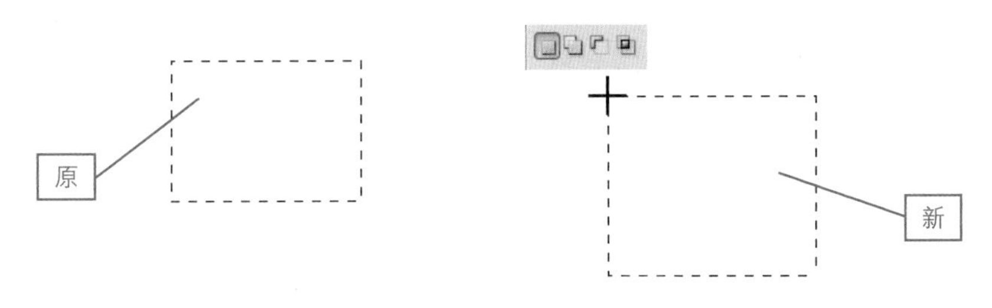

图 3-113 新选区

2. 添加到选区

在已存在选区的图像中拖动鼠标绘制新选区，如果与原选区相交，则组合成新的选区；如果选区不相交，则新创建另一个选区。创建方法如下。

步骤01 新建一个空白文档，先使用▢（矩形选框工具）在图像中创建一个选区。

步骤02 再使用▢（矩形选框工具），在属性栏中单击▢（添加到选区）按钮后，在界面中已经存在的选区上创建另一个交叉选区，创建后的效果如图 3-114 所示。

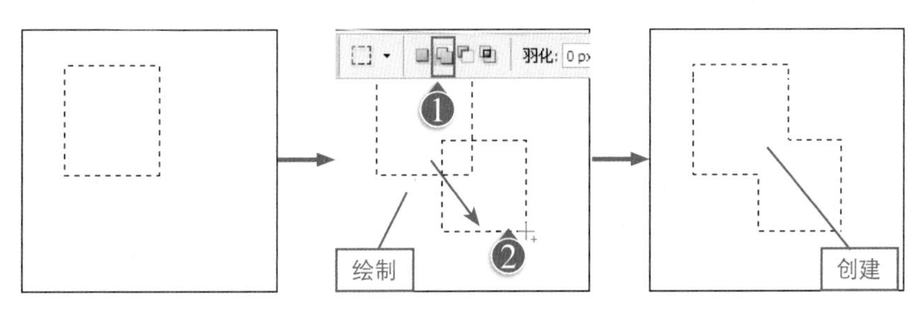

图 3-114 创建添加到选区（相交时）

步骤03 按 Ctrl+Z 键返回到上一步，再使用▢（矩形选框工具），在属性栏中单击▢（添加到选区）按钮后，在界面中重新拖动创建另一个不相交的选区，创建后的效果如图 3-115 所示。

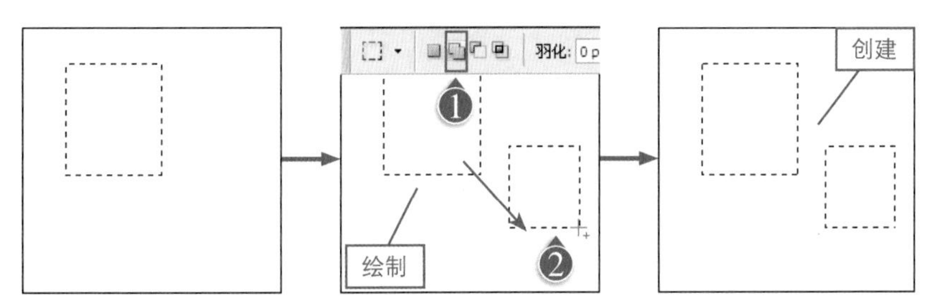

图 3-115 创建添加到选区（不相交时）

技巧： 当在已经存在选区的图像中创建第二个选区时，按住 Shift 键进行绘制时，会自动完成添加到选区功能，相当于单击属性栏中▢（添加到选区）按钮。

3. 从选区中减去

在已存在选区的图像中拖动鼠标绘制新选区，如果选区相交，则合成的选择区域会删除相交的区域；如果选区不相交，则不能绘制出新选区。创建方法如下。

步骤01 新建一个空白文档。先使用▢（矩形选框工具）在图像中创建一个选区。

步骤02 再使用▢（矩形选框工具），在属性栏中单击▢（从选区中减去）按钮后，在页面中已经存在的选区上创建另一个交叉选区，创建后的效果如图3-116所示。

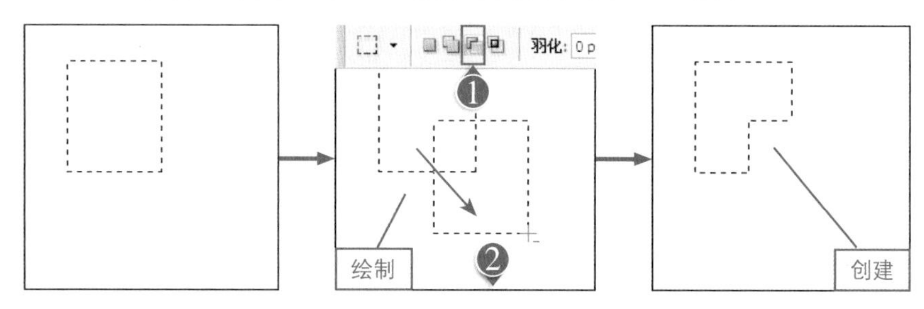

图3-116　创建从选区中减去

> **技巧：** 当在已经存在选区的图像中创建第二个选区时，按住Alt键进行绘制时，会自动完成从选区中减去功能，相当于单击属性栏中▢“从选区中减去”按钮。

4. 与选区交叉

在已存在选区的图像中拖动鼠标绘制新选区，如果选区相交，则合成的选区会只留下相交的部分；如果选区不相交，则不能绘制出新选区。创建方法如下。

步骤01 新建一个空白文档。先使用▢（矩形选框工具）在图像中创建一个选区。

步骤02 再使用▢（矩形选框工具），在属性栏中单击▢（与选区交叉）按钮后，在页面中已经存在的选区上创建另一个交叉选区，创建后的效果如图3-117所示。

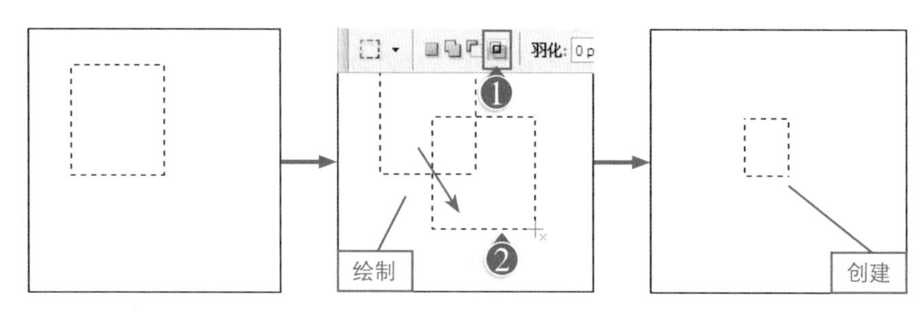

图3-117　与选区交叉

> **技巧：** 当在已经存在选区的图像中创建第二个选区时，按住Alt+Shift键进行绘制时，会自动完成与选区相交功能，相当于单击属性栏中的▢（与选区交叉）按钮。

习题

1. 将选区进行反选的快捷键是（　　）。

A. Ctrl+A　　B. Ctrl+Shift+I　　C. Alt+Ctrl+R　　D. Ctrl+ I

2. 调出“调整边缘”对话框的快捷键是（　　）。

A. Ctrl+U　　B. Ctrl+Shift+I　　C. Alt+Ctrl+R　　D. Ctrl+E

3. 剪切的快捷键是（　　）。

A. Ctrl+A　　B. Ctrl+C　　C. Ctrl+V　　D. Ctrl+X

4. 使用以下哪个命令可以选择现有选区或整个图像内指定的颜色或颜色子集？（　　）

A. 色彩平衡　　B. 色彩范围　　C. 可选颜色　　D. 调整边缘

5. 使用以下哪个工具可以选择图像中颜色相似的区域？（　　）

A. 移动工具　　B. 魔术棒工具　　C. 快速选择工具　　D. 套索工具

第4章

图像的填充与擦除

在 Photoshop 中的填充，指的是在用于被编辑的文件中，可以对整体或局部使用单色、渐变色或复杂的图案进行覆盖，而擦除正好与之相反，是用于将图像的整体或局部进行清除。

本章主要介绍 Photoshop 关于填充、描边与擦除方面的知识。

本章案例内容

- 颜色填充制作装饰画
- 为图像填充图案
- 内容识别修掉照片中的手机
- 为图像创建选区并进行描边
- 渐变工具填充梦幻图像
- 油漆桶工具填充自定义图案
- 橡皮擦工具擦除图像
- 魔术橡皮擦工具抠图
- 背景橡皮擦工具抠图

实例 36 颜色填充制作装饰画

实例思路

创建选区后，通过“填充”命令可以为创建的选区填充前景色、背景色、图案等，本实例通过更精确的颜色设置来学习如何设置前景色和应用“填充”命令。流程如图 4-1 所示。

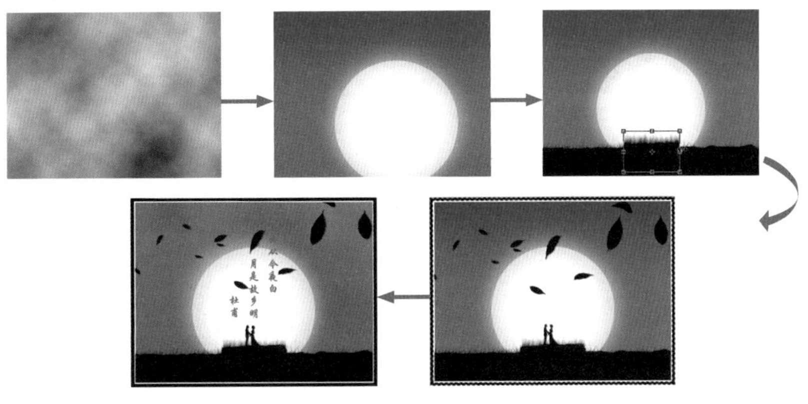

图 4-1 操作流程

实例要点

- 设置前景色
- 使用“填充”对话框
- 使用“云彩”滤镜
- “画笔”画板在实例中的应用
- “描边”命令的使用

操作步骤

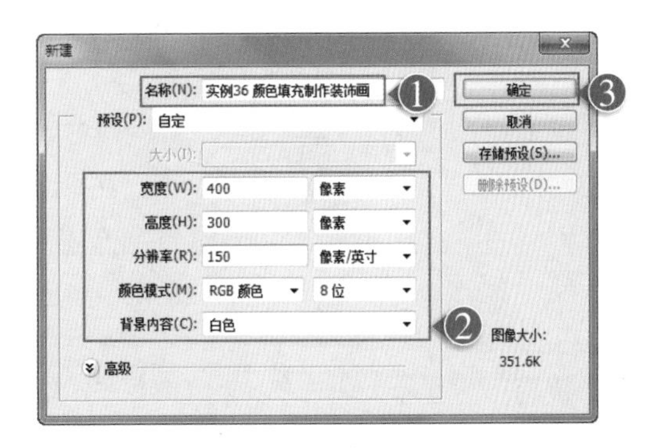

图 4-2 “新建”对话框

步骤01 执行菜单中的“文件”|“新建”命令或按 Ctrl+N 键，打开“新建”对话框，其中的参数设置如图 4-2 所示。

步骤02 在工具箱中单击“前景色”图标，弹出“拾色器(前景色)”对话框，将前景色设置为RGB(4、67、229)，如图 4-3 所示。

步骤03 设置完成单击“确定”按钮。执行菜单中的“编辑”|“填充”菜单命令，弹出“填充”对话框，在“使用”下拉菜单中选择“前景色”选项，然后单击“确定”按钮，如图 4-4 所示。

> **技巧：** 在填充颜色时，按 Alt+Delete 键也可以填充前景色；按 Ctrl+Delete 键可以填充背景色。

步骤04 此时“背景”图层被填充为蓝色，如图4-5所示。

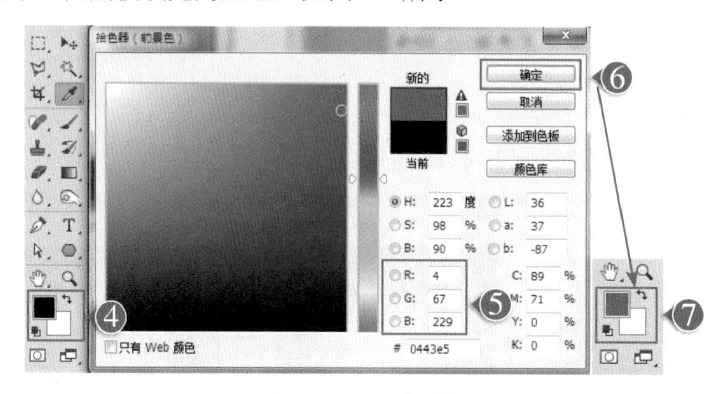

图4-3 设置前景色

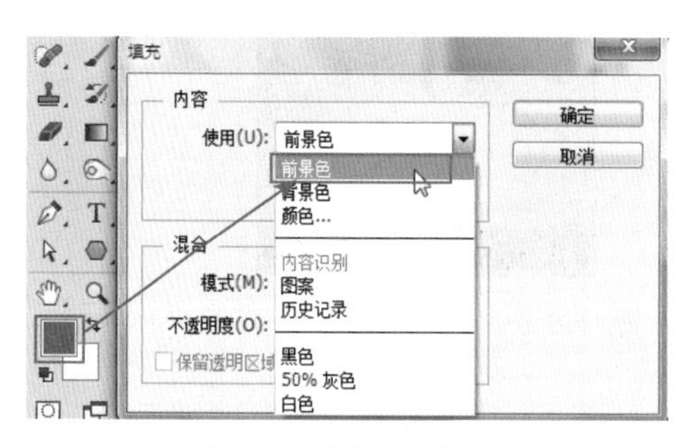

图4-4 填充对话框

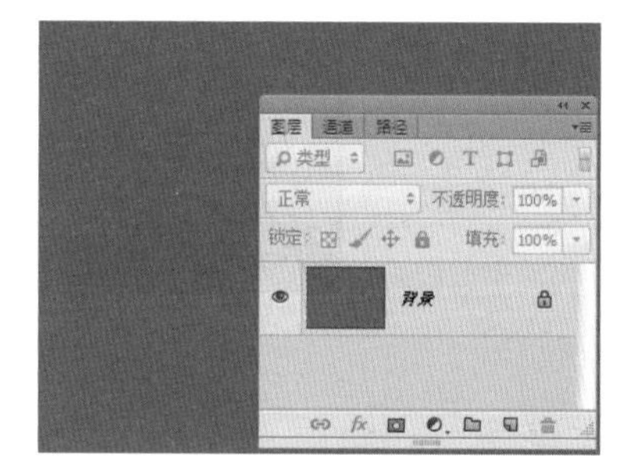

图4-5 填充后

步骤05 单击“图层”面板中的（创建新图层）按钮，新建一个图层并将其命名为“云彩”。单击工具箱中的“默认前景色和背景色”按钮，再执行菜单中的“滤镜”|“渲染”|“云彩”命令，效果如图4-6所示。

图4-6 新建图层并应用云彩滤镜

技巧：英文输入状态下，按D键，会自动将前景色设置为黑色、背景色设置为白色。

步骤06 将前景色设置为白色，将背景色设置为黑色，单击“图层”面板中的（添加图层蒙版）按钮，为图层添加蒙版，选择（渐变工具），在选项栏中选择“线性渐变”和“从前景色到背景色”，如图4-7所示。

步骤07 使用“渐变工具”在图层蒙版中从上向下拖曳鼠标绘制渐变蒙版，再设置“不透明度”为42%，效果如图4-8所示。

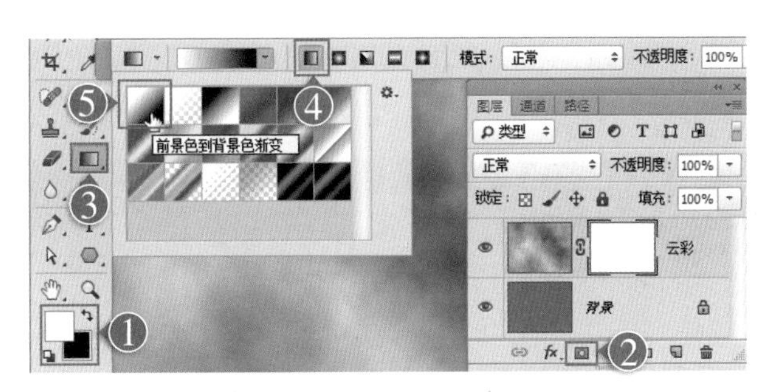

图 4-7 设置渐变

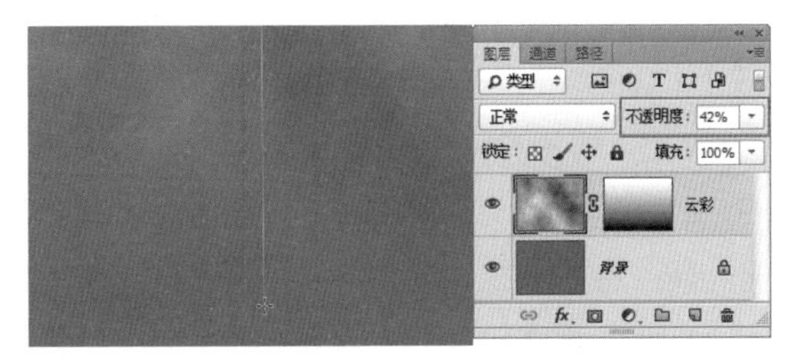

图 4-8 填充渐变蒙版设置不透明度

步骤08 新建一个图层并命名为“月亮”。选择（椭圆选框工具），按住 Shift 键绘制圆形选区，按键盘上的 Alt+Delete 键填充前景色，效果如图 4-9 所示。

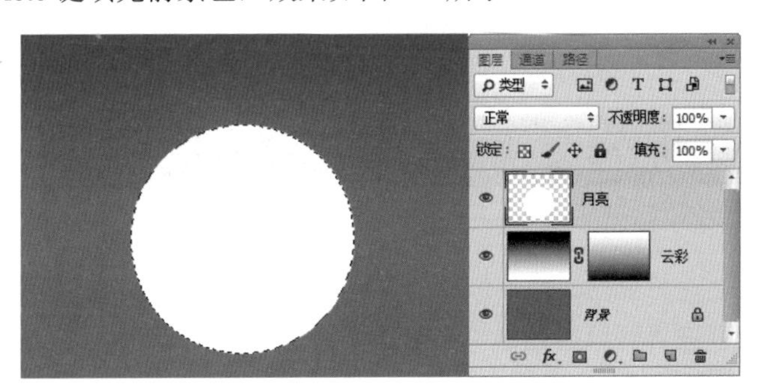

图 4-9 填充

步骤09 按 Ctrl+D 键去掉选区，拖曳“月亮”图层到（创建新图层）按钮上，得到“月亮 拷贝”图层，并将其拖曳到“月亮”图层下方，如图 4-10 所示。

步骤10 执行菜单中的“滤镜”|“模糊”|“高斯模糊”命令，打开“高斯模糊”对话框，设置“半径”为 16.8 像素，如图 4-11 所示。

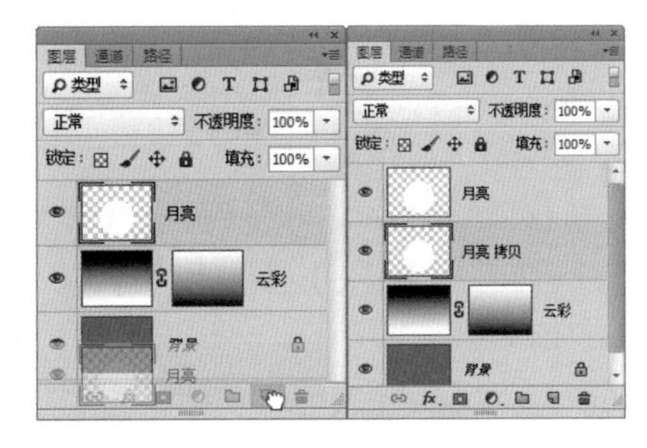

图 4-10 复制图层

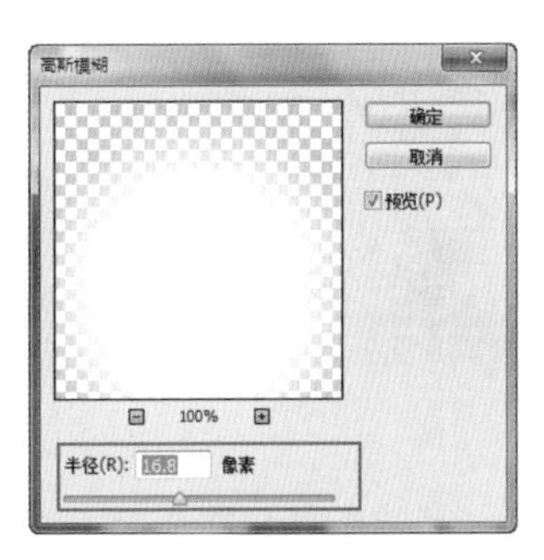

图 4-11 “高斯模糊”对话框

步骤11 设置完成单击“确定”按钮，再选择“月亮”图层，设置“不透明度”为63%，效果如图4-12所示。

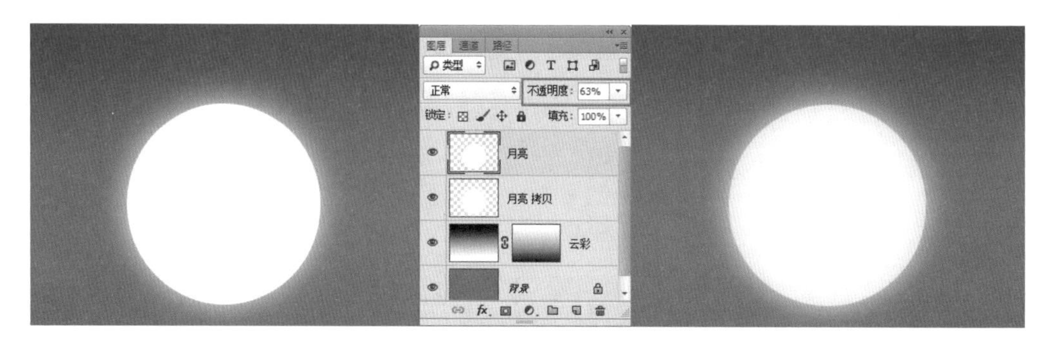

图 4-12 模糊后设置不透明度

步骤12 新建一个图层并命名为“地面”，使用（矩形选框工具）绘制选区后填充黑色，按Ctrl+D键去掉选区，再使用（橡皮擦工具）在矩形顶部进行涂抹擦除，效果如图4-13所示。

图 4-13 填充与擦除

步骤13 下面绘制草，设置前景色和背景色均为黑色。新建一个图层并命名为“草”，选择“工具箱”中的（画笔工具），在“画笔拾色器”中选择草画笔，并设置“大小”为25像素，如图4-14所示。

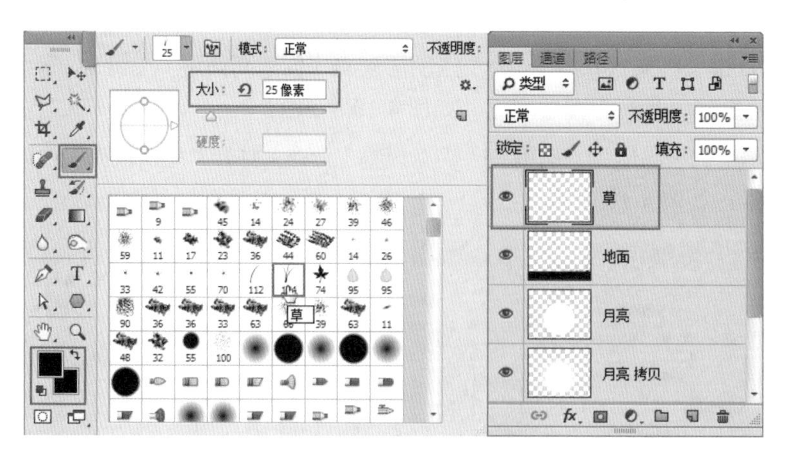

图 4-14 选择画笔

步骤14 使用（画笔工具）在地面上方绘制草，效果如图4-15所示。

图 4-15 草

步骤15 复制“草和地面”图层，按 Ctrl+T 键调出变换框，将副本缩短，效果如图 4-16 所示。

图 4-16 调出变换框

步骤16 按 Enter 键完成变换，执行菜单中的“文件”|“打开”命令或按 Ctrl+O 键，打开随书附带的“素材文件 \ 第 4 章 \ 相拥 .png”文件，使用（移动工具）将素材中的图像拖曳到新建文档中，将新图层命名为“人物”，使用（橡皮擦工具）擦除超出部分，如图 4-17 所示。

图 4-17 移入

步骤17 执行菜单中的“文件”|“打开”命令或按 Ctrl+O 键，打开随书附带的“素材文件 \ 第 4 章 \ 叶子 .png”文件，使用（移动工具）将素材中的图像拖曳到新建文档中，将新图层命名为“树叶”，如图 4-18 所示。

图 4-18 移入

步骤18 按住 Ctrl 键的同时单击“树叶”图层缩览图，调出该图层的选区，按 Alt+Delete 键将选区填充为黑色，效果如图 4-19 所示。

图 4-19 调出选区并填充黑色

步骤19 新建一个图层并命名为“描边”，执行菜单中的“选择”|“全部”命令或按 Ctrl+A 键，再执行菜单中的“编辑”|“描边”命令，弹出“描边”对话框，其中的参数设置如图 4-20 所示。

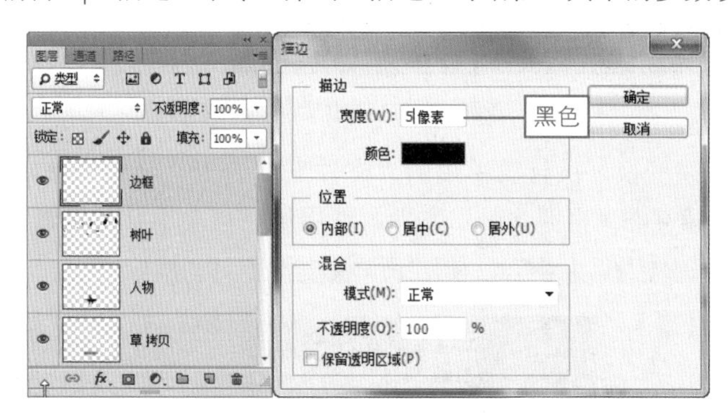

图 4-20 “描边”对话框

其中的各项含义如下。

- 描边：用来设置描边的颜色与宽度。
  - 宽度：设置描边的厚度。
  - 颜色：用于设置描边颜色，单击后面的颜色图标，可以在打开的“拾色器”对话框中设置描边的颜色。

提示：通常情况下，“描边”对话框中的描边颜色与“工具箱”中的前景色相同。

- 位置：用来设置描边所在的位置。
- 混合：用来设置填充内容与源图像混合模式及不透明度等。

- 模式：用来设置填充内容与源图像的混合模式，在下拉列表中可以选择相应的混合模式。
- 不透明度：用于设置填充内容的不透明度。
- 保留透明区域：勾选此复选框后，描边时只对选区或图层中有像素的部分起作用，空白处不会被描边。

步骤20 设置完成单击“确定”按钮，描边后的效果如图 4-21 所示。

步骤21 按住 Ctrl 键单击“描边”图层的缩览图，调出选区，再执行菜单中的“编辑”|“描边”命令，弹出“描边”对话框，其中的参数设置如图 4-22 所示。

图 4-21 描边后

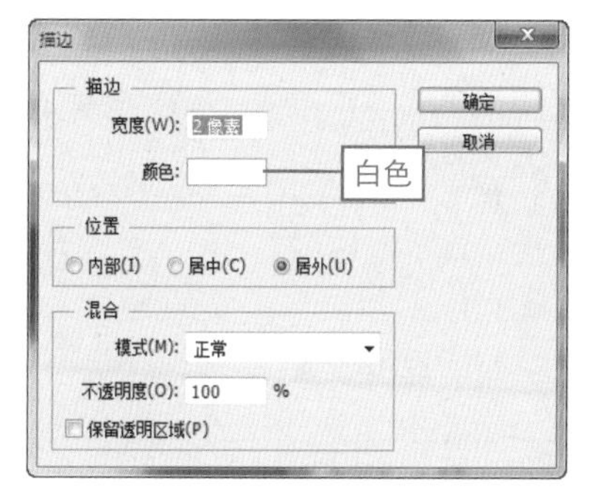

图 4-22 “描边”对话框

步骤22 设置完成单击“确定”按钮，描边后的效果如图 4-23 所示。

步骤23 执行菜单中的“选择”|“取消选区”菜单命令，取消选区。选择T（直排文字工具），在页面中输入相应的文字，完成本例效果的制作，如图 4-24 所示。

图 4-23 描边后

图 4-24 最终效果

实例 37 为图像填充图案

实例思路

图案填充不但可以在不同的图案类型中进行替换，还可以将自己喜欢的图案定义成填充图案，本例就是通过设置“填充”对话框来进行图案填充，从而进一步掌握“填充”命令的功能，流程如图 4-25 所示。

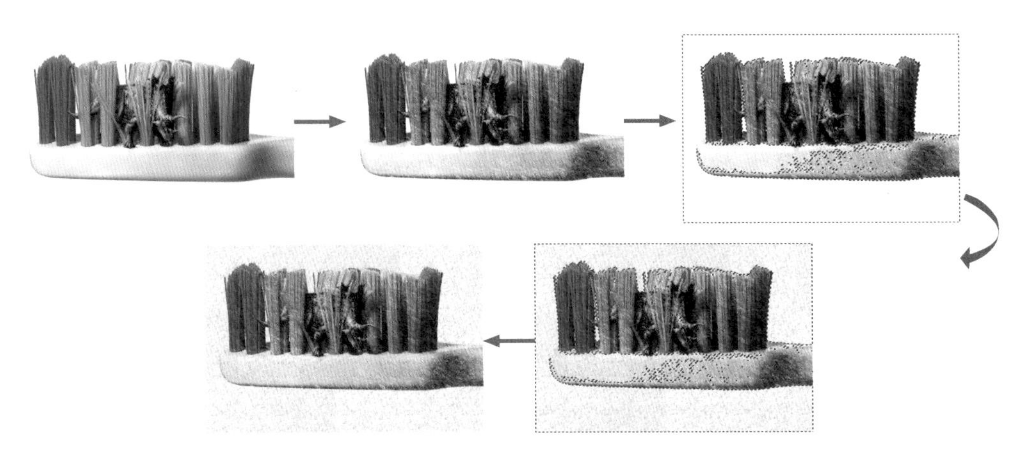

图 4-25　操作流程

实例要点

- 创建选区
- 替换图案
- “填充”对话框的设置

操作步骤

步骤 01 执行菜单中的“文件”|“打开”命令或按 Ctrl+O 键，打开随书附带的“素材文件\第 4 章\创意牙刷 .jpg”文件，如图 4-26 所示。

步骤 02 执行菜单中的“编辑”|“填充”命令或按 Shift+F5 键，打开“填充”对话框，在“使用”下拉列表中选择“图案”，再打开“自定图案”列表，单击“弹出菜单”按钮，在弹出菜单中选择“岩石图案”选项，如图 4-27 所示。

图 4-26　素材

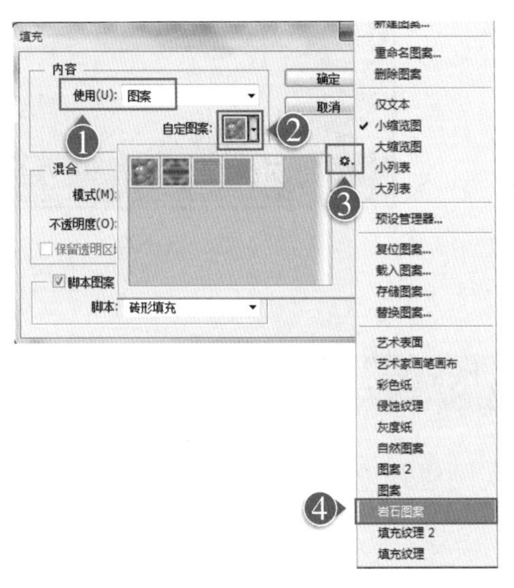

图 4-27　“填充”对话框

步骤 03 用“岩石图案”替换默认的图案，在“自定图案”区选择“石墙”图案，设置“混合”为“叠加”、勾选“脚本图案”复选框，在“脚本”下拉列表中选择“砖形填充”，如图 4-28 所示。

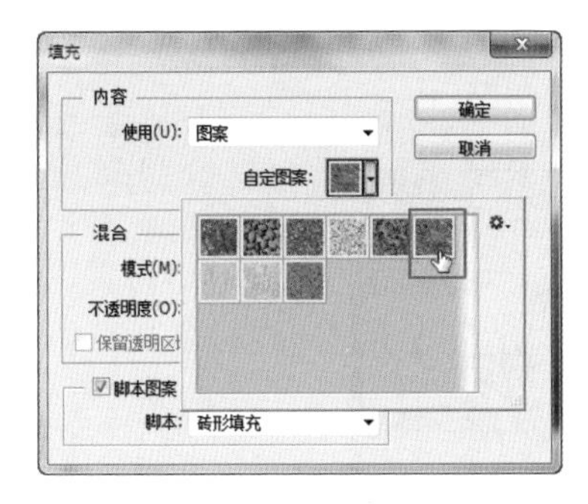

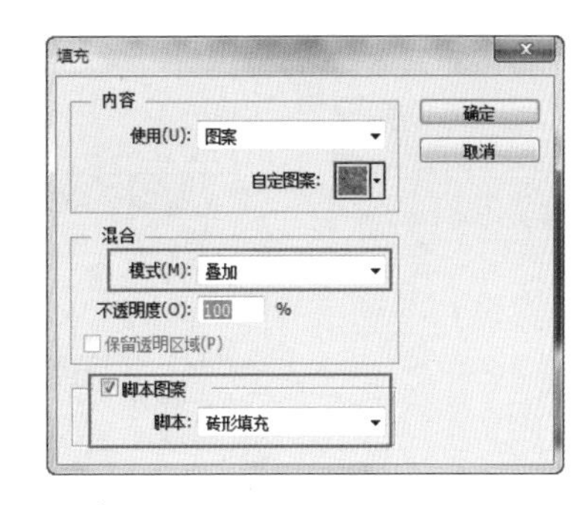

图 4-28　设置填充

其中的各项含义如下。

- 内容：用来填充前景色、背景色或图案的区域。
  - 使用：在下拉列表中选择填充选项，其中“内容识别”选项主要用来对图像中的多余部分进行快速修复（例如草丛中的杂物、背景中的人物等）。
  - 自定图案：用于填充图案，在“使用”下拉列表中选择“图案”时该选项被激活，在“自定图案”中可以选择填充的图案。
- 混合：用来设置填充内容与源图像混合模式及不透明度等。
  - 模式：用来设置填充内容与源图像的混合模式，在下拉列表中可以选择相应的混合模式。
  - 不透明度：用于设置填充内容的不透明度。
  - 保留透明区域：勾选此复选框后，填充时只对选区或图层中有像素的部分起作用，空白处不会被填充。
- 脚本图案：选择此复选框后，下面的脚本会被激活，填充方法是按照脚本内容将当前选择的图案做脚本分析后进行的图案填充。在下拉列表中我们可以看到具体填充样式，其中包括砖形填充、十字线织物、随机填充、螺线和对称填充。该功能可以通过对背景区域的像素分析进行特定的填充。

> 提示：如果图层中或选区中的图像存在透明区域，那么在“填充”对话框中，“保留透明区域”复选框将会被激活。

步骤04 设置完成单击“确定”按钮，效果如图 4-29 所示。

步骤05 使用（魔棒工具）在白色背景上单击，调出图像的选区，如图 4-30 所示。

图 4-29　填充后

图 4-30　调出选区

步骤06 新建一个“图层 1”图层，执行菜单中的“编辑”|“填充”命令或按 Shift+F5 键，打开“填充”对话框，在“使用”下拉列表中选择“图案”，再打开“自定图案”列表，在其中选择“花岗岩”图案，如图 4-31 所示。

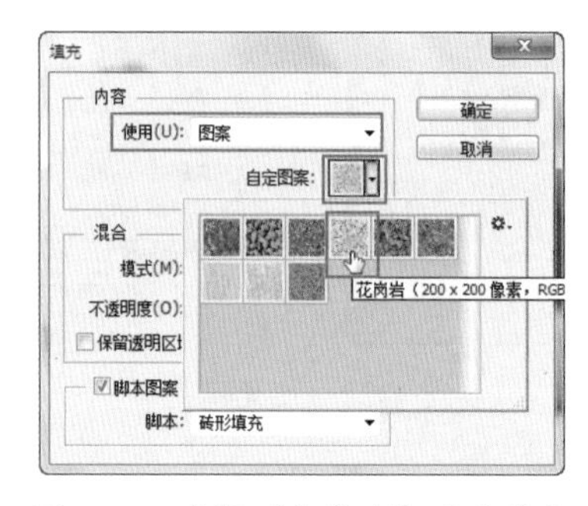

图 4-31　选择“花岗岩”图案填充

步骤07 设置完成单击“确定”按钮，设置“混合模式”为“深色”、“不透明度”为 19%，效果如图 4-32 所示。

步骤08 按 Ctrl+D 键去掉选区，至此本例制作完成，效果如图 4-33 所示。

图 4-32　填充后

图 4-33　最终效果

实例 38　内容识别修掉照片中的手机

实例思路

“填充”命令不但可以为图层、选区进行图案的填充，还能将选区中的图像以周围的像素进行自动修复填充，本例就是通过“填充”对话框中的“内容识别”命令来移除选区内的图像，流程如图 4-34 所示。

图 4-34　操作流程

实例要点

▶ 打开素材 ▶ 设置“填充”对话框

操作步骤

步骤01 执行菜单中的“文件”|“打开”命令或按Ctrl+O键，打开随书附带的“素材文件\第4章\创意桌面.jpg”文件，效果如图4-35所示。下面我们就通过“填充”命令中的“内容识别”将素材中的手机区域清除掉。

步骤02 使用（多边形套索工具）在素材中手机处创建一个封闭选区，如图4-36所示。

步骤03 执行菜单中的“编辑”|“填充”命令，打开“填充”对话框，在“使用”下拉列表中选择“内容识别”选项，如图4-37所示。

图4-35 素材

图4-36 在图像中创建选区

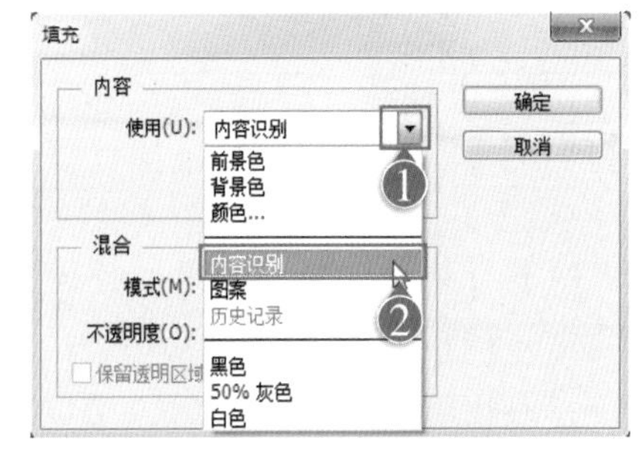

图4-37 “填充”对话框

步骤04 设置完成单击“确定”按钮，效果如图4-38所示。

步骤05 此时发现选区内的图像有一些没有处理好的残余，再次应用“填充”对话框中的“内容识别”命令，按Ctrl+D键去掉选区，至此本例制作完成，效果如图4-39所示。

图4-38 内容识别后

图4-39 最终效果

实例39 为图像创建选区并进行描边

实例思路

对于已经创建的选区，我们可以对其进行描边处理，描边时只能通过“描边”命令对选区边缘按照设定的颜色、宽度和位置进行描边填充，本例就是通过在图像中创建选区后，为其添加居外描边的操作。流程如图 4-40 所示。

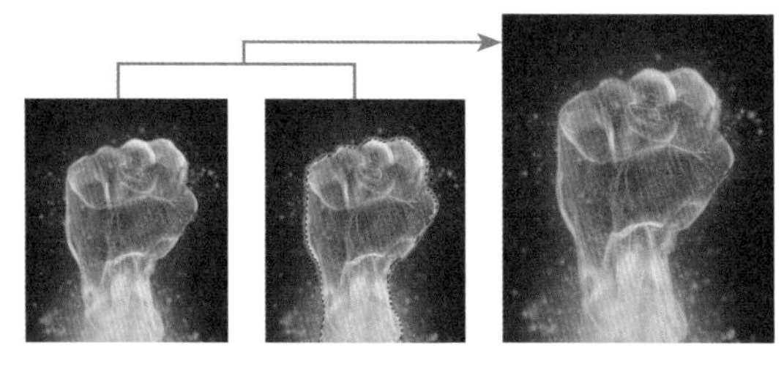

图 4-40　操作流程

实例要点

- 打开素材
- 创建选区
- 设置“描边”对话框
- 高斯模糊

操作步骤

步骤01 执行菜单中的“文件”|“打开”命令或按 Ctrl+O 键，打开随书附带的“素材\第 4 章\拳头.jpg”文件，效果如图 4-41 所示。

步骤02 使用（快速选择工具）在素材中的拳头上拖动来为拳头创建选区，如图 4-42 所示。

图 4-41　素材

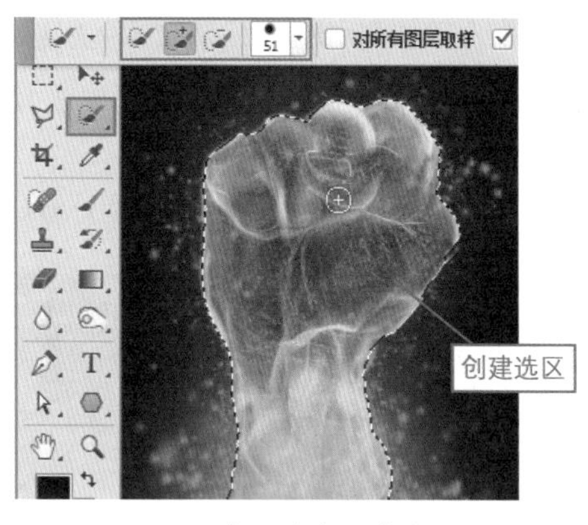

图 4-42　在图像中创建选区

步骤03 将前景色设置为红色，新建一个“图层 1”图层，如图 4-43 所示。

步骤04 执行菜单中的“编辑”|“描边”命令，打开“描边”对话框，其中的参数设置如图 4-44 所示。

步骤05 设置完成单击“确定”按钮，效果如图 4-45 所示。

步骤06 按 Ctrl+D 键去掉选区，执行菜单中的“滤镜”|“模糊”|“高斯模糊”命令，打开“高斯模糊”对话框，其中的参数设置如图 4-46 所示。

步骤07 设置完成单击“确定”按钮，至此本例制作完成，效果如图 4-47 所示。

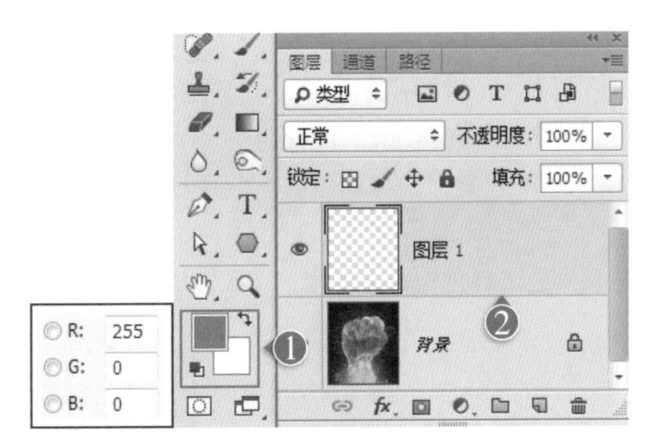

图 4-43 设置前景色并新建图层

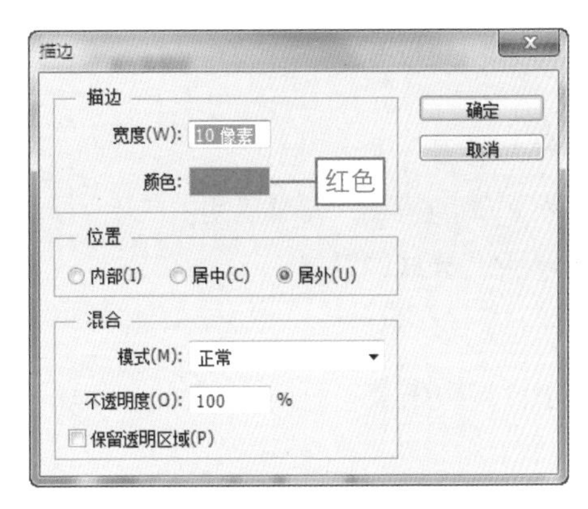

图 4-44 “描边”对话框

图 4-45 描边后

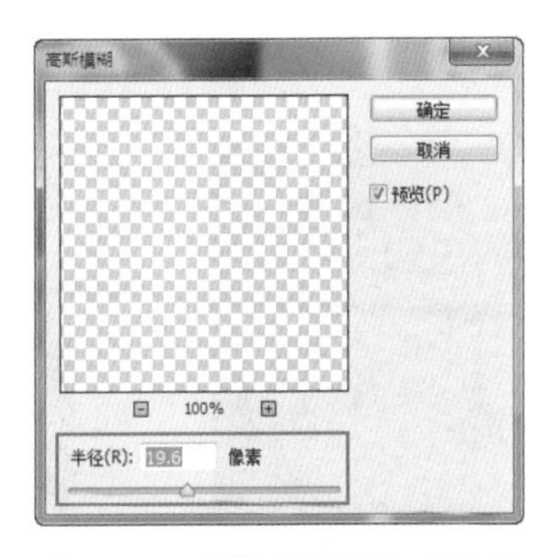

图 4-46 “高斯模糊”对话框

图 4-47 最终效果

实例 40 渐变工具填充梦幻图像

实例思路

在 Photoshop 中能够填充渐变色的工具只有■（渐变工具）。使用■（渐变工具）可以在图像中或选区内填充一个逐渐过渡的颜色，可以是一种颜色过渡到另一种颜色；也可以是多个颜色之间的相互过渡；也可以是从一种颜色过渡到透明或从透明过渡到一种颜色。渐变样式千变万化，大体可分为五大类，包括线性渐变、径向渐变、角度渐变、对称渐变和菱形渐变。■（渐变工具）通常用在制作绚丽渐变背景、编辑图层蒙版等方面。本例就是通过设置■（渐变工具）的“渐变编辑器”来填充自定义渐变色，再设置混合模式后，制作梦幻效果，流程如图 4-48 所示。

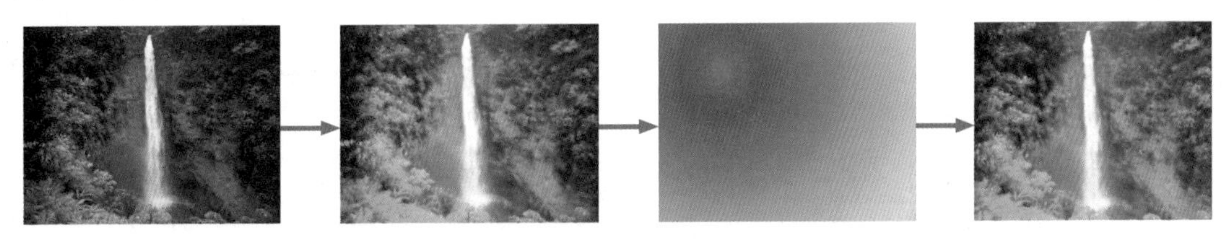

图 4-48 操作流程

实例要点

- “打开”命令
- “渐变工具”的使用
- “高斯模糊”滤镜应用
- 设置“渐变编辑器”
- 混合模式的设置

操作步骤

步骤01 执行菜单中的“文件”|“打开”命令或按Ctrl+O键，打开随书附带的“素材文件\第4章\风景.jpg”文件，如图4-49所示。

步骤02 按Ctrl+J键复制背景图层，得到一个“图层1”图层，如图4-50所示。

图4-49 素材　　图4-50 复制图层

步骤03 执行菜单中的“滤镜”|“模糊”|“高斯模糊”命令，打开“高斯模糊”对话框，其中的参数设置如图4-51所示。

步骤04 设置完成单击“确定”按钮，设置“混合模式”为“滤色”，效果如图4-52所示。

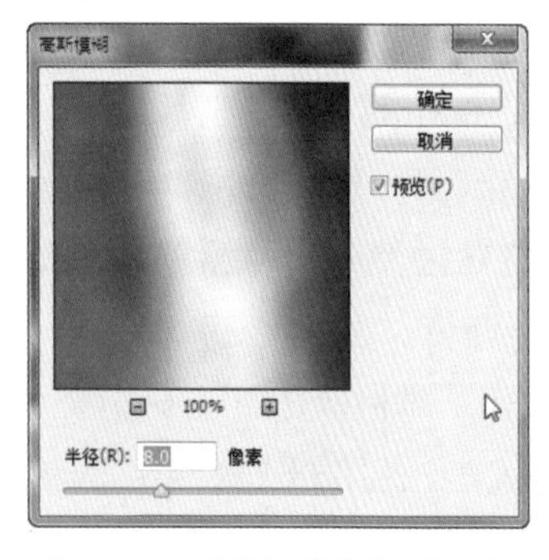

图4-51 “高斯模糊”对话框　　图4-52 混合模式

步骤05 新建一个“图层2”图层，在工具箱中选择（渐变工具），设置“渐变样式”为“径向渐变”，然后在“渐变类型”上单击鼠标左键，如图4-53所示。

图4-53 设置渐变

其中的各项含义如下。

- 渐变类型：用于设置不同渐变样式填充时的颜色渐变，可以从前景色到背景色，也可以自定义渐变的颜色，或者是由一种颜色到透明，只要单击“渐变类型”图标右面的倒三角形，即可打开“渐变拾色器”列表框，从中可以选择要填充的渐变类型。
- 渐变样式：用于设置填充渐变颜色的形式，包括线性渐变、径向渐变、角度渐变、对称渐变和菱形渐变。
- 模式：用来设置填充渐变色与图像之间的混合模式。
- 不透明度：用来设置填充渐变色的透明度。数值越小，填充的渐变色越透明，取值范围为 0 ~ 100%。
- 反向：勾选该复选框后，可以将填充的渐变颜色顺序反转。
- 仿色：勾选该复选框后，可以使渐变颜色之间过渡更加柔和。
- 透明区域：勾选该复选框后，可以在图像中填充透明蒙版效果。

技巧：“渐变类型”中的“从前景色到透明”选项，只有在选项栏中勾选“透明区域”复选框时，才会真正起到从前景色到透明的作用。勾选“透明区域”复选框，而使用“从前景色到透明”功能时，填充的渐变色会以当前“工具箱”中的前景色进行填充。

步骤06 单击后会打开“渐变编辑器”对话框，从左至右分别设置渐变颜色为红色、青色、黄色、绿色，其他设置如图 4-54 所示。

图 4-54 设置渐变

其中的各项含义如下。

- 预设：显示当前渐变组中的渐变类型，可以直接选择。
- 名称：当前选取渐变色的名称，可以自行定义渐变名称。
- 渐变类型：在渐变类型下拉列表中包括：实底和杂色。在选择不同类型时参数和设置效果也会随之改变。选择“实底”时，参数设置的变化如图 4-55 所示。选择“杂色”时，参数设置的变化如图 4-56 所示。

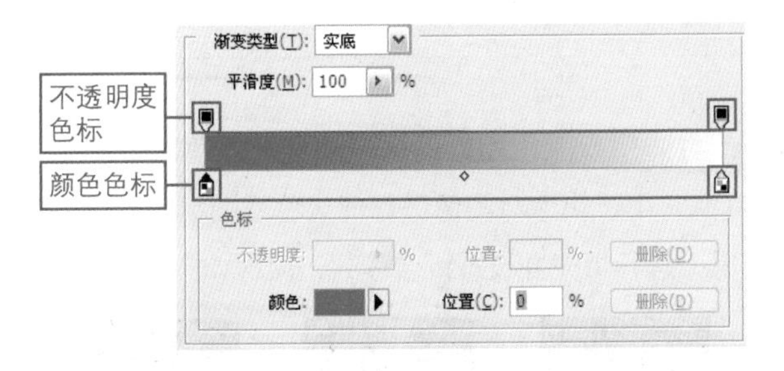

图 4-55 选择“实底”时的设置选项

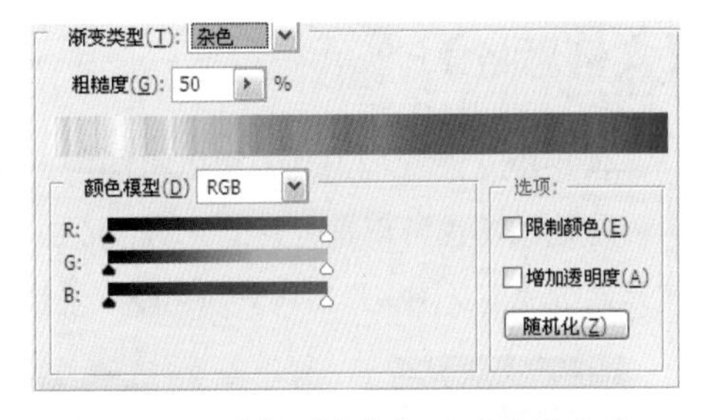

图 4-56 选择“杂色”时的设置选项

- 平滑度：用来设置颜色过渡时的平滑均匀度，数值越大过渡越平稳。
- 色标：用来对渐变色的颜色与不透明度以及颜色和不透明度的位置进行控制的区域，选择“颜色色标”时，可以对当前色标对应的颜色和位置进行设定；选择“不透明度色标”时，可以对当前色标对应的不透明度和位置进行设定。

- 粗糙度：用来设置渐变颜色过渡时的粗糙程度。输入的数值越大，渐变填充就越粗糙，取值范围是 0 ~ 100% 之间。
- 颜色模型：在下拉列表中可以选择的模型包括 RGB、HSB 和 LAB 三种，选择不同模型后，通过下面的颜色条来确定渐变颜色。
- 限制颜色：可以降低颜色的饱和度。
- 增加透明度：可以提高颜色的透明度。
- 随机化：单击该按钮，可以随机设置渐变颜色。

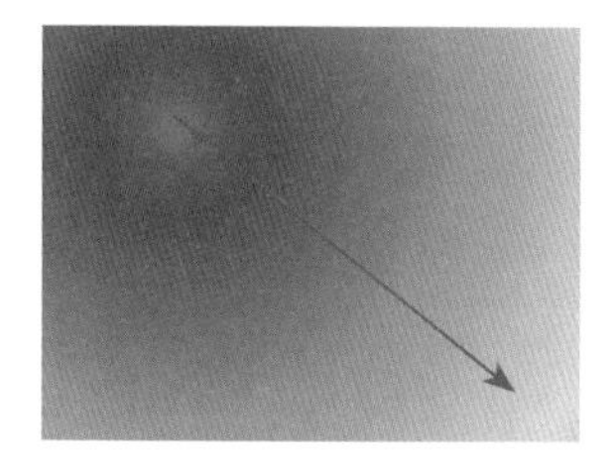
图 4-57 填充渐变

步骤07 使用（渐变工具）在新建的图层中按住鼠标左键从左上角向右下角拖曳，松开鼠标按键后，界面就被填充为径向的设置渐变色，如图 4-57 所示。

> 技巧：（渐变工具）不能用于位图、索引颜色模式的图像；执行渐变操作时，在图像中或选区内按住鼠标左键单击起点，然后拖曳鼠标指针确定终点，松开鼠标按键即可。若要限制方向（45° 的倍数），在拖曳时按住 Shift 键即可。

步骤08 设置“混合模式”为“柔光”、“不透明度”为 70%，如图 4-58 所示。

步骤09 至此本例制作完成，效果如图 4-59 所示。

图 4-58 混合模式

图 4-59 最终效果

实例 41 油漆桶工具填充自定义图案

实例思路

使用（油漆桶工具）可以将图层、选区或打开图像颜色相近的区域填充前景色或者图案，可以是连续的也可以是分开的。（油漆桶工具）常用于快速对图像进行前景色或图案填充。本例就是通过“定义图案”后将其应用（油漆桶工具）进行填充并设置混合模式，流程如图 4-60 所示。

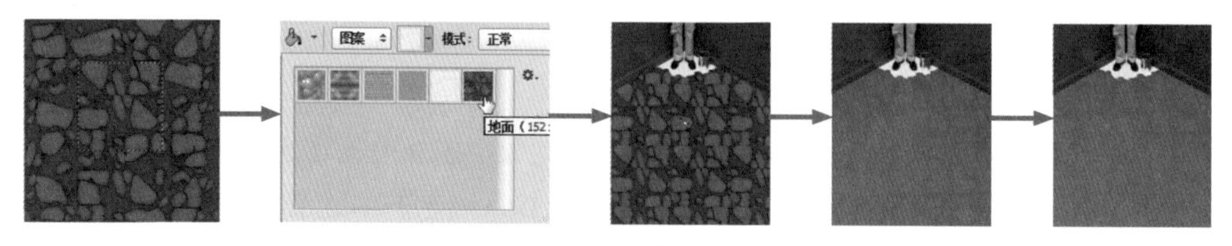

图 4-60 操作流程

实例要点

- 打开素材
- 绘制选区并定义图案
- 油漆桶工具填充图案
- 使用“混合模式”让图层之间更加融合

操作步骤

步骤01 执行菜单中的“文件”|“打开”命令或按Ctrl+O键，打开随书附带的“素材文件\第4章\地面.jpg”文件，使用（矩形选框工具）在素材中绘制一个正方形选区，如图4-61所示。

步骤02 执行菜单中的“编辑”|“定义图案”命令，在系统打开的“图案名称”对话框中，设置“名称”为“地面”，如图4-62所示。

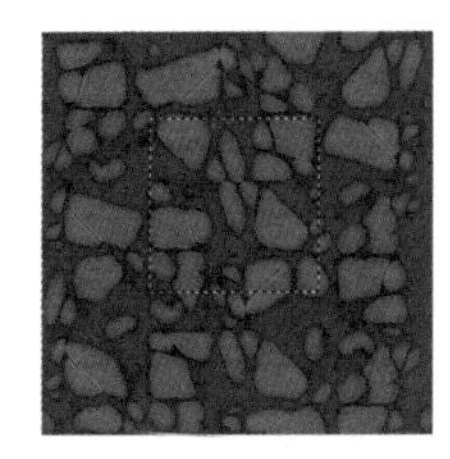

图 4-61　素材

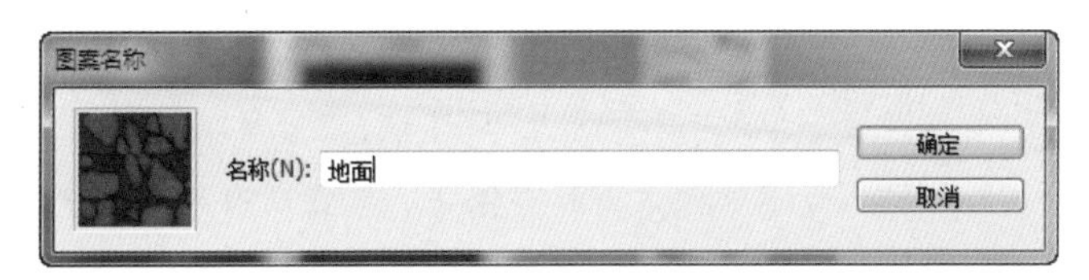

图 4-62　定义图案

步骤03 设置完成后单击“确定”按钮，将选区内的图像定义为自定义的图案，此图案会自动出现在“填充”对话框的“图案”中，选择（油漆桶工具）后，在“图案拾色器”中同样可以看到定义的图案，如图4-63所示。

> 技巧：打开的素材可以直接定义为图案，在图像中创建矩形选区后，可以将选区内的图像定义为图案，创建的选区必须是矩形。

步骤04 执行菜单中的“文件”|“打开”命令或按Ctrl+O键，打开随书附带的“素材文件\第4章\屋子”素材，将其作为背景，在“图层”面板中新建一个“图层1”图层，如图4-64所示。

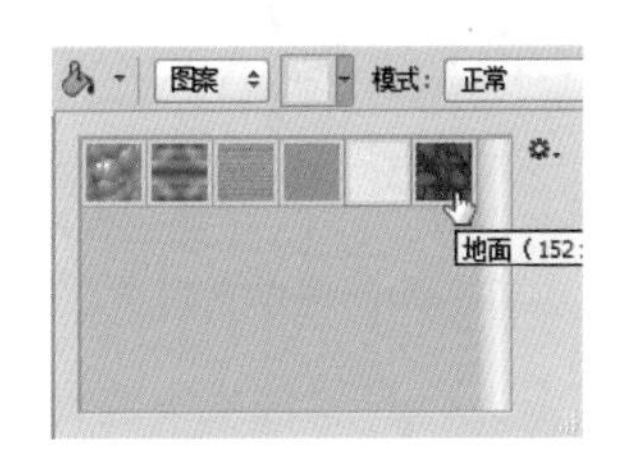

图 4-63　定义的图案

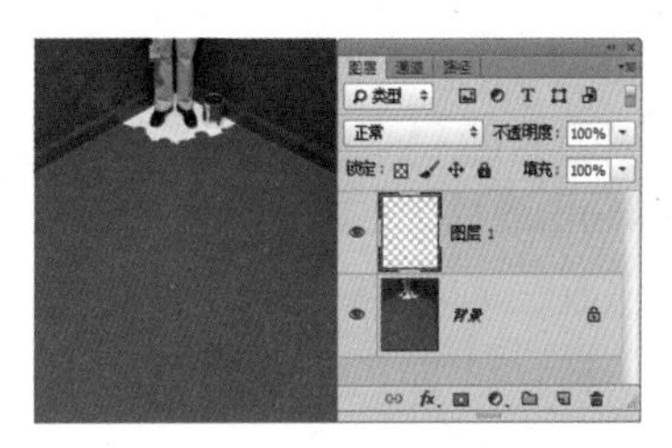

图 4-64　屋子素材

步骤05 在工具箱中选择（油漆桶工具），在选项栏中打开“填充”下拉列表，选择“图案”，单击右边的倒三角形按钮，弹出“图案拾色器”选项面板，选择刚才自定义的“地面”图案，设置“模式”为“正常”、“不透明度”为100%、“容差”为32，勾选“消除锯齿”复选框、“连续的”复选框和“所有图层”复选框，如图4-65所示。

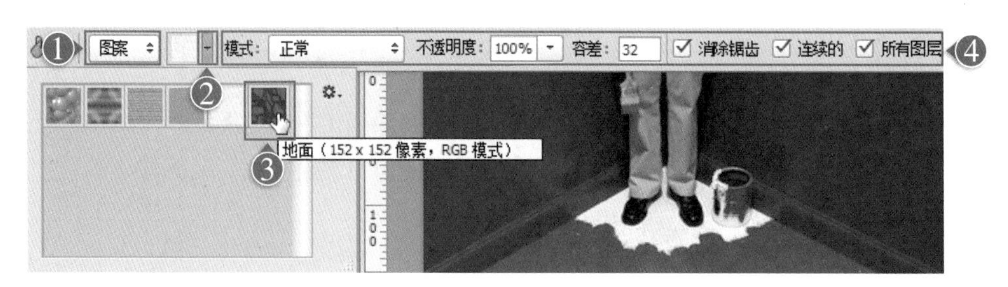

图 4-65 设置工具

技巧：如果感觉填充的图案范围太小，可以通过加大“容差”值，来增加图案填充的范围。

技巧：输入法处于英文状态时，按 G 键可以选择（渐变工具）或（油漆桶工具）；按 Shift+G 键可以在（渐变工具）和（油漆桶工具）之间转换。

技巧：在属性栏中勾选“消除锯齿”复选框，可平滑填充选区边缘；勾选“连续的”复选框，可只填充与单击像素连续的像素，反之则填充图像中的所有相似像素；勾选“所有图层”复选框，可填充所有可见图层的合并填充颜色。

步骤06 使用（油漆桶工具）在素材的地面上单击为其填充自定义的图案，如图 4-66 所示。

技巧：如果在图上工作且不想填充透明区域，可在“图层”面板中锁定该图层的透明区域。

步骤07 设置“混合模式”为“颜色减淡”、“不透明度”为 42%，效果如图 4-67 所示。

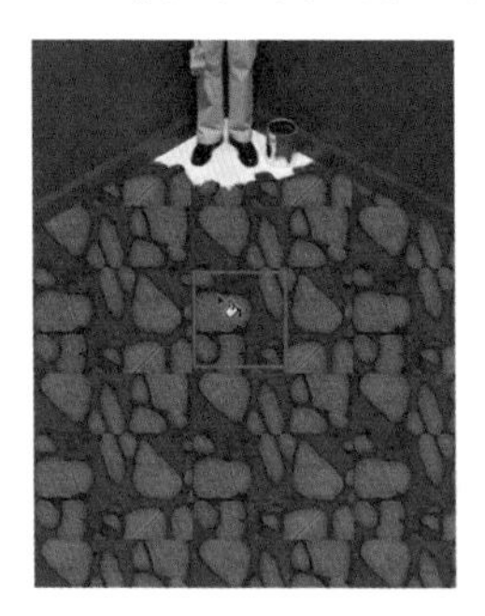

图 4-66 填充图案

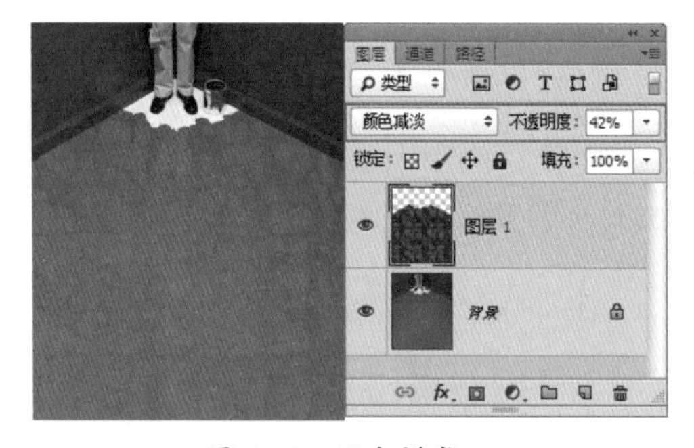

图 4-67 混合模式

步骤08 新建一个“图层 2”图层，选择（油漆桶工具），在属性栏中选择图案，然后在图像合适的位置单击，效果如图 4-68 所示。

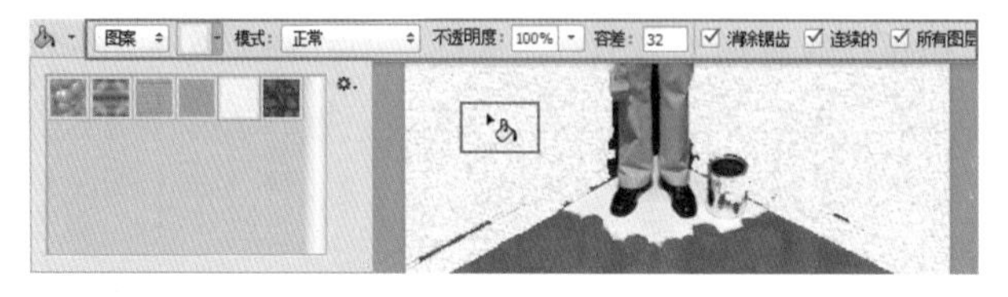

图 4-68 填充图案

步骤09 设置“混合模式”为“线性加深”、“不透明度”为34%，效果如图4-69所示。

步骤10 至此本例制作完成，效果如图4-70所示。

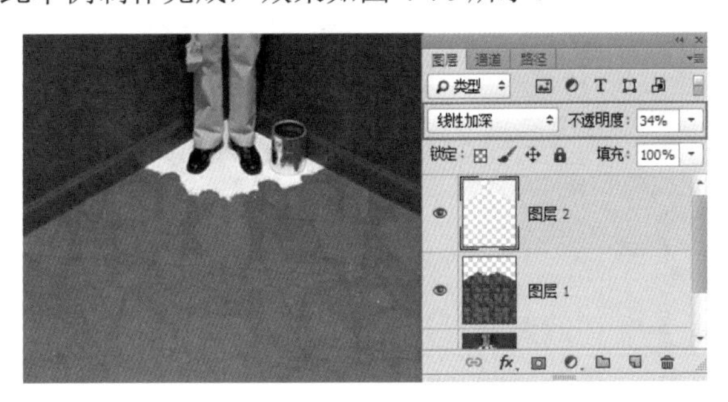

图4-69 设置混合模式

图4-70 最终效果

实例42 橡皮擦工具擦除图像

实例思路

在Photoshop中能够对图像的局部进行随意擦除的工具只有（橡皮擦工具）。（橡皮擦工具）通常用于对编辑图像时产生的多余部位进行擦除，使图像更加完美。本例就是通过“变化”“扩散”调整图像，再设置（橡皮擦工具）的笔触对图像进行擦除，来显示下一图层中的图像内容，流程如图4-71所示。

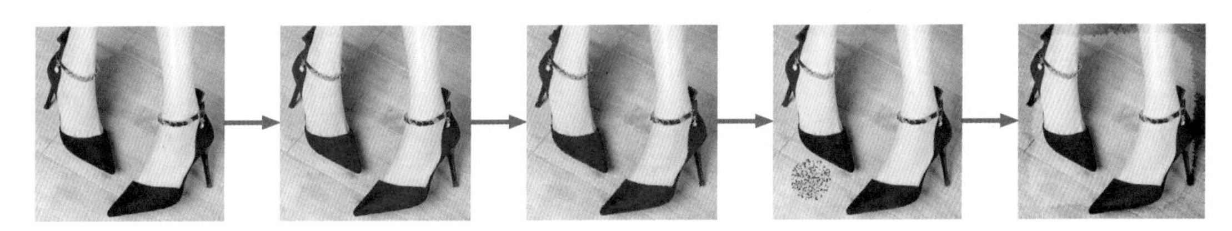

图4-71 操作流程

实例要点

- 复制图层
- “变化”命令的使用
- “扩散”命令的使用
- “橡皮擦工具”擦除图像
- “去色”命令和“色阶”命令的应用

操作步骤

步骤01 执行菜单中的“文件”|“打开”命令或按Ctrl+O键，打开随书附带的“素材文件\第4章\鞋子.jpg”文件，按Ctrl+J键复制“背景”图层，得到一个“图层1”图层，如图4-72所示。

步骤02 执行菜单中的“图像”|“调整”|“变化”命令，打开“变化”对话框，双击“加深蓝色”图标，如图4-73所示。

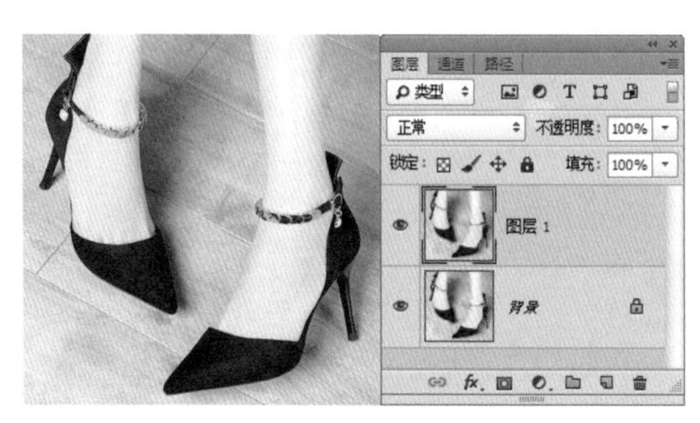

图 4-72　素材

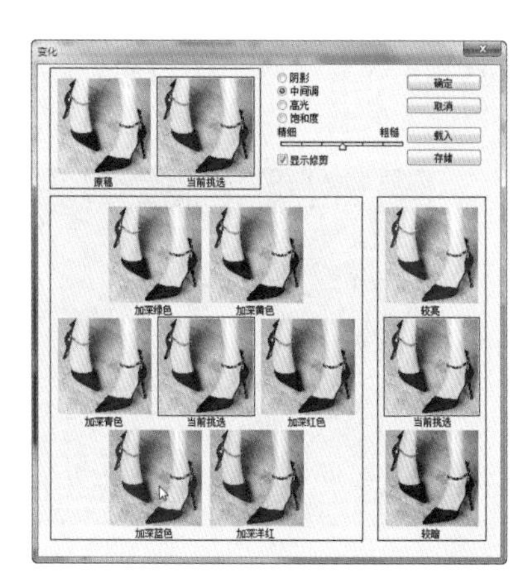

图 4-73　“变化”对话框

步骤03 设置完成单击“确定”按钮，效果如图 4-74 所示。

步骤04 执行菜单中的“滤镜”|“风格化”|“扩散”命令，打开“扩散”对话框，选中“正常”单选按钮，如图 4-75 所示。

步骤05 设置完成单击“确定”按钮，图像效果如图 4-76 所示。

图 4-74　变化后

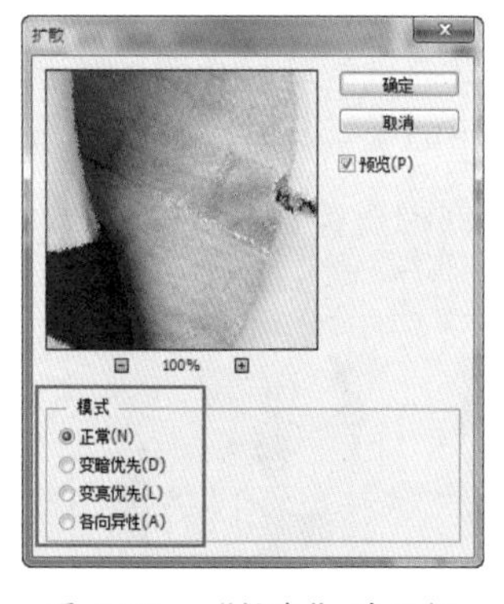

图 4-75　“扩散”对话框

图 4-76　扩散后

步骤06 选择工具箱中的（橡皮擦工具），设置笔尖为“粗边圆形钢笔”，“大小”为 100 像素，如图 4-77 所示。

步骤07 使用（橡皮擦工具）在页面中擦除相应的位置，效果如图 4-78 所示。

> **技巧：** 按住 Shift 键可以强迫“橡皮擦工具”以直线方式擦除；按住 Ctrl 键可以暂时将“橡皮擦工具”转换为“移动工具”；按住 Alt 键系统将会以相反的状态进行擦除。

步骤08 执行菜单中的“图像”|“调整”|“去色”命令或按 Shift+Ctrl+U 键，将图层 1 中的图像去色，效果如图 4-79 所示。

步骤09 执行菜单中“图像”|“调整”|“色阶”命令，弹出“色阶”对话框，在“色阶”对话框中设置参数，如图 4-80 所示。

步骤10 设置完成单击“确定”按钮，至此本例制作完成，效果如图 4-81 所示。

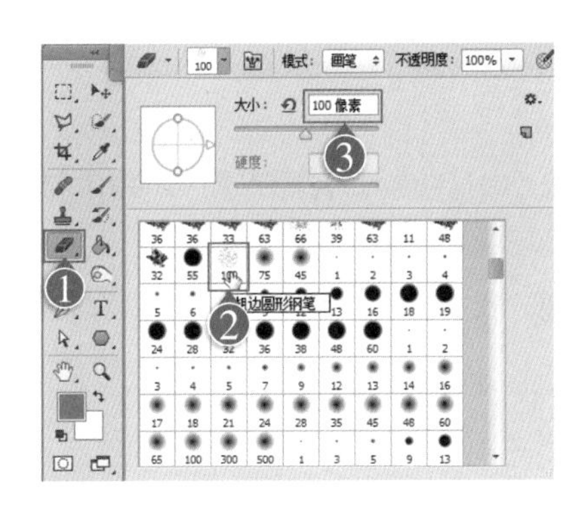

图 4-77 设置橡皮擦

图 4-78 擦除

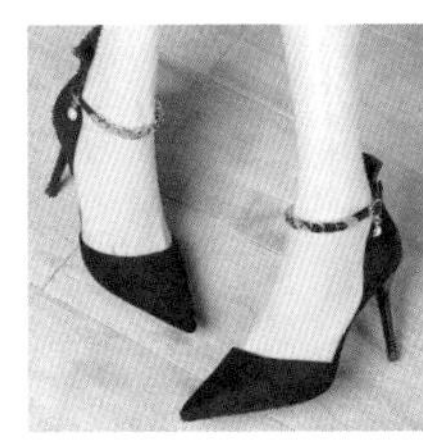

图 4-79 去色

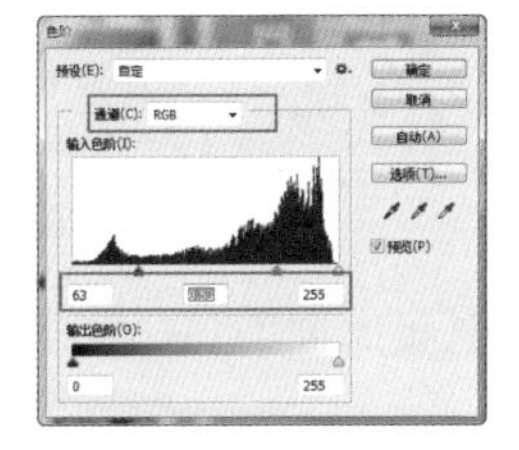

图 4-80 “色阶”对话框

图 4-81 最终效果

实例 43 魔术橡皮擦工具抠图

实例思路

在 Photoshop 中使用（魔术橡皮擦工具）可以快速去掉图像的背景，只要选择要清除的颜色范围，单击即可将其清除，本例就是通过设置（魔术橡皮擦工具）之后去掉图像的背景，流程如图 4-82 所示。

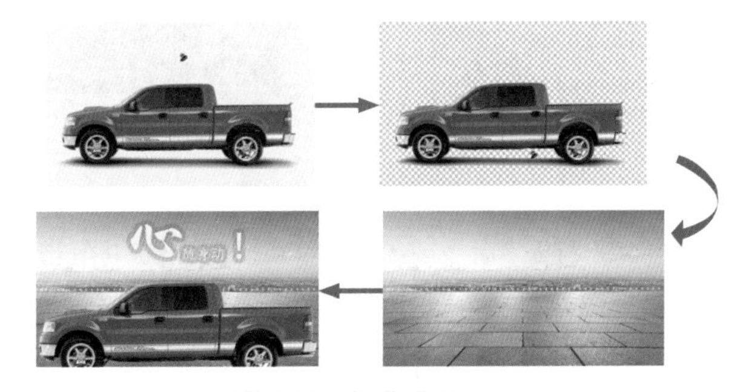

图 4-82 操作流程

实例要点

- 打开文档
- 移动图像
- “魔术橡皮擦工具”去掉背景
- 键入文字
- 添加外发光

操作步骤

步骤01 执行菜单中的“文件”|“打开”命令或按Ctrl+O键，打开随书附带的“素材文件\第4章\汽车.jpg”文件，如图4-83所示。

步骤02 按Enter键确定，在“工具箱”中选择（魔术橡皮擦工具），设置“容差”为30，勾选“连续”复选框，如图4-84所示。

图4-83 汽车素材

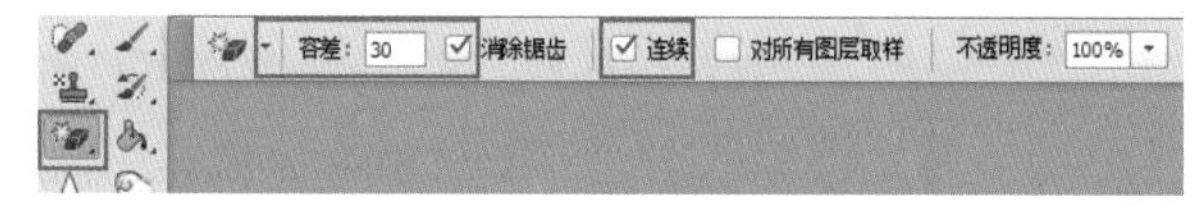

图4-84 设置工具

步骤03 使用（魔术橡皮擦工具）在汽车上面的白色背景上单击，效果如图4-85所示。

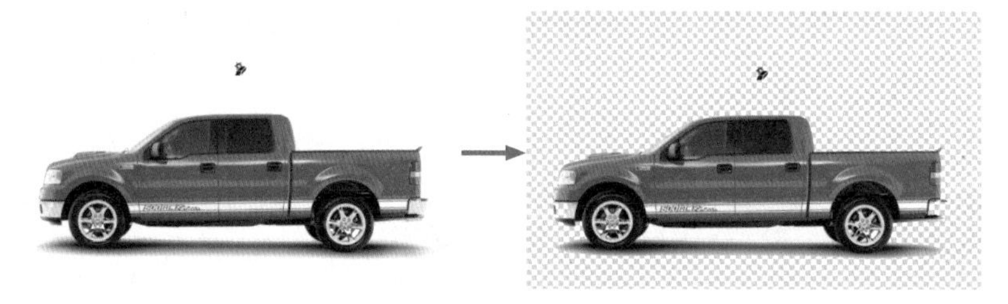

图4-85 擦除外围

步骤04 使用（魔术橡皮擦工具）在汽车下面的白色背景上单击，效果如图4-86所示。

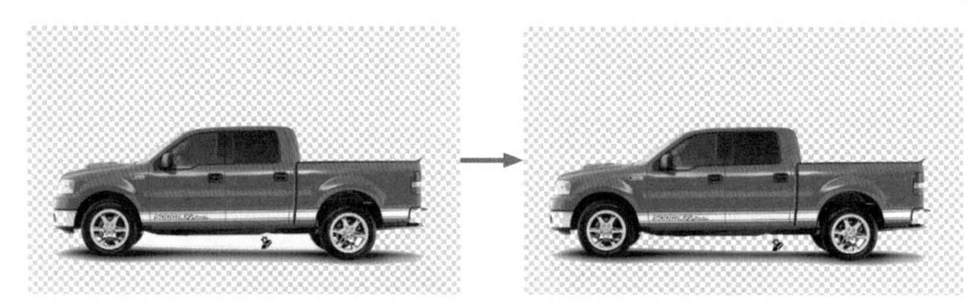

图4-86 擦除底部

步骤05 执行菜单中的“文件”|“打开”命令或按Ctrl+O键，打开随书附带的“素材文件\第4章\汽车广告背景”素材，使用（移动工具）将去掉背景后的图像拖曳到“汽车广告背景”素材中，按Ctrl+T键调出变换框，拖动控制点将图像缩小并移动位置，如图4-87所示。

图4-87 打开背景素材并置入图像

步骤06 按Enter键完成变换，使用T.（横排文字工具）输入文字，如图4-88所示。

图4-88 输入文字

步骤07 执行菜单中的“图层”|“图层样式”|“外发光”命令，打开“外发光”面板，其中的参数设置如图4-89所示。

步骤08 设置完成单击“确定”按钮，效果如图4-90所示。

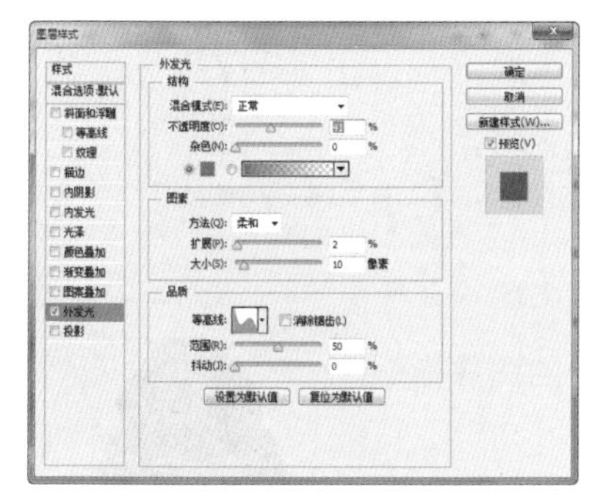

图4-89 “外发光”面板

图4-90 最终效果

实例44 背景橡皮擦工具抠图

实例思路

使用（背景橡皮擦工具）可以在图像中擦除指定颜色的图像像素，鼠标经过的位置将会变为透明区域，即使在“背景”图层中擦除图像时，也会将“背景”图层自动转换成可编辑的普通图层。本例就是通过设置（背景橡皮擦工具）来擦除图像背景，流程如图4-91所示。

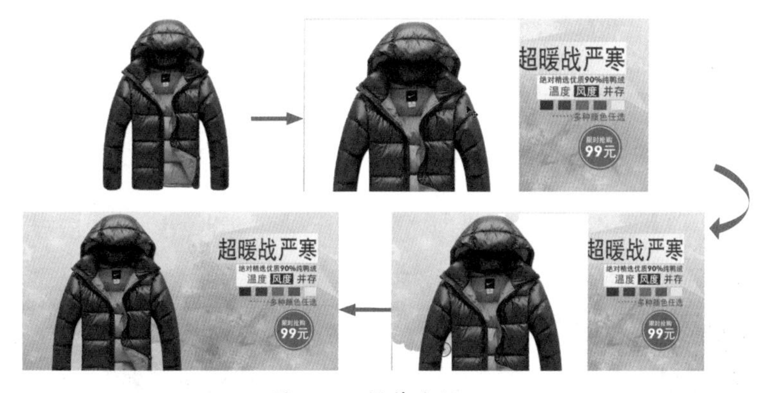

图4-91 操作流程

实例要点

- 使用“移动工具”移动图像到新文档中
- “背景橡皮擦工具”擦除背景
- 设置“背景橡皮擦工具”的属性栏

操作步骤

步骤01 执行菜单中的“文件”|“打开”命令或按Ctrl+O键，打开随书附带的“素材文件\第4章\羽绒服.jpg和羽绒服背景.jpg”文件，如图4-92所示。

图 4-92 素材

步骤02 使用（移动工具）将“羽绒服”素材中的图像拖曳到“羽绒服背景”文档中，如图4-93所示。

图 4-93 移动

步骤03 选择工具箱中的（背景橡皮擦工具），在属性栏中单击“取样：一次”按钮，设置“限制”为“查找边缘”，“容差”值为35%，如图4-94所示。

图 4-94 设置属性

> 技巧：在英文输入法状态下，按Shift+E键可以选择（橡皮擦工具）或（魔术橡皮擦工具）或（背景橡皮擦工具）。

> 技巧：在使用（背景橡皮擦工具）时，在属性栏中勾选“保护前景色”复选框，可以在擦除颜色的同时保护前景色不被擦除。

步骤04 使用（背景橡皮擦工具）在羽绒服图像的白色背景上按住鼠标左键拖曳擦除背景，如图4-95所示。

步骤05 按住鼠标左键在整个图像上拖曳擦除所有的背景，效果如图4-96所示。

图 4-95 擦除背景

图 4-96 擦除所有背景

步骤06 调整图像的大小和位置，至此本例制作完成，效果如图4-97所示。

图 4-97 最终效果

本章练习与习题

练习

找一张自己喜欢的图片将局部定义成图案，再使用(油漆桶工具)填充自定义图案。

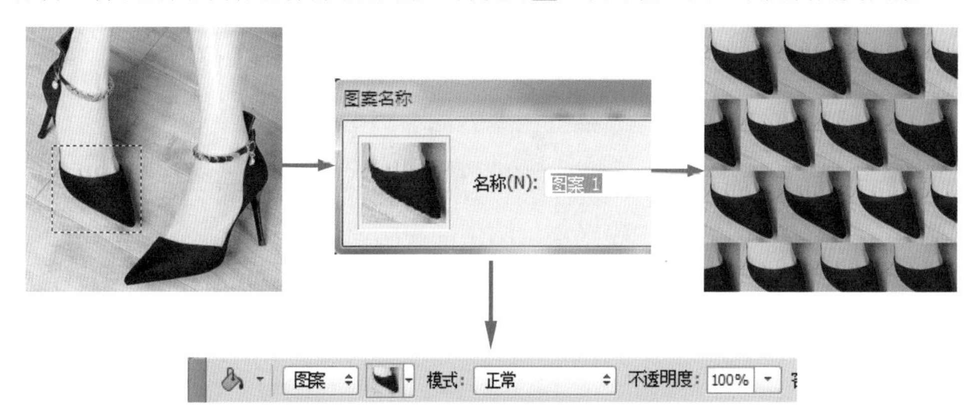

矩形选区定义图案后在新建文档中使用(油漆桶工具)填充图案

习题

1. 下面哪个渐变填充为角度填充？（　　）

A.　　B.　　C.　　D.

2. 下面哪个工具可以填充自定义图案？（　　）

A. 渐变工具　　B. 油漆桶工具　　C. 魔术棒工具　　D. 背景橡皮擦工具

3. 在背景橡皮擦选项栏中选择哪个选项时可以始终擦除第一次选取的颜色？（　　）

A. 一次　　B. 连续　　C. 背景色板　　D. 保护前景色

4. 描边命令可以为选区添加以下哪几种描边？（　　）

A. 居中　　B. 居内　　C. 居外　　D. 整个页面

第5章

画笔与绘图的使用

本章主要讲解画笔和绘图工具的使用，包括绘画工具（画笔工具、铅笔工具）、画笔面板、图章工具（仿制图章工具、图案图章工具）、历史记录工具（历史记录面板、历史记录画笔工具、历史记录艺术画笔工具）等，将通过实例对主要的工具进行全面细致的讲解。

本章案例内容

- 预设画笔绘制绿色枫叶
- 通过自定义画笔制作图像的水印
- 画笔面板设置间距制作邮票效果
- 载入画笔绘制画笔笔触
- 通过颜色替换工具替换汽车的颜色
- 仿制缩小图像
- 图案图章工具绘制自定义图案
- 历史记录画笔凸显图像局部

实例 45 预设画笔画绘制绿色枫叶

实例思路

Photoshop 中的（画笔工具）可以将预设的笔尖图案直接绘制到当前的图像中，也可以将其绘制到新建的图层内。（画笔工具）一般常用于绘制预设画笔笔尖图案或绘制不太精确的线条。本例就是通过选择（画笔工具）中的预设笔触来绘制枫叶，再设置图层的混合模式制作最后的效果，流程如图 5-1 所示。

图 5-1 操作流程

实例要点

- “打开”素材
- “色阶”调整图像
- “画笔工具”的使用
- 创建新图层的应用
- “混合模式”中“正片叠底”的应用

操作步骤

步骤 01 执行菜单中的“文件”|“打开”命令或按 Ctrl+O 键，打开随书附带的“素材文件 \ 第 5 章 \ 火车 .jpg”文件，如图 5-2 所示。

步骤 02 执行菜单中的“图像”|“调整”|“色阶”命令或按 Ctrl+L 键，打开“色阶”对话框，向右拖曳“阴影”控制滑块，将图像整体调暗，如图 5-3 所示。

步骤 03 设置完成单击“确定”按钮，效果如图 5-4 所示。

图 5-2 素材

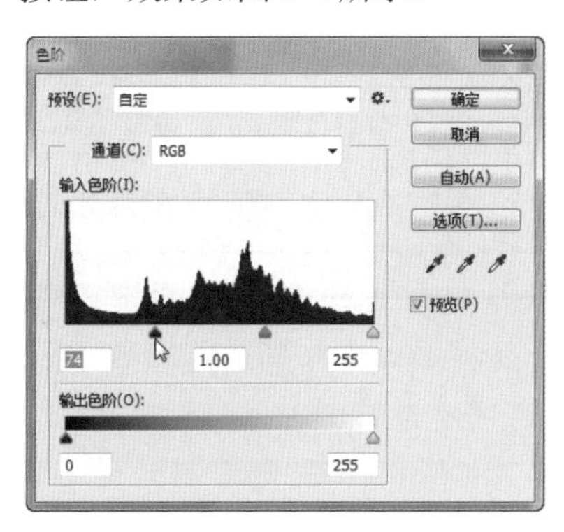

图 5-3 “色阶”对话框

图 5-4 色阶调整后

步骤04 在“工具箱”中选择（画笔工具），在属性栏中单击“画笔预设”选取器按钮，在打开的“画笔预设”选取器中选择笔尖为“散布枫叶”，如图 5-5 所示。

步骤05 在“工具箱”中设置前景色为“绿色”、背景设为“浅绿色”，在“图层”面板中单击（创建新图层）按钮，新建一个图层并将其命名为“绿色枫叶”，如图 5-6 所示。

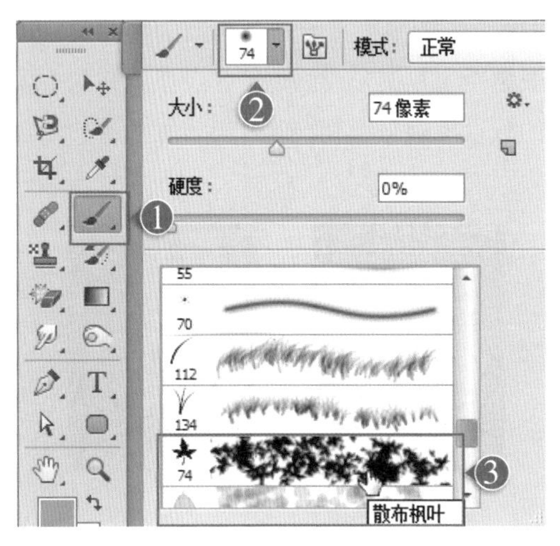

图 5-5 画笔选项

图 5-6 命名图层

步骤06 使用（画笔工具）在页面中涂抹，效果如图 5-7 所示。

步骤07 在“图层”面板中设置“绿色枫叶”图层的“混合模式”为“颜色加深”，如图 5-8 所示。

步骤08 至此本例制作完成，效果如图 5-9 所示。

图 5-7 绘画

图 5-8 混合模式

图 5-9 最终效果

技巧：在英文输入法状态下按 B 键，可以选择“画笔工具”“铅笔工具”“颜色替换工具”和“混合器画笔工具”，按 Shift+B 键可以在四者之间进行切换。

技巧：在英文输入法状态下按键盘上的数字可以快速改变画笔透明度。1 代表不透明度为 10%，0 代表不透明度为 100%；按 F5 键，可以打开“画笔”面板。

实例 46 通过自定义画笔制作图像的水印

实例思路

（画笔工具）不但可以绘制预设或载入的画笔，还可以将自己喜欢的图像定义为画笔，本例就是通过“定义画笔预设”命令将制作的文字、选区描边和绘制的铅笔直线自定义为画笔笔触，之后来绘制该画笔，流程如图 5-10 所示。

图 5-10 操作流程

实例要点

- “打开”素材
- “椭圆选框工具”绘制正圆选区
- “描边”命令描边选区
- “铅笔工具”绘制直线
- “定义画笔预设”命令的使用
- 调出选区隐藏图层并新建图层
- 设置“不透明度”

操作步骤

步骤 01 执行菜单中的“文件”|“打开”命令或按 Ctrl+O 键，打开随书附带的“素材文件\第 5 章\小熊玩偶 .jpg”文件，如图 5-11 所示。

步骤 02 新建一个“图层 1”图层，使用（椭圆选框工具）在页面中绘制一个正圆选区，如图 5-12 所示。

图 5-11 素材

图 5-12 绘制选区

步骤03 执行菜单中的“编辑”|“描边”命令，打开“描边”对话框，设置“宽度”为 3 像素、“颜色”为黑色、“位置”为内部，如图 5-13 所示。

步骤04 设置完成单击“确定”按钮，为选区进行描边，如图 5-14 所示。

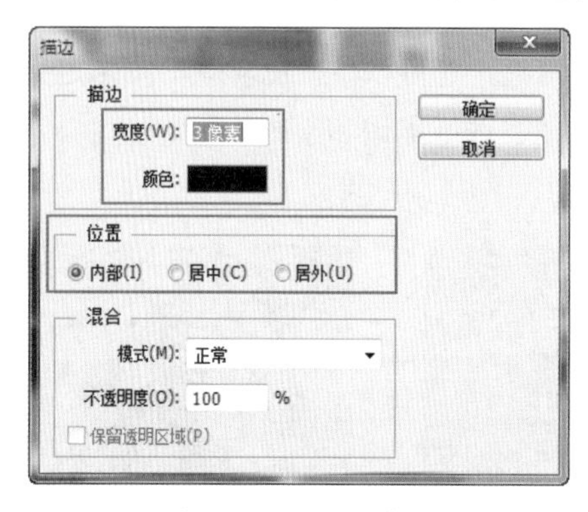

图 5-13 描边调整

图 5-14 描边

步骤05 按 Ctrl+D 键去掉选区，使用（铅笔工具）在圆环中绘制一个 3 像素的黑色十字线，如图 5-15 所示。

图 5-15 铅笔绘制

步骤06 使用（椭圆选框工具）在圆环内绘制一个正圆选区，按 Delete 键删除选区内的图像，效果如图 5-16 所示。

图 5-16 清除

步骤07 按 Ctrl+D 键去掉选区，使用（横排文字工具）输入黑色字母，如图 5-17 所示。

步骤08 将文字图层和“图层 1”图层一同选取，按 Ctrl+T 键调出变换框，拖动控制点将其进行旋转，如图 5-18 所示。

步骤09 按 Enter 键完成变换，按住 Ctrl+Shift 键的同时单击“图层 1”图层和文字图层的缩览图，调出两个图层的选区，如图 5-19 所示。

图 5-17 输入文字

图 5-18 变换

图 5-19 调出选区

步骤10 执行菜单中的“编辑”|“定义画笔预设”命令，打开“画笔名称”对话框，其中的参数值设置如图 5-20 所示。

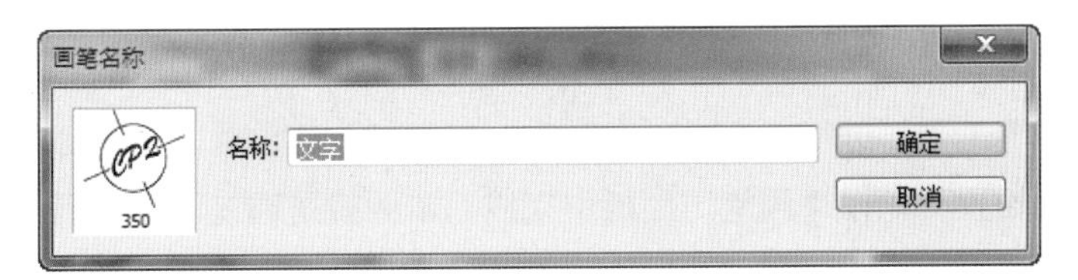

图 5-20 “画笔名称”对话框

提示：将文字或图像定义成画笔时最好使用深色，这样定义的画笔颜色会重一些。

步骤11 设置完成单击“确定”按钮，按 Ctrl+D 键去掉选区，隐藏文字图层，新建一个图层，如图 5-21 所示。

步骤12 选择（画笔工具），在“画笔预设”选取器中找到“文字”画笔，如图 5-22 所示。

图 5-21 新建图层

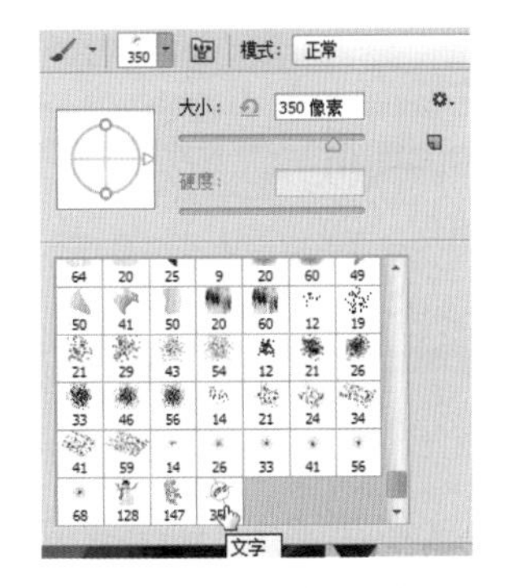

图 5-22 选择画笔

技巧：定义的画笔可以在多个不同图像中进行应用，并且可以具有相同的属性。

步骤13 选择一种适合的前景色后，在素材上使用（画笔工具）单击，即可为其添加多个水印，设置“不透明度”为 50%，效果如图 5-23 所示。

步骤14 至此本例制作完成，效果如图 5-24 所示。

图 5-23 绘制画笔

图 5-24 最终效果

实例 47 画笔面板设置间距制作邮票效果

实例思路

在使用（画笔工具）进行绘画时，有时会对其进行一些设置，这样可以更加完美地绘制画笔笔触，相应的设置可以在“画笔”面板中完成，本例就是通过设置画笔“间距”来制作邮票效果，流程如图 5-25 所示。

图 5-25 操作流程

实例要点

- “打开”菜单命令的使用
- “画笔面板”的应用
- “画笔工具”的使用
- “裁剪工具”的使用

操作步骤

步骤01 执行菜单中的“文件”|“打开”命令或按 Ctrl+O 键，打开随书附带的“素材文件\第 5 章\古董车 .jpg”文件，将其作为背景，执行菜单中的“图像”|“自动色调”命令或按 Ctrl+Shift+L 键，

图 5-26 素材和调色

效果如图 5-26 所示。

步骤02 在工具箱中设置“前景色”为白色，选择(画笔工具)，按 F5 键，打开“画笔”面板，在“画笔预设”中选择“画笔笔尖形状”选项，然后设置如图 5-27 所示的参数值。

步骤03 按住 Shift 键，在素材图像左上角向右拖动鼠标指针，绘制如图 5-28 所示的图像。

步骤04 将鼠标指针放在右上角最后一个画笔上，再次按住 Shift 键，向下拖动，画出右边一排圆点来，如图 5-29 所示。

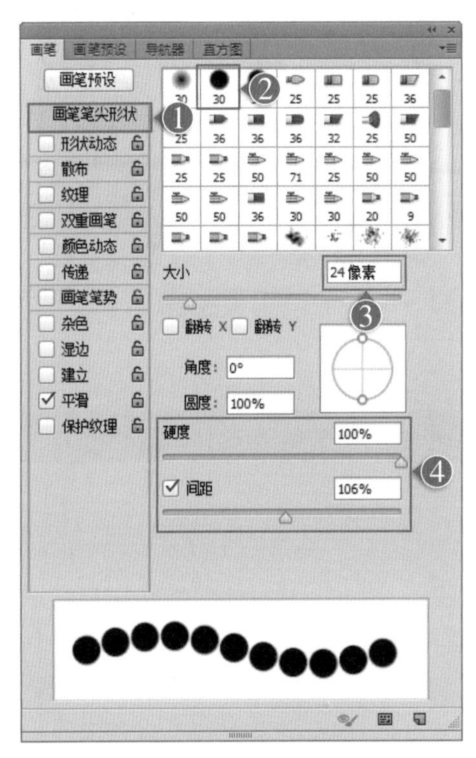

图 5-27 画笔面板

图 5-28 绘制上边的圆点

图 5-29 绘制右边的圆点

> **技巧：**在 Photoshop 中画点或者线的时候，按住 Shift 键可以保持水平、垂直或者斜 45 度角；而在使用选框工具时，按住 Shift 键可以画出正方形和正圆形。

步骤05 使用相同的制作方法，可以制作出另外两边的圆点，如图 5-30 所示。

步骤06 使用(裁剪工具)，在图像上按住鼠标左键，拖出一个裁切框，将其调整到合适的大小，如图 5-31 所示。

步骤07 双击裁切框，或按 Enter 键，对图像进行裁切操作，效果如图 5-32 所示。

步骤08 使用T (横排文字工具)，在图像上输入相应的文字，完成邮票效果的制作。至此本例制作完成，效果如图 5-33 所示。

图 5-30　绘制底边和左边的圆点

图 5-31　调整裁切区域

图 5-32　图像效果

图 5-33　最终效果

实例 48　载入画笔绘制画笔笔触

实例目的

Photoshop 中的画笔笔触是非常丰富的，但我们还是可以通过外部渠道去获取一些非常炫酷的画笔笔触，最好的方法是到相关的网站中去下载，之后将其载入到当前画笔预设中，本例就是通过“载入画笔”命令，将附带的“纹理”画笔载入到当前预设笔触中，再在其中选择需要的笔触进行绘制，最后设置“混合模式”以到达炫酷效果，流程如图 5-34 所示。

图 5-34　操作流程

实例要点

- “打开”菜单命令的使用
- “载入画笔”的使用
- “画笔工具”的使用
- 混合模式

步骤01 执行菜单中的“文件”|“打开”命令或按 Ctrl+O 键，打开随书附带的“素材文件\第 5 章\骑手”素材，将其作为背景，如图 5-35 所示。

步骤02 新建一个“图层 1”图层，选择（画笔工具），在“画笔预设”选取器中，单击“弹出”按钮，选择“载入画笔”命令，如图 5-36 所示。

图 5-35　素材

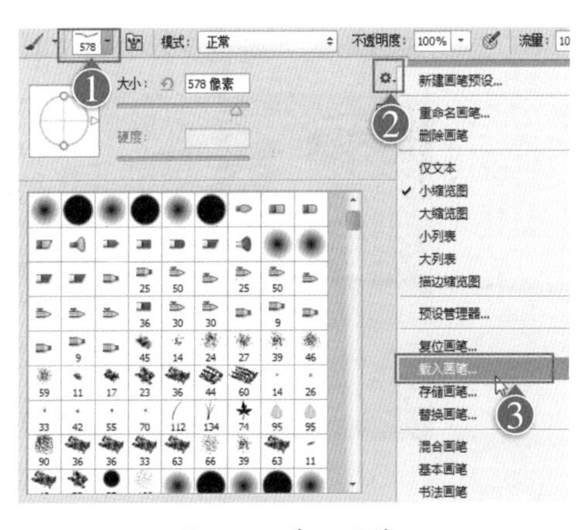

图 5-36　载入画笔

步骤03 选择“纹理”画笔后，单击“载入”按钮，如图 5-37 所示。

步骤04 载入画笔后，在“画笔拾色器中”选择画笔笔触，如图 5-38 所示。

图 5-37　载入纹理画笔

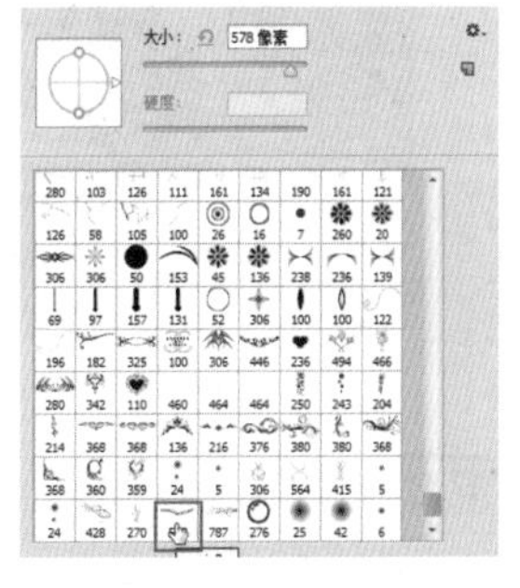

图 5-38　选择笔触

步骤05 使用（画笔工具）在新建的图层 1 中绘制白色画笔，如图 5-39 所示。

图 5-39　绘制白色画笔

步骤06 再新建一个“图层 2”图层，使用（画笔工具）绘制一个绿色笔触，如图 5-40 所示。

图 5-40　绘制绿色画笔

步骤07 设置“混合模式”为“颜色”，如图 5-41 所示。

图 5-41　设置混合模式

步骤08 再新建一个“图层 3”图层，使用（画笔工具）绘制一个橘色笔触，如图 5-42 所示。

图 5-42　绘制橘色画笔

步骤09 设置“混合模式”为“颜色”，至此本例制作完成，效果如图 5-43 所示。

图 5-43　最终效果

实例 49 通过颜色替换工具替换汽车的颜色

实例思路

使用（颜色替换工具）可以十分轻松地将图像中的颜色按照设置的“模式”替换成前景色，本例就是通过将“前景色”设置为蓝色“模式”后，来改变图像中所指定的颜色，流程如图 5-44 所示。

图 5-44 操作流程

实例要点

- “打开”菜单命令的使用
- “颜色替换工具”的使用

操作步骤

步骤 01 执行菜单中的“文件”|“打开”命令或按 Ctrl+O 键，打开随书附带的“素材文件\第 5 章\小卡车 .jpg”文件，如图 5-45 所示。

步骤 02 在“工具箱”中选择（颜色替换工具），设置“前景色”为（R=9、G=105、B=187）的蓝色，在选项栏中单击“一次取样”按钮、设置“模式”为“颜色”、设置“容差”为“40%”，如图 5-46 所示。

图 5-45 素材

图 5-46 设置颜色替换工具

其中的各项含义如下。

- 模式：用来设置替换颜色时的混合模式。包括色相、饱和度、颜色和明度，如图 5-47 所示的效果为前景色设置为“蓝色”时的替换颜色混合效果。

图 5-47 替换颜色的混合效果

- 取样：用来设置替换图像颜色的方式。包括连续、一次和背景色板。
  - 连续：可以将鼠标经过的所有颜色作为选择色并对其进行替换，如图 5-48 所示。
  - 一次：在图像上需要替换的颜色上按下鼠标，此时选取的颜色将自动作为背景色，只要不松手即可一直在图像上替换该颜色区域，如图 5-49 所示。
  - 背景色板：选择此项后，（颜色替换工具）只能替换与背景色一样的颜色区域，如图 5-50 所示。
- 限制：用来设置替换时的限制条件。在“限制”下拉列表中包括不连续、连续和查找边缘。
  - 不连续：可以在选定的色彩范围内多次重复替换。
  - 连续：在选定的色彩范围内只可以进行一次替换，也就是说必须在选定颜色后连续替换。

图 5-48 连续

图 5-49 一次

图 5-50 背景色板

步骤03 设置相应的画笔直径，在汽车的红色车身上按下鼠标，如图 5-51 所示。

步骤04 在整个车身上进行涂抹，如图 5-52 所示。

步骤05 此时会发现还有没被替换的位置，松开鼠标后，到没有被替换的红色部位，按下鼠标继续拖动，直到完全替换为止，至此本例制作完成，效果如图 5-53 所示。

图 5-51 选择替换点

图 5-52 替换过程

图 5-53 最终效果

技巧：在使用（颜色替换工具）替换图像中的颜色时，替换过程中如果有没被替换的部位，只要将选项栏中的“容差”设置得大一些，就可以完成一次性替换。

技巧：在使用（颜色替换工具）替换颜色时，纯白色的图像不能进行颜色替换。

实例 50 仿制缩小图像

实例思路

使用（仿制图章工具）可以十分轻松地将整个图像或图像中的一部分进行复制，使用（仿制图章工具）复制图像时，可以是同一文档中的同一图层，也可以是不同图层，还可以是在不同文档之间进行复制，本例就是通过设置（仿制图章工具）和“仿制源”面板来仿制缩小图像，流程如图 5-54 所示。

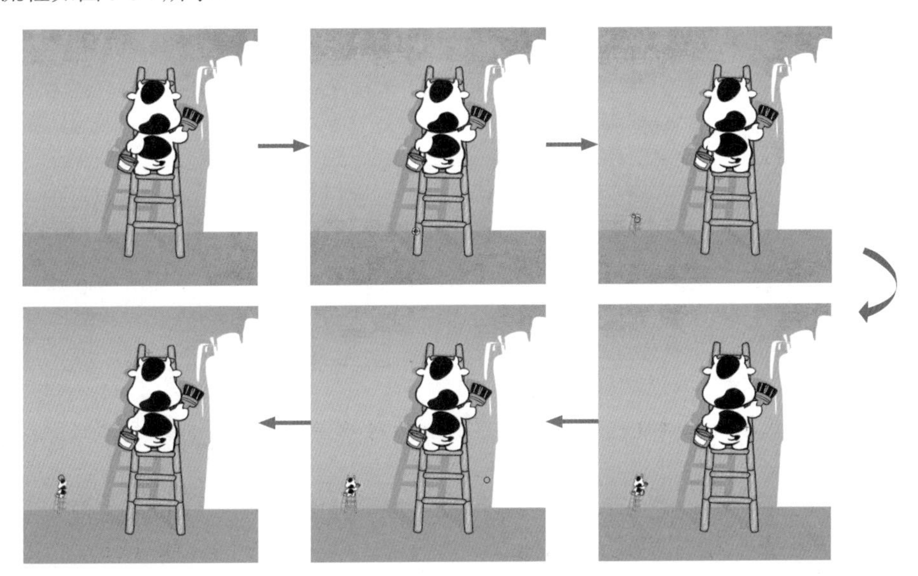

图 5-54 操作流程

实例要点

- 打开素材
- 设置“仿制源”面板
- 设置“仿制图章工具”的属性栏
- 使用“仿制图章工具”仿制缩小图像

操作步骤

步骤 01 执行菜单中的“文件”|“打开”命令或按 Ctrl+O 键，打开随书附带的“素材文件\第 5 章\粉

刷小牛.jpg”文件，如图 5-55 所示。

步骤02 选择工具箱中的（仿制图章工具），设置画笔“主直径”为 21 像素、“硬度”为 0%、“不透明度”为 100%、“流量”为 100%，勾选“对齐”复选框，如图 5-56 所示。

图 5-55 素材

图 5-56 设置属性

技巧：在属性栏中勾选“对齐”复选框，只能修复一个固定的图像位置；反之，可以连续修复多个相同区域的图像。

技巧：在属性栏的“样本”下拉菜单中选择“当前图层”选项，则只对当前图层取样；选择“所有图层”选项，可以在所有可见图层上取样；选择“当前和下方图层”选项，可以在当前和下方所有图层中取样，默认为“当前图层”选项。

步骤03 执行菜单中的“窗口”|“仿制源”命令，打开“仿制源”面板，设置缩放为 20%，其他参数不变，如图 5-57 所示。

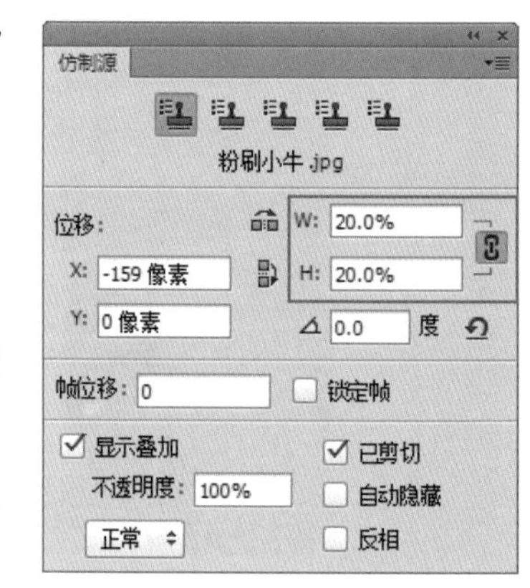

图 5-57 设置仿制源

其中的各项含义如下。

- 帧位移：设置动画中帧的位移。
- 锁定帧：将被仿制的帧锁定。
- 显示叠加：勾选该复选框，可以在仿制的时候显示预览效果。
- 不透明度：用来设置仿制复制的同时会出现采样图像的图层的不透明度。
- 已剪切：剪切图像到当前仿制中。
- 自动隐藏：仿制时将叠加层隐藏。
- 反相：将叠加层的效果以负片显示。

步骤04 按住 Alt 键，在图像中小牛梯子与墙面和地面相对齐的位置单击选取图章点，如图 5-58 所示。

技巧：在使用（仿制图章工具）仿制图像时，设置被仿制点时找到一处可以与仿制点相平行的地点，可以更加方便地进行图像仿制操作。

步骤05 松开键盘上的 Alt 键，在图像上水平向左移动鼠标，在合适的位置上按下鼠标进行涂抹，如图 5-59 所示。

步骤06 跟随十字线的移动位置可以看到仿制效果，此时仿制的图像已经被缩小了，效果如图 5-60 所示。

步骤07 左右对照将整个卡通动物图像覆盖到空白处，至此本例制作完成，效果如图 5-61 所示。

图 5-58 取样

图 5-59 仿制

图 5-60 仿制

图 5-61 最终效果

实例 51 图案图章工具绘制自定义图案

实例思路

使用（图案图章工具）可以将预设的图案或自定义的图案复制到当前文件，通常用于快速仿制预设或自定义的图案，该工具的使用方法非常简单，只要选择图案后，在文档中按下鼠标拖动即可复制，本例就是将打开素材的局部定义为图案，之后使用（图案图章工具）在新建文档中涂抹图案，流程如图 5-62 所示。

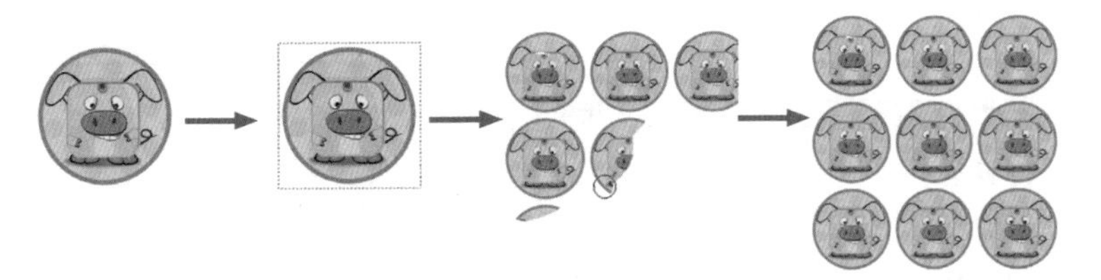

图 5-62 操作流程

实例要点

- “打开”与“新建”菜单命令的使用
- 自定义图案的使用
- “图案图章工具”的应用

操作步骤

步骤01 执行菜单中的“文件”|“打开”命令或按 Ctrl+O 键，打开随书附带的“素材文件\第 5 章\生肖猪 .jpg”文件，如图 5-63 所示。

步骤02 使用 （矩形选框工具），在页面中绘制正方形选区，如图 5-64 所示。

图 5-63 素材

图 5-64 绘制选区

步骤03 执行菜单中的“编辑”|“定义图案”命令，打开“图案名称”对话框，设置“名称”为“图案 1”，如图 5-65 所示。

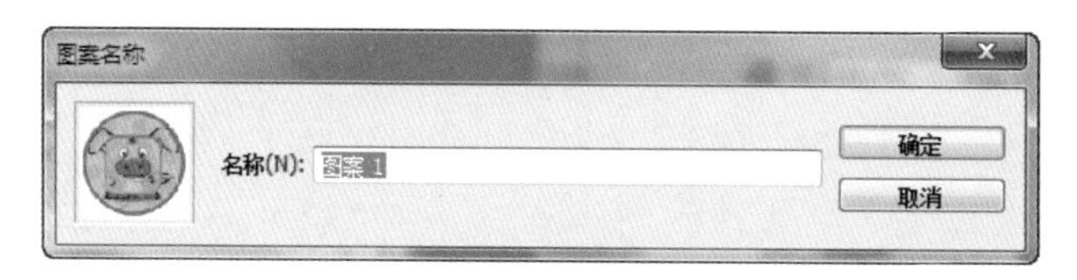

图 5-65 “图案名称”对话框

步骤04 设置完成后单击“确定”按钮，转换到刚刚新建的“图案”文件中，单击工具箱中的“图案图章工具”按钮 ，在属性栏中设置如图 5-66 所示的参数。

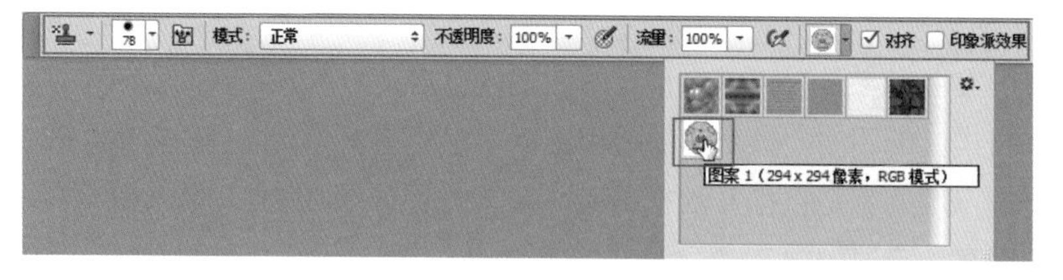

图 5-66 设置图案

> **技巧：** 在属性栏中勾选“印象派效果”复选框后，可以使复制的图像效果类似于印象派艺术画效果。

步骤05 执行菜单中的“文件”|“新建”命令或按 Ctrl+N 键，打开“新建”对话框，设置文件的名称，

“宽度”为 890 像素，“高度”为 890 像素，“分辨率”为 150 像素 / 英寸，在“颜色模式”中选择“RGB 颜色”，选择“背景内容”为“白色”，如图 5-67 所示。

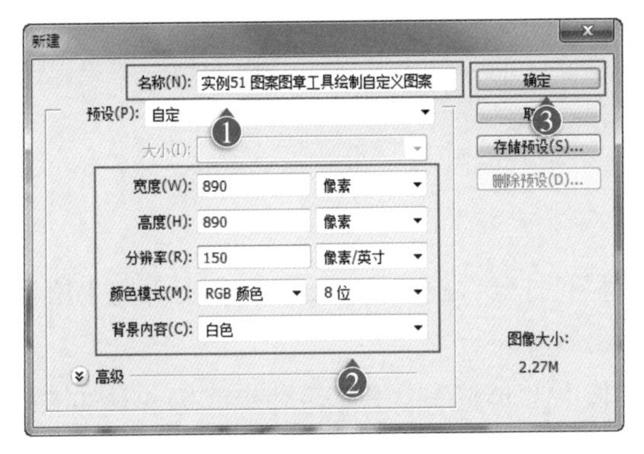

图 5-67 “新建”对话框

步骤 06 在新建文件的空白处按住鼠标左键拖曳，将图案覆盖到白色背景上，如图 5-68 所示。

步骤 07 在整个背景中涂抹，完成图像最终效果的制作，如图 5-69 所示。

图 5-68 复制图案　　　　图 5-69 最终效果

实例 52 历史记录画笔凸显图像局部

实例思路

使用（历史记录画笔工具）结合“历史记录”面板，可以很方便地恢复图像先前任意操作，本例就是通过“黑白”命令去掉图像的颜色，再使用（历史记录画笔工具）恢复头部的颜色，流程如图 5-70 所示。

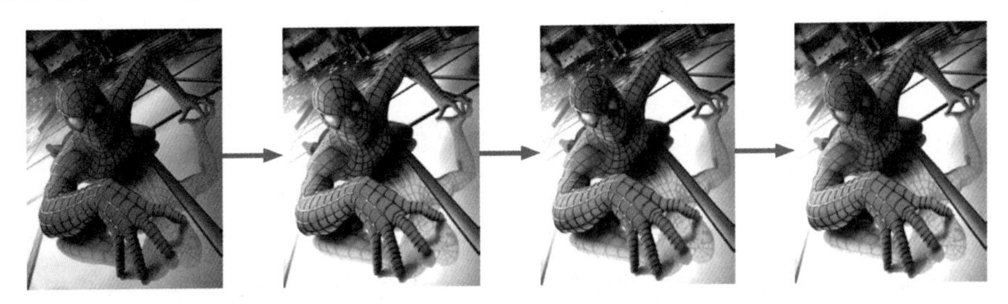

图 5-70 操作流程

实例要点

- 打开素材
- “图像”|“调整”|“去色”命令的使用
- 设置“历史记录画笔工具”的属性栏
- 使用“历史记录画笔工具”恢复颜色

操作步骤

步骤01 执行菜单中的“文件”|“打开”命令或按Ctrl+O键，打开随书附带的“素材文件\第5章\蜘蛛侠.jpg”文件，如图5-71所示。

步骤02 执行菜单中的“图像”|“调整”|“黑白”命令或按Alt+Shift+Ctrl+B键，打开“黑白”对话框，其中的参数设置如图5-72所示。

步骤03 设置完成单击“确定”按钮，效果如图5-73所示。

图5-71 素材

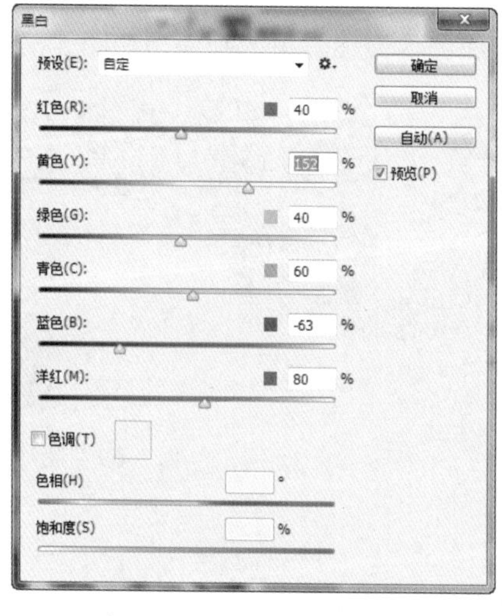

图5-72 “黑白”对话框

图5-73 去色后

步骤04 选择工具箱中的（历史记录画笔工具），在属性栏上设置如图5-74所示的参数。

图5-74 设置属性

步骤05 使用（历史记录画笔工具）在素材图像上人物的头部位置进行涂抹，效果如图5-75所示。

> 技巧：使用（历史记录画笔工具）时，如果已经操作了多步，可以在“历史记录”面板中找到需要恢复的步骤，再使用“历史记录画笔工具”对这一步进行复原。

步骤06 调整合适的笔尖大小，将整个头部涂抹。至此本例制作完成，效果如图5-76所示。

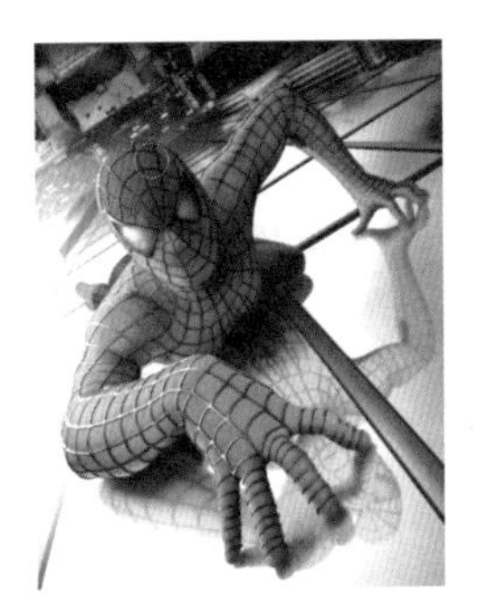

图 5-75 涂抹嘴部

图 5-76 最终效果

本章练习与习题

练习

1. 使用“仿制源”面板仿制水平翻转图像。
2. 通过画笔面板设置云彩画笔。

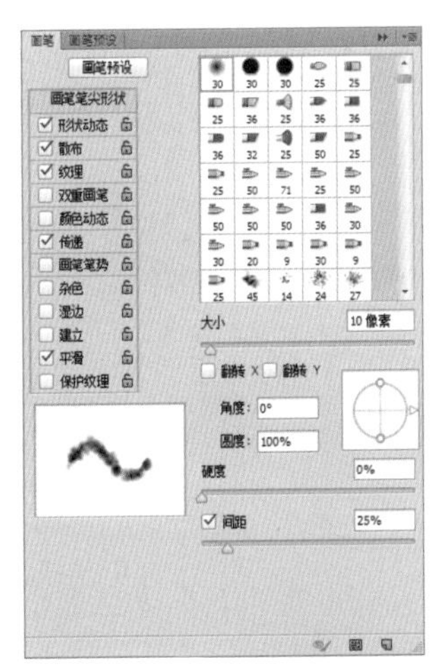

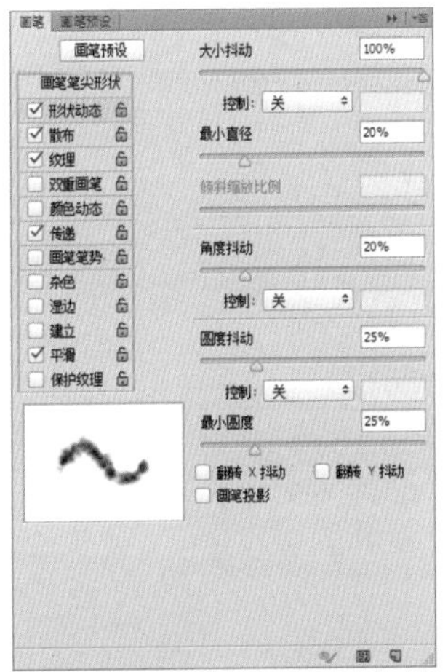

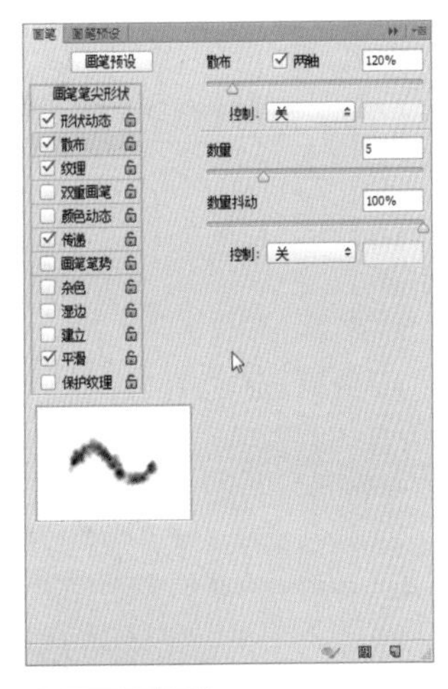

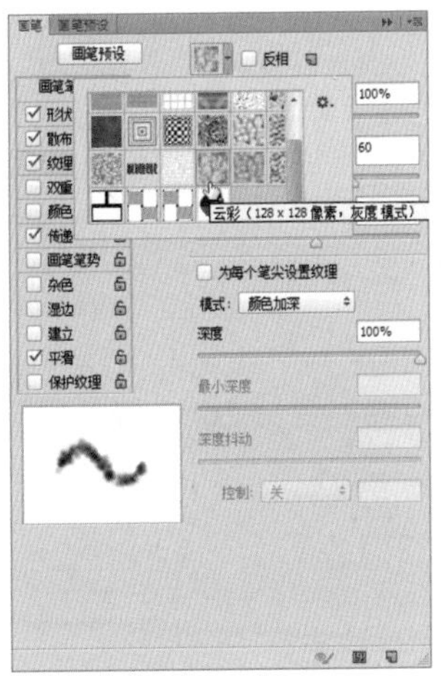

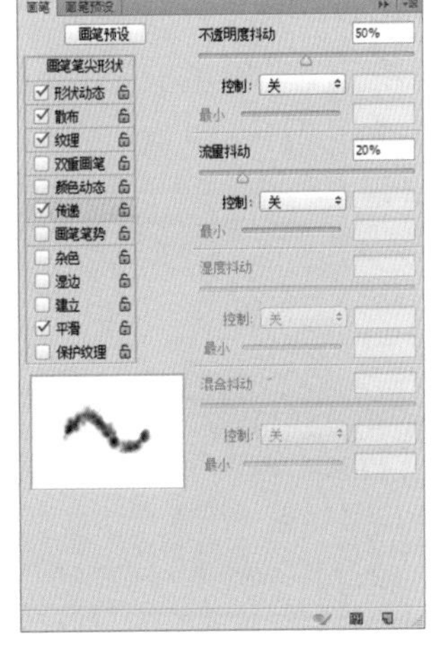

习题

1. 下面哪个工具绘制的线条较硬？（　　）

A. 铅笔工具　　B. 画笔工具　　C. 颜色替换工具　　D. 图案图章工具

2. “仿制源”面板中不能对仿制图像进行的操作是（　　）。

A. 改变颜色　　B. 水平镜像　　C. 旋转角度　　D. 缩放图像

3. 自定义的图案可以用于以下哪个工具？（　　）

A. 历史记录画笔工具　　B. 修补工具

C. 图案图章工具　　D. 油漆桶工具

4. 自定义的画笔可以用于以下哪个工具？（　　）

A. 历史记录画笔工具　　B. 修补工具

C. 画笔工具　　D. 油漆桶工具

第6章

图像编修工具的使用

本章全面讲解 Photoshop 图像编修工具的使用，内容涉修复画笔工具、污点修复画笔工具、修补工具、红眼工具、模糊工具、锐化工具、涂抹工具、减淡工具、加深工具和海绵工具等。

本章案例内容

- 污点修复画笔工具修复图像上的污迹
- 修复画笔工具修复头上的疤痕
- 修补工具修掉照片中的日期
- 修复照片中的红眼
- 减淡工具增白小朋友皮肤
- 加深工具加深脚底的区域
- 锐化与模糊工具制作景深效果
- 海绵工具凸显图像中的人物

实例 53　污点修复画笔工具修复图像中的污迹

实例思路

使用（污点修复画笔工具）可以十分轻松地将图像中的瑕疵修复。该工具的使用方法非常简单，只要将鼠标指针移到要修复的位置，按下鼠标拖动即可对图像进行修复，原理是将修复区周围的像素与之相融合来完成修复结果。本例就是通过设置（污点修复画笔工具）后，在图像中进行涂抹来修复污迹，流程如图 6-1 所示。

图 6-1　操作流程

实例要点

- 打开文件
- 设置“污点修复画笔工具”的属性栏
- 使用“污点修复画笔工具”涂抹去除污迹

操作步骤

步骤01 执行菜单中的“文件”|“打开”命令或按 Ctrl+O 键，打开随书附带的“素材文件\第 6 章\污迹照片 .jpg”文件，此时我们会看到小朋友衣服上有两块污迹，如图 6-2 所示。

步骤02 单击工具箱中的（污点修复画笔工具），设置画笔“大小”为 47 像素、“硬度”为 100%、“间距”为 25%、“角度”为 0°、“圆度”为 100%、“模式”为“正常”，选中“内容识别”单选按钮，如图 6-3 所示。

图 6-2　素材

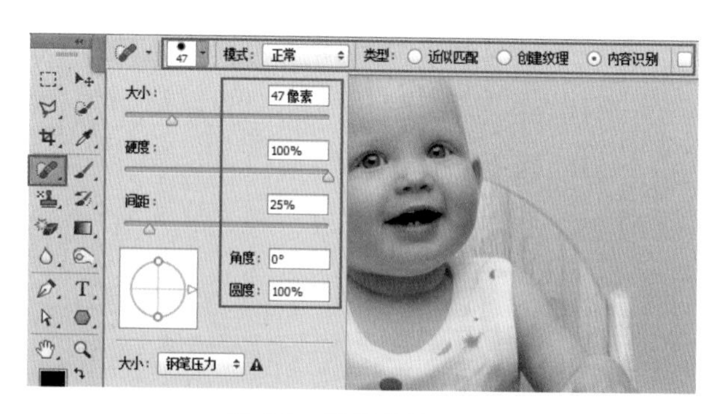

图 6-3　设置属性

步骤03 在照片中人物衣服有污渍的地方按下鼠标进行涂抹，如图 6-4 所示。

步骤04 松开鼠标按键后，此处污渍就会被去除，如图 6-5 所示。

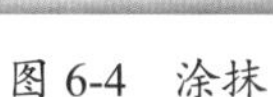

图 6-4 涂抹

图 6-5 修复

步骤05 在有污点的地方反复涂抹，直到去除污渍为止，至此本例制作完成，效果如图 6-6 所示。

图 6-6 最终效果

> 技巧：使用（污点修复画笔工具）去除图像上的污点时，画笔的大小是非常重要的，稍微大一点则会将边缘没有污点的图像也添加到其中。

实例 54 修复画笔工具修复头上的疤痕

实例思路

使用（修复画笔工具）可以对被破坏的图片或有瑕疵的图片进行修复。使用该工具进行修复时首先要进行取样（取样方法为按住 Alt 键在图像中单击），再使用鼠标在被修的位置上涂抹。使用样本像素进行修复的同时可以把样本像素的纹理、光照、透明度和阴影与所修复的像素相融合。本例就是通过设置（修复画笔工具），取样后修复伤疤区域，流程如图 6-7 所示。

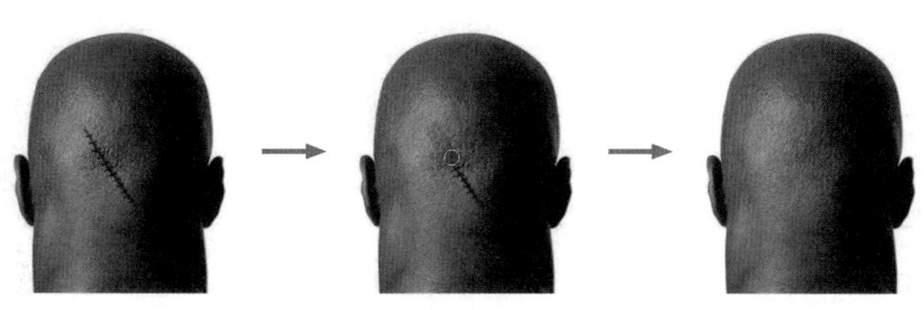

图 6-7 操作流程

实例要点

▶ 打开文件
▶ 设置“修复画笔工具”
▶ “修复画笔工具”的使用

操作步骤

步骤01 执行菜单中的“文件”|“打开”命令或按 Ctrl+O 键，打开随书附带的“素材文件\第 6 章\头部伤疤 .jpg”文件，如图 6-8 所示。

步骤02 选择（修复画笔工具），设置画笔“大小”为 15 像素、“硬度”为 100%、“间距”为 25%、“角度”为 0°、“圆度”为 100%、“模式”为“正常”，选中“取样”单选按钮，在伤口附近的位置，按住键盘上的 Alt 键并单击选取取样点，如图 6-9 所示。

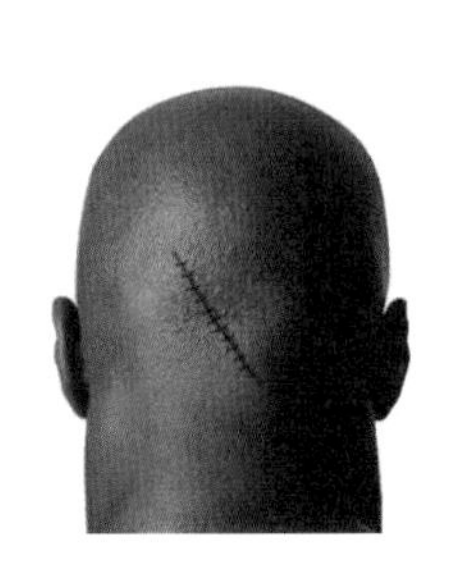

图 6-8　素材

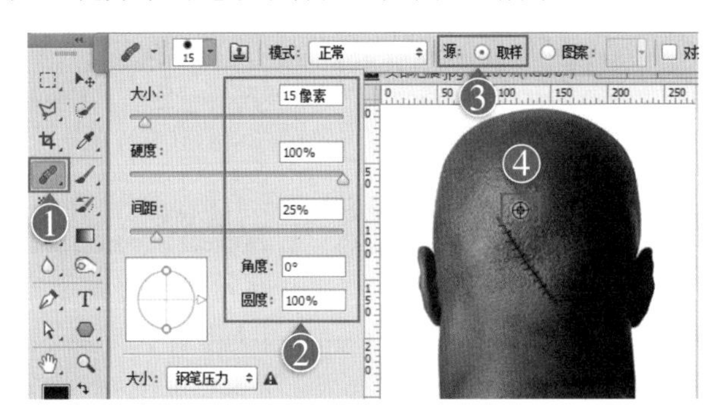

图 6-9　取样

> 技巧：在属性栏中选中“取样”单选按钮，在图像中必须按住 Alt 键才能采集样本；选中“图案”单选按钮，可以在右侧的下拉菜单中选择图案来修复图像。

步骤03 取完点后松开 Alt 键，在图像中有伤口的地方涂抹覆盖伤口，效果如图 6-10 所示。

步骤04 反复选取取样点后，将整个伤口去除，效果如图 6-11 所示。

> 技巧：在使用（修复画笔工具）修复图像时，画笔的直径和硬度是非常重要的，硬度越小，边缘的羽化效果越明显。

步骤05 整个伤口修复完成后，本例制作完成，效果如图 6-12 所示。

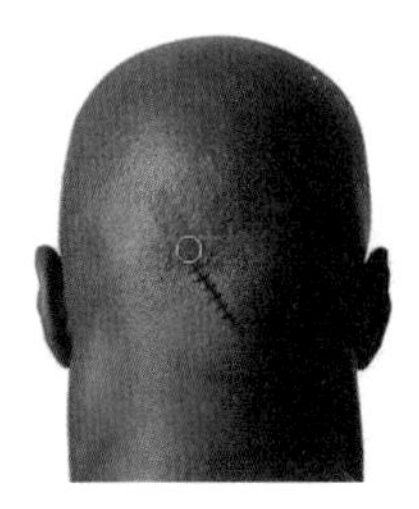

图 6-10　修复

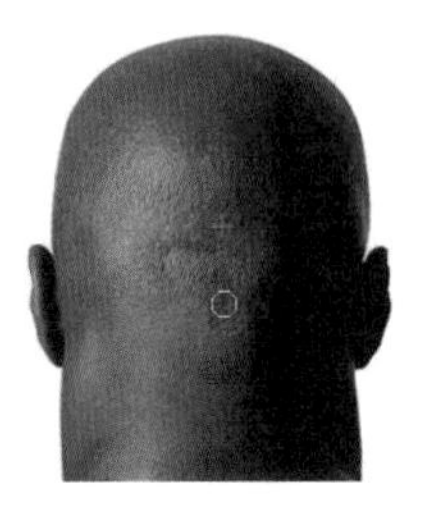

图 6-11　继续修复

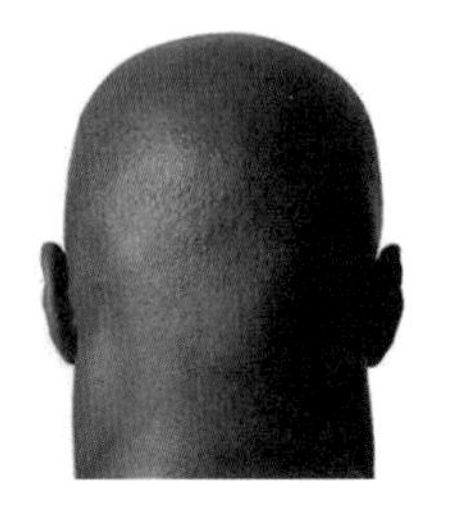

图 6-12　最终效果

实例 55 修补工具修掉照片中的日期

实例思路

（修补工具）会将样本像素的纹理、光照和阴影与源像素进行匹配，本例就是通过使用（修补工具）设置修补区域后修掉照片中的日期。流程如图 6-13 所示。

图 6-13 操作流程

实例要点

- 打开素材
- 设置“修补工具”
- 使用“修补工具”修复日期

操作步骤

步骤01 执行菜单中的“文件”|“打开”命令或按 Ctrl+O 键，打开随书附带的“素材文件\第 6 章\日期照片 .jpg”文件，将其作为背景，如图 6-14 所示。

步骤02 在工具箱中选择（修补工具），在属性栏中设置“修补”为“内容识别”，再使用（修补工具）在斑点的位置创建选区，如图 6-15 所示。

图 6-14 素材

图 6-15 设置修补工具

步骤03 使用（修补工具）直接拖动刚才创建的选区到没有文字的地板区域，纹理部分最好对齐，效果如图 6-16 所示。

> **技巧：**（修补工具）修补图像时，创建选区范围可以使用（矩形选框工具）、（椭圆选框工具）或（多边形套索工具），只要能创建出合适的选区，任何选区工具都可以使用。

步骤04 松开鼠标完成修补，效果如图 6-17 所示。

图 6-16　移动

图 6-17　修补

> 技巧：使用（修补工具）时，在选项栏中选中“源”单选按钮，将会用采集来的图像替换当前选区内容的图像。选中“目标”单选按钮，可以将选区内的图像移动到目标图像上，二者将会融合在一起，达到修复图像的效果。勾选“透明”复选框，修复后的图像采集点在前面会出现透明效果，与背景之间更加融合。使用（修补工具）绘制选区后，“应用图案”按钮才处于激活状态，在“图案”下拉菜单中选择一个图案进行修补。

步骤05 按 Ctrl+D 键去掉选区，至此本例制作完毕，最终效果如图 6-18 所示。

图 6-18　最终效果

实例 56　修复照片中的红眼

实例思路

使用（红眼工具）可以将在数码相机照相过程中产生的红眼效果轻松去除并与周围的像素相融合，本例就是通过设置（红眼工具）后在红眼上单击，修复红眼效果，流程如图 6-19 所示。

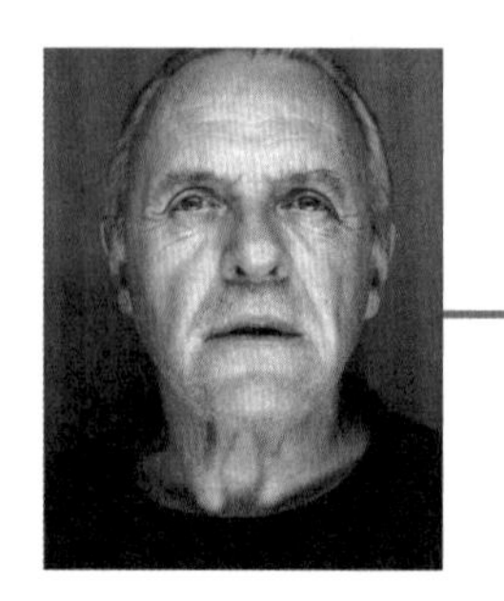

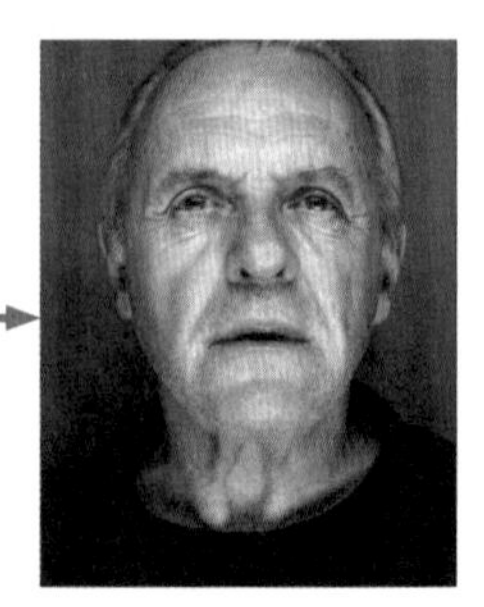

图 6-19　操作流程

实例要点

- 打开素材
- 设置“红眼工具”属性
- 使用“红眼工具”在红眼睛处单击即可去除红眼效果

操作步骤

步骤01 执行菜单中的“文件”|“打开”命令或按Ctrl+O键，打开随书附带的“素材文件\第6章\红眼.jpg”文件，将其作为背景，如图6-20所示。

步骤02 选择（红眼工具），在属性栏中设置“瞳孔大小”为50%，设置“变暗量”为10%，再使用（红眼工具）在红眼睛上单击，如图6-21所示。

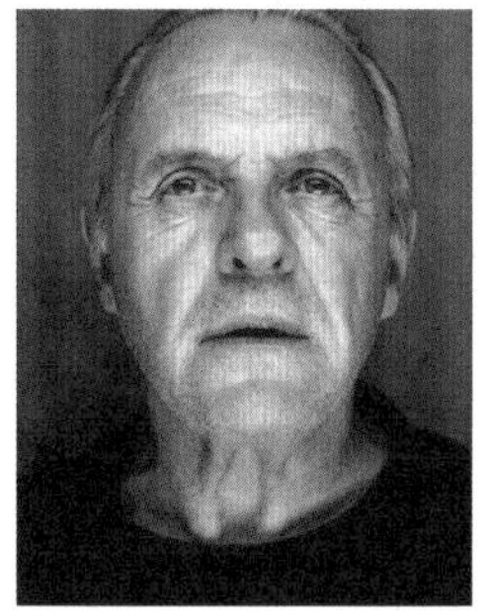

图6-20 素材

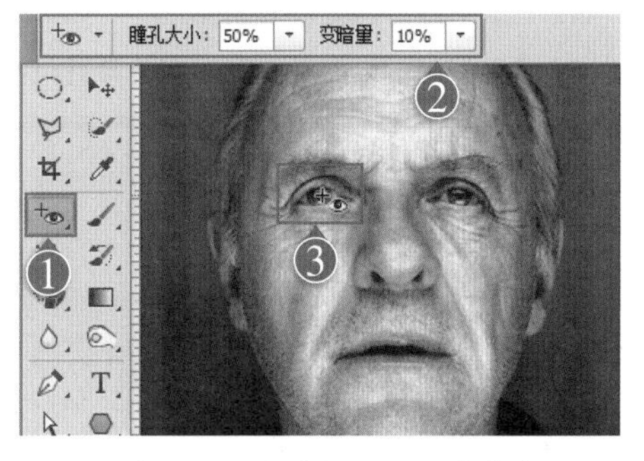

图6-21 设置红眼工具并单击

> 技巧：在处理不同大小照片的红眼效果时，可按照片的要求设置“瞳孔大小”和“变暗量”，然后再在红眼处单击。

步骤03 松开鼠标后，系统会自动按照属性设置对红眼进行清除，效果如图6-22所示。

步骤04 使用同样的方法在另一只眼睛上单击消除红眼，至此本例制作完成，效果如图6-23所示。

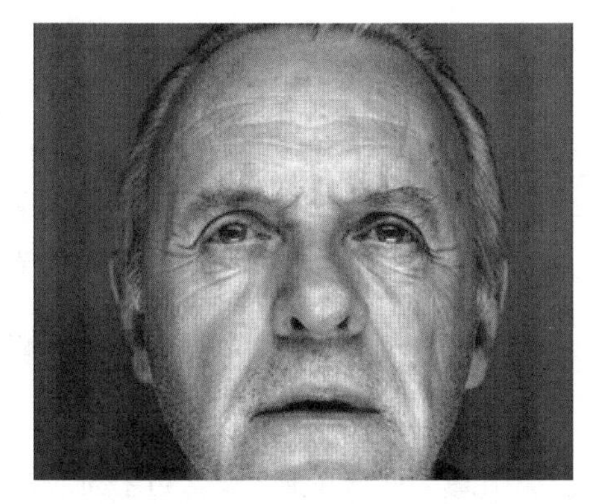

图6-22 消除红眼

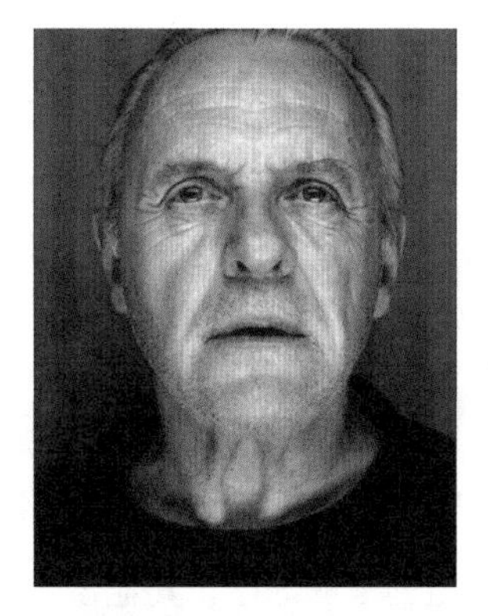

图6-23 最终效果

实例思路

（减淡工具）可以改变图像中的亮调与暗调。原理来源于胶片曝光显影后，经过部分暗化和亮化可改变曝光效果，本例就是通过设置（减淡工具）后，在人物皮肤上涂抹将其变白，流程如图 6-24 所示。

图 6-24　操作流程

实例要点

- 打开素材
- 设置（减淡工具）属性
- 使用（减淡工具）对人物面部进行减淡处理

操作步骤

步骤01 执行菜单中的“文件”|“打开”命令或按Ctrl+O键，打开随书附带的“素材文件\第6章\小朋友.jpg”文件，将其作为背景，如图 6-25 所示。

步骤02 选择（减淡工具），设置“大小”为 98 像素、“硬度”为 0%，设置“范围”为“中间调”，设置“曝光度”为 38%，勾选“保护色调”复选框，再使用（减淡工具）在素材中面部进行反复涂抹，效果如图 6-26 所示。

图 6-25　素材

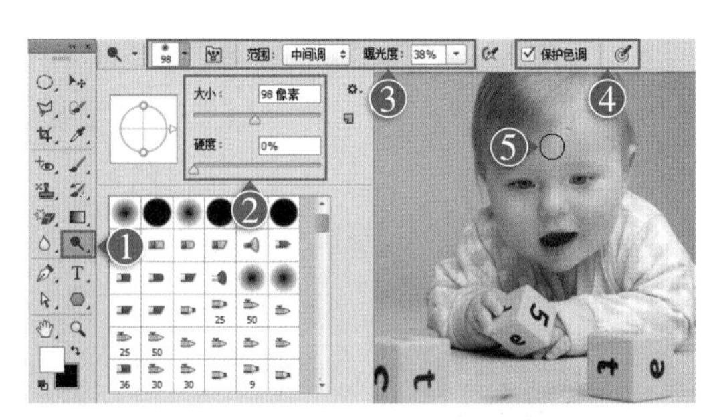

图 6-26　设置工具并涂抹

步骤03 反复调整画笔的大小，其他参数不变，使用（减淡工具）在素材中面部进行反复涂抹，效果如图 6-27 所示。

步骤04 整个面部涂抹后，得到最终效果，如图 6-28 所示。

图 6-27 再次减淡

图 6-28 最终效果

实例 58 加深工具加深脚底的区域

实例思路

（加深工具）正好与（减淡工具）相反，使用该工具可以将图像中的亮度变暗，本例就是通过设置（加深工具）后，在脚底与背景相接触的区域进行涂抹，将其加深，流程如图 6-29 所示。

图 6-29 操作流程

实例要点

- 打开文件
- 使用多边形选区工具创建选区
- 使用“加深工具”对图像进行局部加深处理

操作步骤

步骤01 执行菜单中的“文件”|“打开”命令或按 Ctrl+O 键，打开随书附带的“素材文件\第 6 章\卡通鼠 .jpg”文件，如图 6-30 所示。

步骤02 在工具箱中选择 （多边形套索工具），设置属性栏中的“羽化”为 1 像素，在老鼠头上单击创建选区的第一点，如图 6-31 所示。

图 6-30　素材

图 6-31　编辑选区

步骤03 沿老鼠的边缘单击创建选区，过程如图 6-32 所示。

图 6-32　创建选区

步骤04 整个选区创建完成后，效果如图 6-33 所示。

步骤05 执行菜单中的“文件”|“打开”命令或按 Ctrl+O 键，打开随书附带的“素材文件\第 4 章\过山车 .jpg”文件，如图 6-34 所示。

步骤06 使用 （移动工具）将选区内的图像拖动到“过山车”文档中，将老鼠移到相应位置，效果如图 6-35 所示。

图 6-33　选区

图 6-34　素材

图 6-35　移动

步骤07 选择 （加深工具），设置画笔大小为 23、“范围”为“中间调”、“曝光度”为 50%，效果如图 6-36 所示。

图 6-36　设置属性

技巧：在“范围”下拉列表中可以选择“中间调”“暗调”和“高光”选项，分别代表更改灰色的中间区域、更改深色区域和更改浅色区域。

步骤08 选择“背景”图层，使用（加深工具）在老鼠脚底处进行涂抹，如图6-37所示。

步骤09 在两只脚底处进行涂抹，完成本例的制作，最终效果如图6-38所示。

图 6-37 加深

图 6-38 最终效果

技巧：选择（加深工具），在图像的某一点进行涂抹后，会使此处变得比原图稍暗一些。主要用于两个图像进行衔接的地方，使其看起来更加融合。

实例 59 锐化与模糊工具制作景深效果

实例思路

（模糊工具）可以对图像中被拖动的区域进行柔化处理使其显得模糊。原理是降低像素之间的反差；（锐化工具）正好与（模糊工具）相反，可以增加图像的锐化度，使图像看起来更加清晰。原理是增强像素之间的反差，本例就是通过设置（锐化工具）与（模糊工具）后，在图像中进行模糊和锐化设置，流程如图6-39所示。

图 6-39 操作流程

实例要点

- 打开文件
- 使用“锐化工具”对图像局部进行锐化处理
- 使用“模糊工具”对图像局部进行模糊处理

操作步骤

步骤01 执行菜单中的“文件”|“打开”命令或按 Ctrl+O 键，打开随书附带的“素材文件\第 6 章\小熊 .jpg”文件，将其作为背景，如图 6-40 所示。

步骤02 选择工具箱中的（锐化工具），设置“大小”为 100 像素，“硬度”为 0%，如图 6-41 所示。

图 6-40 素材

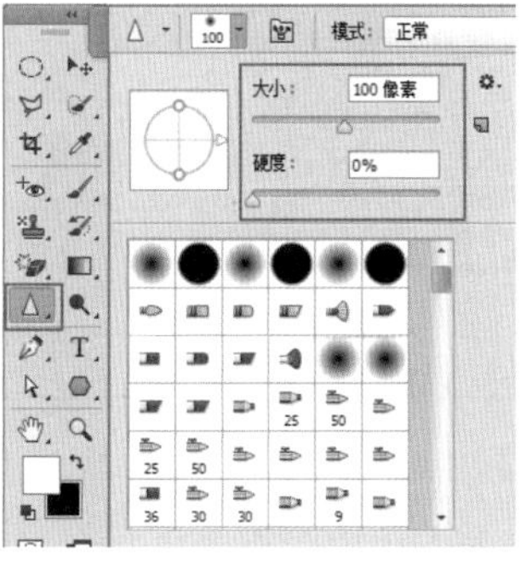

图 6-41 设置工具

步骤03 在属性栏中设置“模式”为“正常”，“强度”为 50%，勾选“保护细节”复选框，如图 6-42 所示。

图 6-42 属性栏

步骤04 使用（锐化工具）在图像中小熊和纸盒部位进行涂抹，效果如图 6-43 所示。

步骤05 选择“工具箱”中的（模糊工具），设置“大小”为 100 像素，“硬度”为 0%，如图 6-44 所示。

图 6-43 涂抹

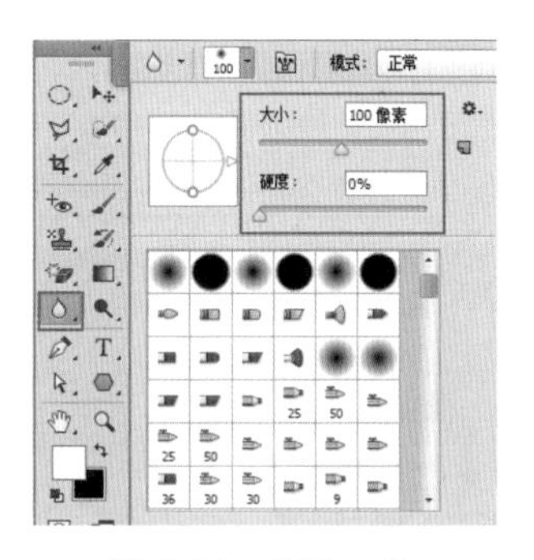

图 6-44 设置工具

步骤06 在属性栏中设置“模式”为“正常”，“强度”为 87%，如图 6-45 所示。

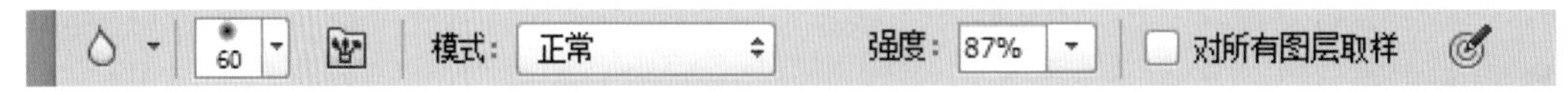

图 6-45 属性栏

步骤07 使用（模糊工具）在图像中小熊和纸盒以外的部位进行涂抹，至此本例制作完成，效果如图 6-46 所示。

> 技巧：使用（锐化工具），在比较模糊的图像上来回涂抹后，会使模糊图像变得清晰一些，它的功能与（模糊工具）正好相反。

图 6-46 最终效果

实例 60 海绵工具凸显图像中的人物

实例思路

（海绵工具）可以精确地更改图像中某个区域的色相饱和度。当增加颜色的饱和度时，其灰度就会减少，使图像的色彩更加浓烈；当降低颜色的饱和度时，其灰度就会增加，使图像的色彩变为灰度值，本例就是通过设置（海绵工具）后，让图像的涂抹区域变成黑白效果，流程如图 6-47 所示。

图 6-47 操作流程

实例要点

- 打开文件
- 设置“海绵工具”
- 使用“海绵工具”对图像局部进行去色处理

操作步骤

步骤01 执行菜单中的“文件”|“打开”命令或按 Ctrl+O 键，打开随书附带的“素材文件 \ 第 6 章 \ 空中对决 .jpg”文件，将其作为背景，如图 6-48 所示。

图 6-48 素材

步骤02 选择工具箱中的（海绵工具），设置“模式”为“去色”、“流量”为 84%、勾选“自然饱和度”复选框，如图 6-49 所示。

图 6-49 设置工具

步骤03 使用（海绵工具）随时调整画笔大小，在人物以外的区域进行涂抹，将涂抹的区域变为黑白色，如图 6-50 所示。

步骤04 在整个人物以外的区域涂抹，完成本例的制作，最终效果如图 6-51 所示。

图 6-50　涂抹　　　　图 6-51　最终效果

本章练习与习题

练习

使用“涂抹工具”对素材局部进行液化涂抹，选择工具后设置相应“强度”，直接在素材中涂抹即可。

习题

1. 下面哪个工具可以对图像中的污渍进行修复？（　　）
   A. 铅笔工具　　B. 修补工具　　C. 修复画笔工具　　D. 图案图章工具
2. 减淡工具和下面的哪个工具是基于调节照片特定区域的曝光度的传统摄影技术，可用于使图像区域变亮或变暗？（　　）
   A. 渐变工具　　B. 加深工具　　C. 锐化工具　　D. 海绵工具
3. 在涂抹图像时，可以将鼠标经过的区域进行加色与去色处理的是以下哪个工具？（　　）
   A. 加深工具　　B. 减淡工具　　C. 涂抹工具　　D. 海绵工具
4. 下面哪个工具可以对数码相机拍摄的红眼进行去除？（　　）
   A. 铅笔工具　　B. 修补工具　　C. 修复画笔工具　　D. 红眼工具

第7章

图层与路径的使用

对图层进行操作可以说是 Photoshop 中使用最为频繁的一项工作。通过建立图层，然后在各个图层中分别编辑图像中的各个元素，可以产生既富有层次，又彼此关联的整体图像效果。所以在编辑图像时图层是必不可缺的。

Photoshop 中的路径指的是在文档中使用钢笔工具或形状工具创建的贝塞尔曲线轮廓，路径可以是直线、曲线或者是封闭的形状轮廓。多用于自行创建的矢量图像或对图像的某个区域进行精确抠图。路径不能够打印输出，只能存放于“路径”调板中。

本章主要对 Photoshop 中核心地位的图层部分与路径部分进行讲解，通过实例的操作，让大家更轻松地掌握 Photoshop 核心内容。

本章案例内容

- 滤色模式制作图像底纹效果
- 颜色减淡模式制作素描效果
- 设置混合模式及图层调整制作 T 恤图案
- 样式面板制作墙面装饰画
- 应用斜面和浮雕样式结合变亮模式制作木板画
- 创建图案填充图层制作壁画
- 拷贝图层样式制作公益海报
- 色阶调整图层制作图像中的光束
- 钢笔工具绘制路径制作区域质感效果
- 自由钢笔工具创建路径对图像进行抠图
- 自定义形状工具绘制心形
- 路径面板制作流星
- 画笔描边路径制作云雾缠绕效果
- 圆角矩形制作开始按钮
- 多边形工具绘制星形

实例 61　滤色模式制作图像底纹效果

实例思路

“滤色”模式与“正片叠底”模式正好相反，它将图像的“基色”颜色与“混合色”颜色结合起来产生比两种颜色都浅的第三种颜色，本例就是通过设置“混合模式”中的“滤色”以及“内阴影和外发光”图层样式来制作效果，流程如图 7-1 所示。

图 7-1　操作流程

实例要点

- 使用“打开”命令打开素材图像
- 使用快速蒙版编辑方式创建选区
- 复制图像，并将图像多余部分删除
- 通过“混合模式”中的“滤色”和不透明度将两个图像更好地融合在一起

操作步骤

步骤 01 执行菜单中的“文件 | 打开”命令或按 Ctrl+O 键，打开随书附带的“素材文件 \ 第 7 章 \ 撕纸 .jpg”文件，如图 7-2 所示。

步骤 02 单击工具箱中的（以快速蒙版模式编辑）按钮，进入快速蒙版编辑模式。使用（画笔工具），在其属性栏上设置相应的画笔大小和笔触，在画布中进行涂抹，如图 7-3 所示。

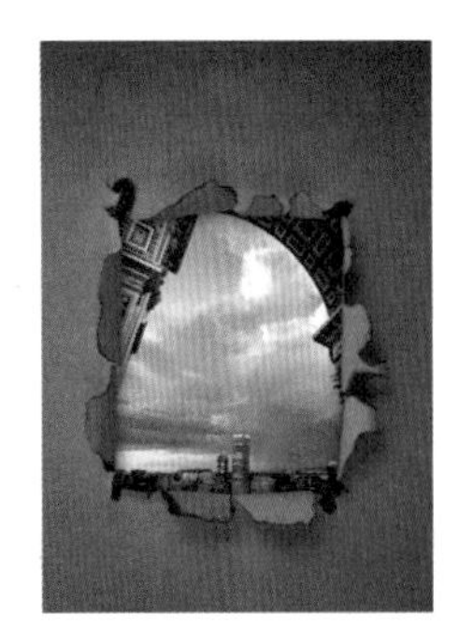

图 7-2　素材

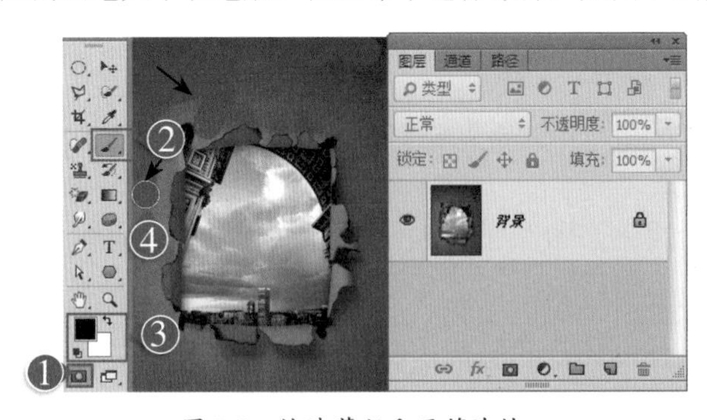

图 7-3　快速蒙版和画笔涂抹

步骤 03 用相同的方法，通过修改画笔的大小和笔触，在画布上继续将背景部分涂抹出来，如图 7-4 所示。

步骤 04 单击工具箱中的（以标准模式编辑）按钮，返回标准模式编辑状态，自动创建背景区域图形的选区，按 Ctrl+Shift+I 键将选区反选，如图 7-5 所示。

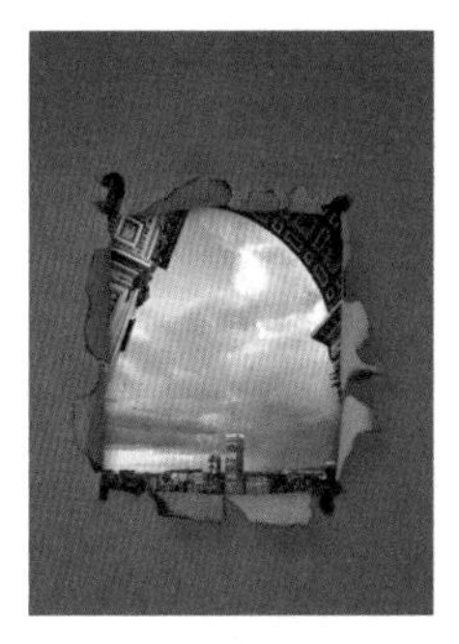

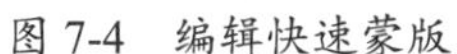

图 7-4　编辑快速蒙版　　　图 7-5　创建选区并反选

技巧： 通过快速蒙版创建的选区，也可以使用（快速选择工具）或（魔棒工具）来创建。

步骤 05 按 Ctrl+C 键复制选区中的图形，再按 Ctrl+V 键粘贴图像，图像会自动新建一个图层来放置复制的图形，如图 7-6 所示。

步骤 06 选中“图层 1”图层，执行菜单中的“图层”|“图层样式”|“内阴影”命令，打开“内阴影”图层样式对话框，其中的参数设置如图 7-7 所示。

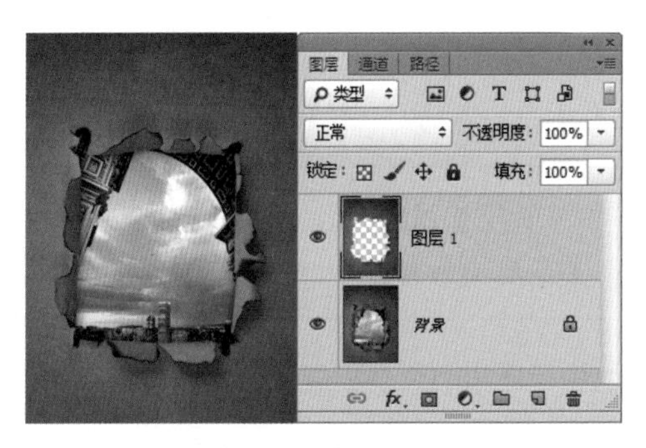

图 7-6　复制

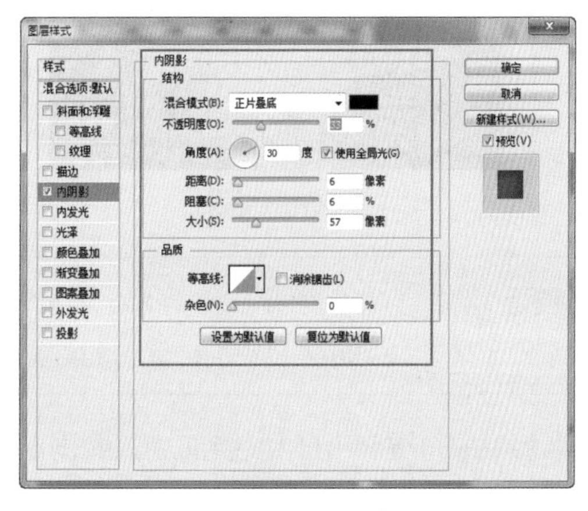

图 7-7　“内阴影”图层样式对话框

技巧： 在“图层样式”对话框的“内阴影”面板中的“混合模式”下拉列表中调整相应模式，可以出现不同的投影效果。在“品质”选项组中设置不同的“等高线”，可以出现不同的投影样式，单击“等高线”样式图标，可以打开“等高线编辑器”对话框，拖动其中的曲线可以自定义等高线的样式。

步骤 07 在“图层样式”对话框左侧的“样式”列表框中选中“外发光”复选框，转换到“外发光”面板，其中的参数设置如图 7-8 所示。

步骤 08 设置完成单击“确定”按钮，图像效果如图 7-9 所示。

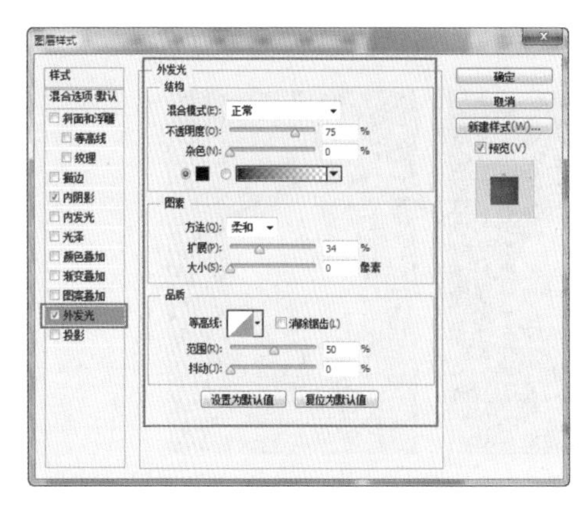

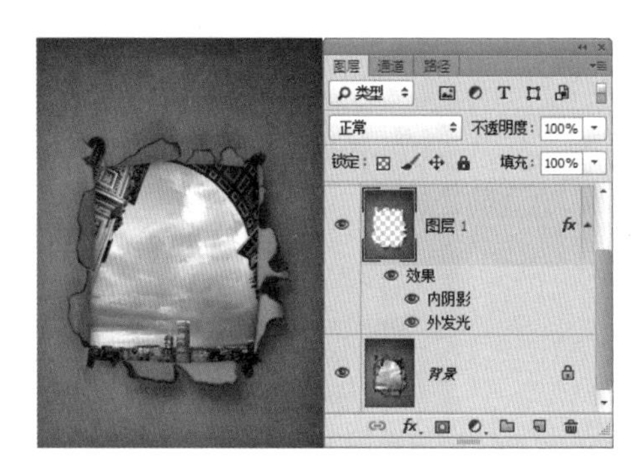

图 7-8 “外发光”面板

图 7-9 添加样式

步骤09 执行菜单中的“文件”|“打开”命令或按Ctrl+O键，打开随书附带的“素材文件\第7章\骷髅.jpg”文件，如图 7-10 所示。

步骤10 使用(移动工具)拖动“骷髅”素材中的图像至刚刚制作的“撕纸”文件中，如图 7-11 所示。

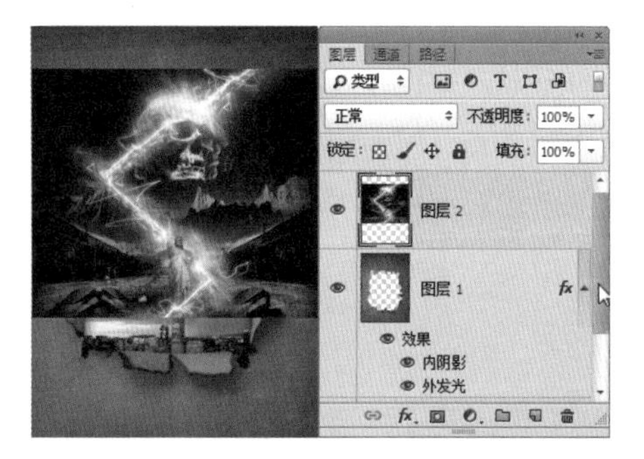

图 7-10 素材

图 7-11 移动

技巧：将一个文件中的图像转移到另一个文件中，除了使用(移动工具)拖动外，还可以使用拷贝和粘贴命令来实现图像在文件间的转移。

步骤11 按Ctrl+T键调出自由变换框，拖动控制点对图像进行适当的大小和位置调整，如图 7-12 所示。

步骤12 按 Enter 键确认操作，按住 Ctrl 键的同时单击“图层 1”图层缩览图，调出“图层 1”图层选区，执行菜单中的“选择”|“反向”命令，反向选择选区，按 Delete 键删除选区中的内容，如图 7-13 所示。

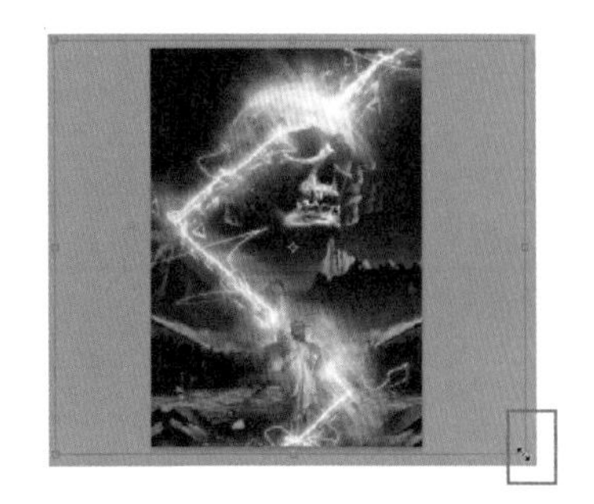

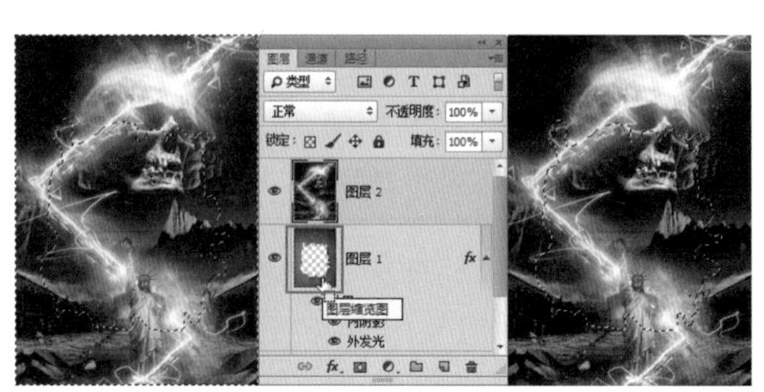

图 7-12 变换

图 7-13 删除

> **技巧**：执行菜单中的“选择”|“载入选区”命令，载入“图层 1”图层选区，同样可以调出该图层的选区。

步骤13 按 Ctrl+D 键取消选区，在“图层”面板中设置“混合模式”为“滤色”、“不透明度”为 45%，如图 7-14 所示。

步骤14 至此本例制作完成，最终效果如图 7-15 所示。

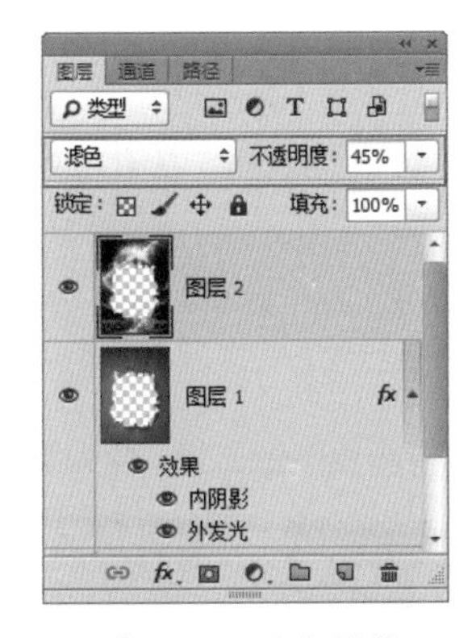

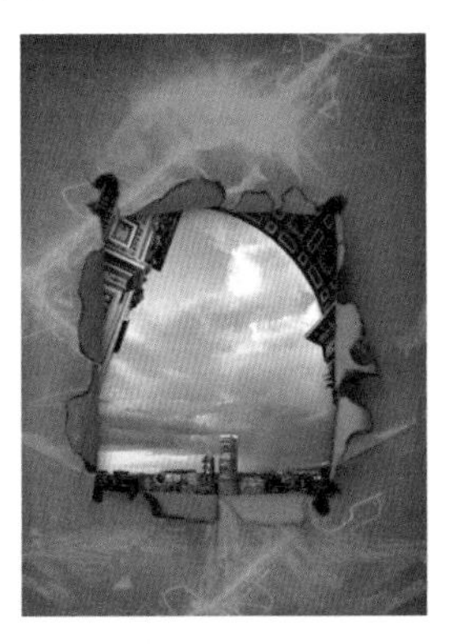

图 7-14　混合模式　　图 7-15　最终效果

实例 62　颜色减淡模式制作素描效果

实例思路

颜色减淡：通过减小对比度使“基色”变亮以反映“混合色”。与黑色混合则不发生变化，应用“颜色减淡”混合模式时，“基色”上的暗区域都将会消失，本例就是通过为图层应用“去色”“反相”结合“混合模式”中的“颜色减淡”来制作素描效果，流程如图 7-16 所示。

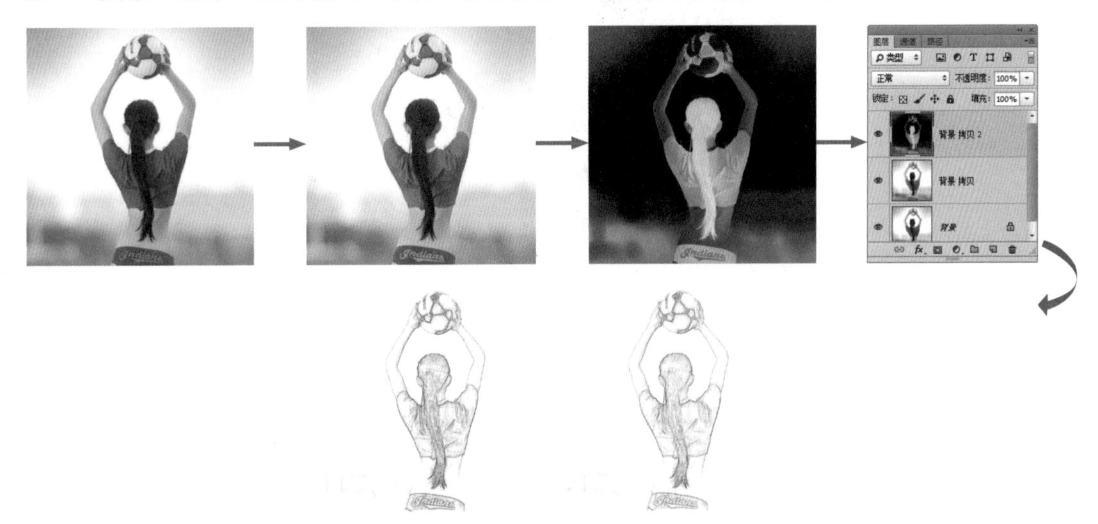

图 7-16　操作流程

实例要点

- 使用“打开”命令打开文件
- 复制图层及使用“反相”命令
- 使用“去色”命令将彩色照片转换成黑白照片
- 使用“最小值”滤镜
- 设置“颜色减淡”混合模式制作素描效果

操作步骤

步骤01 执行菜单中的“文件”|“打开”命令或按Ctrl+O键，打开随书附带的“素材文件\第7章\足球宝贝.jpg”文件，如图7-17所示。

步骤02 拖动“背景”图层到 （创建新图层）按钮上，得到一个“背景拷贝”图层，如图7-18所示。

步骤03 执行菜单中的“图像”|“调整”|“去色”命令，将彩色图像去色，变为黑白效果，如图7-19所示。

图 7-17 素材

图 7-18 复制图层

图 7-19 去色

步骤04 在“图层”面板中拖曳“背景拷贝”图层到 （创建新图层）按钮上，得到“背景拷贝2”图层，执行“图像”|“调整”|“反相”命令，效果如图7-20所示。

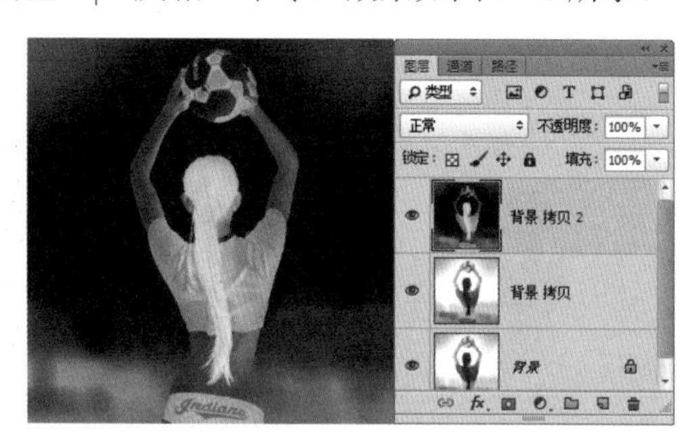

图 7-20 反相

步骤05 在“图层”面板中设置“混合模式”为“颜色减淡”，此时的画布将会变成一片空白，效果如图7-21所示。

步骤06 执行菜单中的“滤镜”|“其它”|“最小值”命令，打开“最小值”对话框，设置“半径”值为1像素、“保留”为“方形”，如图7-22所示。

步骤07 设置完成后，单击“确定”按钮，效果如图7-23所示。

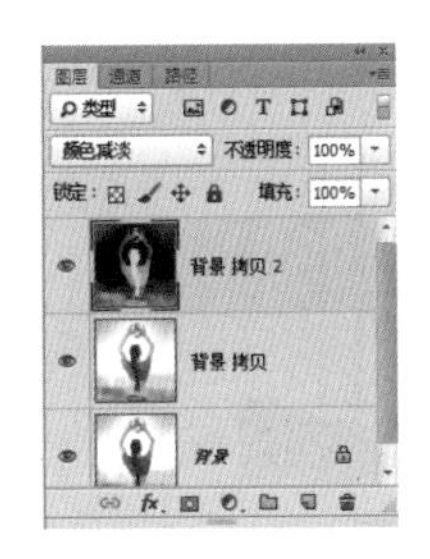

图 7-21 混合模式

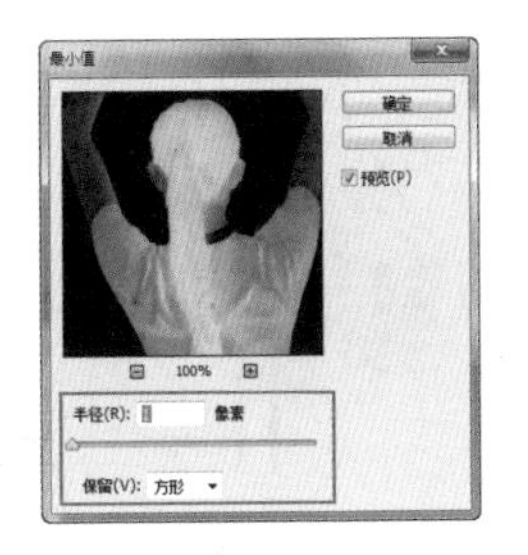

图 7-22 “最小值”对话框

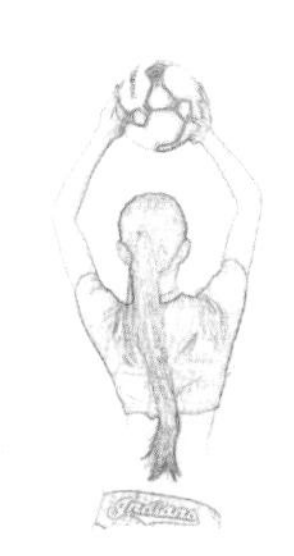

图 7-23 素描

技巧：将图片应用“去色”命令后，再复制并将副本应用“反相”命令，然后在“混合模式”中设置“颜色减淡”或“线性减淡”两种模式中的一个，可以出现比较好的素描效果，前提必须要为上层图片应用“最小值”命令或“高斯模糊”命令，如果想要最佳素描效果，可以通过调整对话框中的“半径”值来产生。

技巧：在“滤镜”中通过“风格化”菜单里的“查找边缘”命令去色后，再对其进行适当的调整，也可以出现素描的效果。

技巧：通过执行“滤镜”|“模糊”|“特殊模糊”命令，在“特殊模糊”对话框中设置相应的参数，也可以出现素描效果。

步骤08 再复制“背景”图层，得到“背景拷贝3”图层，将其调整到最顶层，设置“混合模式”为“颜色加深”、“不透明度”为12%，如图 7-24 所示。

步骤09 至此本例制作完成，效果如图 7-25 所示。

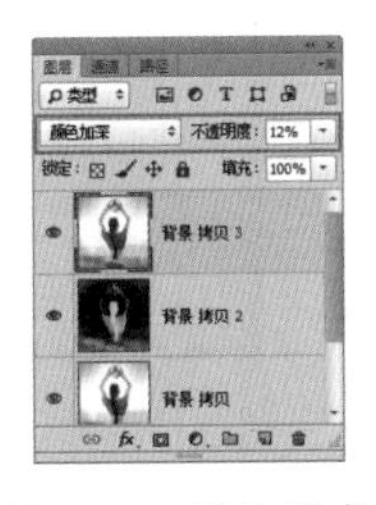

图 7-24 混合模式

图 7-25 最终效果

实例 63 设置混合模式及图层调整制作 T 恤图案

实例思路

设置图层的“混合模式”可以让图像混合得更加贴切，添加图层样式可以让图层中的图像具有较好的样式效果，调整图层可以将整个图像进行调整，也可以单独调整一个图层，本例就是通过绘制竹子、月亮、山来制作图案，再通过设置混合模式让图像与背景进行混合，最后调整图层的色相，以此来制作 T 恤上的图案，流程如图 7-26 所示。

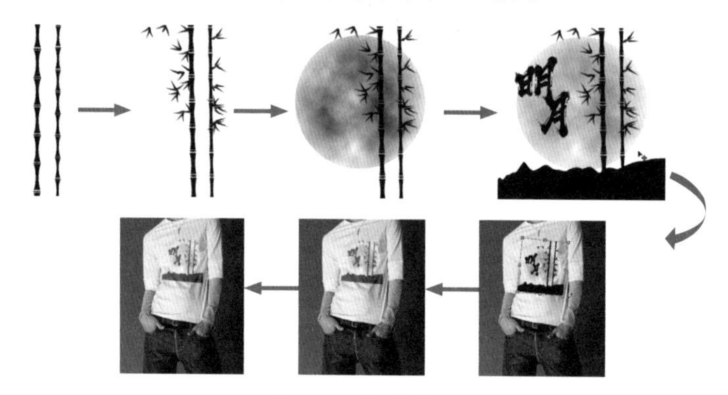

图 7-26 操作流程

实例要点

- 新建文档
- 通过选区制作竹节
- 设置“画笔”面板绘制竹叶
- 应用“云彩”滤镜制作月亮
- 添加“内发光和外发光”图层样式
- 合并图层
- 设置“混合模式”
- 应用“色相 / 饱和度”调整图像的色调

操作步骤

步骤01 执行菜单中的“文件”|“新建”命令或按 Ctrl+N 键，打开“新建”对话框，其中的参数设置如图 7-27 所示。

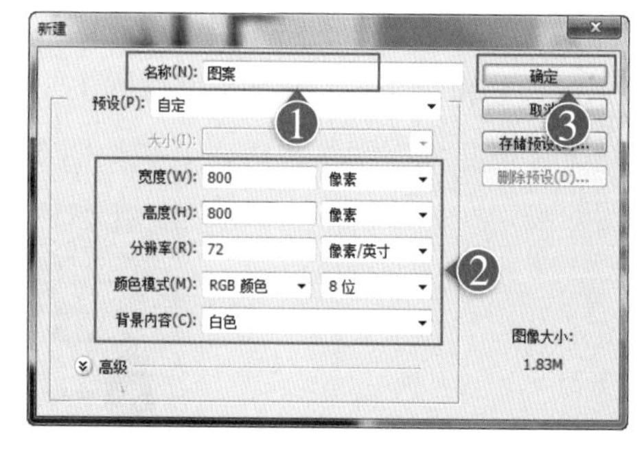

图 7-27 “新建”对话框

步骤02 单击“图层”面板中的 （创建新图层）按钮，新建一个图层，命名为“竹子”，使用 （矩形选框工具），在页面中绘制矩形选区并填充为“黑色”，再使用 （椭圆选框工具）在矩形上绘制椭圆选区并按 Delete 键清除选区，效果如图 7-28 所示。

步骤03 使用 （椭圆选框工具）绘制选区后填充黑色，绘制竹节部位，使用同样的方法制作出整根竹子，效果如图 7-29 所示。

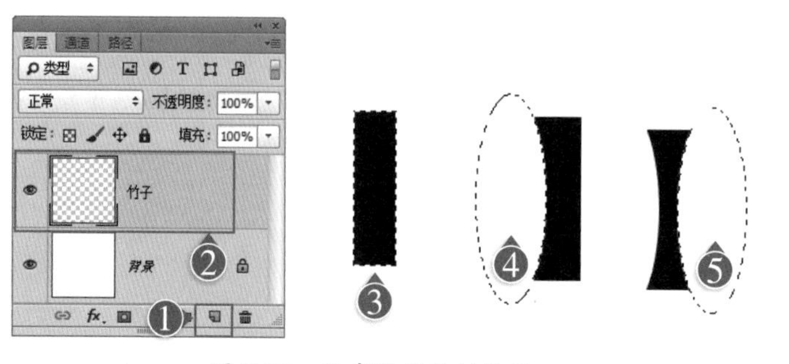

图 7-28 新建图层绘制竹子

图 7-29 绘制竹节

步骤04 下面绘制竹叶，选择工具箱中的 （画笔工具），按 F5 键打开“画笔”面板，其中的参数设置如图 7-30 所示。

步骤05 在页面中绘制大小不等的竹叶，效果如图 7-31 所示。

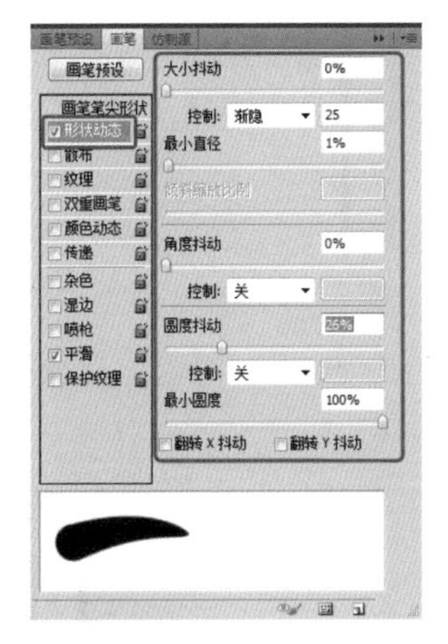

图 7-30　设置画笔

图 7-31　绘制竹叶

步骤06 新建一个图层并命名为“月亮”。选择 （椭圆选框工具），按住 Shift 键绘制圆形选区，按 D 键默认前景色为“黑色”、背景色为“白色”，执行菜单中的“滤镜”|“渲染”|“云彩”命令，效果如图 7-32 所示。

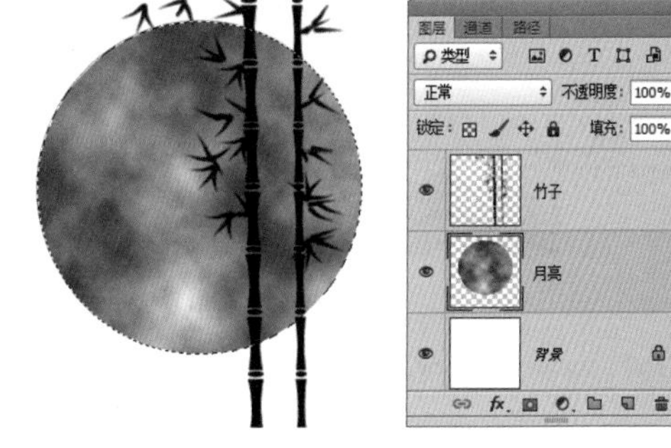

图 7-32　云彩滤镜

步骤07 按 Ctrl+D 键去掉选区，执行菜单中的“图层”|“图层样式”|“内发光和外发光”命令，分别打开“内发光”和“外发光”面板，其中的参数设置如图 7-33 所示。

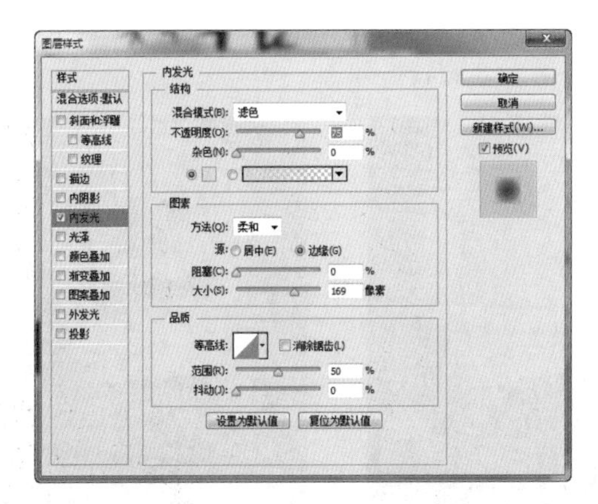

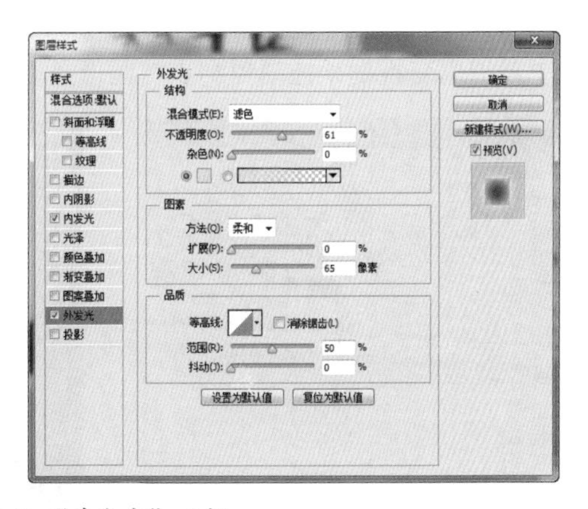

图 7-33　“内发光”和“外发光”面板

步骤08 设置完成单击“确定”按钮，效果如图 7-34 所示。

步骤09 按住 Ctrl 键的同时，单击“月亮”图层的缩览图，调出选区后新建一个图层，命名为“月亮 2”，将选区填充为白色，设置效果如图 7-35 所示。

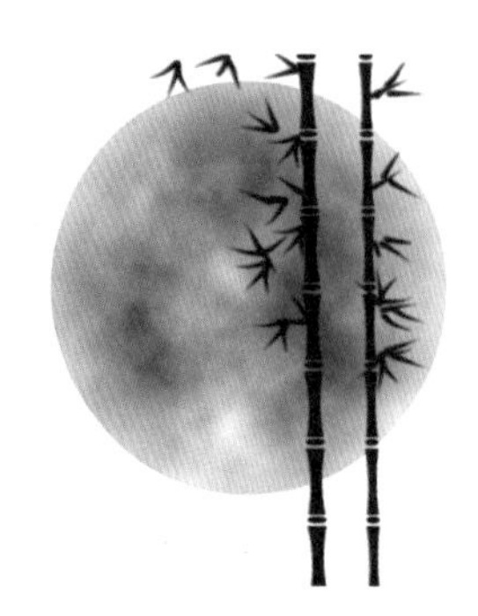

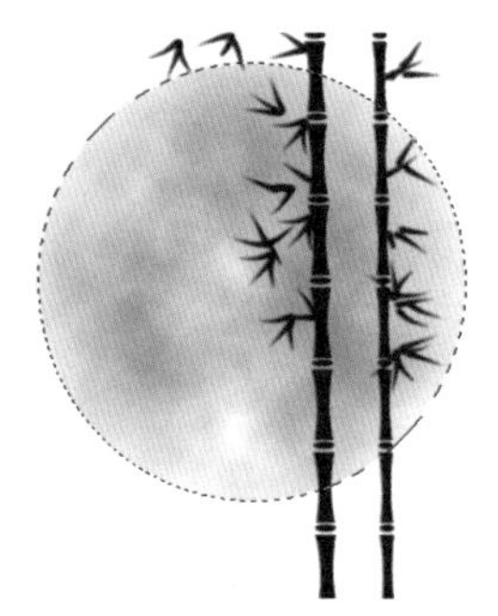

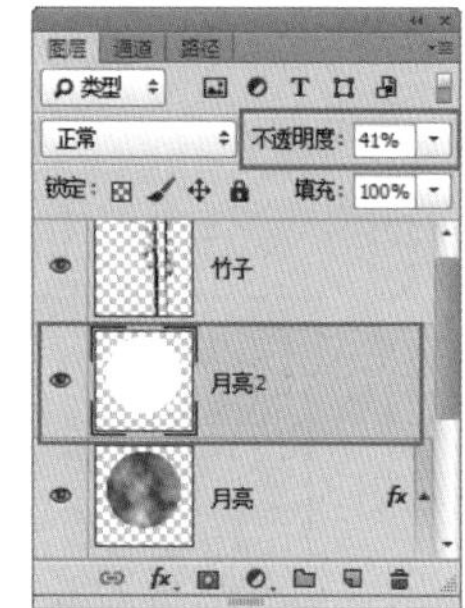

图 7-34　添加内发光和外发光　　　　图 7-35　设置不透明度

步骤10 按Ctrl+D键去掉选区，新建一个图层并命名为"山"，使用（套索工具）绘制山形的选区，将选区填充为黑色，如图 7-36 所示。

步骤11 按 Ctrl+D 键去掉选区，使用（横排文字工具）在月亮上输入文字，如图 7-37 所示。

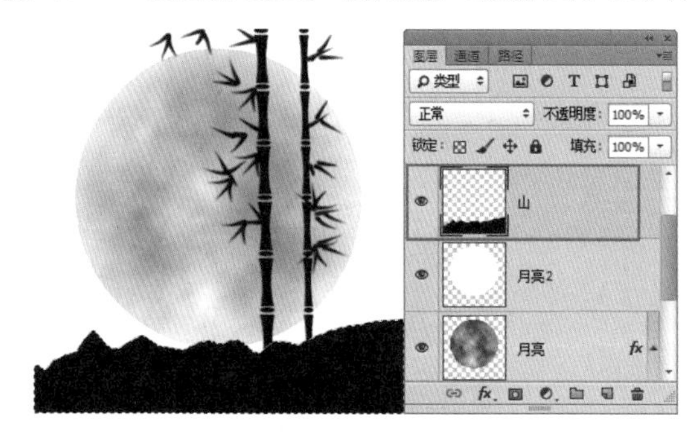

图 7-36　绘制并填充选区　　　　图 7-37　输入文字

步骤12 选择除"背景"图层外的所有图层，按 Ctrl+E 键将选择的图层合并，如图 7-38 所示。

步骤13 执行菜单中的"文件"|"打开"命令或按 Ctrl+O 键，打开随书附带的"素材文件\第 7 章\T 恤 .jpg"文件，将其作为背景，如图 7-39 所示。

步骤14 使用（移动工具）将"图案"文档中合并的图层内容拖曳到"T 恤"文档中，按 Ctrl+T 键调出变换框，拖动控制点将图像进行大小调整并旋转，如图 7-40 所示。

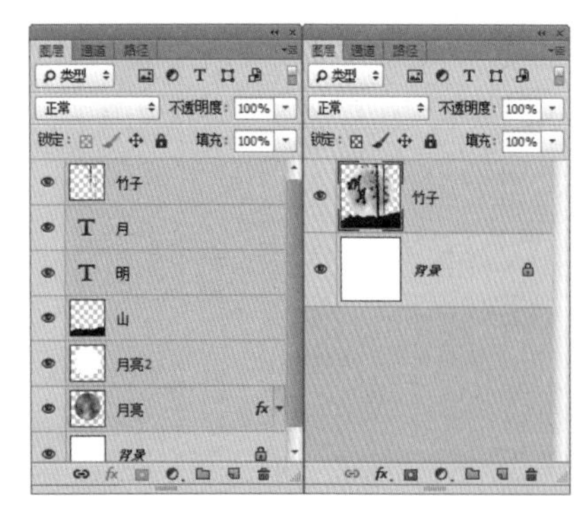

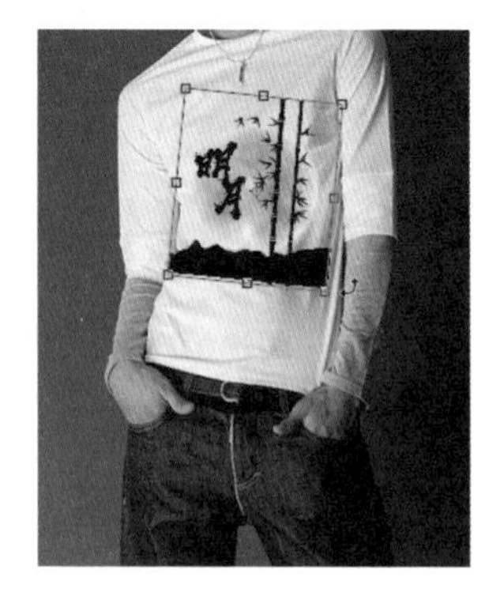

图 7-38　合并　　　　图 7-39　T 恤素材　　　　图 7-40　变换

步骤15 按 Enter 键完成变换，设置"混合模式"为"叠加"，效果如图 7-41 所示。

步骤16 复制"竹子（合并）"图层，得到"竹子（合并）拷贝"图层，设置"混合模式"为"正片叠底”、“不透明度”为 57%，效果如图 7-42 所示。

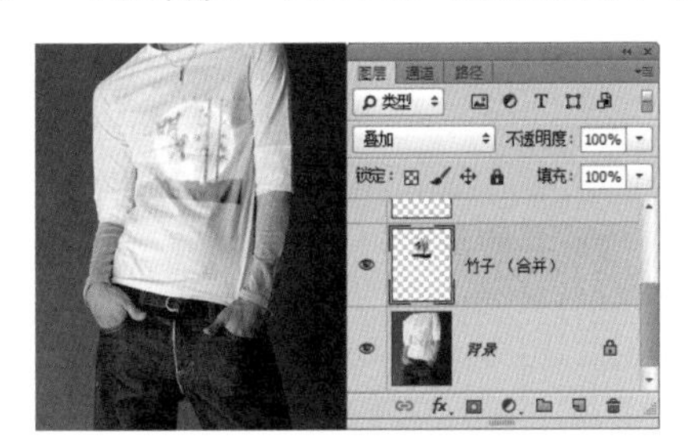

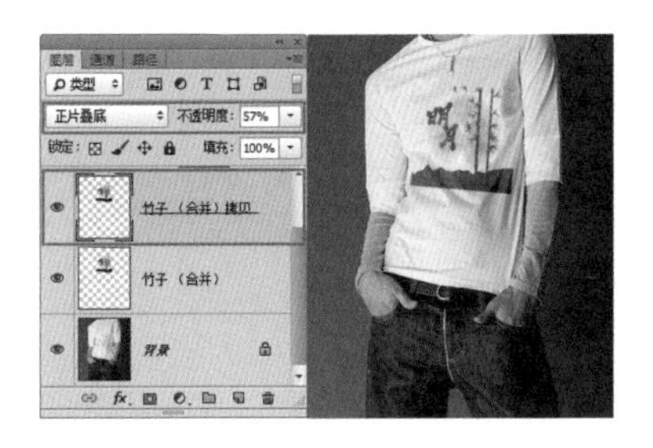

图 7-41　“叠加”混合模式　　　图 7-42　“正片叠底”混合模式

步骤 17 单击 （创建新的填充或调整图层）按钮，在弹出的菜单中选择“色相 / 饱和度”命令，打开“色相 / 饱和度”调整属性面板，勾选“着色”复选框，设置“色相”为 189、“饱和度”为 55、“明度”为 0，单击 （此调整剪贴到此图层）按钮，如图 7-43 所示。

步骤 18 至此本例制作完成，效果如图 7-44 所示。

图 7-43　色相 / 饱和度

图 7-44　最终效果

实例 64　样式面板制作墙面装饰画

实例思路

图层样式指的是在图层中添加样式效果，从而为图层添加投影、外发光、内发光、斜面和浮雕等。在“样式”面板中为大家提供了非常多的样式效果，只要选择，就可以为当前图层中的图像应用样式，流程如图 7-45 所示。

图 7-45　操作流程

实例要点

- 新建文件
- 绘制矩形并缩小选区
- 清除选区内容
- 为图层添加“黑色电镀金属”样式
- 导入素材并对其进行缩放变换
- 为背景图层填充渐变色

操作步骤

步骤01 执行菜单中的“文件”|“新建”命令或按 Ctrl+N 键，打开“新建”对话框。设置文件的“宽度”为“18 厘米”，“高度”为“13.5 厘米”，“分辨率”为“150 像素 / 英寸”；选择“颜色模式”为“RGB 颜色”，选择“背景内容”为“白色”，然后单击“确定”按钮，如图 7-46 所示。

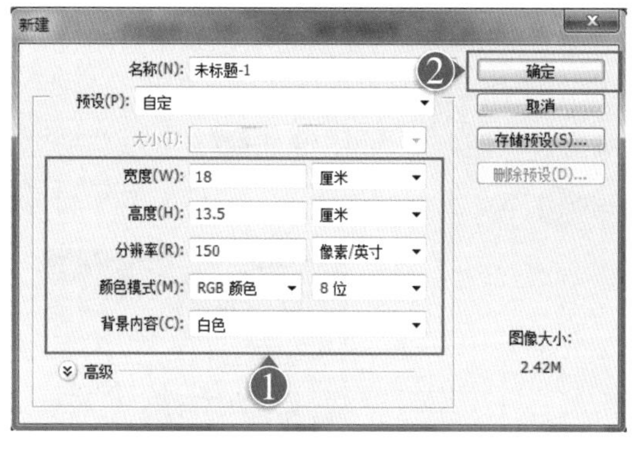

图 7-46 “新建”对话框

步骤02 新建“图层 1”图层，设置前景色为黑色，使用（矩形工具）在页面中绘制一个黑色矩形，如图 7-47 所示。

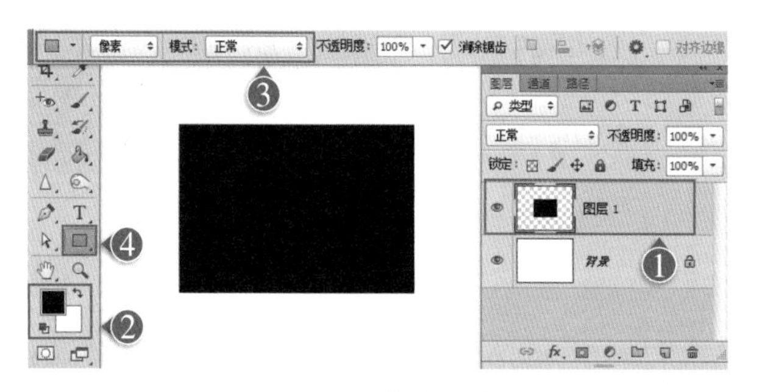

图 7-47 绘制矩形

步骤03 按住 Ctrl 键的同时单击“图层 1”图层的缩览图，调出选区，执行菜单中的“选择”|“修改”|“收缩”命令，打开“收缩选区”对话框，设置“收缩量”为 45 像素，设置完成单击“确定”按钮，效果如图 7-48 所示。

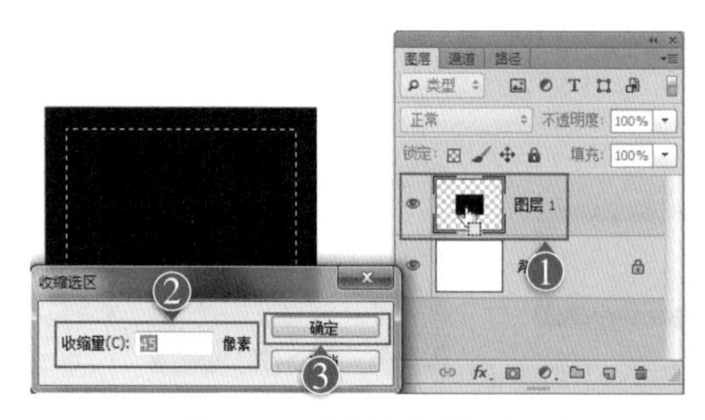

图 7-48 “收缩选区”对话框

步骤 04 按 Delete 键删除选区内容，再按 Ctrl+D 键取消选区。执行菜单中的“窗口”|“样式”命令，打开“样式”面板，选择“黑色电镀金属”样式，效果如图 7-49 右图所示。

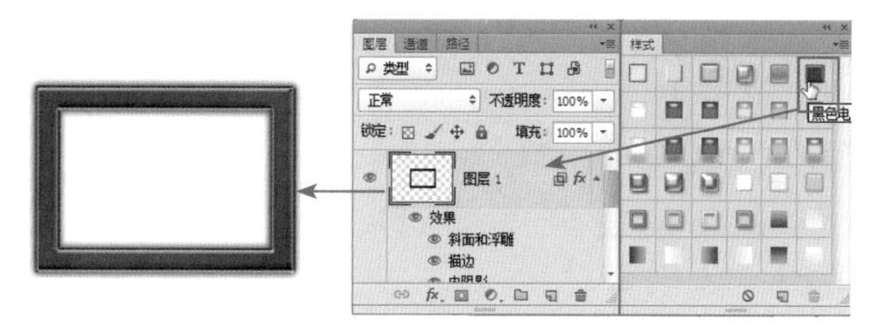

图 7-49　清除并添加样式

步骤 05 执行菜单中的“文件”|“打开”命令或按 Ctrl+O 键，打开随书附带的“素材文件 \ 第 7 章 \ 创意猫 .jpg”文件，如图 7-50 所示。

步骤 06 使用（移动工具）拖动“创意猫”文件中的图像到新建文件中，在“图层”面板中会自动得到一个“图层 2”图层，按 Ctrl+T 键调出变换框，拖动控制点将图像缩小，效果如图 7-51 所示。

图 7-50　素材　　图 7-51　移动并变换

步骤 07 按 Enter 键确定，新建一个“图层 3”图层，使用（矩形工具）在页面中绘制一个黑色矩形，选择“图层 2”，再按 Ctrl+T 键调出变换框，拖动控制点将图像缩小，效果如图 7-52 所示。

图 7-52　变换

步骤 08 按 Enter 键确定，选中“背景”图层，选择（渐变工具），设置“渐变样式”为“线性渐变”、“渐变类型”为“从前景色到透明”，使用（渐变工具）从右下角向左上角拖动鼠标，填充渐变色，效果如图 7-53 所示。

步骤 09 至此，本例制作完成，效果如图 7-54 所示。

图 7-53　填充渐变色

图 7-54　最终效果

实例 65　应用斜面和浮雕样式结合变亮模式制作木板画

实例思路

变亮模式：选择“基色”或“混合色”中较亮的颜色作为“结果色”。比“混合色”暗的像素被替换，比“混合色”亮的像素保持不变。 在这种与“变暗”模式相反的模式下，较淡的颜色区域在最终的“结果色”中占主要地位，较暗区域并不出现在最终的“结果色”中。本例就是通过设置图层的混合模式为“颜色加深”来混合图像与背景，应用“斜面和浮雕”图层样式结合“变亮”混合模式来制作文字凸起的木板效果，流程如图 7-55 所示。

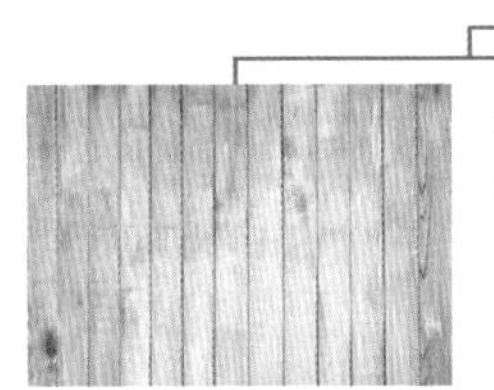

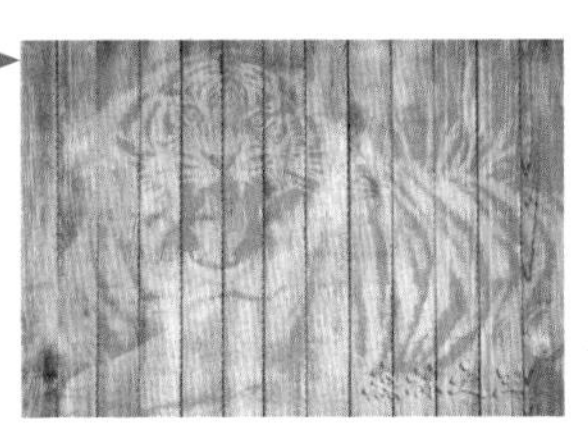

图 7-55　操作流程

实例要点

- 使用“打开”菜单命令打开文件
- 使用“斜面和浮雕”图层样式制作文字的立体化效果
- 设置“混合模式”中的“颜色加深”和“变亮”

操作步骤

步骤01 执行菜单中的“文件”|“打开”命令或按 Ctrl+O 键，打开随书附带的“素材文件 \ 第 7 章 \ 木板 .jpg”文件，将其作为背景，如图 7-56 所示。

步骤02 打开随书附带的“素材文件 \ 第 7 章 \ 老虎 .jpg”文件，如图 7-57 所示。

步骤03 将“老虎”图像拖至“木板”图像上，并在“图层”面板中设置“图层 1”图层的“混合模式”为“颜色加深”，设置“不透明度”为 31%，按 Ctrl+T 键调出变换框，拖动控制点调整图像的大小，效果如图 7-58 所示。

图 7-56　木板素材

图 7-57　老虎素材

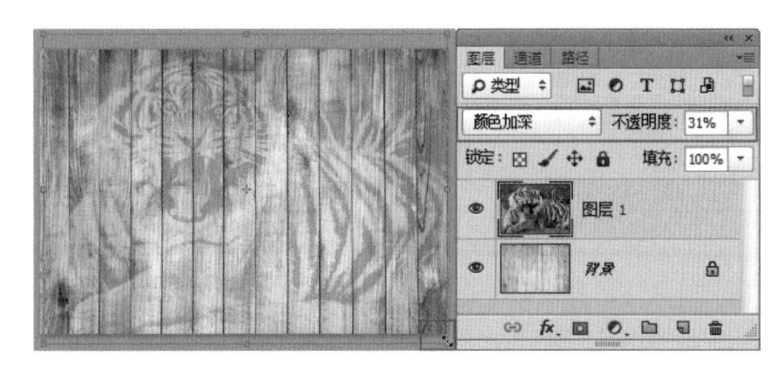

图 7-58　设置混合模式并变换

> **技巧：** 在图层与图层之间调整“混合模式”中不同的模式后，两个图层之间的图像会出现非常惊奇的融合现象。

步骤 04 在工具箱中设置前景色为黑色，使用 T（横排文字工具）在画布上输入文字，如图 7-59 所示。

步骤 05 执行菜单中的“图层”|“图层样式”|“斜面和浮雕”命令，在打开的“斜面和浮雕”面板中，对其中的各项参数进行相应的设置，如图 7-60 所示。

图 7-59　输入文字

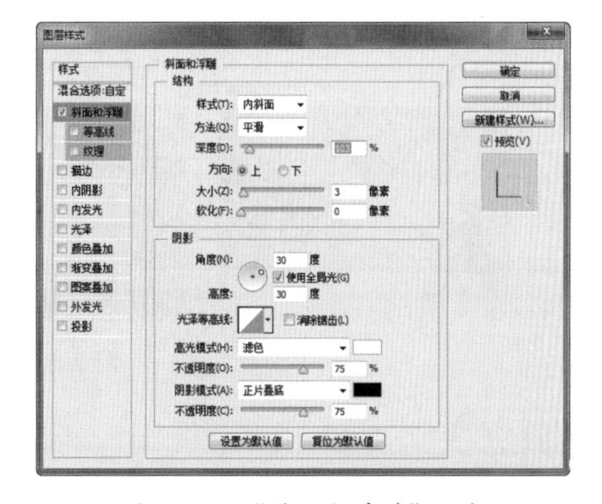

图 7-60　“斜面和浮雕”面板

步骤 06 设置完成单击“确定”按钮，文字效果如图 7-61 所示。

步骤 07 在“图层”面板上设置文本图层的“混合模式”为“变亮”，至此本例制作完成，效果如图 7-62 所示。

图 7-61　添加浮雕效果

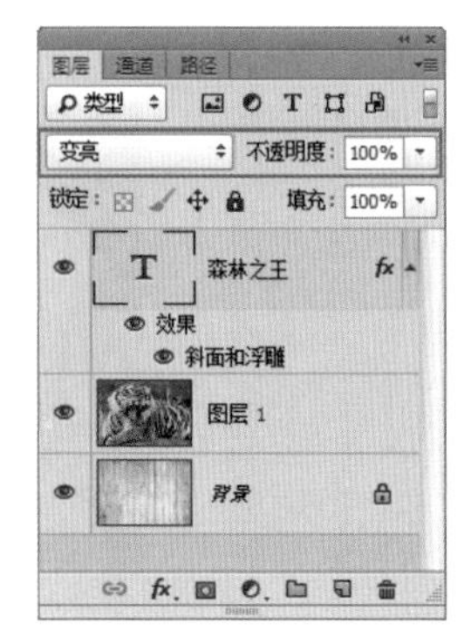

图 7-62　最终效果

技巧：浮雕文字在设置为“混合模式”中的“变亮”模式后，会出现好似在背景上出现浮雕的现象。

实例 66　创建图案填充图层制作壁画

实例思路

填充图层与普通图层具有相同的颜色混合模式和不透明度，也可以对其进行图层顺序调整、删除、隐藏、复制和应用滤镜等操作。填充图层包括“纯色”“图案”和“渐变”命令，选择相应命令后，可以根据弹出的“拾色器”“图案填充”和“渐变填充”进行设置。默认情况下创建填充图层后，系统会自动生成一个图层蒙版，本例就是创建一个图案填充图层，再设置“混合模式”为“正片叠底”，结合调整不透明度，以此来设置图像效果，流程如图 7-63 所示。

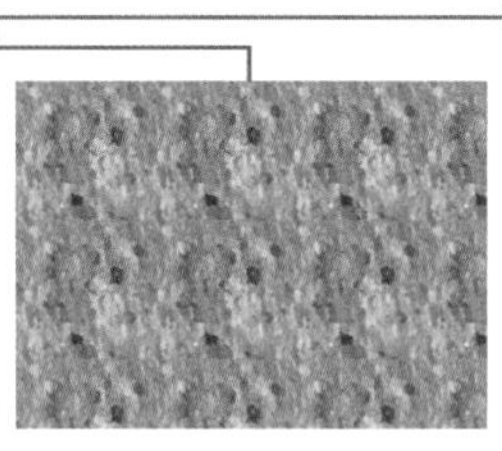

图 7-63　操作流程

实例要点

- 使用“打开”命令打开素材图像
- 使用“填充”命令填充图案
- 设置“混合模式”为“正片叠底”
- 设置“不透明度”为 38%

操作步骤

图 7-64　素材

步骤01 执行菜单中的“文件”|“打开”命令或按 Ctrl+O 键，打开随书附带的“素材文件 \ 第 7 章 \ 拔河 .jpg”文件，将其作为背景，如图 7-64 所示。

步骤02 单击（创建新的填充或调整图层）按钮，在弹出的菜单中选择“图案”，如图 7-65 所示。

步骤03 弹出“图案填充”对话框，单击“图案拾色器”按钮，在弹出的菜单中单击“弹出”按钮，再在弹出的菜单中选择“填充图案 2”，如图 7-66 所示。

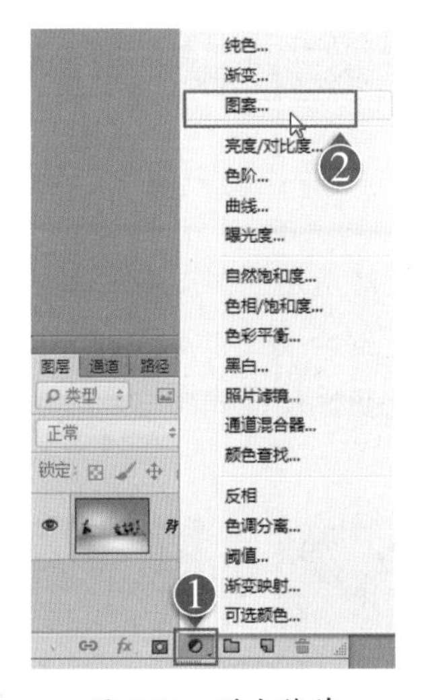

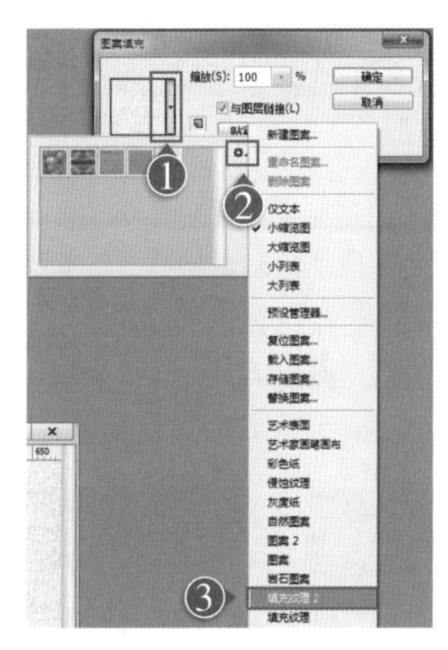

图 7-65　弹出菜单　　　图 7-66　选择

步骤04 替换先前的图案，在“图案拾色器”中选择“灰泥 4”图案，如图 7-67 所示。

步骤05 单击“确定”按钮，完成“填充”对话框的设置，图像效果如图 7-68 所示。

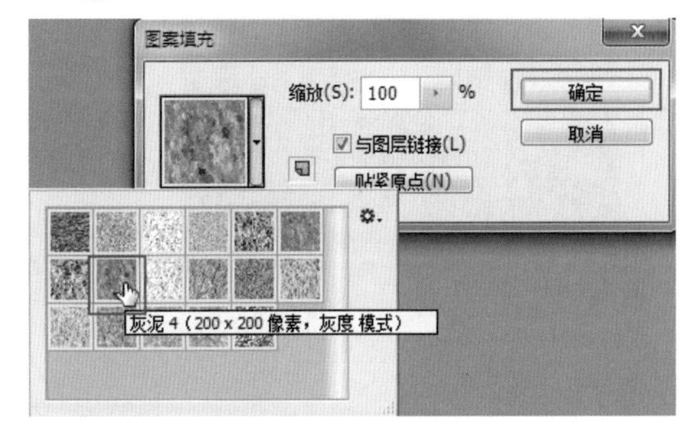

图 7-67　选图案

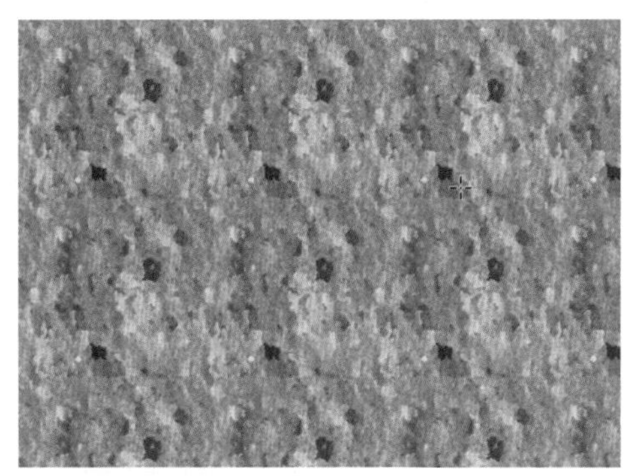

图 7-68　填充

步骤06 在“图层”面板中设置“图层 1”图层的“混合模式”为“正片叠底”、“不透明度”为 38%，如图 7-69 所示。

步骤07 至此，本例制作完成，效果如图 7-70 所示。

图 7-69　混合模式

图 7-70　最终效果

实例 67　复制图层样式制作公益海报

实例思路

“拷贝图层样式”与“粘贴图层样式”可以将已经应用的图层样式，应用到其他图层中，本例就是通过绘制渐变色作为背景，移入素材后调整混合模式和不透明度，将添加的图层样式通过“创建图层”命令与图层内容分离，再通过“拷贝图层样式”与“粘贴图层样式”将图层样式应用到新图层中，流程如图 7-71 所示。

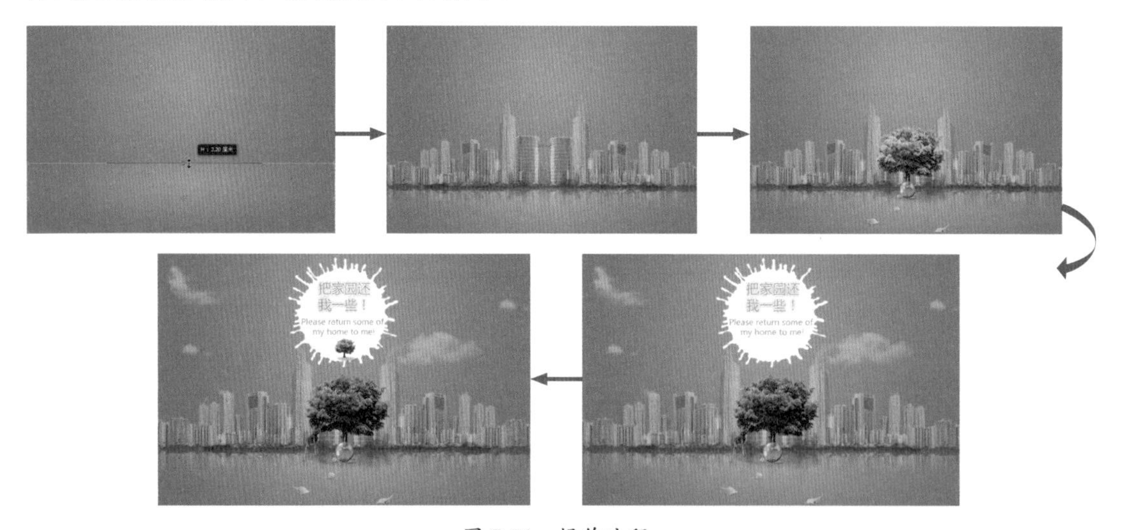

图 7-71　操作流程

实例要点

- 新建文档
- 通过渐变制作背景
- 选择图层顺序
- 添加图层样式
- “创建图层”命令分离图层样式到新图层中
- 复制与粘贴图层样式

操作步骤

图 7-72　新建文档并填充渐变色

步骤01 执行菜单中的“文件”|“新建”命令或按 Ctrl+N 键，打开“新建”对话框，新建一个“宽度”为 10 厘米，“高度”为 6.5 厘米，“分辨率”为 150 像素 / 英寸，“颜色模式”为“RGB 颜色”，“背景内容”为白色的空白文档，设置前景色为 RGB（101，166，230）、背景色为 RGB（68，117，166），使用（渐变工具）在文档中填充一个从前景色到背景色的径向渐变，效果如图 7-72 所示。

步骤02 按 Ctrl+J 键，复制“背景”图层，得到一个“图层 1”图层，按 Ctrl+T 键调出变换框，拖动控制点，将图像向下变换，如图 7-73 所示。

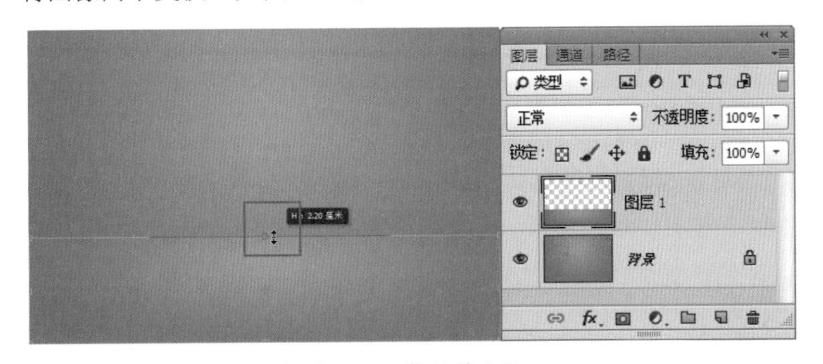

图 7-73　复制并变换

步骤03 按 Enter 键完成变换，执行菜单中的“文件”|“打开”命令或按 Ctrl+O 键，打开随书附带的“素材文件 \ 第 7 章 \ 楼群 1.jpg”文件，如图 7-74 所示。

图 7-74　素材

步骤04 使用（移动工具）拖动“楼群 1”素材中的图像到“新建”文档中，在“图层”面板中会自动得到与图像相对应的图层，按 Ctrl+T 键调出变换框，拖动控制点调整图像大小，设置“混合模式”为“叠加”、“不透明度”为 50%，如图 7-75 所示。

步骤05 按 Enter 键完成变换。拖动“图层 2”图层到（创建新图层）按钮上，得到“图层 2 拷贝”图层，执行菜单中的“编辑”|“变换”|“水平翻转”命令，将图像向右移动，效果如图 7-76 所示。

图 7-75 移动图像

图 7-76 复制

步骤06 执行菜单中的“文件”|“打开”命令或按Ctrl+O键，打开随书附带的“素材文件\第7章\大树 .png、幼苗 .png和叶子 .png”文件，如图 7-77 所示。

图 7-77 素材

步骤07 使用 （移动工具）拖动“大树”“幼苗”和“叶子”素材中的图像到“新建”文档中，调整大小和位置，将其调整为垂直居中对齐，如图 7-78 所示。

图 7-78 新建图层

步骤08 下面制作叶子的投影，选择叶子所在的图层，执行菜单中的“图层”|“图层样式”|“投影”命令，打开“投影”面板，其中的参数设置如图 7-79 所示。

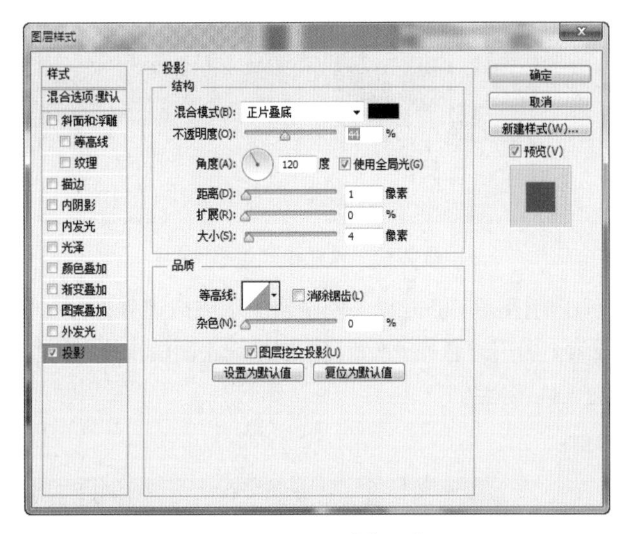

图 7-79　“投影”面板

步骤09 设置完成单击“确定”按钮，效果如图 7-80 所示。

图 7-80　效果

步骤10 执行菜单中的“图层”|“图层样式”|“创建图层”命令，在弹出的对话框中单击“确定”按钮，将投影从当前图层中分离出来，如图 7-81 所示。

图 7-81　创建图层

步骤11 选择（橡皮擦工具）设置笔触大小和硬度，使用（橡皮擦工具）在树叶下面的阴影边缘上进行擦除，如图 7-82 所示。

图 7-82　设置橡皮擦擦除

步骤12 选择“大树”所在的图层，单击 （创建新的填充或调整图层）按钮，在弹出的菜单中选择“色相 / 饱和度”命令，打开“色相 / 饱和度”属性调整面板，其中的参数设置如图 7-83 所示。

步骤13 调整后效果如图 7-84 所示。

图 7-83　设置

图 7-84　调整后

步骤14 执行菜单中的“文件”|“打开”命令或按 Ctrl+O 键，打开随书附带的“素材文件 \ 第 7 章 \ 长颈鹿 .png”文件，如图 7-85 所示。

图 7-85　素材

步骤15 使用 （移动工具）拖动“长颈鹿”素材中的图像到“新建”文档中，调整大小和位置，如图 7-86 所示。

步骤16 复制“长颈鹿”所在的图层，得到一个复制图层，执行菜单中的“编辑”|“变换”|“垂直翻转”命令，将图像向下移动，效果如图 7-87 所示。

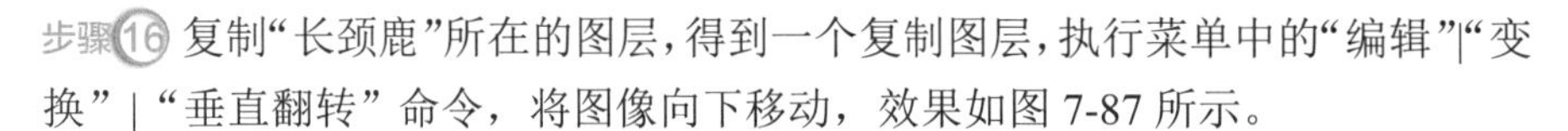

图 7-86　移动

图 7-87　垂直翻转

步骤17 使用 （矩形选框工具）在长颈鹿的腿上绘制矩形选区，按 Ctrl+T 键调出变化框，拖动控制点将其拉长，效果如图 7-88 所示。

步骤18 按 Enter 键完成变换，按 Ctrl+D 键去掉选区，效果如图 7-89 所示。

图 7-88 变换

图 7-89 变换后

步骤19 使用同样的方法，将另外两条腿也拉长，效果如图 7-90 所示。

步骤20 单击 （添加图层蒙版）按钮，为图层添加图层蒙版，使用（渐变工具）在蒙版中填充从黑色到白色的线性渐变，效果如图 7-91 所示。

图 7-90 拉长后

图 7-91 编辑蒙版

步骤21 选择长颈鹿所在的图层，执行菜单中的“图层”|“图层样式”|“投影”命令，打开“投影”面板，其中的参数值设置如图 7-92 所示。

步骤22 设置完成单击“确定”按钮，再执行菜单中的“图层”|“图层样式”|“创建图层”命令，在弹出的对话框中单击“确定”按钮，将投影从当前图层中分离出来，如图 7-93 所示。

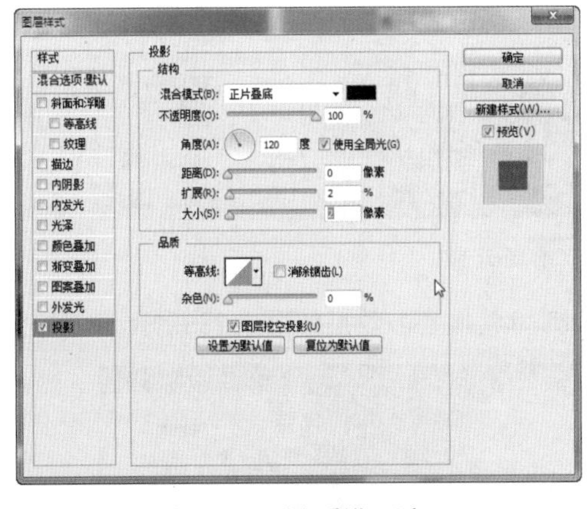

图 7-92 “投影”面板

图 7-93 分离投影

步骤23 按 Ctrl+T 键调出变化框，按住 Ctrl 键拖动控制点，变换形状，如图 7-94 所示。

步骤24 按 Enter 键完成变换，执行菜单中的“滤镜”|“模糊”|“高斯模糊”命令，打开“高斯模糊”对话框，其中的参数设置如图 7-95 所示。

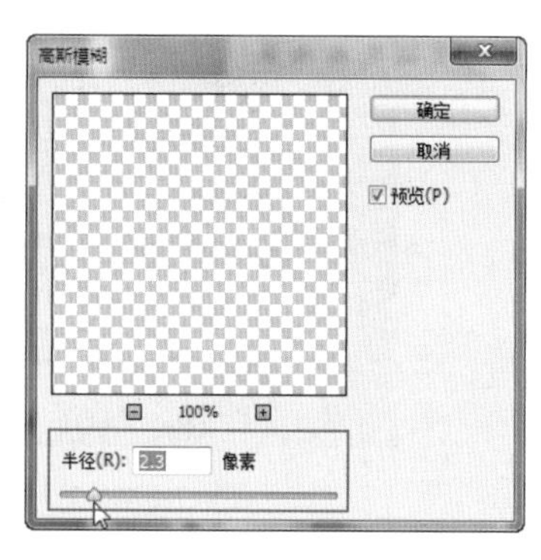

图 7-94　变换　　　　图 7-95　“高斯模糊”对话框

步骤25 设置完成单击“确定”按钮，设置“混合模式”为“正片叠底”、“不透明度”为46%、“填充”为75%，如图7-96所示。

图 7-96　模糊后

步骤26 新建一个图层，将前景色设置为白色，使用（画笔工具）绘制云彩画笔，设置“不透明度”为44%，如图7-97所示。

图 7-97　绘制云彩

步骤27 新建一个图层，使用（画笔工具）绘制墨点画笔，效果如图7-98所示。

图 7-98　绘制墨点

图 7-99　输入文字

步骤28 使用T（横排文字工具）设置合适的文字大小和文字字体后，在文档的上面输入中文和英文文字，如图 7-99 所示。

步骤29 选择中文文字，执行菜单中的“图层”|“图层样式”|“描边、外发光和投影”命令，分别打开“描边”“外发光”和“投影”面板，其中的参数设置如图 7-100 所示。

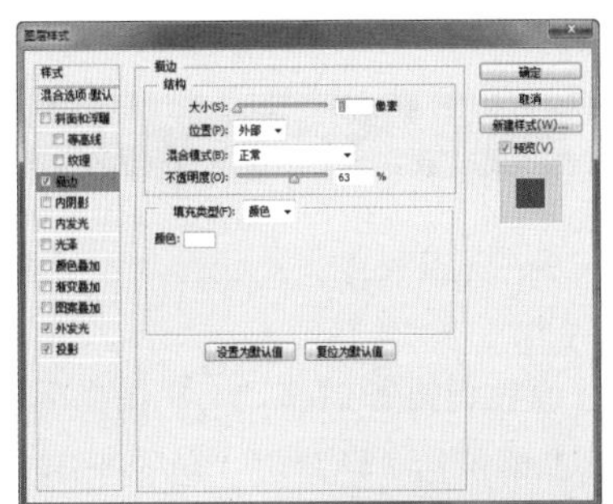

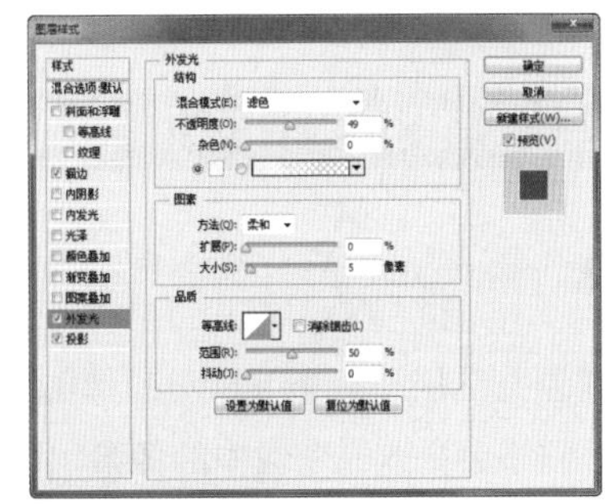

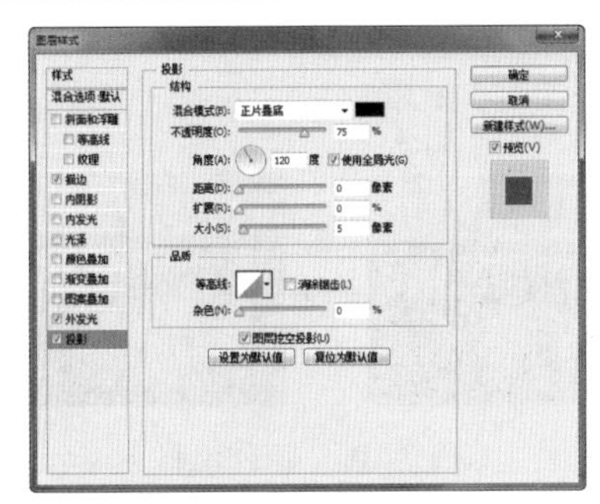

图 7-100　设置图层样式

步骤30 设置完成单击“确定”按钮，效果如图 7-101 所示。

步骤31 选择添加图层样式的中文图层并右击，在弹出的快捷菜单中选择“拷贝图层样式”命令，再在英文文字图层上右击，在弹出的快捷菜单中选择“粘贴图层样式”命令，如图 7-102 所示。

图 7-101　添加图层样式

图 7-102　复制与粘贴图层样式

步骤32 复制图层样式后，效果如图 7-103 所示。

步骤33 使用（移动工具）将“大树”素材中的图像拖曳到新建文档中，调整大小和位置后，完成本例的制作，效果如图 7-104 所示。

图 7-103　复制图层样式后

图 7-104　最终效果

实例 68　色阶调整图层制作图像中的光束

实例思路

使用“新建调整图层”命令可以对图像的颜色或色调进行调整，与“图像”菜单中“调整”命令不同的是，它不会更改原图像中的像素，调整菜单包括“色阶”“色彩平衡”“色相 / 饱和度”等命令。所有的修改都在新增的“属性”面板中进行，本例就是通过在选区中设置“色阶”调整图层来制作光束，流程如图 7-105 所示。

图 7-105　操作流程

实例要点

- 使用“打开”菜单命令打开素材图像
- 绘制选区并创建色阶调整图层
- 反向选区并创建色阶调整图层
- 创建“纯色”填充图层
- 设置“不透明度”

操作步骤

步骤 01 执行菜单中的“文件”|“打开”命令或按 Ctrl+O 键，打开随书附带的“素材文件 \ 第 7 章 \ 夜景 .jpg”文件，将其作为背景，如图 7-106 所示。

步骤 02 选择工具箱中的 （多边形套索工具），在素材上绘制选区，如图 7-107 所示。

图 7-106　素材

图 7-107　绘制选区

步骤03 在“图层”面板中单击 (创建新的填充或调整图层）按钮，在弹出菜单中选择“色阶”命令，如图 7-108 所示。

步骤04 选择“色阶”命令后，系统会打开“色阶”属性调整面板，其中的参数设置如图 7-109 所示。

步骤05 调整完成后的效果如图 7-110 所示。

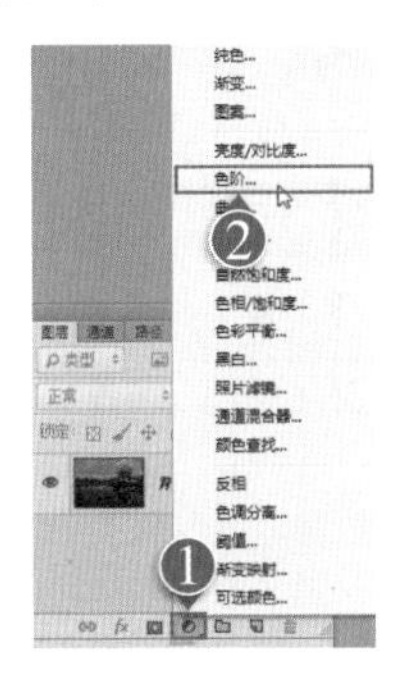

图 7-108　弹出菜单

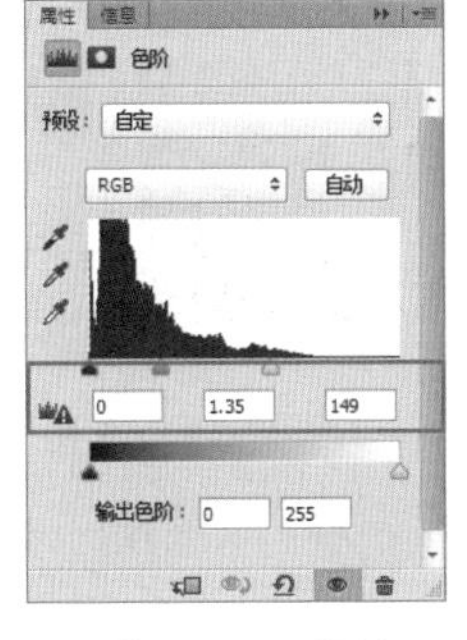

图 7-109　属性

图 7-110　调整后

技巧： 添加填充和调整图层时，如果图像中有选区，那么添加的填充和调整图层只会对选区中的图像起作用；反之，对整个图像起作用。

步骤06 在“色阶”属性调整面板中，单击 (蒙版）按钮，进入到“蒙版编辑”面板，其中的参数设置如图 7-111 所示。

步骤07 调整后，效果如图 7-112 所示。

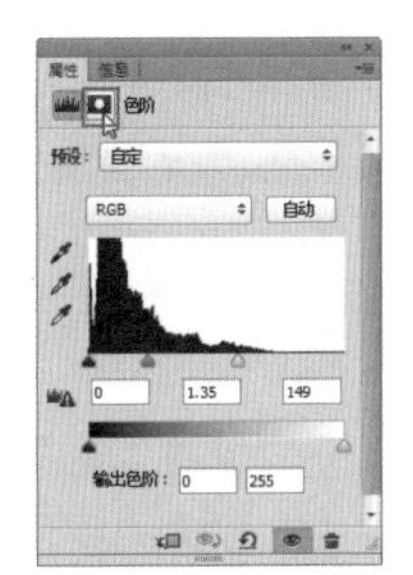

图 7-111　编辑蒙版

图 7-112　羽化后

步骤08 按住 Ctrl 键单击蒙版缩览图，调出选区后，按 Ctrl+Shift+I 键反选选区，如图 7-113 所示。

步骤09 在“图层”面板中，单击 (创建新的填充或调整图层）按钮，在弹出菜单中选择“色阶”命令，系统会打开“色阶”属性调整面板，在其中设置参数如图 7-114 所示。

图 7-113　反选选区

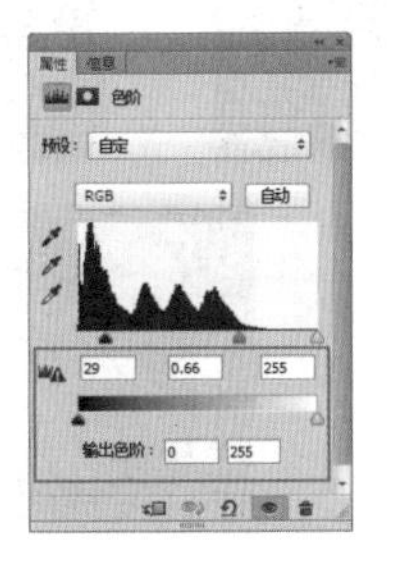

图 7-114　色阶调整

步骤10 调整完成后，效果如图 7-115 所示。

步骤11 在“图层”面板中，选中“背景”图层后，单击 ◐.（创建新的填充或调整图层）按钮，在弹出菜单中选择“纯色”命令，系统会打开“拾色器（纯色）”对话框，在其中设置参数如图 7-116 所示。

图 7-115 调整后

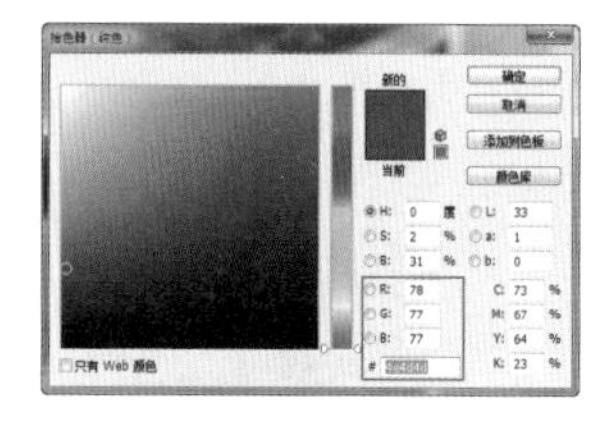

图 7-116 设置颜色

步骤12 设置完成单击“确定”按钮，设置“不透明度”为 31%，如图 7-117 所示。

步骤13 调整完成后，本例制作完成，效果如图 7-118 所示。

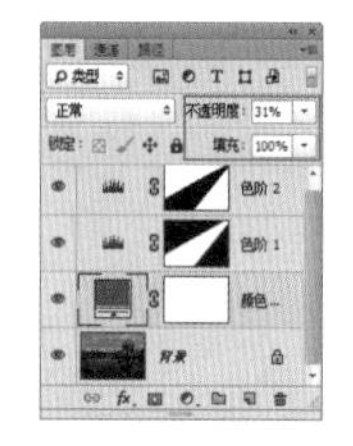

图 7-117 不透明度

图 7-118 最终效果

实例 69 钢笔工具绘制路径制作区域质感效果

实例思路

（钢笔工具）是 Photoshop 中所有路径工具中最精确的工具，使用（钢笔工具），不但可以精确地绘制出直线或光滑的曲线，还可以创建形状图层。本例就是通过使用（钢笔工具）沿图像边缘创建路径，将路径转换为选区后并进行颜色填充，再设置“混合模式”为“叠加”和“颜色加深”，以此来制作出图像中的质感效果，流程如图 7-119 所示。

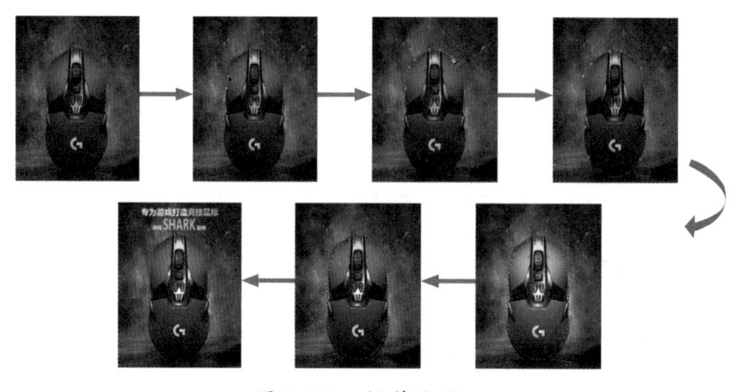

图 7-119 操作流程

实例要点

- 使用“钢笔工具”，在页面中绘制路径
- 建立选区并设置羽化
- 为选区填充颜色
- 设置“混合模式”为“叠加”和“颜色加深”
- 调整不透明度

操作步骤

步骤01 执行菜单中的“文件”|“打开”命令或按 Ctrl+O 键，打开随书附带的“素材文件 \ 第 7 章 \ 鼠标 .jpg”文件，如图 7-120 所示。

步骤02 选择工具箱中的（钢笔工具），然后在属性栏中选择“路径”选项，然后在素材中的鼠标上创建路径，如图 7-121 所示。

图 7-120　素材

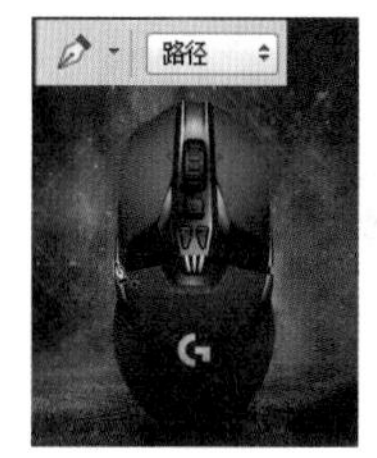

图 7-121　创建路径

> **技巧：** 使用（钢笔工具）创建直线路径时，只单击但不要按住鼠标左键，当鼠标指针移动到另一点时，单击即可创建直线路径；按住鼠标左键并拖动即可创建曲线路径。

> **技巧：** 在创建路径时，为了能够更好地控制路径的走向，可以通过 Ctrl+“+”和 Ctrl+“-”键来放大和缩小图像。

步骤03 路径创建完成后，在属性栏中单击“建立选区”按钮，如图 7-122 所示。

步骤04 单击“建立选区”按钮后，系统会弹出“建立选区”对话框，在其中设置“羽化半径”为 50 像素，其他参数不变，如图 7-123 所示。

图 7-122　属性栏

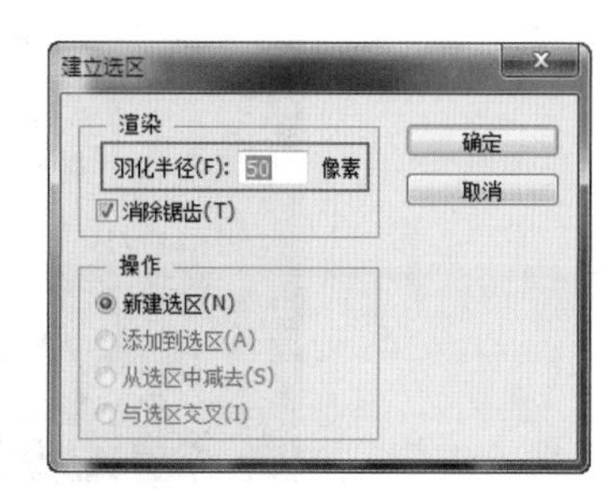

图 7-123　转换路径为选区

> **技巧：** 在（钢笔工具）属性栏中，选择“形状”选项时，在图像中依次单击鼠标左键，可以创建具有“填充”和“描边”功能的形状图层。选择“路径”选项时，在图像中单击鼠标左键，就可以创建普通的工作路径。勾选“自动添加/删除”复选框，“钢笔工具”就具有了“添加锚点”和“删除锚点”的功能。

步骤05 设置完成单击“确定”按钮，会将路径转换为具有羽化效果的选区，如图 7-124 所示。

步骤06 将前景色设置为白色，在“图层”面板中新建一个“图层 1”图层，按 Alt+Delete 键将选区填充为白色，如图 7-125 所示。

图 7-124　转换为选区

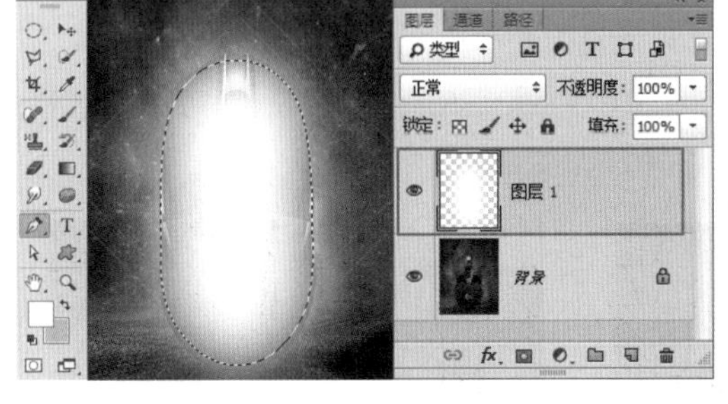

图 7-125　填充选区

步骤07 设置“混合模式”为“叠加”，此时发现黑色的鼠标区域都比之前亮了很多，如图 7-126 所示。

步骤08 新建一个“图层 2”图层，将选区填充为（R=24、G=67、B=255）的颜色，设置“混合模式”为“颜色加深”、“不透明度”为 48%，如图 7-127 所示。

图 7-126　“叠加”混合模式

图 7-127　“颜色加深”混合模式

步骤09 按 Ctrl+D 键去掉选区，使用（横排文字工具）在鼠标的上部输入文字，将文字设置为白色和青色，以此作为对比，至此本例制作完成，效果如图 7-128 所示。

图 7-128　最终效果

实例 70　自由钢笔工具创建路径对图像进行抠图

实例思路

使用（自由钢笔工具）可以随意地在页面中绘制路径，当变为（磁性钢笔工具）时，可以快速沿图像反差较大的像素边缘进行自动描绘。本例就是通过设置（自由钢笔工具），将其变为（磁性钢笔工具），创建路径后转换为选区，将选区内的图像移动到背景文档中，调整“色相 / 饱和度”，输入与之搭配的文字，流程如图 7-129 所示。

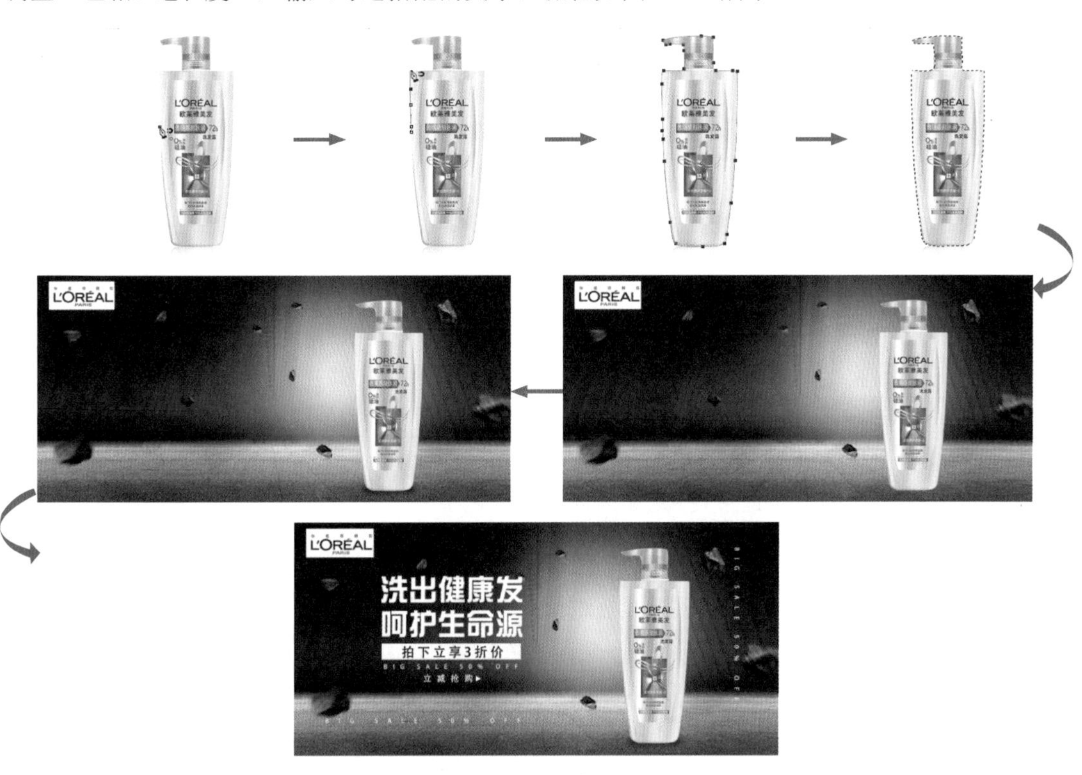

图 7-129　操作流程

实例要点

- 使用“自由钢笔工具”中的磁性钢笔绘制路径
- 将路径转换为选区
- 移动图像
- 调整背景色相
- “高斯模糊”制作阴影
- 创建图层组并输入文字
- 绘制矩形和三角形

操作步骤

步骤 01 执行菜单中的“文件”|“打开”命令或按 Ctrl+O 键，打开随书附带的“素材文件\第 7 章\洗发露 .jpg”文件，如图 7-130 所示。

步骤02 在“工具箱”中单击（自由钢笔工具），在属性栏中选择“工具模式”为“路径”，单击“设置选项”按钮，打开“选项”列表菜单，其中的参数值设置如图 7-131 所示。

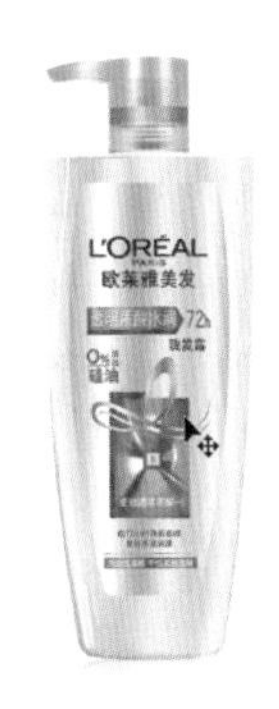

图 7-130 素材

图 7-131 设置工具

步骤03 在洗发露左边缘处取一点单击鼠标确定起点，如图 7-132 所示。

步骤04 沿边缘拖动鼠标，（磁性钢笔工具）会自动在洗发露边缘创建锚点和路径，在拖动中可以按照自己的意愿单击鼠标添加控制锚点，这样会将路径绘制得更加贴切，如图 7-133 所示。

步骤05 当光标回到第一个锚点上时，光标右下角会出现一个小圆圈，如图 7-134 所示。

步骤06 此时只要单击鼠标，即可完成路径的绘制，效果如图 7-135 所示。

步骤07 路径绘制完成后，按 Ctrl+Enter 键将路径转换为选区，如图 7-136 所示。

步骤08 执行菜单中的“文件”|“打开”命令或按 Ctrl+O 键，打开随书附带的“素材文件\第 7 章\洗发露背景 .jpg”文件，如图 7-137 所示。

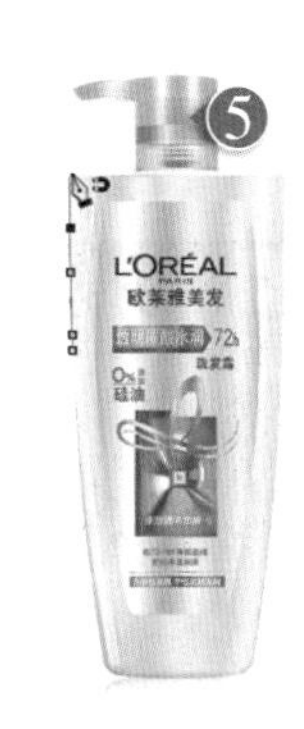

图 7-132 定义起点　　图 7-133 创建路径过程

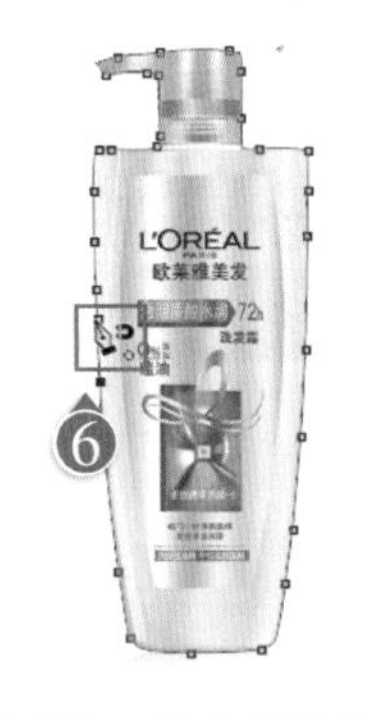

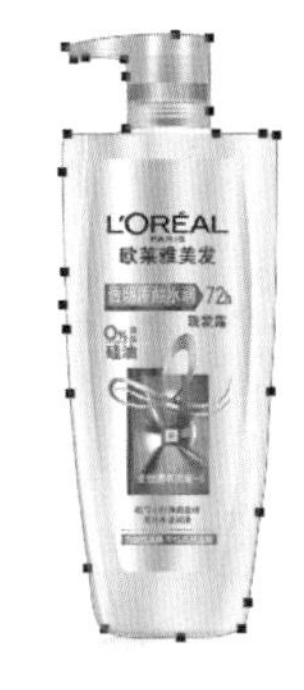

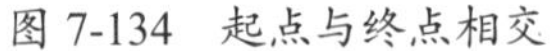

图 7-134 起点与终点相交　　图 7-135 完成路径绘制

图 7-136 转换为选区

图 7-137 素材

步骤09 使用（移动工具）将选区内的图像拖动到“洗发露背景”文档中，效果如图 7-138 所示。

图 7-138 移入选区内的图像

技巧：使用（磁性钢笔工具）绘制路径时，按 Enter 键可以结束路径的绘制；在最后一个锚点上双击，可以与第一锚点自动封闭路径；按 Alt 键可以暂时转换成钢笔工具。

提示：使用（磁性钢笔工具）绘制路径时，当路径发生偏移时，只要按 Delete 键即可将最后一个锚点删除，以此类推，可以向前删除多个锚点。

步骤10 选择“背景”图层，单击（创建新的填充或调整图层）按钮，在弹出菜单中选择“色相 / 饱和度”命令，打开“色相 / 饱和度”属性调整面板，其中的参数设置如图 7-139 所示。

步骤11 调整完成，效果如图 7-140 所示。

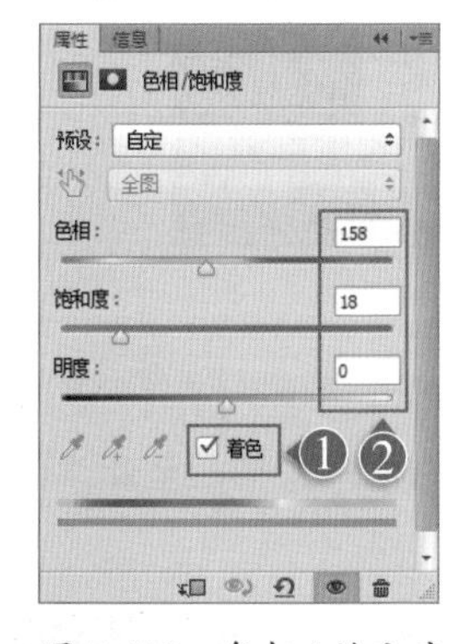

图 7-139 色相 / 饱和度

图 7-140 调整后

步骤12 在“图层 1”图层的下方新建一个“图层 2”图层，使用（矩形工具）绘制一个黑色矩形，如图 7-141 所示。

图 7-141 绘制矩形

步骤13 执行菜单中的“滤镜”|“模糊”|“高斯模糊”命令，打开“高斯模糊”对话框，其中的参数值设置如图 7-142 所示。

步骤14 设置完成单击“确定”按钮，设置“不透明度”为 75%，效果如图 7-143 所示。

步骤15 为了更好地管理，我们将文字都放置到图层组中，单击 （创建新组）按钮，新建一个图层组，将其命名为“文字”，如图 7-144 所示。

步骤16 使用 （横排文字工具）输入需要的文字，将文字设置为自己喜欢的字体，文字颜色设置为白色和黑色，如图 7-145 所示。

图 7-143　高斯模糊后

图 7-144　新建图层组

图 7-145　输入文字

步骤17 使用 （矩形工具）在黑色文字后面绘制一个白色矩形，如图 7-146 所示。

步骤18 在文字“立减抢购”文字后面，使用 （多边形工具）绘制一个白色三角形，至此本例制作完成，效果如图 7-147 所示。

图 7-146　绘制矩形

图 7-147　最终效果

实例 71　自定义形状工具绘制心形

实例思路

使用（自定义形状工具）可以绘制出在“形状拾色器”中选择的预设图案。本例就是通过（自定义形状工具）绘制心形路径，转换为选区后填充并设置模糊，再将图层合并后结合蒙版制作倒影。流程如图 7-148 所示。

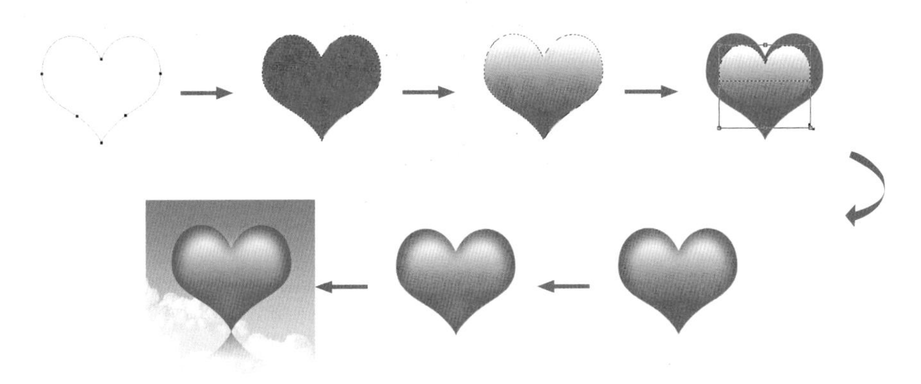

图 7-148　操作流程

实例要点

- 使用“新建”命令新建文件
- 使用“自定义形状工具”绘制心形路径
- 将路径转换为选区
- 填充选区运用模糊滤镜
- 添加图层蒙版
- “渐变工具”编辑图层蒙版

操作步骤

步骤 01 执行菜单中的“文件”|“新建”命令或按 Ctrl+N 键，打开“新建”对话框，设置“名称”为“实例 71 自定义形状工具绘制心形”，“宽度”和“高度”都设置为 500 像素，“分辨率”为“72 像素 / 英寸”，如图 7-149 所示。

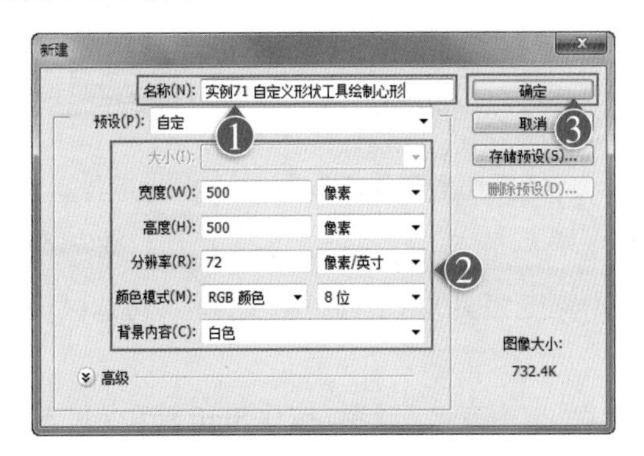

图 7-149　“新建”对话框

步骤02 设置完成单击“确定”按钮，系统会新建一个空白文档，在工具箱中选择（自定义形状工具），在属性栏中选择“绘制类型”为“路径”，打开“形状拾色器”面板，在其中选择“红心形卡”形状，如图 7-150 所示。

步骤03 选择形状后，使用（自定义形状工具）在页面中绘制一个路径形状，如图 7-151 所示。

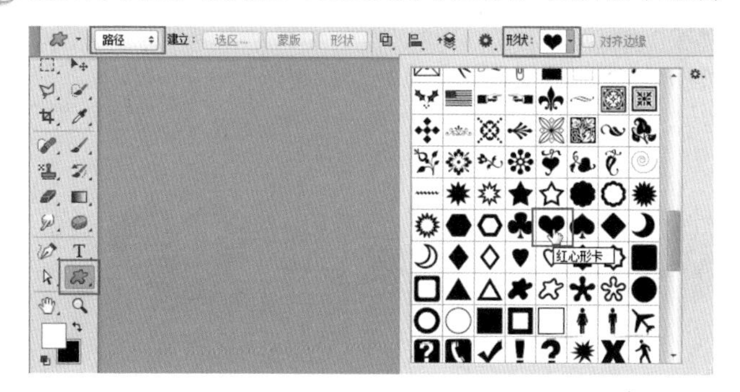

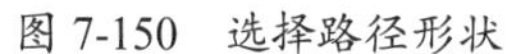
图 7-150　选择路径形状

图 7-151　绘制

技巧：在绘制形状时，按住 Shift 键可以等比例大小绘制选择的形状；按住 Alt 键可以按鼠标选择点作为绘制起点，然后向外扩展进行绘制；按住 Shift+Alt 键可以按选择点向外等比例扩展绘制。

步骤04 同时按 Ctrl+Enter 键，将路径转换为选区，设置“工具箱”中的前景色为 RGB（255、0、0），新建“图层 1”图层，按 Alt+Delete 键，为选区填充颜色，效果如图 7-152 所示。

步骤05 新建一个“图层 2”图层，选择工具箱中的（渐变工具），单击“点按可编辑渐变”图标，在打开的“渐变编辑器”对话框中设置从白色到透明的渐变，如图 7-153 所示。

图 7-152　填充

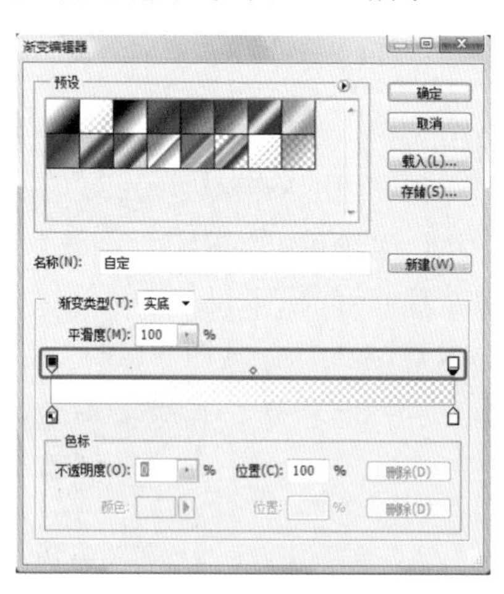

图 7-153　渐变编辑器

步骤06 设置完成后，使用（渐变工具）从上向下拖曳鼠标，将选区填充渐变色，效果如图 7-154 所示。

步骤07 执行菜单中的“编辑”|“自由变换”命令，按住 Shift 键和 Alt 键对选区内的图像进行缩放，效果如图 7-155 所示。

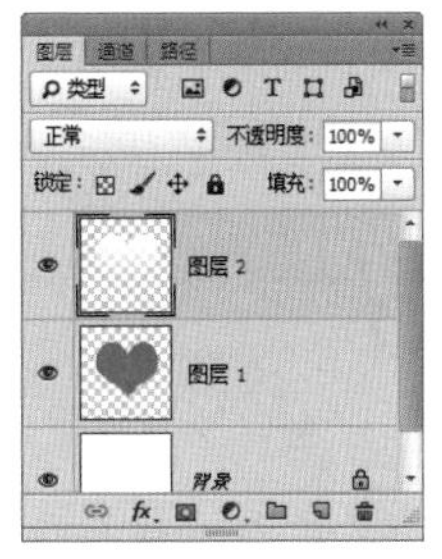

图 7-154 填充渐变

图 7-155 变换

技巧：按住 Shift 键缩放对象，可以保证是按照比例缩放。按住 Alt 键缩放对象，可以保证是中心缩放。

步骤08 在控制框内双击，完成缩放。按 Ctrl+D 键去掉选区，执行菜单中的“滤镜”|“模糊”|“高斯模糊”命令，在打开的“高斯模糊”对话框中设置“半径”值为 15 像素，如图 7-156 所示。

步骤09 设置完成单击“确定”按钮，应用“高斯模糊”命令后的效果，如图 7-157 所示。

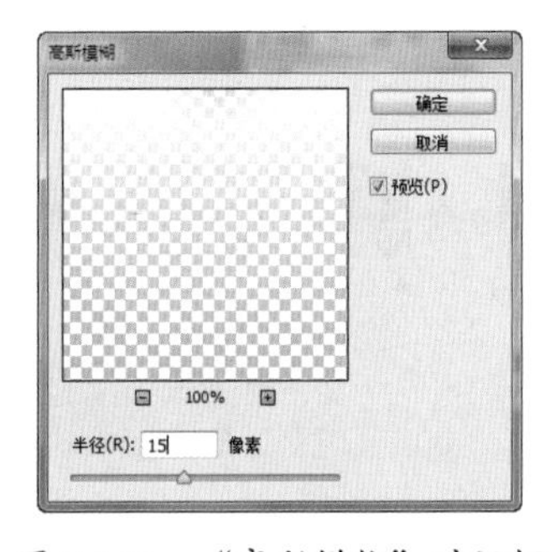

图 7-156 “高斯模糊”对话框

图 7-157 模糊后效果

步骤10 新建“图层 3”图层，选择（椭圆工具），选择属性栏中的“绘制类型”为“像素”，在文档中绘制一个白色椭圆，如图 7-158 所示。

步骤11 执行菜单中的“滤镜”|“模糊”|“高斯模糊”命令，设置高斯模糊半径值为 30，模糊效果如图 7-159 所示。

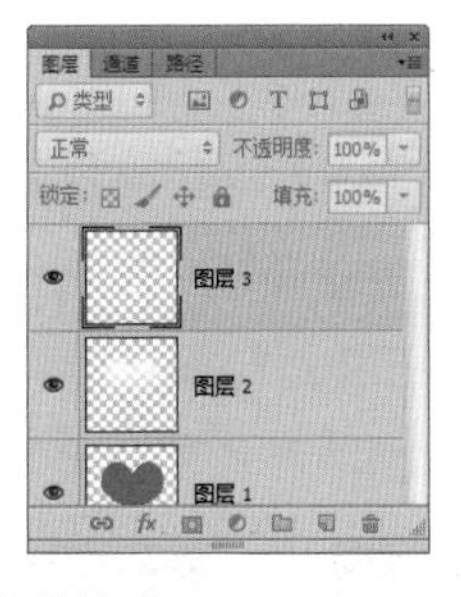

图 7-158 绘制椭圆

图 7-159 模糊后

步骤12 执行菜单中的“图层”|“向下合并”命令两次或按 Ctrl+E 键两次，将心形合并为一个图层。选择（移动工具），按住 Alt 键拖动图形，复制一个图形副本，执行菜单中的“编辑”|“变换”|“垂直翻转”命令，将副本垂直翻转，效果如图 7-160 所示。

步骤13 单击“图层”面板底部的（添加图层蒙版）按钮，为“图层 1 拷贝”图层添加图层蒙版，使用（渐变工具）在蒙版中从下向上拖曳，填充从黑色到白色的线性渐变，如图 7-161 所示。

图 7-160 复制及翻转

图 7-161 编辑蒙版

步骤14 执行菜单中的“文件”|“打开”命令或按 Ctrl+O 键，打开随书附带光盘中的“素材文件\第 7 章\天空 .jpg”文件，如图 7-162 所示。

步骤15 使用（移动工具）将“心形背景”内的图像拖动到“转换点工具”文档中，至此本例制作完成，效果如图 7-163 所示。

图 7-162 素材

图 7-163 最终效果

实例 72 路径面板制作流星

实例思路

Photoshop 中的“路径”面板可以对创建的路径进行更加细致的编辑，在“路径”面板中主要包括“路径”“工作路径”和“形状矢量蒙版”，在面板中可以将路径转换成选区、将选区转换成工作路径、填充路径和对路径进行描边等操作。本例就是通过“路径”面板中的（用画笔描边路径）按钮，为路径进行描边，描边时设置画笔笔触，流程如图 7-164 所示。

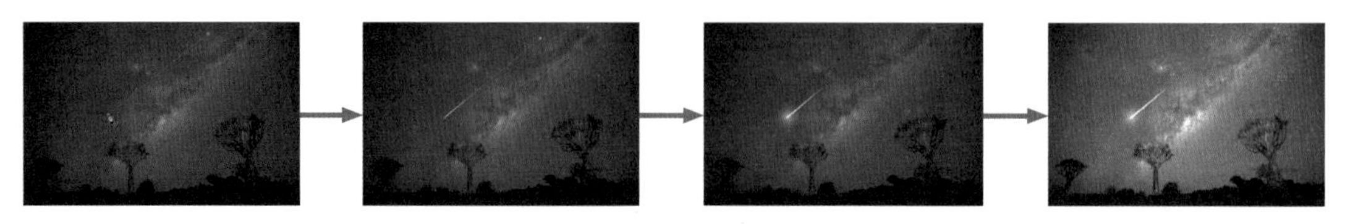

图 7-164 操作流程

实例要点

- 打开素材
- 使用“钢笔工具”绘制直线路径
- 在“路径”面板中为路径描边
- 通过画笔面板为画笔设置基本属性
- 盖印图层
- 应用“镜头光晕”滤镜
- 设置“混合模式”为线性减淡

操作步骤

步骤01 执行菜单中的“文件”|“打开”命令或按Ctrl+O键，打开随书附带的“素材文件\第7章\星空.jpg”文件，将其作为背景，如图7-165所示。

图7-165 素材

步骤02 选择工具箱中的 （钢笔工具），在属性栏上选择“绘制类型”为“路径”，如图7-166所示。

图7-166 属性

步骤03 在图像上单击一点后移到另一点再单击，创建一个如图7-167所示的路径。

图7-167 创建路径

步骤04 选择工具箱中的 （画笔工具），执行菜单中的“窗口”|“画笔”命令或按F5键，打开“画笔”面板，设置“画笔笔尖形状”，参数如图7-168所示。

> **技巧：** 这里绘制路径的方向很重要，直接取决于最后制作的流星的方向。读者要按照提示进行绘制。

步骤05 勾选“传递”复选框，在“不透明度抖动”选项下的“控制”下拉菜单中选择“渐隐”选项，设置“渐隐”值为240，再勾选“形状动态”，在“大小抖动”选项下拉菜单中选择“渐隐”选项，设置“渐隐”值为240，如图7-169所示。

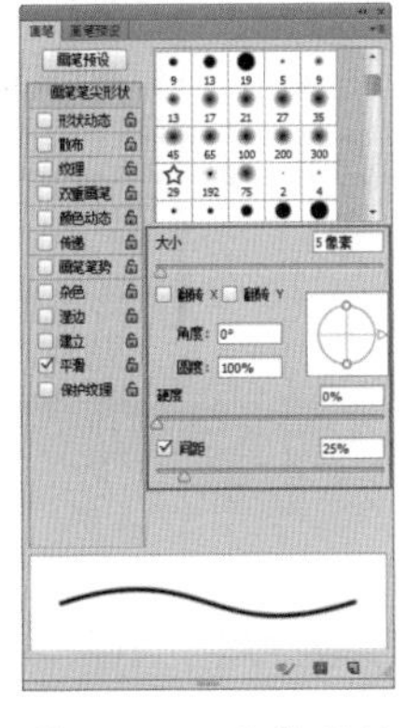

图7-168 画笔面板

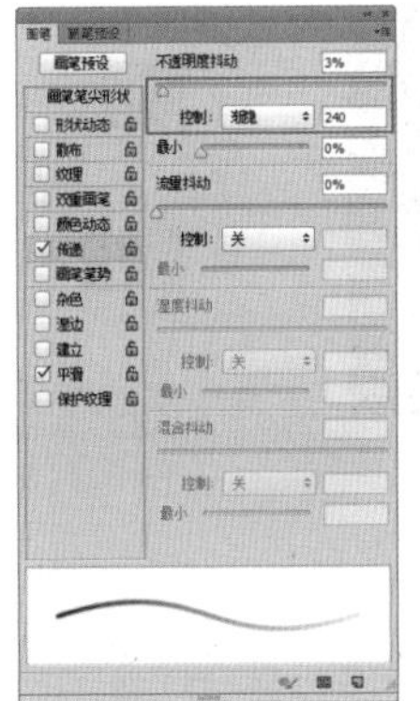

图7-169 画笔面板

步骤06 新建一个“图层 1”图层，设置（画笔工具）的前景色为白色，执行菜单中的“窗口”|“路径”命令，打开“路径”面板，如图 7-170 所示。

步骤07 单击“路径”面板底部的（用画笔描边路径）按钮，如图 7-171 所示。

步骤08 得到描边路径，效果如图 7-172 所示。

图 7-170 “路径”面板

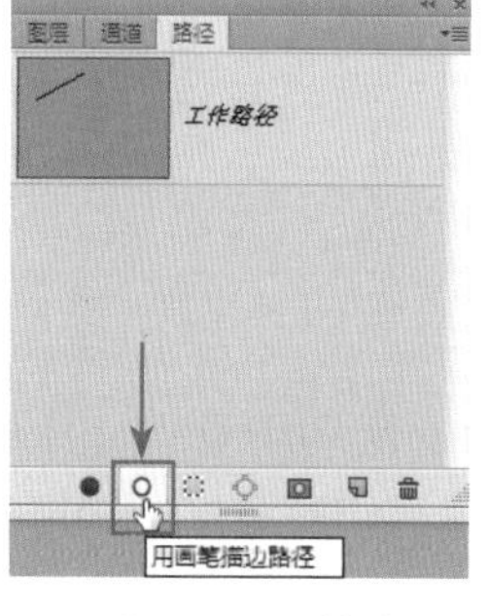

图 7-171 描边

图 7-172 描边效果

提示：在“路径”面板中单击右上角的小三角形按钮，在打开的菜单中单击“描边路径”或“填充路径”，都会打开一个对话框，可在其中根据需要进行设置。

步骤08 重新设置“画笔”面板“传递”选项中“不透明度抖动”下的“控制”为“渐隐”，“渐隐”值为 160，如图 7-173 所示。

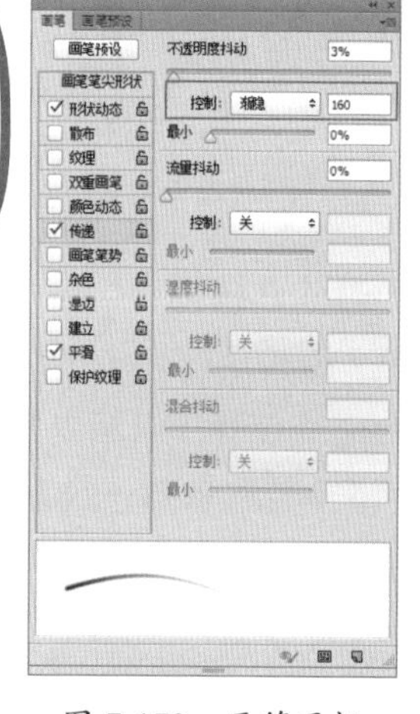

图 7-173 画笔面板

步骤09 设置“画笔工具”的“主直径”值为 8，再次单击“路径”面板上的（用画笔描边路径）按钮，得到描边路径，效果如图 7-174 所示。

步骤10 在“路径”面板中单击空白处，按 Ctrl+Shift+Alt+E 键盖印一个图层，如图 7-175 所示。

步骤11 再执行菜单中的“滤镜”|“渲染”|“镜头光晕”命令，设置打开的“镜头光晕”对话框，如图 7-176 所示。

图 7-174 描边效果

图 7-175 盖印

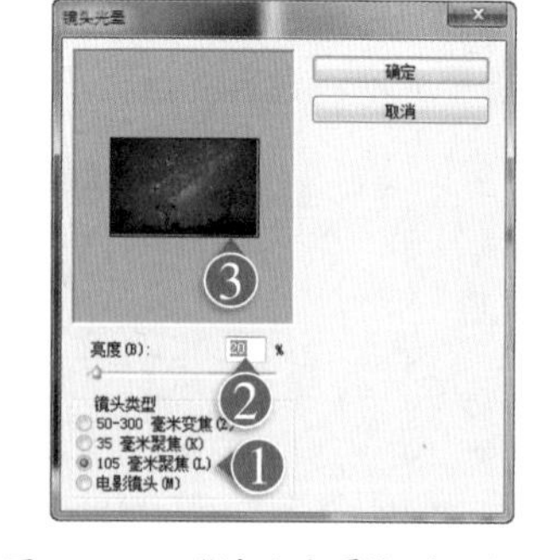

图 7-176 “镜头光晕”对话框

步骤12 设置完成单击“确定”按钮，效果如图 7-177 所示。

步骤13 设置“混合模式”为“线性减淡（添加）”以提升画面亮度，至此本例制作完成，效果如图 7-178 所示。

图 7-177　设置镜头光晕后

图 7-178　最终效果

实例 73　画笔描边路径制作云雾缠绕效果

实例思路

画笔描边路径不但可以按照画笔直径大小进行画笔描边，还可以将画笔描边设置为“模拟压力”来将描边设置成两边细中间粗的描边效果，本例就是设置画笔并描边路径，再对图层创建图层蒙版，使用（橡皮擦工具）编辑图层蒙版。流程如图 7-179 所示。

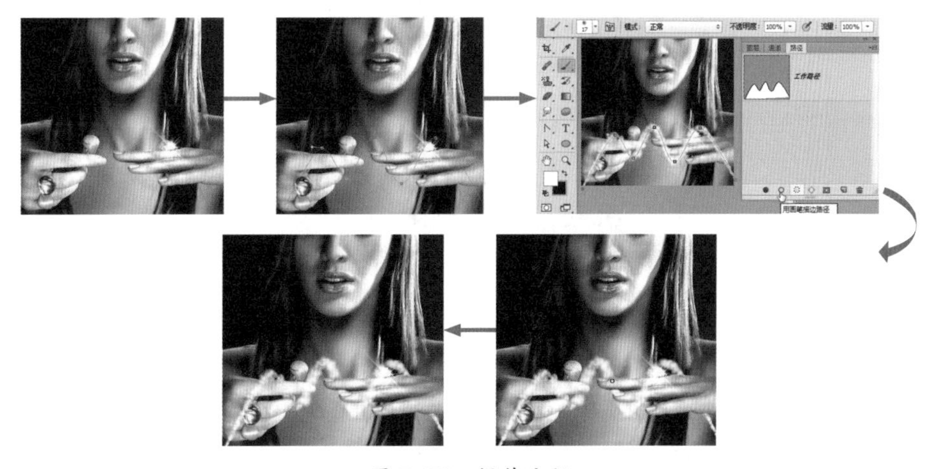

图 7-179　操作流程

实例要点

- 打开素材
- 使用“钢笔工具”绘制路径
- 设置描边路径
- 为路径描边

操作步骤

图 7-180　素材

步骤 01 在菜单中执行“文件”|“打开”命令或按 Ctrl+O 键，打开随书附带的“素材文件 \ 第 7 章 \ 人物 .jpg”文件，如图 7-180 所示。

步骤 02 在工具箱中选择（画笔工具）后，按 F5 键打开“画笔”面板，分别设置画笔的各项功能，如图 7-181 所示。

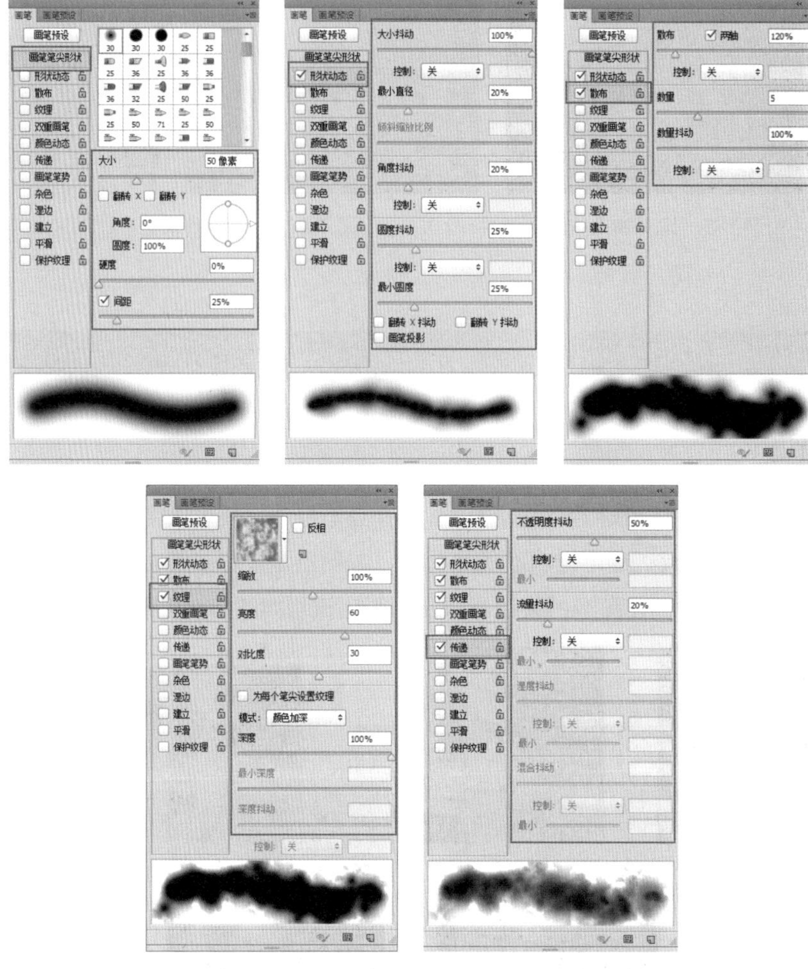

图 7-181　设置画笔

步骤03 将“形状动态”的“大小抖动”中的“控制”设置为“钢笔压力”。在“路径”面板的“弹出菜单”中选择“描边路径”命令，在“描边路径”对话框中勾选“模拟压力”复选框，如图 7-182 所示。

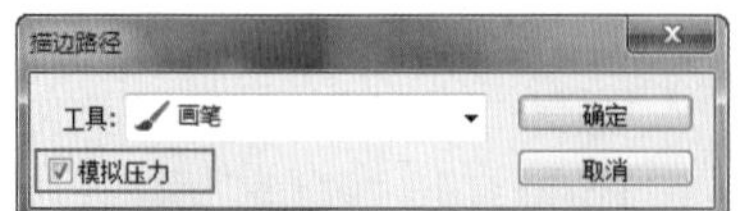

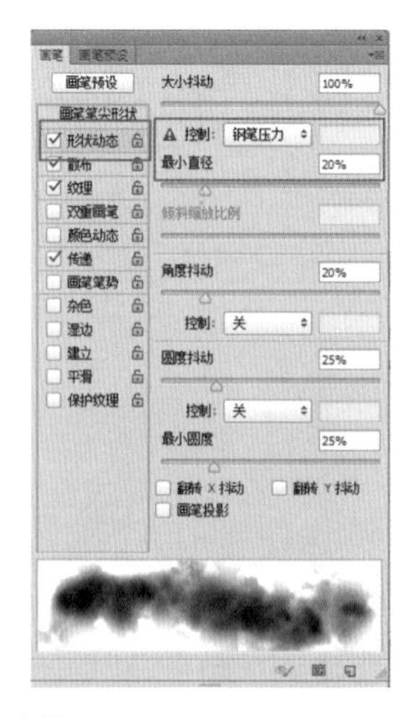

图 7-182　设置画笔

步骤04 使用（钢笔工具）在素材中绘制如图7-183所示的路径。

步骤05 将画笔大小设置为17像素，新建一个“图层1”图层，将前景色设置为白色，打开“路径”面板，单击（用画笔描边路径）按钮，此时会在路径上描上一层白色的云彩，如图7-184所示。

图7-183　绘制路径

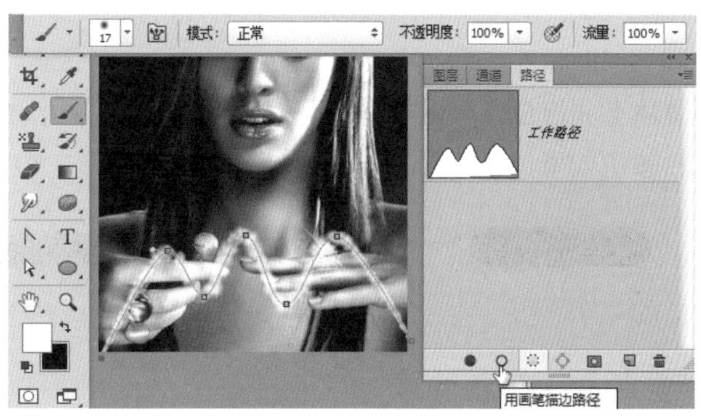

图7-184　描边路径

提示： 由于设置了“钢笔压力”，所以描边的云彩两头会越来越细。

步骤06 在“路径”面板空白处单击隐藏路径，回到“图层”面板，单击（添加图层蒙版）按钮，为“图层1”图层添加图层蒙版，将背景色设置为黑色，使用（橡皮擦工具）在相应位置的云彩上进行涂抹，效果如图7-185所示。

图7-185　编辑蒙版

步骤07 使用（橡皮擦工具）在围绕人物手指的云彩上进行涂抹，对蒙版进行编辑，如图7-186所示。

步骤08 将云彩制作成围绕人物手指的效果，至此本例制作完成，效果如图7-187所示。

图7-186　编辑蒙版

图7-187　最终效果

实例 74 圆角矩形制作开始按钮

实例思路

使用▢（圆角矩形工具）可以绘制具有平滑边缘的矩形，通过设置属性栏中的“半径”值来调整圆角的圆弧度，▢（圆角矩形工具）可以绘制像素、路径和形状，绘制的形状图层可以单独设置填充和描边，本例就是通过▢（圆角矩形工具）绘制一个圆角矩形按钮，结合图层样式来制作按钮效果。流程如图 7-188 所示。

图 7-188 操作流程

实例要点

- 使用“新建”命令新建文件
- 使用“圆角矩形工具”绘制圆角矩形
- 使用“横排文本工具”，在画布中输入文本，并为文本添加“图层样式”
- 使用“添加矢量蒙版”

操作步骤

步骤 01 执行菜单中的“文件”|“新建”命令或按 Ctrl+N 键，打开“新建”对话框，其中的参数设置如图 7-189 所示。

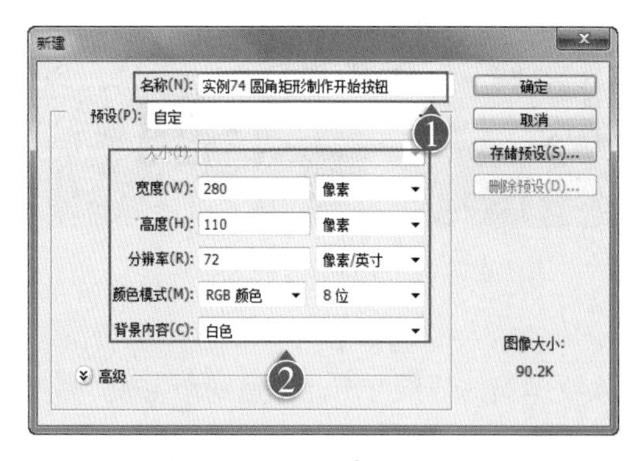

图 7-189 “新建”对话框

步骤 02 使用▢（圆角矩形工具），在属性栏中设置“半径”值为 50 像素，在画布上绘制黑色圆角矩形形状图层，效果如图 7-190 所示。

> **技巧：** 使用“形状工具”或“钢笔工具”绘制形状时，形状图层在“图层”面板中一般以矢量图形的形式进行显示，更改形状的轮廓可以改变页面中显示的图像。

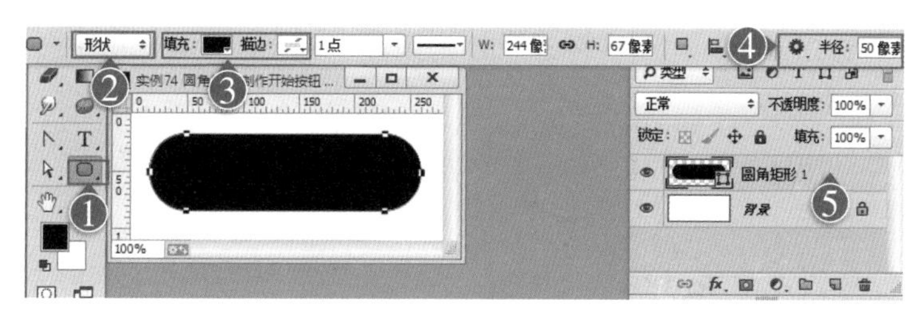

图 7-190 圆角矩形

步骤03 执行菜单中的“图层”|“图层样式”|“投影”命令，打开“投影”面板，其中的参数设置如图 7-191 所示。

步骤04 在“投影”面板中的左侧勾选“内发光”复选框，打开“内发光”面板，其他的参数设置如图 7-192 所示。

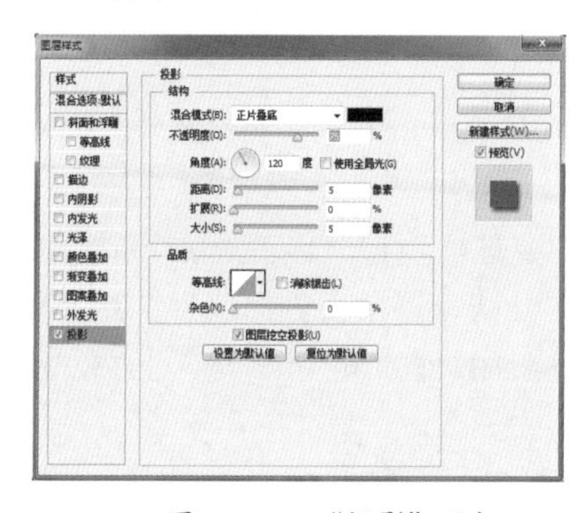

图 7-191 “投影”面板

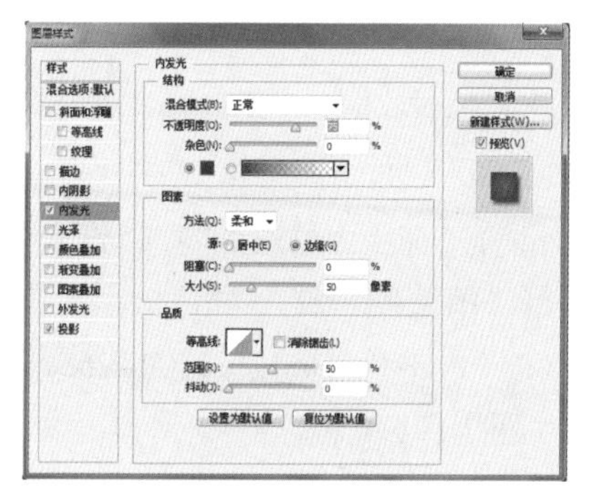

图 7-192 “内发光”面板

步骤05 在“内发光”面板中的左侧勾选“斜面和浮雕”复选框，打开“斜面和浮雕”面板，其他的参数设置如图 7-193 所示。

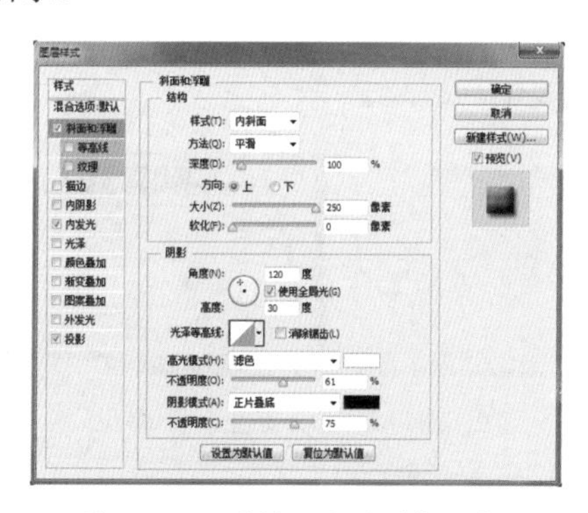

图 7-193 “斜面和浮雕”面板

步骤06 设置完成单击“确定”按钮，效果如图 7-194 所示。

步骤07 使用T（横排文字工具），在按钮上输入文字，如图 7-195 所示。

图 7-194 添加图层样式

图 7-195 输入文字

步骤08 执行菜单中的“图层”|“图层样式”|“内阴影”命令，打开“内阴影”面板，其中的参数设置如图 7-196 所示。

步骤09 在“内阴影”面板中的左侧勾选“外发光”复选框，打开“外发光”面板，其他的参数设置如图 7-197 所示。

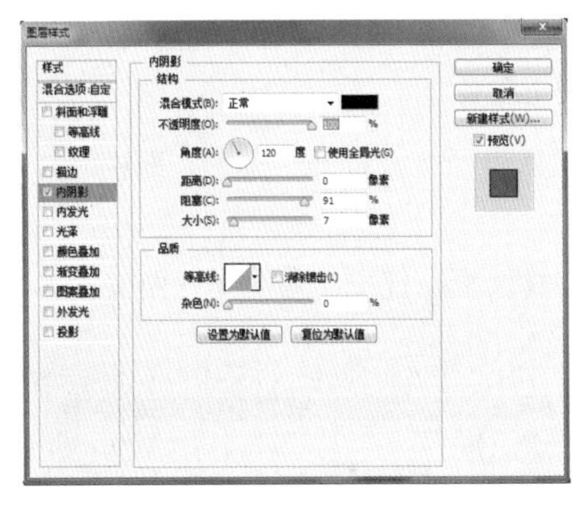

图 7-196 “内阴影”面板

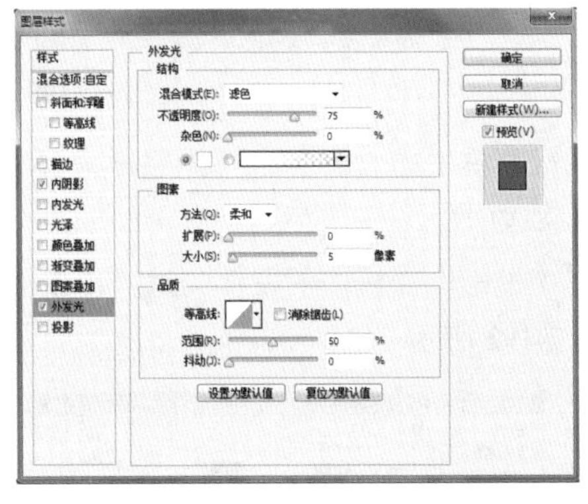

图 7-197 “外发光”面板

步骤10 在“外发光”面板中的左侧勾选“渐变叠加”复选框，打开“渐变叠加”面板，单击“渐变”颜色条，打开“渐变编辑器”对话框，从左向右分别设置渐变色标值为（R=255、G=255、B=255）、（R=0、G=0、B=0）、（R=255、G=255、B=255）、（R=75、G=75、B=75），其他参数设置如图 7-198 所示。

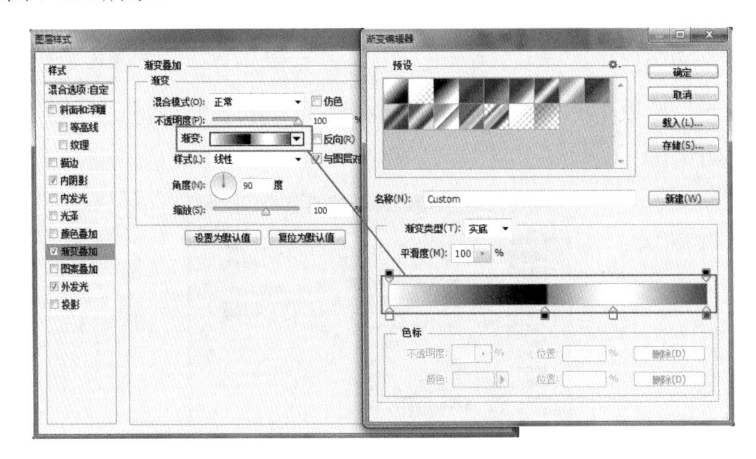

图 7-198 “渐变叠加”面板

步骤11 在“渐变叠加”面板中的左侧勾选“描边”复选框，打开“描边”面板，单击“渐变”颜色条，打开“渐变编辑器”对话框，从左向右分别设置渐变色标值为（R=51、G=51、B=51）、（R=171、G=171、B=171）、（R=51、G=51、B=51）、（R=200、G=200、B=200）、（R=51、G=51、B=51），其他参数设置如图 7-199 所示。

提示： 在制作渐变时，可以根据自己的喜好来设置渐变的颜色，但是渐变颜色要有对比的感觉。

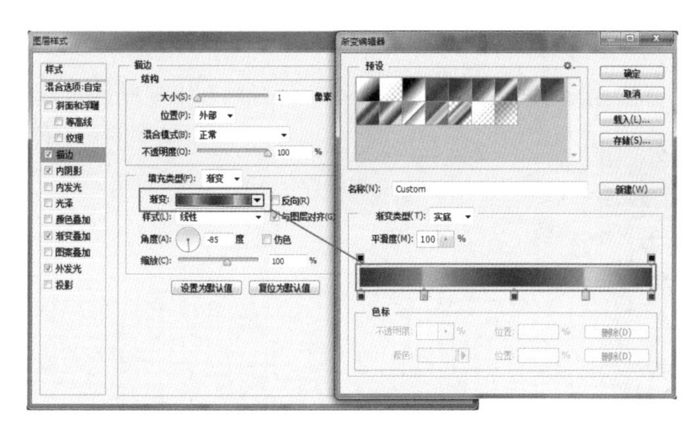

图 7-199 “描边”面板

步骤12 设置完成单击“确定”按钮，效果如图 7-200 所示。

图 7-200 添加图层样式后的文字效果

步骤13 在“图层”面板上拖动文字图层到（创建新图层）按钮上，复制该图层，再次单击（创建新图层）按钮，新建“图层 1”图层，同时选择刚刚新建的“图层 1”图层和前面复制的文字图层，按 Ctrl+E 键，向下合并图层，并将其重命名为“倒影”，设置“不透明度”值为 40%，如图 7-201 所示。

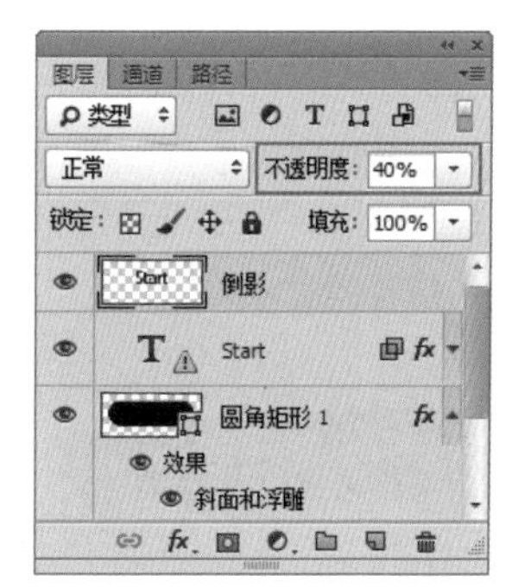

图 7-201 “图层”面板

步骤14 执行菜单中的“编辑”|“变换”|“垂直翻转”命令，翻转图像，效果如图 7-202 所示。

步骤15 在“图层”面板上单击（添加图层蒙版）按钮，按 D 键，恢复默认的前景色和背景色，使用（渐变工具）在画布上拖曳，应用渐变填充，效果如图 7-203 所示。

图 7-202 翻转

图 7-203 蒙版效果

步骤16 新建一个“图层 1”图层，按住 Ctrl 键同时单击“圆角矩形 1”图层的缩览图，调出图层的选区，设置前景色为（R=255、G=255、B=255），按 Alt+Delete 键，填充前景色，如图 7-204

所示。

步骤17 按 Ctrl+D 键取消选区，使用（钢笔工具），在画布上绘制路径，如图 7-205 所示。

图 7-204　填充　　　　图 7-205　绘制路径

步骤18 按 Ctrl+Enter 键，将路径转换为选区，按 Delete 键，删除选区中的图像像素，如图 7-206 所示。

步骤19 按 Ctrl+D 键，取消选区，在“图层”面板上设置“不透明度”值为 50%，效果如图 7-207 所示。

图 7-206　清除图像　　　　图 7-207　设置透明后

步骤20 执行菜单中的“图层”|“图层样式”|“投影”命令，打开“投影”面板，其中的参数设置如图 7-208 所示。

步骤21 在“投影”面板中的左侧勾选“斜面和浮雕”复选框，打开“斜面和浮雕”面板，其他的参数设置如图 7-209 所示。

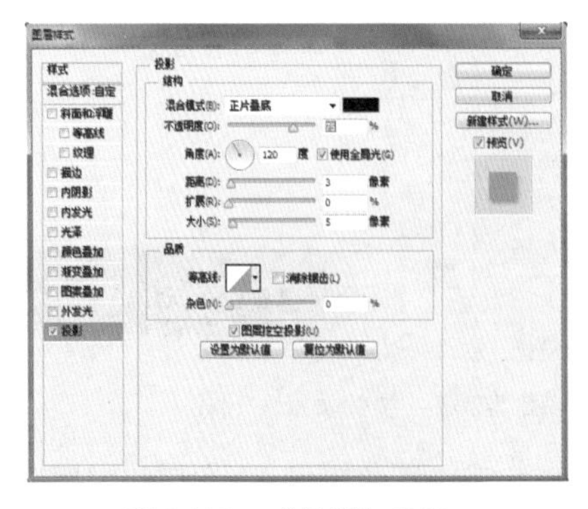

图 7-208　“投影”面板

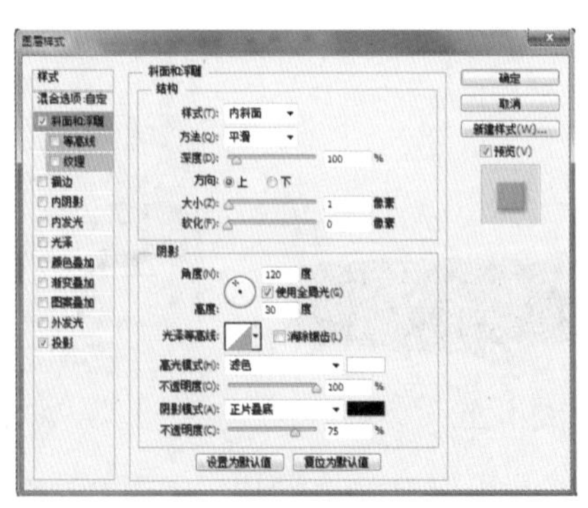

图 7-209　“斜面和浮雕”面板

步骤22 设置完成单击“确定”按钮。至此本例制作完成，效果如图 7-210 所示。

图 7-210　最终效果

实例 75　多边形工具绘制星形

实例思路

使用（多边形工具）可以绘制正多边形或星形，通过设置的属性可以创建形状图层、路径和以像素进行填充的矩形图形，本例就是通过设置（多边形工具）来绘制 4 角星形，然后应用 “高斯模糊”滤镜和羽化选区制作星星发光效果。流程如图 7-211 所示。

图 7-211　操作流程

实例要点

- 打开素材
- 设置多边形属性
- 绘制星形

操作步骤

步骤01 执行菜单中的“文件”|“打开”命令或按 Ctrl+O 键，打开随书附带的“素材文件\第 7 章\欢呼.jpg”文件，将其作为背景，如图 7-212 所示。

图 7-212　素材

步骤02 选择工具箱中的（多边形工具），设置前景色为（R=255、G=255、B=255），在属性栏中选择“绘制类型”为“像素”，再单击“几何选项”按钮，打开“多边形选项”面板，勾选“星形”复选框，设置“缩进边依据”为 80%，再设置属性栏上的“边”为 4，如图 7-213 所示。

图 7-213　设置工具

> **技巧：** 使用（多边形工具）可以绘制多边形和星形。在属性栏上的“边”选项中填入要绘制多边形的边数，在页面绘制时便可以绘制出预设的多边形。在属性栏中打开“多边形选项”对话框，勾选“星形”复选框后，在页面中绘制的多边形便是星形。

步骤03 单击“图层”面板底部的（创建新图层）按钮，新建一个图层并将其命名为“星星”，将前景色设置为白色，在图像中相应的位置绘制图形，如图 7-214 所示。

步骤04 选中“星星”图层，执行菜单中的“滤镜”|“模糊”|“高斯模糊”命令，打开“高斯模糊”对话框，设置“半径”值为 0.8 像素，如图 7-215 所示。

图 7-214　在新建图层中绘制星形

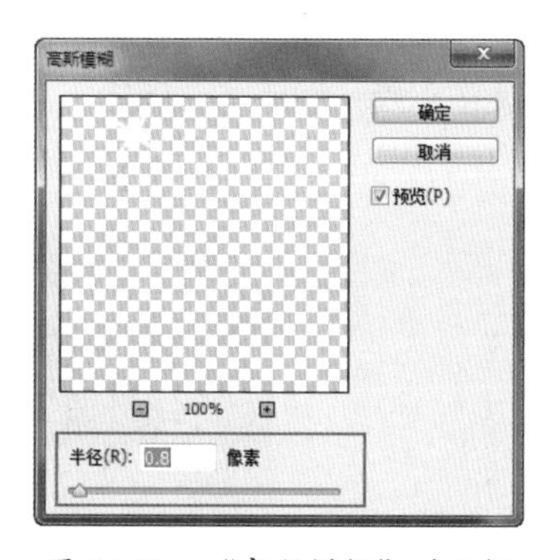

图 7-215　“高斯模糊”对话框

步骤05 设置完成单击“确定”按钮，图像效果如图 7-216 所示。

步骤06 选择（椭圆选框工具），在属性栏上设置“羽化”值为 5，在图像上星形中间位置绘制椭圆形选区，并填充前景色，效果如图 7-217 所示。

图 7-216　模糊后

图 7-217　图像效果

步骤07 按 Ctrl+D 键，取消选区。使用同样的方法绘制另外的星形，或者按住 Alt 键的同时使用（移动工具）移动星星，调整“不透明度”。至此本例制作完成，效果如图 7-218 所示。

图 7-218　最终效果

本章练习与习题

练习

1. 通过“图层”面板调整两个图层的混合模式。
2. 使用“钢笔工具”为图像中的小鸟抠图。

习题

1. 按哪个快捷键可以通过复制新建一个图层？（　　）

   A. Ctrl+L　　B. Ctrl+ C　　C. Ctrl+J　　D. Shift+Ctrl+X

2. 填充图层和调整图层具有以下哪两种相同选项？（　　）

   A. 不透明度　　B. 混合模式　　C. 图层样式　　D. 颜色

3. 下面哪几个功能不能应用于智能对象？（　　）

   A. 绘画工具　　B. 滤镜　　C. 图层样式　　D. 填充颜色

4. 以下哪几个功能可以将文字图层转换成普通图层？（　　）

   A. 栅格化图层　　B. 栅格化文字　　C. 栅格化 / 图层　　D. 栅格化 / 所有图层

5. 路径类工具包括以下哪两类工具？（　　）

   A. 钢笔工具　　B. 矩形工具　　C. 形状工具　　D. 多边形工具

6. 以下哪个工具可以选择一个或多个路径？（　　）

   A. 直接选择工具　　B. 路径选择工具　　C. 移动工具　　D. 转换点工具

7. 以下哪个工具可以激活“填充像素”？（　　）

   A. 多边形工具　　B. 钢笔工具　　C. 自由钢笔工具　　D. 圆角矩形工具

8. 使用以下哪个命令可以制作无背景图像？（　　）

   A. 描边路径　　B. 填充路径　　C. 剪贴路径　　D. 储存路径

第 8 章

蒙版与通道的使用

在 Photoshop 中，通过应用蒙版，可以对图像的某个区域进行保护，此时在处理其他位置的图像时，该区域将不会被编辑，在处理完效果后如果感觉不满意，只要将蒙版取消即可还原图像，此时会发现被编辑的图像根本没有遭到破坏，总之蒙版可以对图像起到保护作用。

在 Photoshop 中，通道是存储不同类型信息的灰度图像。

颜色信息通道是在打开新图像时自动创建的。图像的颜色模式决定了所创建的颜色通道的数目。例如，RGB 图像的每种颜色（红色、绿色和蓝色）都有一个通道，并且还有一个用于编辑图像的复合通道。Alpha 通道将选区存储为灰度图像。可以添加 Alpha 通道来创建和存储蒙版，这些蒙版用于处理或保护图像的某些部分。专色通道指定用于专色油墨印刷的附加印版。

本章为大家讲解 Photoshop 中最为核心的内容，其中包括“通道和蒙版”，作为 Photoshop 的学习者来说，掌握“蒙版和通道”的知识是自己在该软件中顺利进阶的保证，本章通过实例的方式为大家讲解关于“蒙版和通道”在实际应用中的具体操作。

本章案例内容

- 渐变工具编辑蒙版制作合成图像
- 贴入命令合成图像
- 画笔工具编辑蒙版制作合成图像
- 橡皮擦工具编辑蒙版制作合成图像
- 选区编辑蒙版抠图
- 选区蒙版合成图像
- 快速蒙版为图像添加边框
- 图层蒙版中应用滤镜制作晨雾效果
- 通过“应用图像”命令合成两个图像
- 分离与合并通道改变图像色调
- 通过通道制作局部白色效果
- 使用通道为绒毛图图像抠图
- Alpha 通道中应用滤镜制作撕纸效果
- 应用通道为半透明图像抠图

实例 76 渐变工具编辑蒙版制作合成图像

实例思路

（渐变工具）在蒙版中的参与，主要目的就是将两个以上的图像进行更加渐隐的融合，使其看起来更像是一幅图像，在具体操作时，不同的渐变模式产生的融合效果也是有差异的，具体要看最终效果要体现的是局部融合还是大范围融合，本例就是在图层中添加图层蒙版后，应用（渐变工具）填充“从白色到黑色”的“线性渐变”，以此来编辑图像的合成效果，流程如图 8-1 所示。

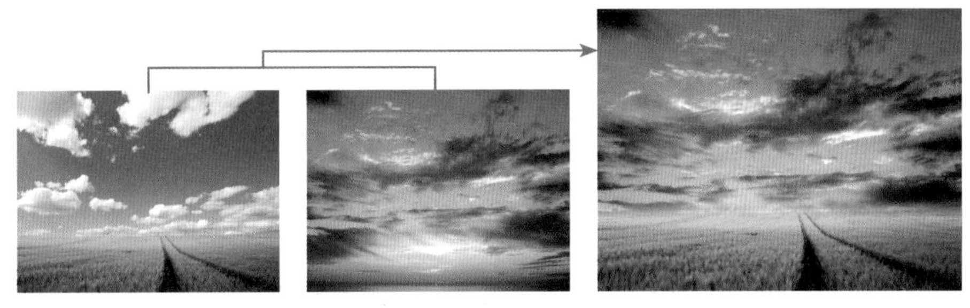

图 8-1　操作流程

实例要点

- “打开”菜单命令的使用
- “渐变工具”的应用
- “添加图层蒙版”的应用

操作步骤

步骤 01 执行菜单中的“文件”|“打开”命令或按 Ctrl+O 键，打开随书附带的“素材文件\第 8 章\天空 01.jpg 和天空 02.jpg”文件，如图 8-2 所示。

图 8-2　素材天空 01 和天空 02

步骤 02 使用（移动工具）将“天空 02”素材中的图像拖动到“天空 01”素材中，如图 8-3 所示。

步骤 03 单击“图层”面板底部的（添加图层蒙版）按钮，为“图层 1”图层添加图层蒙版，如图 8-4 所示。

图 8-3　移动

图 8-4　添加图层蒙版

技巧：在蒙版状态下可以反复地修改蒙版，以产生不同的效果。渐变的范围决定了遮挡的范围，黑白的深浅决定了遮挡的程度。按住 Shift 键，单击图层蒙版，可以临时关闭图层蒙版，再次单击图层蒙版则可重新打开图层蒙版。

步骤04 选择工具箱中的 (渐变工具)，设置前景色为白色、背景色为黑色，设置“渐变样式”为“线性渐变”，设置“渐变类型”为从前景色到背景色，在图层蒙版上按住鼠标左键由上到下拖动填充渐变，如图 8-5 所示。

图 8-5　编辑蒙版

技巧：在图层蒙版上应用了渐变效果，其实填充的并不是颜色，而是遮挡范围。

步骤05 渐变编辑蒙版的效果如图 8-6 所示。

技巧：在蒙版中使用 (渐变工具) 进行编辑时，渐变距离越远过渡效果也就越平缓。

步骤06 在“图层”面板中单击 (创建新的填充或调整图层)按钮，在弹出的菜单中选择“色阶”命令，打开“色阶”属性调整面板，其中的参数设置如图 8-7 所示。

图 8-6　渐变编辑蒙版的效果

图 8-7 色阶调整

技巧：在“属性”面板中单击“此调整剪切到此图层（单击可影响下面的所有图层）”按钮，调整时会只针对调整层下面的基底图层，如图 8-8 所示。

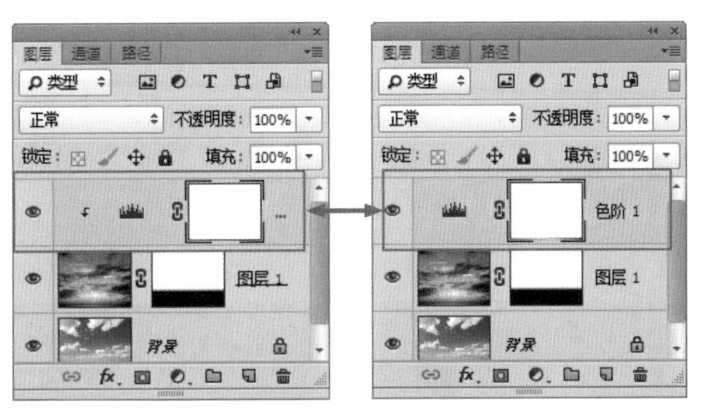

图 8-8 调整

步骤 07 至此本例制作完成，效果如图 8-9 所示。

图 8-9 最终效果

实例 77 贴入命令合成图像

实例思路

Photoshop 中的“贴入”命令，可以将图像按照选区内来创建图像的蒙版，使其正好出现在贴入的选区内部，本例就是通过“贴入”命令将整张的图像贴入到文字选区内，再为贴入的图像添加“内阴影和外发光”图层样式，流程如图 8-10 所示。

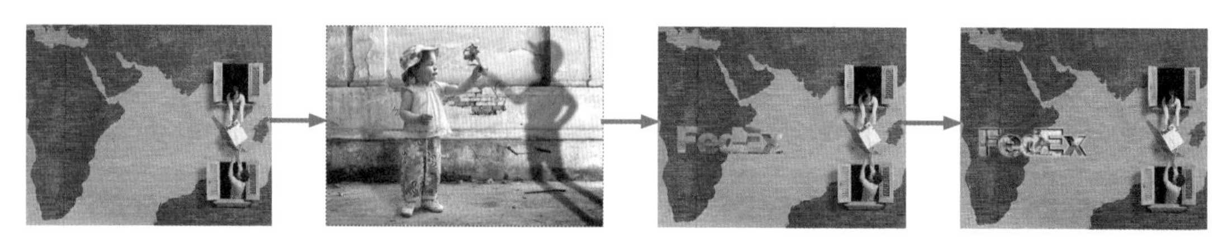

图 8-10 操作流程

实例要点

- “打开”菜单命令的使用
- “贴入”菜单命令的应用
- 调出图像选区
- 应用“内阴影和外发光”图层样式
- “拷贝”菜单命令的应用

操作步骤

步骤01 执行菜单中的“文件”|“打开”命令或按 Ctrl+O 键，打开随书附带的“素材文件\第 8 章\墙面 .jpg”文件，将其作为背景，如图 8-11 所示。

步骤02 使用 T（横排文字工具），在页面中输入合适大小和字体的黑色英文 FedEx，如图 8-12 所示。

图 8-11 素材

图 8-12 输入文字

步骤03 选中“背景”图层，隐藏文字图层，按住 Ctrl 键的同时单击文字图层的缩览图，调出文字的选区，如图 8-13 所示。

步骤04 执行菜单中的“文件”|“打开”命令或按 Ctrl+O 键，打开随书附带的“素材文件\第 8 章\小朋友 .jpg”文件，执行菜单中“选择”|“全部”命令，调出整个图像的选区，将图像全部选中，如图 8-14 所示。

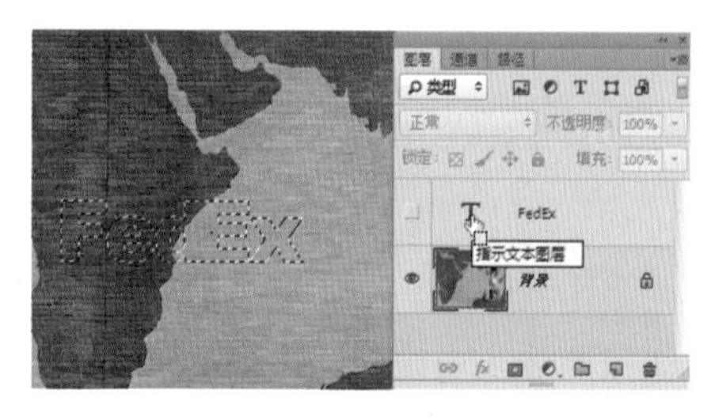

图 8-13 调出文字选区

图 8-14 调出素材选区

步骤05 执行菜单中的“编辑”|“拷贝”命令，选择“墙面”文件，执行菜单中的“编辑”|“选择性粘贴”|“贴入”命令，此时会在图层中创建一个选区蒙版，如图 8-15 所示。

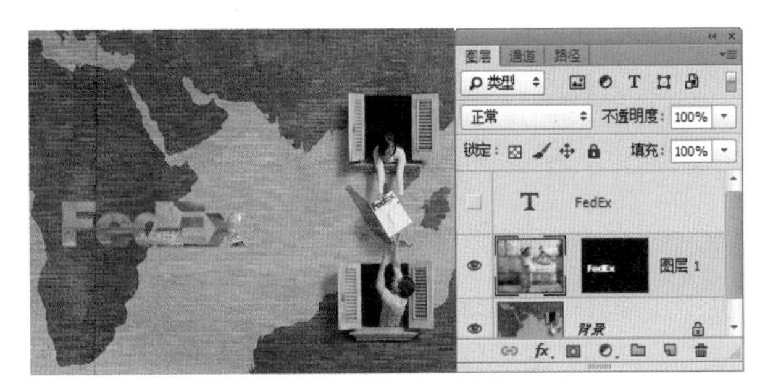

图 8-15 复制图像

技巧：在文档中使用“贴入”菜单命令后的效果与在图像上绘制选区后添加图层蒙版的效果一致。

技巧：添加蒙版图层后，在“通道”面板中会出现一个蒙版通道，如图 8-16 所示。

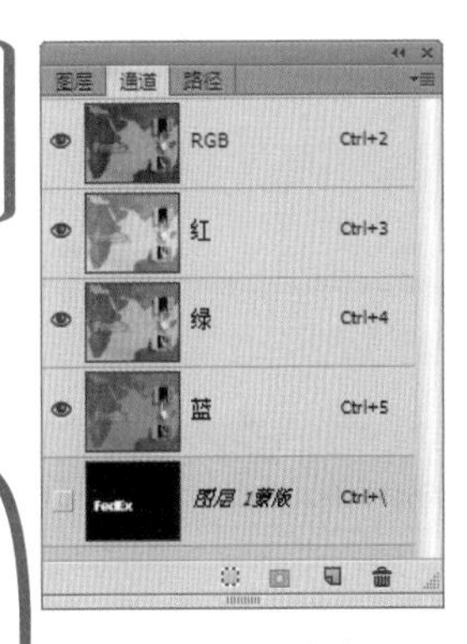

图 8-16 通道

步骤06 按 Ctrl+T 键调出变换框，拖动控制点，调整图像的大小和位置，效果如图 8-17 所示。

技巧：图像缩览图与蒙版缩览图之间的 (链接符号)，当显示时移动或变换图像可以将蒙版内容一同移动；当隐藏时移动或变换图像可以单独将图像内容进行移动或变换，而不会移动或变换蒙版。

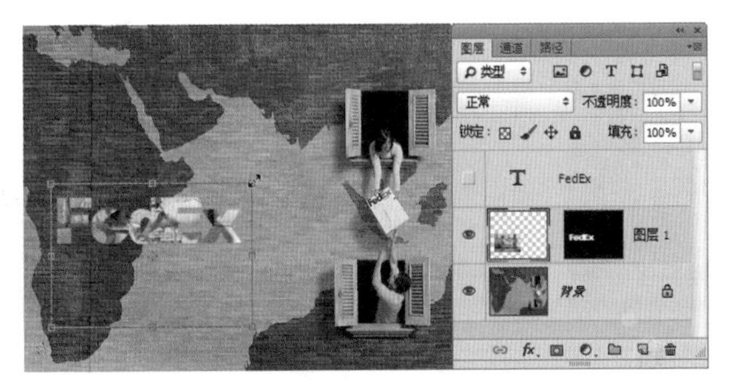

图 8-17 编辑图像

步骤07 执行菜单中的“图层”|“图层样式”|“投影”命令，打开“内阴影”面板，其中的参数设置如图 8-18 所示。

步骤08 在“内阴影”面板中的左侧勾选“外发光”复选框，打开“外发光”面板，其他的参数设置如图 8-19 所示。

步骤09 设置完成单击“确定”按钮，至此本例制作完成，效果如图 8-20 所示。

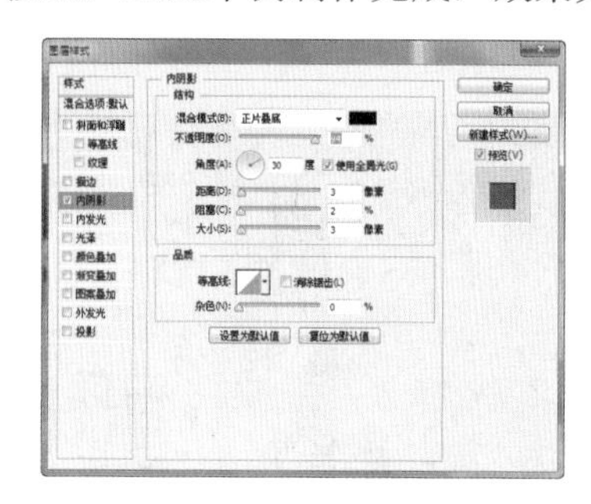

图 8-18 “内阴影”面板

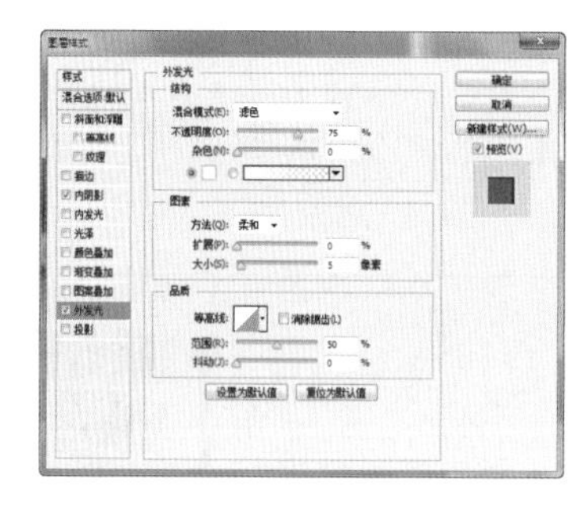

图 8-19 “外发光”界面

图 8-20 最终效果

实例 78 画笔工具编辑蒙版制作合成图像

实例思路

对于（画笔工具），编辑蒙版时最值得注意的莫过于前景色，前景色为黑色时可以将画笔经过的区域进行遮蔽；为灰色时会以半透明的方式进行遮蔽；为白色时将不遮蔽图像，本例就是通过设置前景设为“黑色”，使用（画笔工具）对图层蒙版进行编辑，流程如图 8-21 所示。

图 8-21 操作流程

实例要点

- 打开素材
- 在图像中创建封闭选区并将其移动到另一个文件中
- 为图层添加蒙版并使用（画笔工具）对蒙版进行编辑

操作步骤

步骤01 执行菜单中的“文件”|“打开”命令或按Ctrl+O键，打开随书附带的“素材文件\第8章\天空03.jpg和金字塔.jpg”文件，如图8-22所示。

图8-22 素材

步骤02 使用（移动工具）拖动“金字塔”素材中的图像到“天空03”文档中，在“图层”面板中会自动得到一个“图层1”图层，按Ctrl+T键调出变换框，拖动控制点将图像缩小，如图8-23所示。

图8-23 移动并缩小

步骤03 按Enter键确定，单击（添加图层蒙版）按钮为“图层1”图层添加一个空白蒙版，设置“混合模式”为“变暗”，选择（画笔工具），设置前景色为黑色，在“图层1”图层金字塔周围进行涂抹，为其添加蒙版效果，如图8-24所示。

步骤04 使用（画笔工具）在边缘处进行反复涂抹，如图8-25所示。

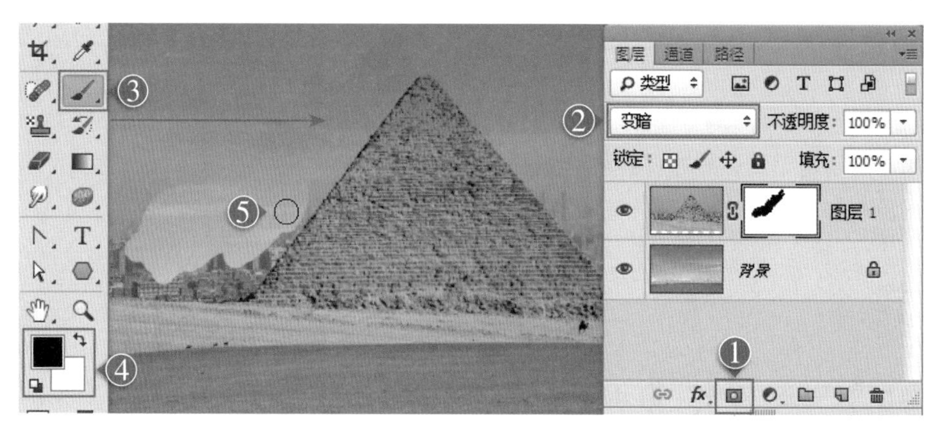

图 8-24 添加图层蒙版

图 8-25 编辑蒙版

步骤05 调整（画笔工具）的笔触大小，在边缘处细心涂抹，效果如图 8-26 所示。

图 8-26 继续编辑蒙版

> **技巧：** 使用（画笔工具）编辑蒙版时，若被编辑的区域超出了范围，只要将前景色设置为白色，在超出的范围上涂抹，鼠标经过的区域就可以恢复成原来的样子，此时编辑的只是图层的蒙版，图像本身不会被破坏。

步骤06 按 Ctrl+J 键复制“图层 1”图层，得到一个“图层 1 拷贝”图层，设置“混合模式”为“正常”、“不透明度”为 34%，效果如图 8-27 所示。

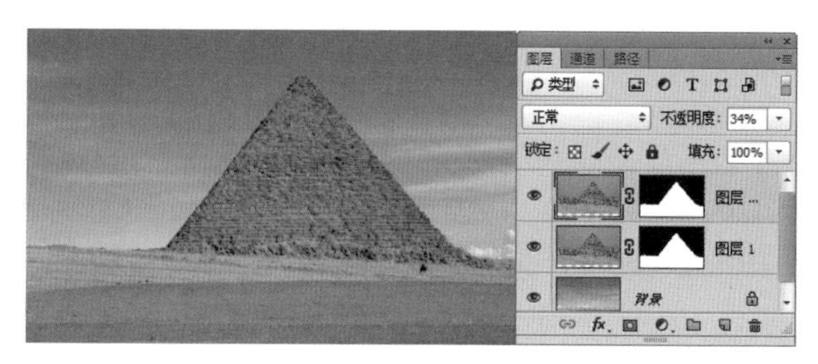

图 8-27 复制图层

图 8-28 素材

步骤07 执行菜单中的“文件”|“打开”命令或按 Ctrl+O 键，打开随书附带的“素材文件 \ 第 8 章 \ 草原 .jpg”文件，如图 8-28 所示。

步骤08 使用（移动工具）拖动“草原”素材中的图像到“天空 03”文档中，得到一个“图层 2”图层，按 Ctrl+T 键调出变换框，拖动控制点将图像进行缩放，如图 8-29 所示。

图 8-29 移动并调整

步骤09 按 Enter 键确定，单击（添加图层蒙版）按钮为“图层 2”图层添加一个空白蒙版，为了操作方便，将“不透明度”降低一点，选择（画笔工具），设置前景色为黑色，在“图层 2”图层中的草原沿着金字塔底部进行涂抹，为其添加蒙版效果，如图 8-30 所示。

图 8-30 编辑蒙版

步骤10 使用（画笔工具）随时改变画笔大小，继续在蒙版涂抹黑色画笔，如图 8-31 所示。

步骤11 将“不透明度”设置为 100%，至此本例制作完成，效果如图 8-32 所示。

图 8-31 继续涂抹

图 8-32 最终效果

实例 79 橡皮擦工具编辑蒙版制作合成图像

实例思路

(橡皮擦工具)编辑图层蒙版时，使用方法与(画笔工具)相同，不同的是(橡皮擦工具)针对“背景色”，(画笔工具)针对“前景色”，本例就是通过(橡皮擦工具)来编辑图层蒙版，结合图层的“混合模式”和画笔描边路径，来制作最终效果，流程如图 8-33 所示。

图 8-33 操作流程

实例要点

- 打开素材
- 在图像中创建封闭选区并将其移动到另一个文件中
- “钢笔工具”绘制路径
- 设置“画笔”面板
- 应用画笔描边路径
- 设置图层的“混合模式”
- 为图层添加蒙版
- 使用“橡皮擦工具”对蒙版进行编辑

操作步骤

步骤01 执行菜单中的“文件”|“打开”命令或按 Ctrl+O 键，打开随书附带的“素材文件\第 8 章\杯子 .jpg”文件，如图 8-34 所示。

步骤02 选择“杯子”素材，单击(创建新的填充或调整图层)按钮，在弹出的菜单中选择“阈值”命令，在弹出的“阈值”调整属性面板中设置参数后，再设置“混合模式”为“颜色”，得到如图 8-35 所示的效果。

图 8-34 素材

图 8-35 设置阈值后

步骤03 选择“阈值 1”的蒙版缩览图，使用 (渐变工具）在文档中绘制一个从黑色到白色的“径向渐变”，效果如图 8-36 所示。

步骤04 单击 (创建新的填充或调整图层）按钮，选择“渐变填充”命令，在打开的“渐变填充”对话框中设置参数，如图 8-37 所示。

图 8-36 编辑蒙版

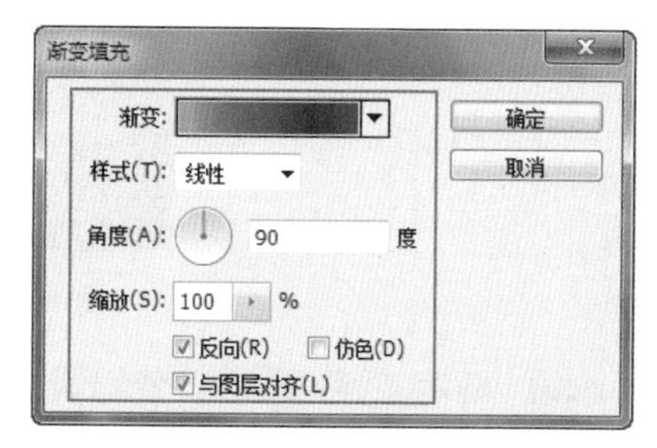

图 8-37 “渐变填充”对话框

步骤05 设置完成单击“确定”按钮，设置“混合模式”为“色相”，效果如图 8-38 所示。

步骤06 新建一个图层并填充为黑色，单击 (添加图层蒙版）按钮为图层创建一个蒙版，使用 (渐变工具）在文档中绘制一个从黑色到白色的“径向渐变”，效果如图 8-39 所示。

图 8-38 调整

图 8-39 编辑蒙版

步骤07 执行菜单中的“文件”|“打开”命令或按 Ctrl+O 键，打开随书附带的“素材文件\第 8 章\星空 .jpg”文件，使用 (移动工具）将“星空”素材中的图像移动到“杯子”文件中，设置“混合模式”为“颜色减淡”、“不透明度”为 67%，单击 (添加图层蒙版）按钮为图层创建一个蒙版，使用 (渐变工具）在文档中绘制一个从黑色到白色的“线性渐变”，效果如图 8-40 所示。

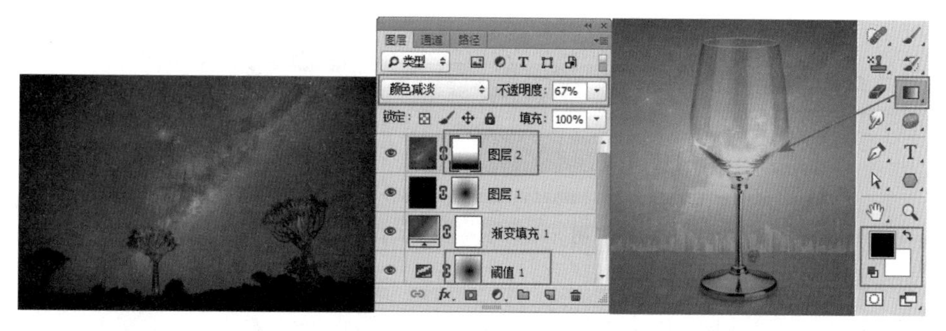

图 8-40 素材移动及绘制渐变

步骤08 新建一个图层，使用 (钢笔工具）绘制一个曲线路径，如图 8-41 所示。

图 8-41　绘制路径

步骤09 选择（画笔工具）载入“梦幻烟雾 .abr”画笔，选择一个烟雾笔触后，将前景色设置“白色”，按 F5 键打开“画笔”面板，设置画笔参数，在“路径”面板中，执行“描边路径”命令，效果如图 8-42 所示。

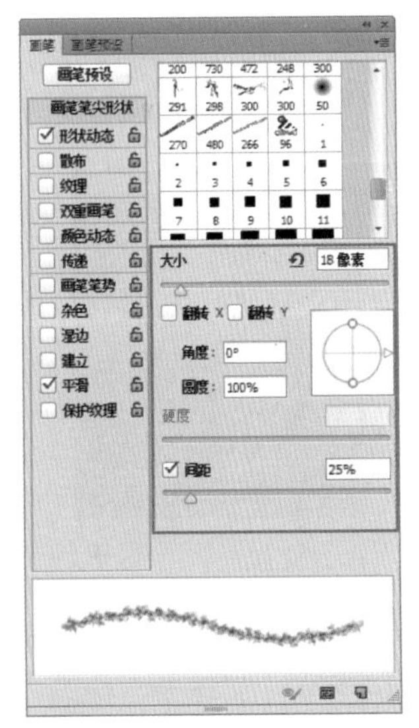

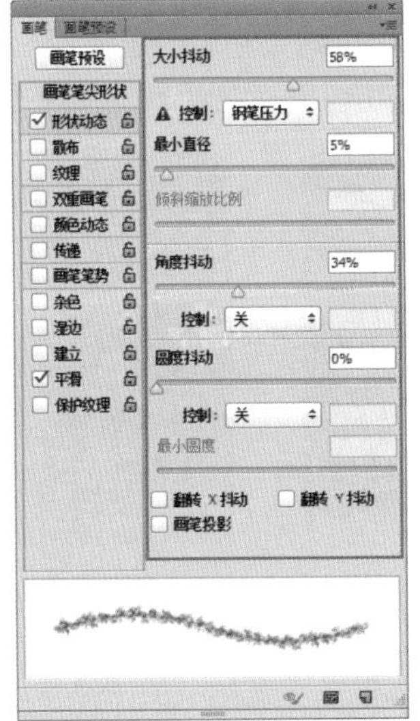

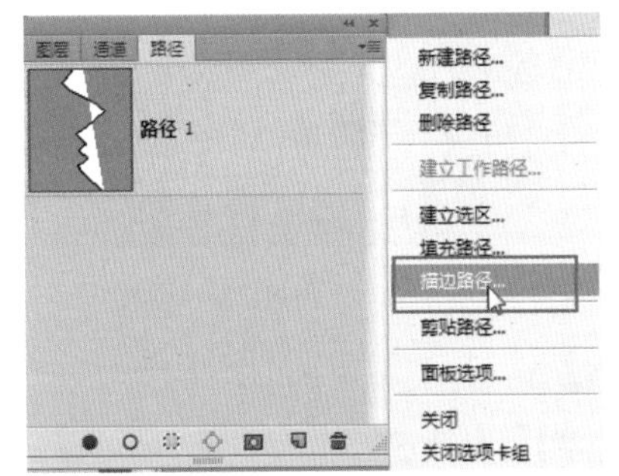

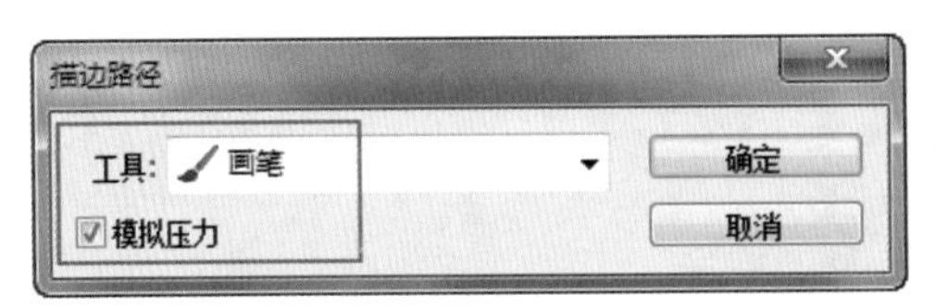

图 8-42　画笔描边路径

步骤10 在“路径”面板空白处隐藏路径，在“图层”面板中新建一个图层蒙版，将背景色设置为黑色，使用（橡皮擦工具）设置“不透明度”为 40%，在蒙版中对描边的烟雾进行编辑，效果如图 8-43 所示。

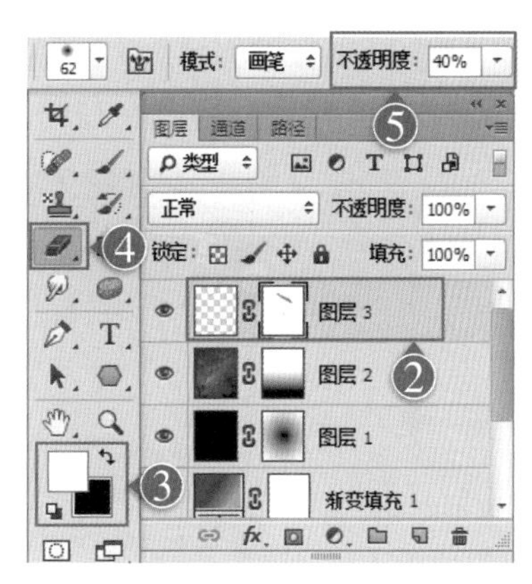

图 8-43 橡皮擦编辑蒙版

步骤11 将属性栏中的“不透明度”设置为100%，使用（橡皮擦工具）在杯子手柄处和底座处涂抹，效果如图 8-44 所示。

步骤12 执行菜单中的“图层”|“图层样式”|“外发光”命令，打开“外发光”面板，其中的参数设置如图 8-45 所示。

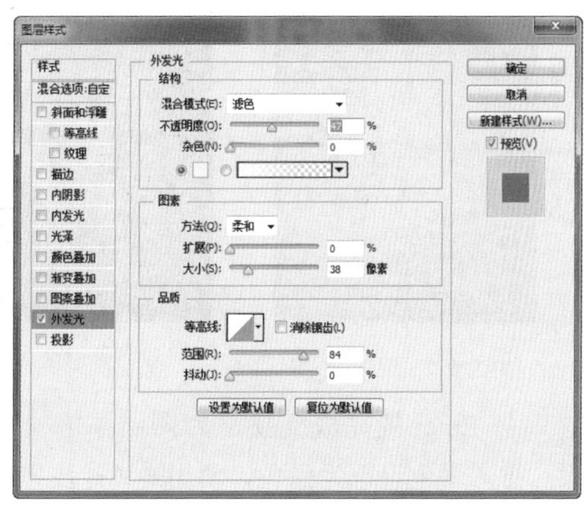

图 8-44 编辑蒙版

图 8-45 “外发光”面板

步骤13 设置完成单击“确定”按钮，效果如图 8-46 所示。

步骤14 按住 Ctrl 键单击“图层 3”图层的缩览图，调出选区后，新建“图层 4”图层，使用（渐变工具）在选区内填充“橘、黄、橘渐变”的线性渐变色，设置“混合模式”为“叠加”，效果如图 8-47 所示。

图 8-46 设置外发光后

图 8-47 填充渐变色

步骤15 按 Ctrl+D 键去掉选区，按住 Alt 键拖动“图层 3”图层的蒙版缩览图到“图层 4”图层中，此时会在“图层 4”图层中复制一个图层蒙版，效果如图 8-48 所示。

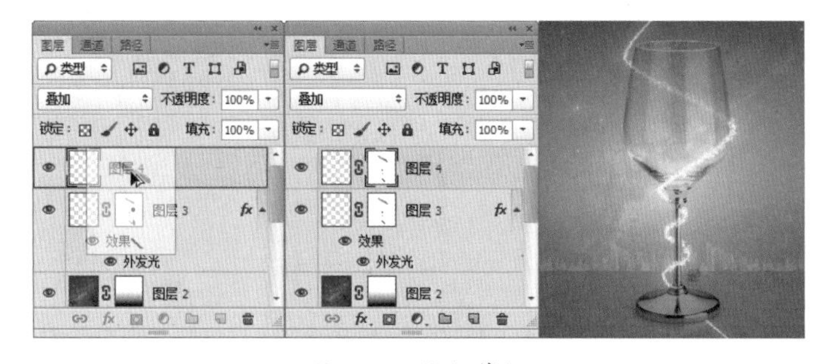

图 8-48　添加蒙版

步骤16 新建一个图层，使用（画笔工具）绘制相应颜色的圆点画笔笔触，效果如图 8-49 所示。

步骤17 打开随书附带的“舞蹈”素材，使用（移动工具）将“舞蹈”素材中的图像拖动到“杯子”文档中，按住 Ctrl 键调出变换框，拖动控制点调整大小，设置“混合模式”为“滤色”，效果如图 8-50 所示。

图 8-49　绘制画笔

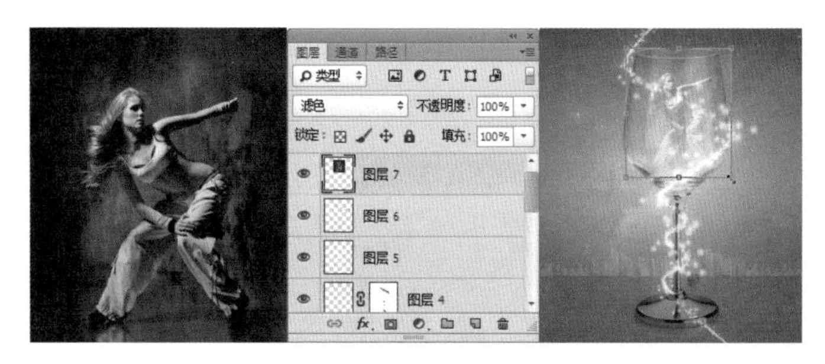

图 8-50　编辑

步骤18 按 Enter 键完成变换，为图层添加一个图层蒙版，将背景色设置为黑色，使用（橡皮擦工具）在舞蹈者边缘进行涂抹，效果如图 8-51 所示。

步骤19 按 Ctrl+J 键复制一个“图层 7 拷贝”图层，如图 8-52 所示。

步骤20 使用（横排文字工具）在页面中输入文字，至此本例制作完成，效果如图 8-53 所示。

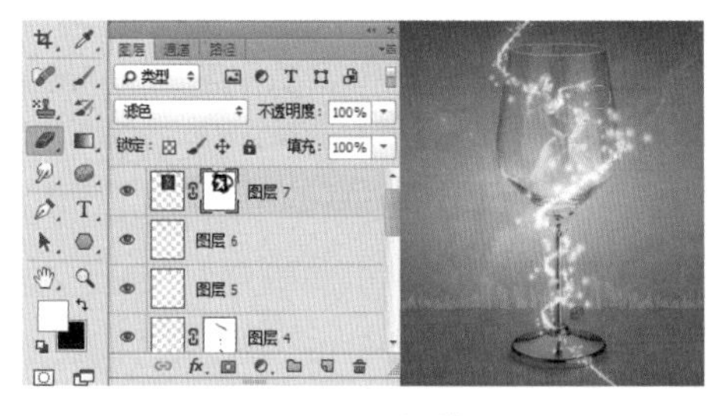

图 8-51　编辑蒙版

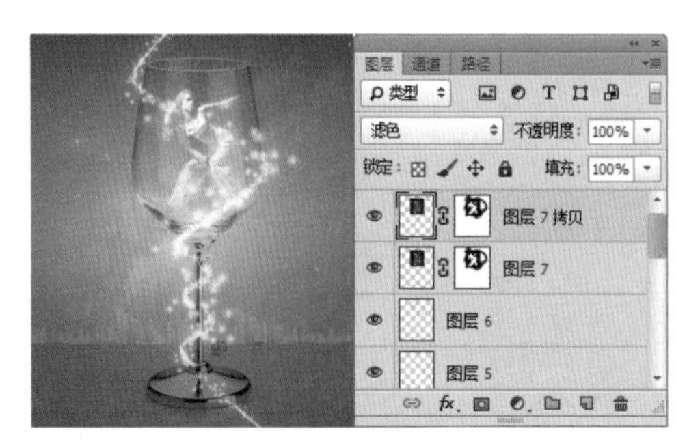

图 8-52　复制图层

图 8-53　最终效果

实例 80　选区编辑蒙版抠图

实例思路

选区编辑图层蒙版，可以更加快捷和方便地保留或隐藏某个区域，在绘制选区时可以通过（钢笔工具）进行细致的路径绘制，在将其转换为选区后添加蒙版即可，本例就是通过“径向模糊”和“旋转扭曲”滤镜制作图像的背景，再通过（钢笔工具）创建人物的路径，转换成选区后通过“调整边缘”来创建发丝的选区，创建图层蒙版后，通过填充颜色来编辑蒙版，最终制作抠图换背景效果，流程如图 8-54 所示。

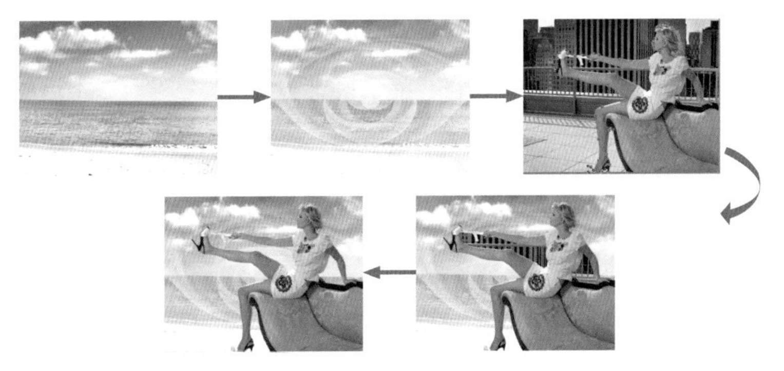

图 8-54　操作流程

实例要点

- 打开素材
- 复制背景并应用“径向模糊”滤镜
- 应用“旋转扭曲”滤镜
- 设置混合模式
- “钢笔工具”创建路径
- 将路径转换成选区后创建图层蒙版
- 编辑图层蒙版

操作步骤

步骤 01 执行菜单中的“文件”|“打开”命令或按 Ctrl+O 键，打开随书附带的“素材文件\第 8 章\海边 .jpg”文件，如图 8-55 所示。

步骤 02 复制“背景”图层，得到一个“背景 拷贝”图层，执行菜单中的“滤镜”|“模糊”|“径向模糊”命令，打开“径向模糊”对话框，其中的参数设置如图 8-56 所示。

图 8-55　素材

图 8-56　“径向模糊”对话框

步骤03 设置完成单击“确定”按钮，在执行菜单中的“滤镜”|“扭曲”|“旋转扭曲”命令，打开“旋转扭曲”对话框，其中的参数设置如图 8-57 所示。

图 8-57 模糊后应用旋转扭曲

步骤04 设置完成单击“确定”按钮，设置“混合模式”为“浅色”、“不透明度”为 55%，效果如图 8-58 所示。

图 8-58 旋转扭曲后设置混合模式

步骤05 复制当前图层得到一个“背景 拷贝 2”图层，执行菜单中的“编辑”|“变换”|“水平翻转”命令，效果如图 8-59 所示。

图 8-59 复制

步骤06 执行菜单中的“文件”|“打开”命令或按 Ctrl+O 键，打开随书附带的“素材文件\第 8 章\美女 .jpg”文件，使用（移动工具）将“美女”素材中的图像拖曳到“海边”文档中，如图 8-60 所示。

步骤07 使用（钢笔工具）沿人物边缘创建路径，路径创建完成后按 Ctrl+Enter 键将路径转换为选区，如图 8-61 所示。

图 8-60 打开并移动素材

图 8-61 创建路径并转换为选区

步骤08 选择创建完成后，执行菜单中的“选择”|“调整边缘”命令，打开“调整边缘”对话框，使用 （调整半径工具）在人物的发丝处涂抹，如图 8-62 所示。

步骤09 涂抹完成后，单击“确定”按钮。在“图层”面板中单击 （添加图层蒙版）按钮，为当前的选区在图层中添加图层蒙版，效果如图 8-63 所示。

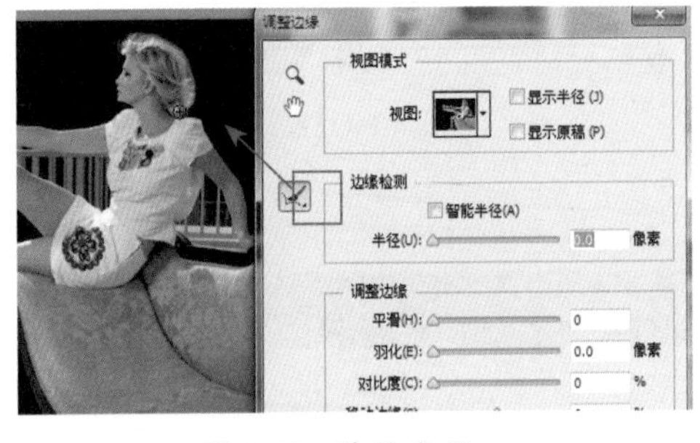

图 8-62 涂抹发丝

图 8-63 添加蒙版

步骤10 使用 （快速选择工具）在人物手臂与身体部分多余的区域处创建选区，如图 8-64 所示。

步骤11 选区创建完成后，将选区填充为黑色，此时会将蒙版进一步进行编辑，效果如图 8-65 所示。

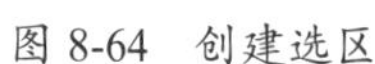

图 8-64 创建选区

图 8-65 编辑蒙版

步骤12 按 Ctrl+D 键去掉选区，选择图像缩览图，使用 (减淡工具)将发黑的发丝边缘涂抹变亮，如图 8-66 所示。

步骤13 涂抹完成后，设置“混合模式”为“变亮”，效果如图 8-67 所示。

图 8-66 减淡

图 8-67 混合模式

步骤14 复制“图层 1”图层，得到一个“图层 1 拷贝”图层，设置“混合模式”为“正常”，选择图层蒙版缩览图，使用 (画笔工具)涂抹黑色，如图 8-68 所示。

步骤15 至此本例制作完成，效果如图 8-69 所示。

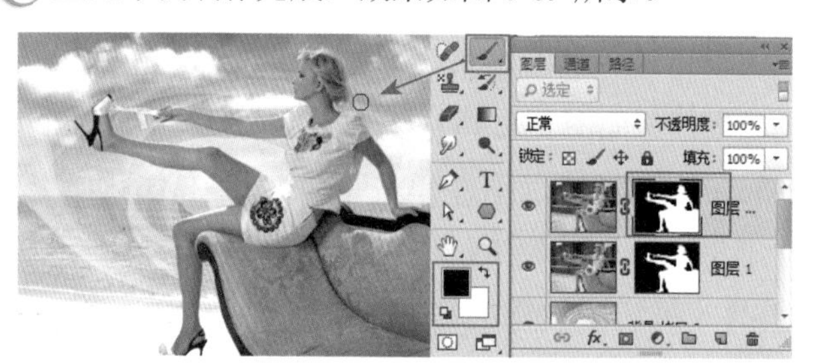

图 8-68 编辑蒙版

图 8-69 最终效果

实例 81 快速蒙版为图像添加边框

实例思路

在 Photoshop 中，快速蒙版指的是在当前图像上创建一个半透明的图像，快速蒙版模式使你可以将任何选区作为蒙版进行编辑，而不必使用“通道”面板，在查看图像时也可如此。将选区作为蒙版来编辑的优点是：几乎可以使用任何 Photoshop 工具或滤镜修改蒙版。本例就是通过创建快速蒙版后应用“喷溅”滤镜和使用（画笔工具）编辑快速蒙版，流程如图 8-70 所示。

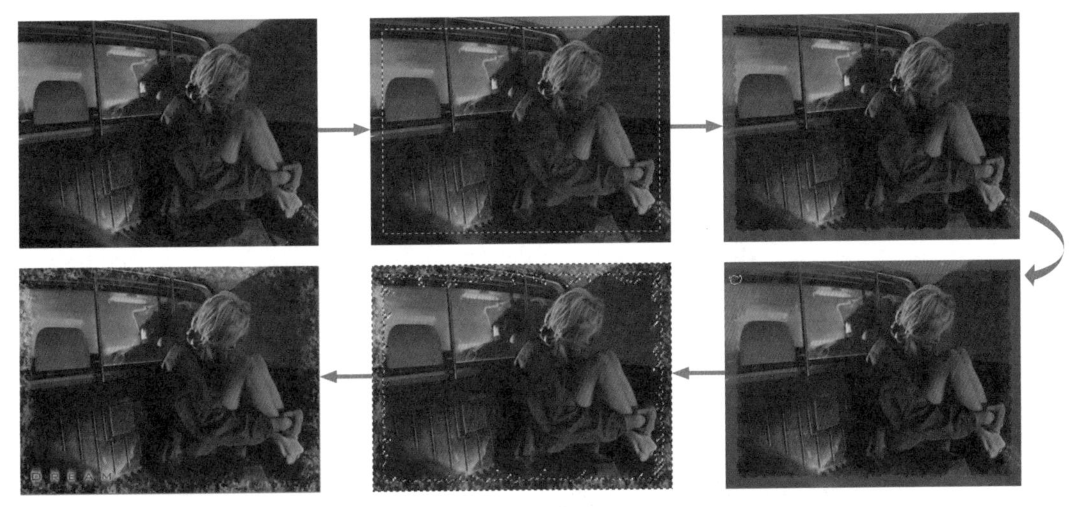

图 8-70 操作流程

实例要点

- 打开文档绘制选区
- 绘制画笔
- “以标准模式编辑”状态下填充图案
- 为文字添加图层样式
- 应用“动感模糊”滤镜

操作步骤

图 8-71 素材

步骤01 执行菜单中的“文件”|“打开”命令或按 Ctrl+O 键，打开随书附带的“素材文件\第 8 章\美女 2.jpg”文件，如图 8-71 所示。

步骤02 使用（矩形选框工具）在图像上绘制一个矩形选区，单击（以快速蒙版模式编辑）按钮，进入快速蒙版状态，如图 8-72 所示。

图 8-72 创建选区并进入快速蒙版

步骤03 执行菜单中的“滤镜”|“滤镜库”命令，在打开的“滤镜库”对话框中选择“画笔描边”|“喷溅”滤镜，打开“喷溅”面板，其中的参数设置如图 8-73 所示。

步骤04 设置完成单击“确定”按钮，效果如图 8-74 所示。

步骤05 选择（画笔工具），在“画笔预设”选取器中单击“弹出”按钮，在下拉菜单中选择

“特殊效果画笔”命令，如图 8-75 所示。

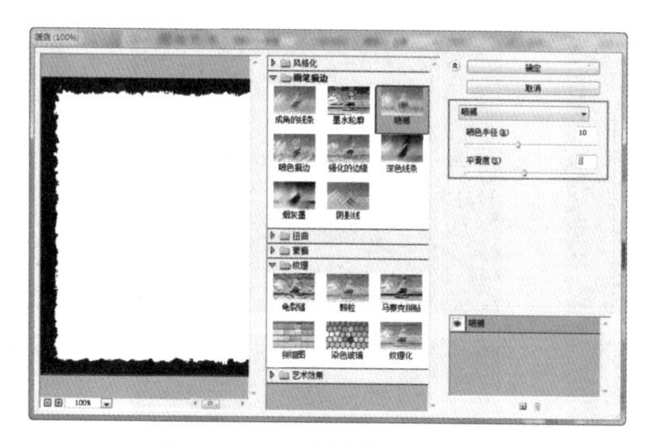

图 8-73 “喷溅”对话框

图 8-74 应用喷溅

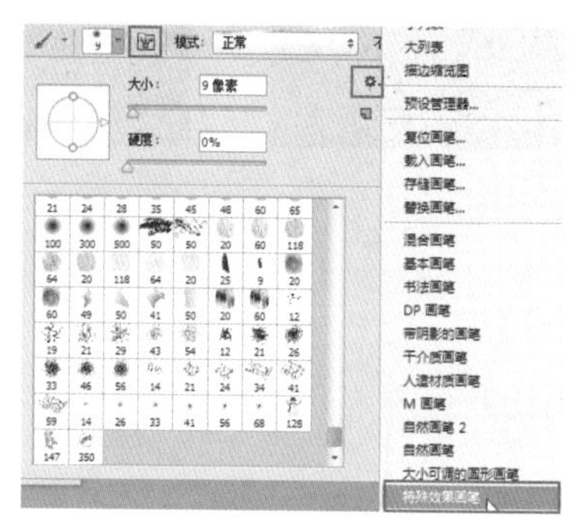

图 8-75 画笔选取器

步骤06 选择“特殊效果画笔”命令后，系统会弹出如图 8-76 所示的警告对话框。

步骤07 单击“确定”按钮，会替换之前的画笔笔触列表，选择其中的一个花朵笔触，如图 8-77 所示。

步骤08 按 F5 键打开“画笔”面板，其中的参数设置如图 8-78 所示。

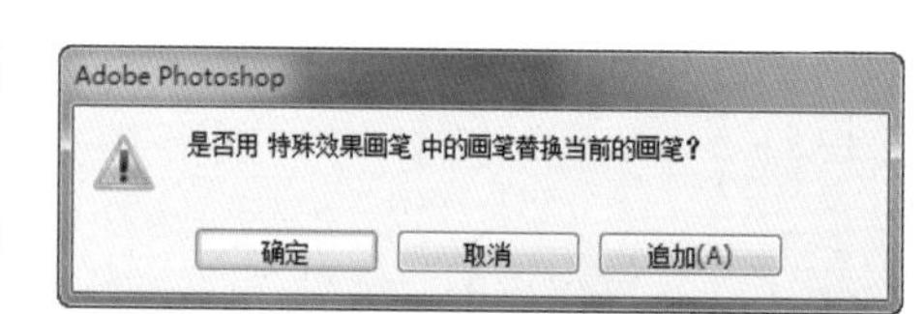

图 8-76 警告对话框

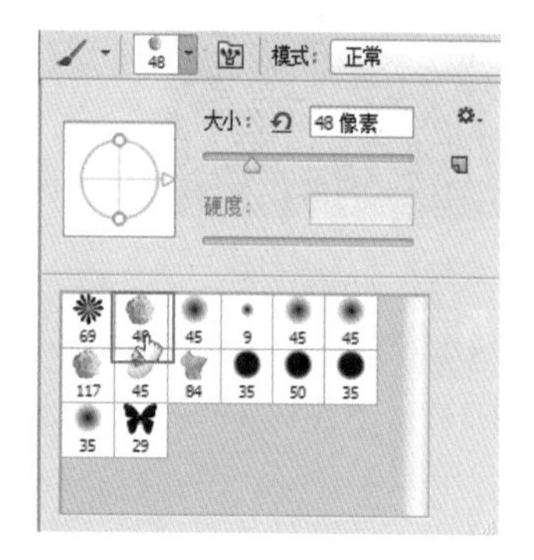

图 8-77 选择笔触

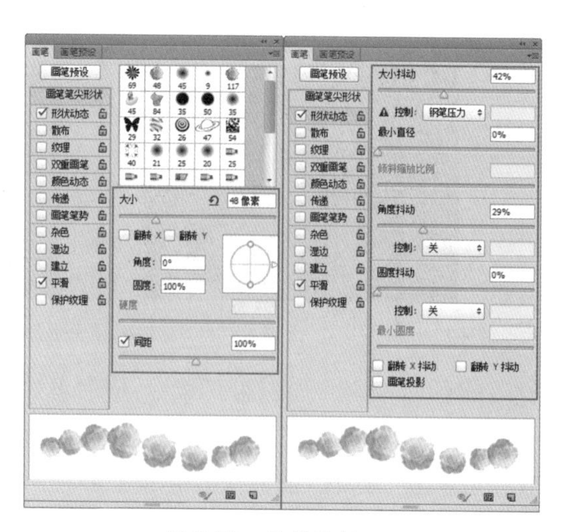

图 8-78 画笔面板

步骤 09 设置完成后，使用在快速蒙版的边缘处绘制画笔，如图 8-79 所示。

图 8-79 绘制画笔

步骤 10 单击 （以标准模式编辑）按钮，调出快速蒙版的选区，如图 8-80 所示。

步骤 11 按 Ctrl+Shift+I 键将选区反选，新建一个“图层 1”图层，执行菜单中的“编辑”|“填充”命令，打开“填充”对话框，其中的参数设置如图 8-81 所示。

图 8-80 调出选区

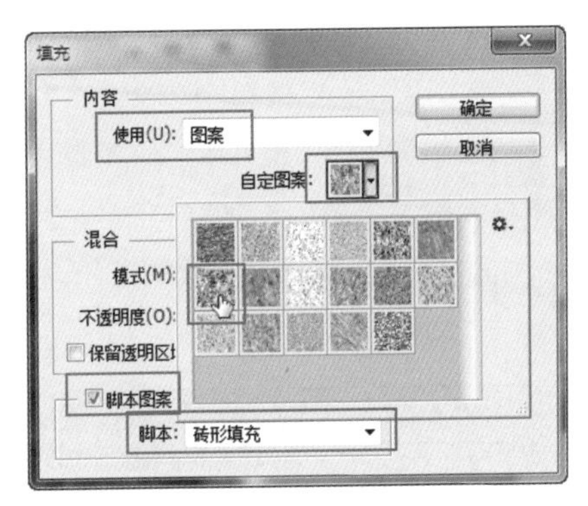

图 8-81 “填充”对话框

步骤 12 设置完成单击“确定”按钮，设置“混合模式”为“强光”、“不透明度”为 50%，如图 8-82 所示。

图 8-82 填充后设置混合模式

步骤 13 按 Ctrl+D 键去掉选区，使用 （横排文字工具）输入文字 DREAM，如图 8-83 所示。

步骤 14 执行菜单中的“图层”|“图层样式”|“外发光”命令，打开“外发光”面板，其中的参数设置如图 8-84 所示。

图 8-83　输入文字

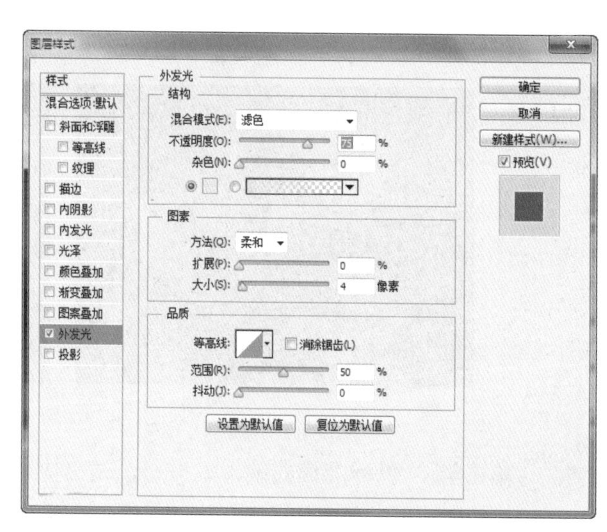

图 8-84　“外发光”面板

步骤15 设置完成单击“确定”按钮，文字效果如图 8-85 所示。

步骤16 选择文字图层，执行菜单中“滤镜”|“模糊”|“动感模糊”命令，打开“动感模糊”对话框，其中的参数设置如图 8-86 所示。

步骤17 设置完成单击“确定”按钮，调整文字的位置和不透明度，完成本例的制作，效果如图 8-87 所示。

图 8-85　设置外发光后

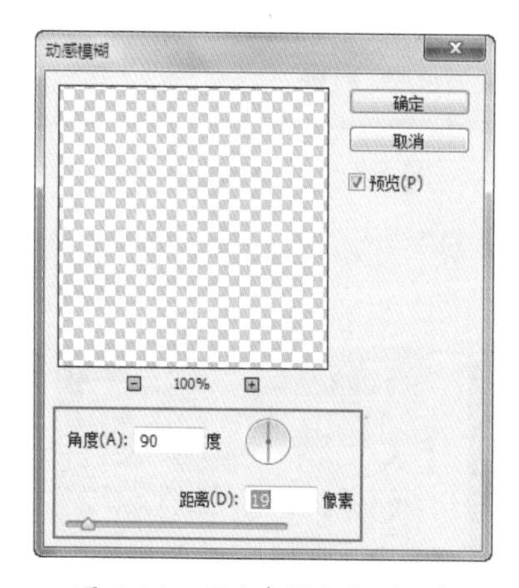

图 8-86　“动感模糊”对话框

图 8-87　最终效果

实例 82　图层蒙版中应用滤镜制作晨雾效果

实例思路

图层中的蒙版不但可以通过（画笔工具）、（橡皮擦工具）或选区工具来进行编辑，还可以在蒙版中应用滤镜来对蒙版进行编辑，本例就是通过添加图层蒙版后应用“云彩”滤镜来制作晨雾效果，流程如图 8-88 所示。

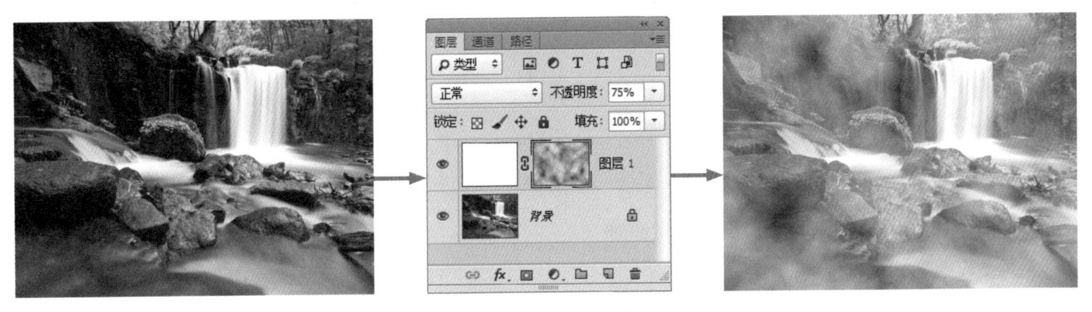

图 8-88 操作流程

实例要点

- 打开文档新建图层
- 添加图层蒙版
- 应用“云彩”滤镜
- 调整“不透明度”

操作步骤

步骤01 执行菜单中的“文件”|“打开”命令或按 Ctrl+O 键，打开随书附带的“素材文件\第8章\丛林.jpg”文件，如图 8-89 所示。

步骤02 在“图层”面板的底部单击（创建新图层）按钮，新建一个“图层 1”图层，并将其填充为白色，如图 8-90 所示。

步骤03 在“图层”面板的底部单击（添加图层蒙版）按钮，创建一个白色蒙版缩览图，如图 8-91 所示。

图 8-89 素材

图 8-90 新建图层

图 8-91 添加图层蒙版

技巧： 按住 Alt 键的同时单击“图层”面板底部的（添加图层蒙版）按钮，会为图层创建一个黑色蒙版。

步骤04 选择蒙版缩览图，执行菜单中的“滤镜”|“渲染”|“云彩”命令，对蒙版进行滤镜编辑，设置“不透明度”为 75%，如图 8-92 所示。

步骤05 至此本例制作完成，效果如图 8-93 所示。

图 8-92　应用云彩滤镜

图 8-93　最终效果

实例 83　通过“应用图像”命令合成两个图像

实例思路

“应用图像”命令可以将源图像的图层或通道与目标图像的图层或通道混合，从而创建出特殊的混合效果，本例就是通过将两个素材裁剪成一样大小后，以“应用图像”命令制作合成图像，流程如图 8-94 所示。

图 8-94　操作流程

实例要点

- 打开文档
- 裁剪图片为一样大
- 使用“应用图像”命令

操作步骤

步骤 01 执行菜单中的“文件”|“打开”命令或按 Ctrl+O 键，打开随书附带的“素材文件\第 8 章\球星 .jpg 和风景 .jpg”文件，如图 8-95 所示。

图 8-95　素材

步骤 02 此时发现两张图片大小不一致，使用 （裁剪工具）将两张图片都裁剪成 800 像素 × 600 像素，分辨率为 96 像素 / 英寸，如图 8-96 所示。

图 8-96　裁剪

步骤 03 按 Enter 键完成裁剪，选择“风景”文件，在菜单中执行“图像”|“应用图像”命令，打开“应用图像”对话框，在“源”下拉菜单中选择“球星”，在“通道”下拉菜单中选择 RGB，设置“混合”为“叠加”，勾选“蒙版”复选框，“图像”选择“风景”、“通道”选择“绿”，如图 8-97 所示。

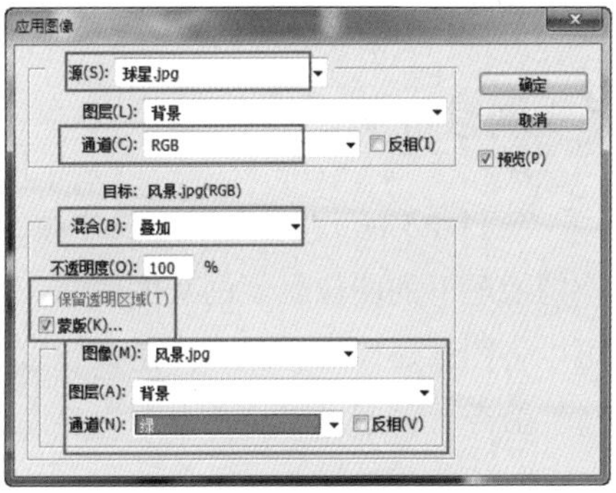

图 8-97　“应用图像”对话框

其中的各项含义如下。

- 源：用来选择与目标图像相混合的源图像文件。
- 图层：如果源文件是多图层文件，则可以选择源图像中相应的图层作为混合对象。
- 通道：用来指定源文件参与混合的通道。
- 反相：勾选该复选框可以在混合时使用通道内容的负片。
- 目标：当前工作的文件图像。
- 混合：设置图像的混合模式。
- 不透明度：设置图像混合效果的强度。
- 保留透明区域：勾选该复选框，可以将效果只应用于目标图层的不透明区域而保留原来的透明区域。如果该图像只存在背景图层那么该选项将不可用。
- 蒙版：可以应用图像的蒙版进行混合，勾选该复选框，可以弹出蒙版设置。
  - 图像：在下拉列表中选择包含蒙版的图像。
  - 图层：在下拉列表中选择包含蒙版的图层。
  - 通道：在下拉列表中选择作为蒙版的通道。
  - 反相：勾选该复选框，可以在计算时使用蒙版的通道内容的负片。

技巧： 因为“应用图像”命令是基于像素对像素的方式来处理通道，所以只有图像的宽、高和分辨率相同时，才可以为两个图像应用此命令。

步骤 04 设置完成单击“确定”按钮，效果如图 8-98 所示。

图 8-98 最终效果

实例 84 分离与合并通道改变图像色调

实例思路

在 Photoshop“通道”面板中存在的通道是可以进行重新拆分和拼合的，拆分后可以得到不同通道下的图像显示的灰度效果，将分离后并单独调整后的图像，通过“合并通道”命令，可以将图像还原为彩色，只是在设置不同通道时会产生颜色差异。本例就是通过设置“分离通道”命令，再通过“合并命令”将图像变为另一种色调效果，流程如图 8-99 所示。

图 8-99 操作流程

实例要点

- 使用“打开”菜单命令打开素材图像
- 使用“合并通道”命令对通道进行合并
- 使用“分离通道”命令对通道进行分离

操作步骤

步骤 01 执行菜单中的“文件”|“打开”命令或按 Ctrl+O 键，打开随书附带的“素材文件\第 8 章\冲锋衣 .jpg”文件，如图 8-100 所示。

步骤 02 执行菜单中的“窗口”|“通道”命令，打开“通道”面板，单击其右上角的 按钮，在打开的下拉菜单中选择“分离通道”命令，如图 8-101 所示。

图 8-100 素材

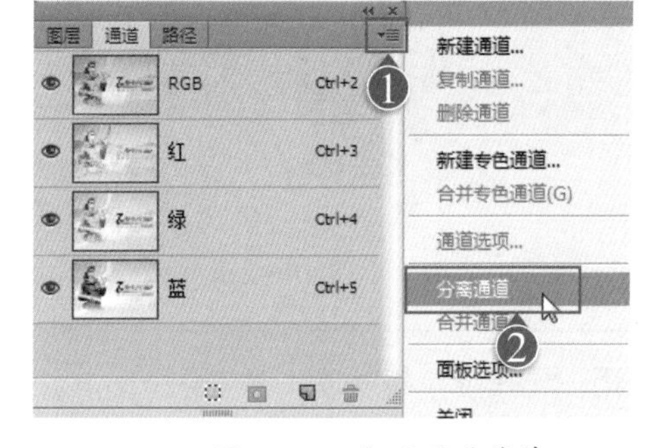

图 8-101 打开通道菜单

步骤 03 执行“分离通道”命令后，将图像分离成红、绿、蓝 3 个单独的通道，效果如图 8-102 所示。

“红”通道

“绿”通道

“蓝”通道

图 8-102 分离通道

步骤 04 在“通道”面板中，单击其右上角的 按钮，在打开的下拉菜单中选择“合并通道”命令，如图 8-103 所示。

步骤 05 打开“合并通道”对话框，在“模式”下拉列表框中选择“RGB 颜色”选项，设置“通道”为 3，如图 8-104 所示。

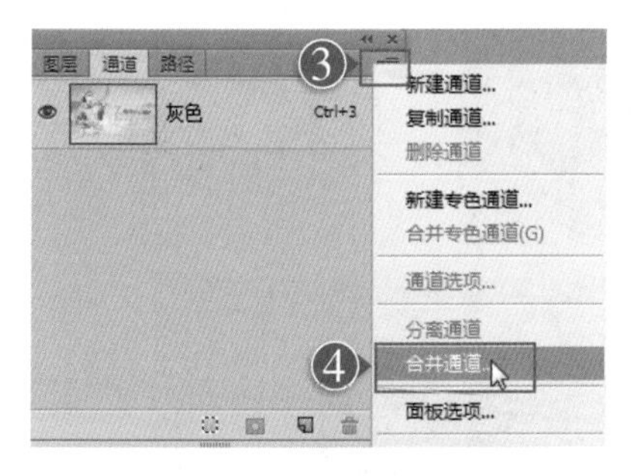

图 8-103 “通道”面板

图 8-104 “合并通道”对话框

步骤 06 设置完成单击“确定”按钮，打开“合并 RGB 通道”对话框，其中的各项参数设置如图 8-105 所示。

步骤 07 设置完成单击“确定”按钮，完成通道的合并，效果如图 8-106 所示。在“合并 RGB 通道”对话框中的 3 个指定通道的顺序是可以任意设置的，顺序不同，图像颜色合并效果也不尽相同，如图 8-107 所示。分别存储文件。

图 8-105 “合并 RGB 通道”对话框

至此本例制作完成。

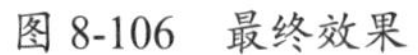

图 8-106　最终效果　　图 8-107　另一种效果

> 技巧：使用“分离通道”与“合并通道”命令更改图像颜色信息的方法相对比较简单，并且变化也较少。若图像本身模式为 RGB，则能产生的效果数量为 3 的立方；如果图像模式为 CMYK，则产生的效果数量为 4 的 4 次方，依次类推。

实例 85　通过通道制作局部白色效果

实例思路

通道通常是指将对应颜色模式的图像按照颜色存放在“通道”面板中，通道单独调整一个颜色的通道，可以更改整个图像的色调，Alpha 通道能够创建和存储图像的选区并可以对其进行相应的编辑，本例就是通过复制“红通道”，再应用“色阶”调整图像，调出通道选区后，在“图层”中填充“白色”，添加图层蒙版，使用画笔进行编辑，流程如图 8-108 所示。

图 8-108　操作流程

实例要点

- 打开素材
- 在通道中复制通道
- 调出通道中的选区
- 返回图层填充选区
- 添加图层蒙版
- “画笔工具”编辑图层蒙版

操作步骤

步骤01 执行菜单中的“文件”|“打开”命令或按 Ctrl+O 键，打开随书附带的“素材文件\第 8 章\大象 .jpg” 文件，如图 8-109 所示。

步骤02 在 “通道” 面板中复制 “红” 通道，得到 “红 拷贝” 通道，如图 8-110 所示。

图 8-109 素材

图 8-110 复制通道

步骤03 执行菜单中的 “图像” | “调整” | “色阶” 命令，打开 “色阶” 对话框，其中的参数设置如图 8-111 所示。

步骤04 设置完成单击“确定”按钮，按 Ctrl 键单击“红 拷贝”通道的缩览图，调出选区，如图 8-112 所示。

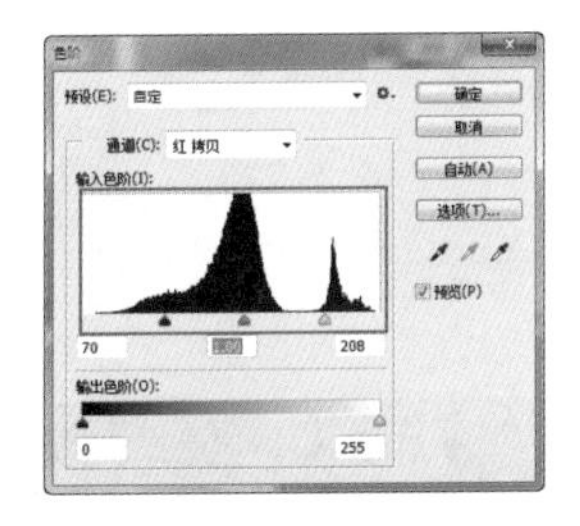

图 8-111 “色阶” 对话框

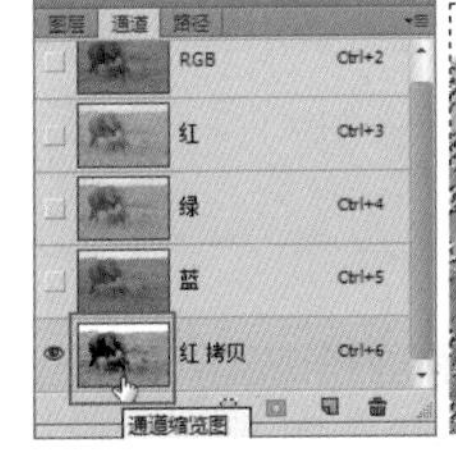

图 8-112 调出选区

步骤05 转换到 “图层” 面板中，新建一个图层，将选区填充为白色，效果如图 8-113 所示。

步骤06 按 Ctrl+D 键去掉选区，单击（添加图层蒙版）按钮，为 “图层 1” 图层添加一个蒙版，使用黑色画笔在天空处进行涂抹，如图 8-114 所示。

图 8-113 填充选区

图 8-114 编辑蒙版

步骤07 执行菜单中的“文件”|“打开”命令或按 Ctrl+O 键，打开随书附带的“素材文件\第 8 章\海边 .jpg” 文件，使用（移动工具）将 “海边” 文档中的图像拖曳到 “大象” 文档中，单击（添

加图层蒙版）按钮，为图层添加一个图层蒙版，使用黑色画笔在草原处进行涂抹，如图8-115所示。

图 8-115　涂抹

步骤08 设置“混合模式”为“颜色加深”，至此本例制作完成，效果如图 8-116 所示。

图 8-116　最终效果

实例 86　使用通道为绒毛图图像抠图

实例思路

通道在进行抠图时，黑色为隐藏区域，灰色为白透明区域，白色为选区区域，本例就是通过设置“通道”中的填充颜色来进行抠图，流程如图 8-117 所示。

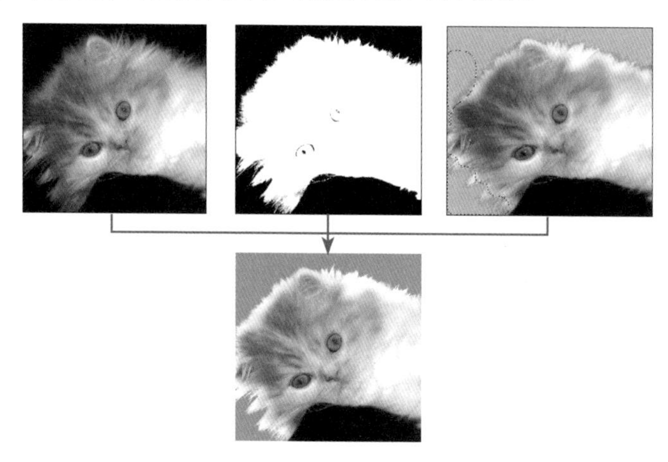

图 8-117　操作流程

实例要点

- 打开素材
- 复制通道
- 应用“色阶”命令调整黑白对比度
- 调出选区并转换到“图层”面板中复制选区内容
- 通过“套索工具”和“亮度/对比度”命令调亮图像局部

步骤01 执行菜单中的“文件”|“打开”命令或按Ctrl+O键，打开随书附带的“素材文件\第8章\猫咪.jpg”文件，如图8-118所示。

步骤02 执行菜单中的“窗口”|“通道”命令，打开“通道”面板，拖动白色较明显的“红”通道到“创建新通道”按钮上，得到“红 副本”通道，如图8-119所示。

步骤03 执行菜单中的“图像”|“调整”|“色阶”命令，打开“色阶”对话框，其中的参数值设置如图8-120所示。

图8-118 素材

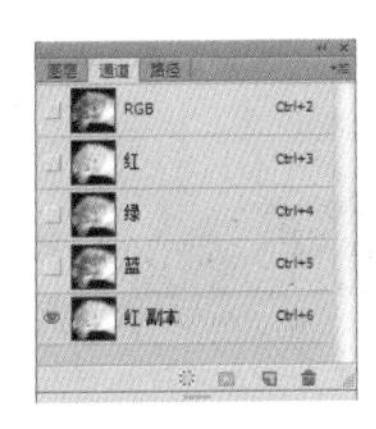

图8-119 复制通道

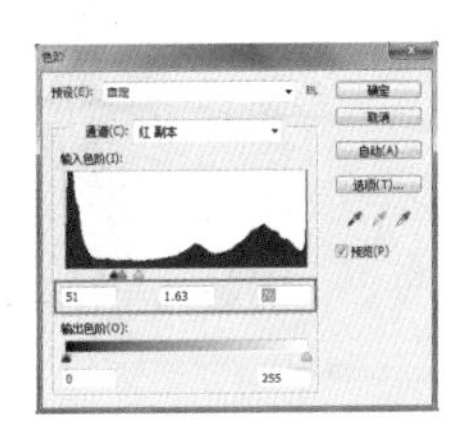

图8-120 “色阶”对话框

步骤04 设置完成后单击“确定”按钮，效果如图8-121所示。

步骤05 使用(套索工具)在猫咪的眼睛处和猫咪趴着的位置创建选区，并填充白色，效果如图8-122所示。

步骤06 按住Ctrl键的同时单击“红 副本”通道，调出选区，转换到“图层”面板中，按Ctrl+J键得到一个“图层1”图层，如图8-123所示。

图8-121 色阶调整后

图8-122 填充白色

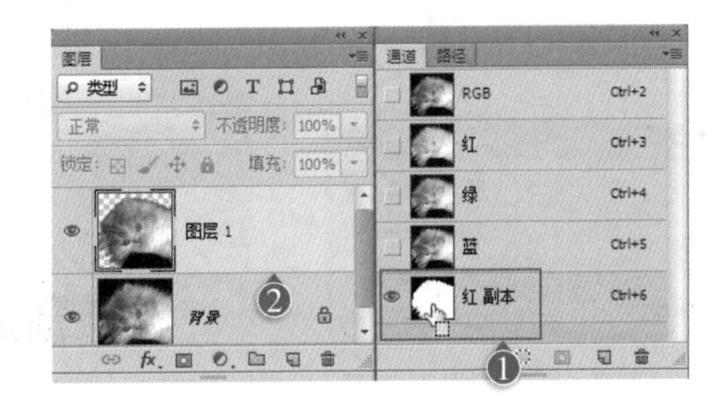

图8-123 调出选区并复制

步骤07 在“图层 1”图层的下面新建“图层 2”图层，并将其填充为淡蓝色，效果如图 8-124 所示。

图 8-124　填充

步骤08 选中“图层 1”图层，选择（套索工具），设置“羽化”为 15 像素，在猫咪的边缘创建选区，如图 8-125 所示。

图 8-125　创建选区

步骤09 执行菜单的“图像”|“调整”|“亮度”|“对比度”命令，打开“亮度 / 对比度”对话框，设置“亮度”为 150、“对比度”为 -41，如图 8-126 所示。

步骤10 设置完成后单击“确定”按钮，此时会发现边缘效果还是不理想，所以使用（套索工具）在猫咪的边缘创建选区，效果如图 8-127 所示。

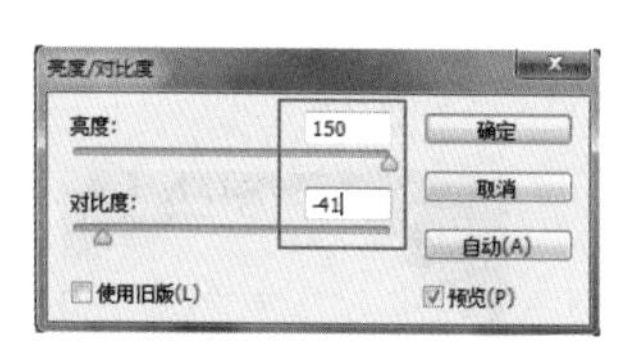

图 8-126　“亮度 / 对比度”对话框

图 8-127　创建选区

步骤11 执行菜单中的“图像”|“调整”|“亮度”|“对比度”命令，打开“亮度 / 对比度”对话框，设置“亮度”为 95、“对比度”为 23，如图 8-128 所示。

步骤12 设置完成后单击“确定”按钮，依次在边缘上创建选区并将其调亮，存储本文件。至此，本例制作完成，效果如图 8-129 所示。

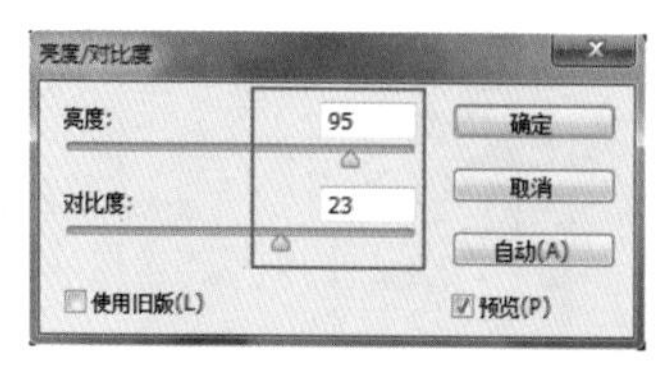

图 8-128　“亮度 / 对比度”对话框

图 8-129　最终效果

实例 87 Alpha 通道中应用滤镜制作撕纸效果

实例思路

在 Alpha 通道中使用（画笔工具）编辑通道时，涂抹的白色是选区内容，黑色是隐藏区域，本例就是通过（画笔工具）在 Alpha 通道中涂抹白色，以此来创建图像中的选区，流程如图 8-130 所示。

图 8-130 操作流程

实例要点

- 使用“打开”菜单命令打开素材图像
- 使用“喷溅”滤镜制作撕边效果
- 新建通道并创建选区

操作步骤

步骤01 执行菜单中的“文件”|“打开”命令或按 Ctrl+O 键，打开随书附带的“素材文件\第 8 章\杂志 .jpg”文件，如图 8-131 所示。

步骤02 在工具箱中设置前景色为白色、背景色为黑色，执行菜单中的“窗口 / 通道”命令，打开“通道”面板，单击“通道”面板底部的（创建新通道）按钮，新建 Alpha1 通道，使用（画笔工具）在 Alpha1 通道中涂抹白色，如图 8-132 所示。

图 8-131 素材

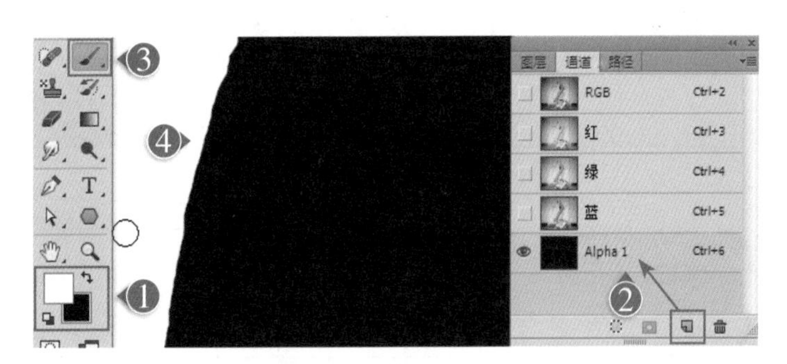

图 8-132 编辑通道

步骤03 执行菜单中的“滤镜”|“滤镜库”命令，在对话框中选择“画笔描边”|“喷溅”滤镜，在打开的“喷溅”面板中，设置“喷色半径”值为 5、“平滑度”为 4，如图 8-133 所示。

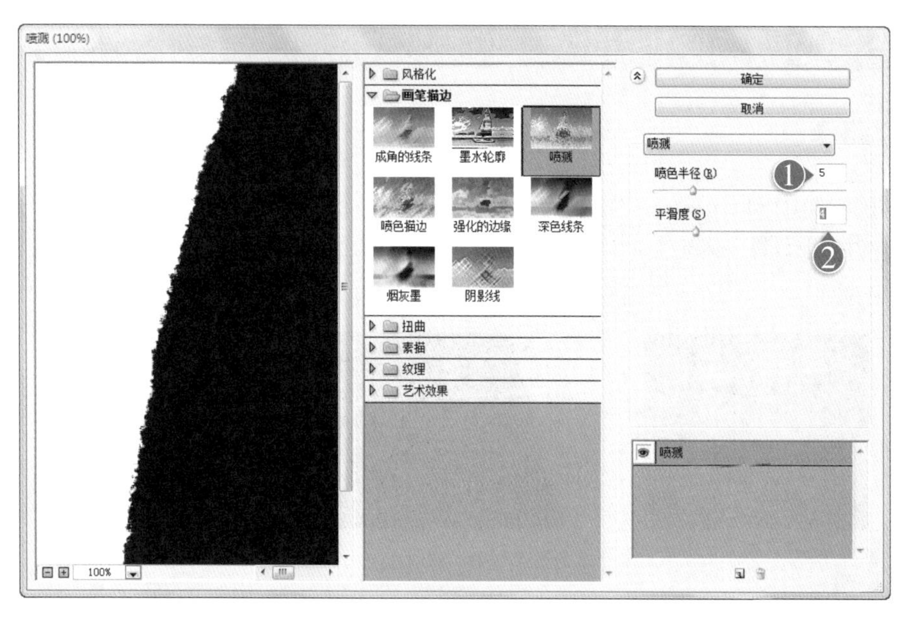

图 8-133 “喷溅”对话框

图 8-134 喷溅后

步骤04 设置完成后单击“确定”按钮，效果如图 8-134 所示。

步骤05 选择 RGB 通道，按住 Ctrl 键单击 Alpha1 通道缩览图，调出该通道选区，转换到“图层”面板中，拖动“背景”图层至 （创建新图层）按钮上，复制“背景”图层得到“背景 拷贝”图层，按 Delete 键清除选区中的图像，如图 8-135 所示。

图 8-135 删除

> **技巧：** 在“通道”面板中，新建 Alpha1 通道后，将前景色设置为白色，使用 （画笔工具）绘制白色区域，白色区域就是图层中的选区范围。

步骤06 按 Ctrl+D 键，取消选区，选择“背景”图层，按 Alt+Delete 键，将“背景”图层填充前景色，选择“背景 拷贝”图层，执行菜单中的“图层”|“图层样式”|“投影”命令，在打开的“图层样式”对话框中，对“投影”图层样式进行相应的设置，如图 8-136 所示。

步骤07 设置完成后单击“确定”按钮。至此本例制作完成，效果如图 8-137 所示。

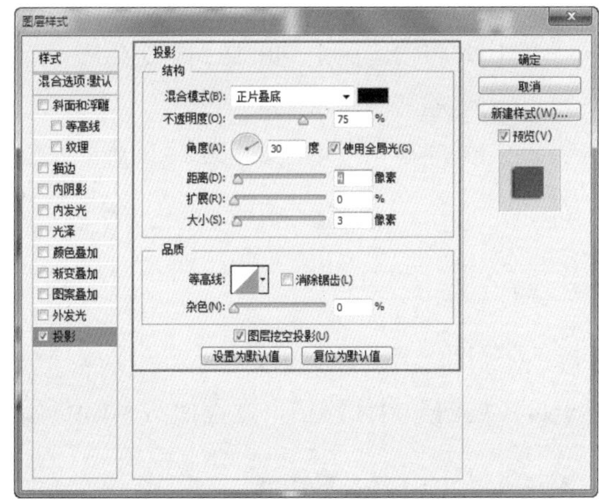

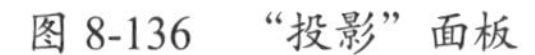
图 8-136 “投影”面板

图 8-137 最终效果

> **技巧：** 进入快速蒙版模式，使用“画笔工具”绘制撕掉的部分，然后返回到标准模式再执行“图层蒙版”命令，同样可以出现上面的效果。

实例 88 应用通道为半透明图像抠图

实例思路

在通道中的灰色区域就是图像中的半透明区域，本例就是通过在通道中编辑“黑色、白色和灰色”来创建出半透明的图像效果，流程如图 8-138 所示。

图 8-138 操作流程

实例要点

- 打开文档
- 在通道中使用画笔进行编辑
- 在通道中调出选区
- 移动选区内的图像到新文档中
- 添加图层蒙版
- 使用“渐变工具”编辑蒙版

操作步骤

步骤01 执行菜单中的“文件”|“打开”命令或按Ctrl+O键，打开随书附带的“素材文件\第8章\玻璃杯.jpg”文件，使用（钢笔工具）在杯子边缘处创建封闭路径，过程如图8-139所示。

图 8-139　素材

步骤02 按Ctrl+Enter键将路径转换为选区，如图8-140所示。

步骤03 按Ctrl+J键得到一个“图层1”图层，隐藏“背景”图层，如图8-141所示。

图 8-140　转转成选区

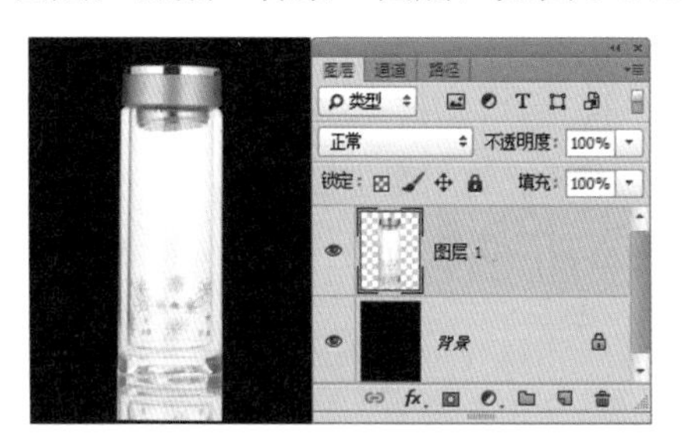

图 8-141　复制

步骤04 按住Ctrl键单击“图层1”图层的缩览图，调出杯子的选区，效果如图8-142所示。

步骤05 转换到“通道”面板中，复制“蓝”通道，得到“蓝 拷贝”通道，如图8-143所示。

步骤06 执行菜单中的“图像”|“调整”|“反相”命令，将图像变为负片效果，如图8-144所示。

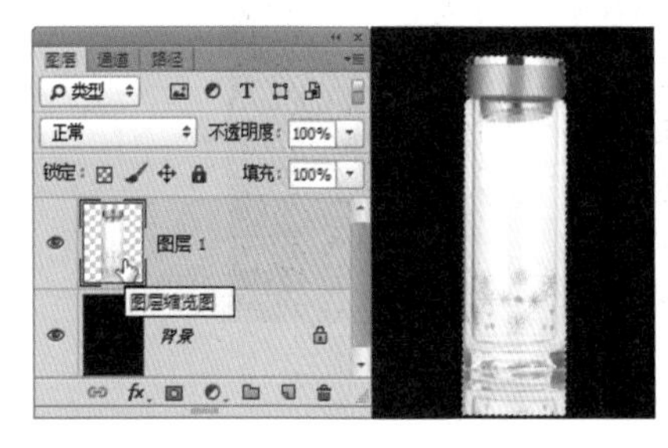

图 8-142　调出选区

图 8-143　复制通道

图 8-144　反相

步骤07 执行菜单中的“图像”|“调整”|“色阶”命令，打开“色阶”对话框，调整各项参数，如图 8-145 所示。

步骤08 设置完成单击“确定”按钮，在通道中将杯盖部位涂抹白色，如图 8-146 所示。

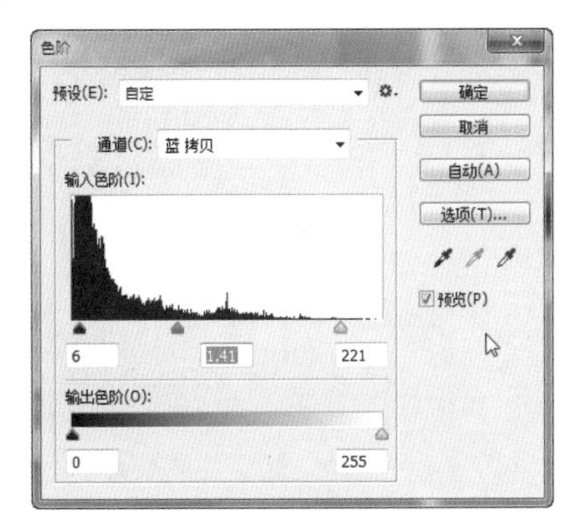

图 8-145 色阶

图 8-146 调整

步骤09 按住 Ctrl 键单击“蓝 拷贝”通道的缩览图，调出选区后，选择复合通道后转换到“图层”面板中，按 Ctrl+J 键得到一个“图层 2”图层，隐藏“图层 1”图层，如图 8-147 所示。

步骤10 执行菜单中的“文件”|“打开”命令或按 Ctrl+O 键，打开随书附带的“素材文件\第 8 章\水杯背景 .jpg”文件，打开“水杯背景”素材，使用（移动工具）将“玻璃杯”文档中的抠图图层拖曳到“水杯背景”文档中，如图 8-148 所示。

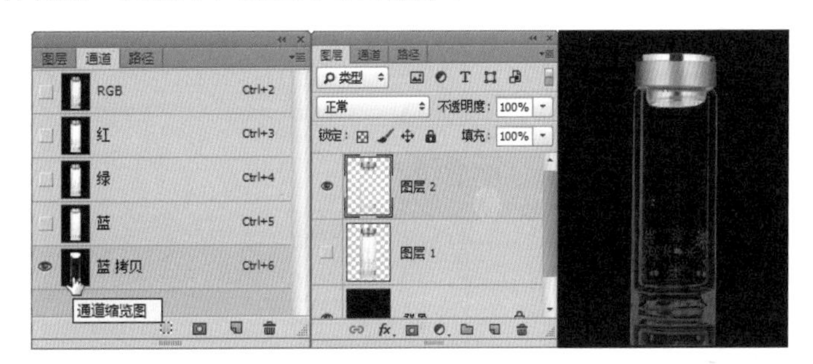

图 8-147 抠图

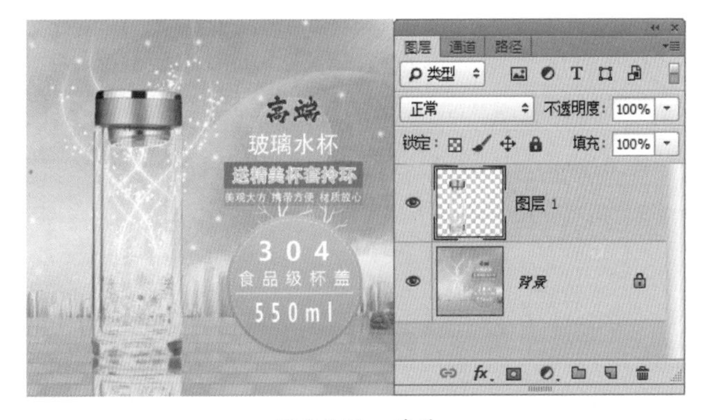

图 8-148 移动

步骤11 单击（添加图层蒙版）按钮，为“图层 1”图层添加图层蒙版，使用（渐变工具）

在蒙版中填充从黑色到白色的“线性渐变”，如图 8-149 所示。

步骤 12 至此本例制作完成，效果如图 8-150 所示。

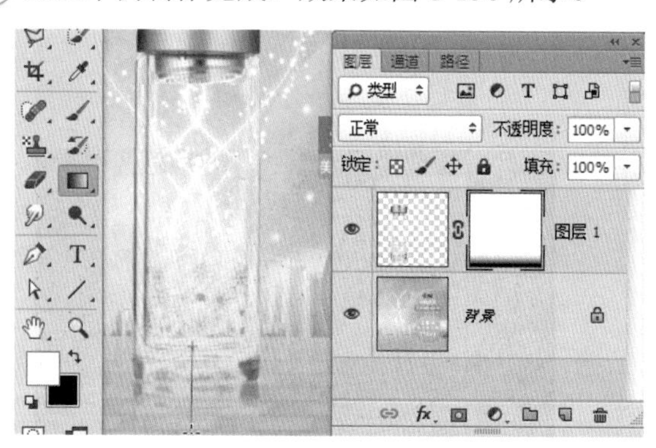

图 8-149　编辑蒙版

图 8-150　最终效果

本章练习与习题

练习

1. 使用“渐变工具”为图层中的图层蒙版进行不同类型的编辑。
2. 改变通道的显示颜色。

习题

1. Photoshop 中存在下面哪几种不同类型的通道？（　　）

   A. 颜色信息通道　B. 专色通道　C. Alpha 通道　D. 蒙版通道

2. 向根据 Alpha 通道创建的蒙版中添加区域，用下面哪个颜色在绘制时更加明显？（　　）

   A. 黑色　B. 白色　C. 灰色　D. 透明色

3. 图像中的默认颜色通道数量取决于图像的颜色模式，如一个 RGB 图像至少存在几个颜色通道？（　　）

   A.1　B. 2　C. 3　D. 4

4. 在图像中创建选区后，单击“通道”面板中的按钮，可以创建一个什么通道？（　　）

   A. 专色　B. Alpha　C. 选区　D. 蒙版

第9章

照片修饰与调整

通过对前面章节的学习，大家已经对 Photoshop 软件绘制与编辑图像的强大功能有了初步了解，下面带领大家使用 Photoshop 对照片进行修饰与调整的实际操作。

本章案例内容

- 为人物头发制作彩色焗油效果
- 通过“自动对齐图层”命令合成全景照片
- 将模糊照片调整清晰
- 制作老照片效果
- 为黑白照片上色
- 为人物添加文身

照片处理概述

目前，使用数码相机或手机拍照几乎达到了立拍立现的快捷程度。大家在拍摄照片的同时，即可对其加以使用，而无须将宝贵时间花费在相片洗印过程中。用户可以轻而易举地决定将哪些照片保留下来，对哪些照片加以替换或改进，或将哪些照片保持在待剪辑状态。方便对数码照片进行查看、打印、存储和共享。

只要讲到数码照片，就不得不说到数码照片后期处理。在数码摄影中，拍摄是一方面，后期的制作也非常重要，处理得好，原本一张普通的图片往往会带来意想不到的效果。可能有些朋友会说那一定很难吧？其实，要做到专业水准也并不困难，更何况现在很多图像处理软件使用起来都非常方便，而且调节结果即时就能看到。当然，如果只是简单地对照片的饱和度、对比度、色彩等进行一些调整，那就更为容易了。

对于数码照片的后期处理，其中绕不开全景照片的合成、将模糊照片调整得更加清晰、对照片做色调调整、给黑白照片上色等方面的技能。

实例 89　为人物头发制作彩色焗油效果

实例思路

经常对头发进行漂染会对发丝造成很大伤害，但是有的女孩仍然非常喜欢自己彩色头发的效果，本节为大家讲解使用 Photoshop 轻松在照片中调整多彩焗油的效果，这样既能实现漂亮又能不伤头发。本例就是通过新建图层后，绘制彩色画笔，然后设置“混合模式”来制作彩色焗油和眼影效果，并通过“色阶”调整嘴唇颜色，流程如图 9-1 所示。

图 9-1　操作流程

实例要点

- 打开素材
- 新建图层
- 使用“画笔工具”绘制相应颜色的画笔图案

- 为图层设置“混合模式”，使图像看起来更加逼真
- 创建“色阶”调整图层
- 绘制路径
- 转换路径为选区

操作步骤

步骤01 执行菜单中的“文件”|“打开”命令或按Ctrl+O键，打开随书附带的“素材文件\第9章\模特.jpg”文件，如图9-2所示。

图9-2 素材

步骤02 拖动“背景”图层到（创建新图层）按钮上，得到一个“背景 拷贝”图层，设置“混合模式”为“滤色”，将素材调整得亮一点，如图9-3所示。

步骤03 单击（创建新图层）按钮，新建一个“图层1”图层，选择（画笔工具），设置相应的画笔“大小”和“硬度”后，在页面中人物的头发上绘制红色、青色和绿色画笔笔触，如图9-4所示。

图9-3 混合模式

图9-4 绘制不同颜色画笔

步骤04 在“图层”面板中设置“图层1”图层的“混合模式”为“柔光”“不透明度”为67%，效果如图9-5所示。

图 9-5　混合模式

步骤05 在“图层”面板中单击（添加图层蒙版）按钮，为图层添加图层蒙版，使用（画笔工具）在蒙版中涂抹黑色，效果如图 9-6 所示。

图 9-6　编辑蒙版

步骤06 新建一个“图层 2”图层，将前景色设置为蓝色，使用（画笔工具）在人物的眼睛上绘制蓝色笔触，如图 9-7 所示。

步骤07 在“图层”面板中设置“图层 2”图层的“混合模式”为“深色”、“不透明度”为 20%，效果如图 9-8 所示。

图 9-7　绘制蓝色画笔

图 9-8　设置混合模式

步骤08 单击（添加图层蒙版）按钮，为“图层 2”图层添加一个空白蒙版，使用（画笔工具）在人物的眼球上涂抹黑色，使眼球显示原有的颜色，效果如图 9-9 所示。

图 9-9　编辑蒙版

步骤09 选择图像缩览图，使用（钢笔工具）在人物嘴唇处创建路径，如图 9-10 所示。

步骤10 在属性栏中单击“选区”按钮，打开“建立选区”对话框，设置“羽化半径”为 3 像素，如图 9-11 所示。

步骤11 设置完成单击“确定”按钮，将路径转换成选区，如图 9-12 所示。

图 9-10　绘制路径

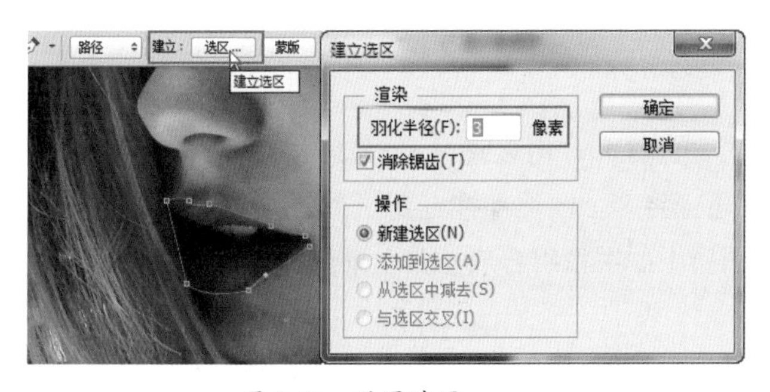

图 9-11　设置选区

图 9-12　转换路径为选区

步骤12 单击（创建新的填充或调整图层）按钮，在弹出的菜单中选择“色阶”命令，打开“色阶”属性调整面板，其中的参数设置如图 9-13 所示。

步骤13 调整完成，效果如图 9-14 所示。

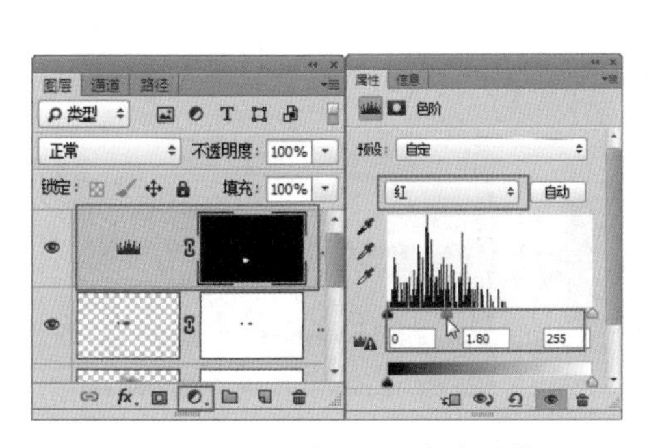

图 9-13　色阶调整

图 9-14　调整后效果

步骤14 选择“色阶”调整图层的蒙版缩览图，使用（画笔工具）在牙齿上涂抹黑色，效果如图 9-15 所示。

步骤15 至此本例制作完成，效果如图 9-16 所示。

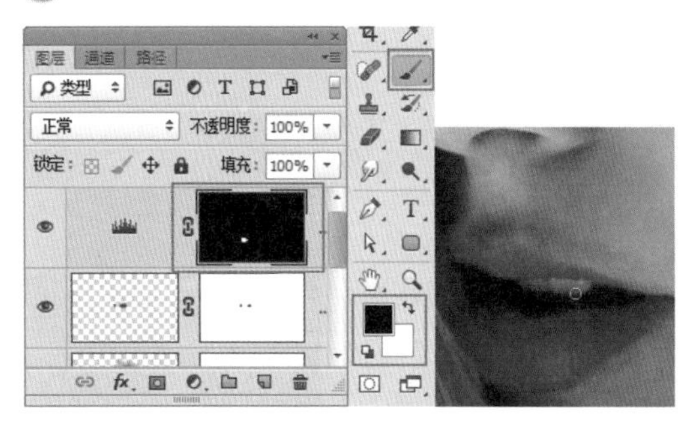

图 9-15 编辑蒙版

图 9-16 最终效果

实例 90 通过“自动对齐图层”命令合成全景照片

实例思路

在大致的同一区域附件进行拍照后，Photoshop 可以通过“自动对齐图层”命令将拍摄的照片合成为一个全景照片，本例就是通过将多个图像都拖曳到一个文档中，全选图层后应用“自动对齐图层”命令，就可以将这些图层中的图像组合成一张全景照片，操作流程如图 9-17 所示。

图 9-17 操作流程

实例要点

- 打开素材移到同一文档中
- 全选图层应用“自动对齐图层”命令
- 转换颜色模式
- 应用“USM 锐化”滤镜
- 创建“色相 / 饱和度”调整图层

操作步骤

步骤01 执行菜单中的“文件”|“打开”命令或按 Ctrl+O 键，打开随书附带的“素材文件\第 9 章\图 01.jpg、图 02.jpg、图 03.jpg、图 04.jpg” 文件，如图 9-18 所示。

图 9-18　素材

步骤02 选择其中的一个素材，使用（移动工具）将另外的三张图片拖动到选择文档中，如图 9-19 所示。

步骤03 按住 Ctrl 键在每个图层上单击，将所有图层一同选取，如图 9-20 所示。

图 9-19　移动素材

图 9-20　选择图层

步骤04 再执行菜单中的“编辑”|“自动对齐图层”命令，打开“自动对齐图层”对话框，其中的参数设置如图 9-21 所示。

> **技巧：** 在一般情况下制作全景照片时，只要在“自动对齐图层”对话框中选择“自动”选项即可得到较好的效果，在对话框中将鼠标拖动到“投影”部分的各个选项上时，会在最下部出现对该选项的说明。

步骤05 设置完成单击“确定”按钮，此时会将图像拼合成一个整体图像，如图 9-22 所示。

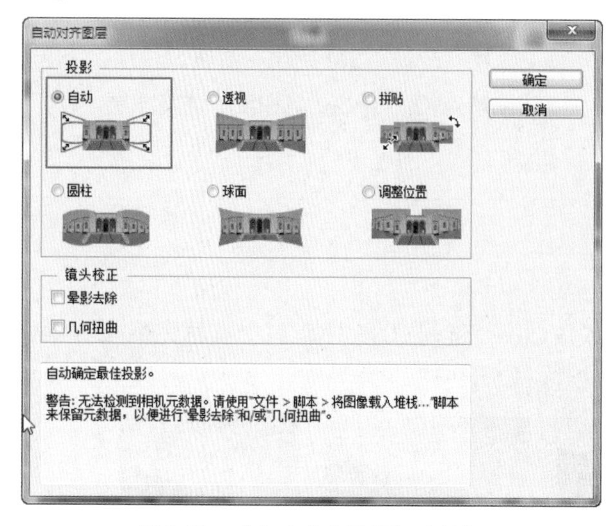

图 9-21 “自动对齐图层”对话框

图 9-22 合成后效果

步骤06 使用（裁剪工具）在图像中创建裁剪框，按 Enter 键完成裁剪，效果如图 9-23 所示。

图 9-23 裁剪

> 提示：在合成全景照片后，当照片周围出现透明区域时，只要使用（裁剪工具）在图像像素边缘创建裁剪框后，对其进行裁剪即可。

步骤07 选择菜单中的“图像”|“模式”|“Lab 颜色”命令，会弹出如图 9-24 所示的警告对话框。

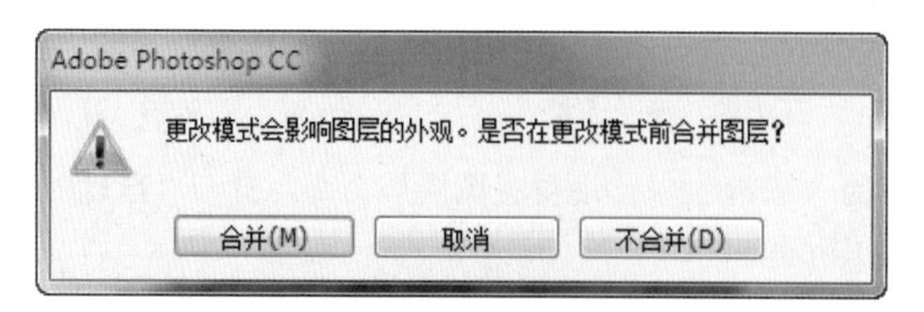

图 9-24 警告对话框

步骤08 单击“合并”按钮，将“RGB 颜色转换为 Lab 颜色”，在“通道”面板中选中“明度”通道，如图 9-25 所示。

技巧：在“Lab 颜色”模式中的“明度”通道中编辑图像会最大限度地保留原有图像的像素。

步骤09 执行菜单中的“滤镜”|“锐化”|“USM 锐化”命令，打开“USM 锐化”对话框，其中的参数设置如图 9-26 所示。

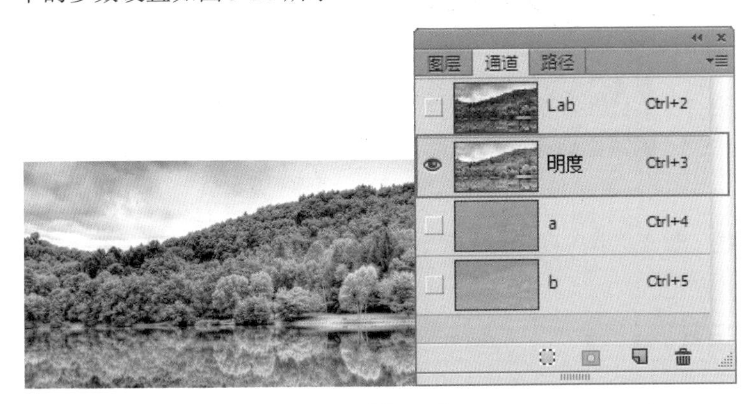

图 9-25 选择通道

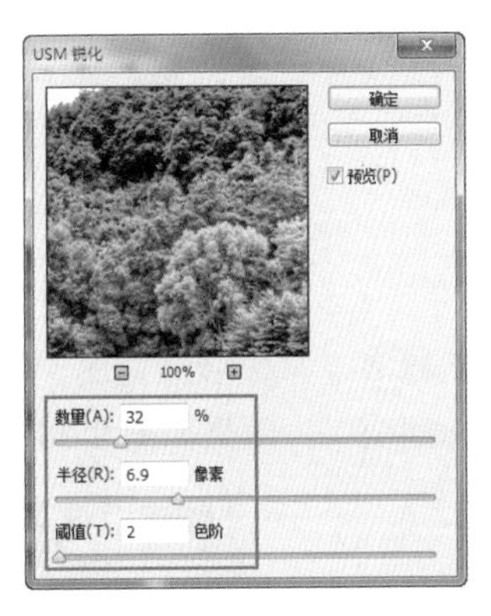

图 9-26 “USM 锐化”对话框

技巧：使用“USM 锐化”滤镜对模糊图像进行清晰处理时，可根据照片中的图像进行参数设置，近身半身像参数可以比本例的参数设置得小一些，可以设定为（数量：75%，半径：2 像素，阈值：6 色阶）；若图像为主体柔和的花卉、水果、昆虫、动物，建议设置（数量：150%，半径：1 像素，阈值：根据图像中的杂色分布情况，数值大一些也可以）；若图像为线条分明的石头、建筑、机械，建议设置半径为 3 或 4 像素，但是同时要将数量值稍微减弱，这样才能不会导致像素边缘出现光晕或杂色，阈值则不宜设置太高。

步骤10 设置完成单击“确定”按钮，效果如图 9-27 所示。

步骤11 执行菜单中的“图像”|“模式”|“RGB 颜色”命令，将“Lab 颜色转换为 RGB 颜色”，效果如图 9-28 所示。

步骤12 单击 （创建新的填充或调整图层）按钮，在弹出的菜单中选择“色相 / 饱和度”命令，在弹出的“属性”面板中设置“色相 / 饱和度”参数，如图 9-29 所示。

图 9-27 锐化后效果

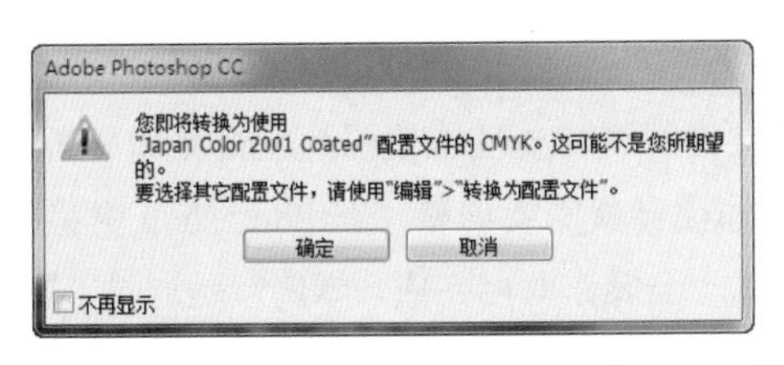

图 9-28 转换模式

图 9-29 调整

步骤13 选择蒙版缩览图，使用（渐变工具）在图像中间位置向边缘拖曳从黑色到白色的“径向渐变”，效果如图 9-30 所示。

图 9-30 编辑蒙版

步骤14 至此本例制作完成，最终效果如图 9-31 所示。

图 9-31 最终效果

实例 91 将模糊照片调整清晰

实例思路

拍摄照片时由于技术原因，很多照片都需要进行锐化处理以使照片变得更加清晰，在调整时需要注意，人物及背景在照片中若呈现出主体模糊就需要调整，在 Photoshop 中将模糊的照片变得清晰是件非常容易的事，只需一个命令或一个操作即可完成，本例就是通过“智能滤镜”结合不透明度，以及“高反差保留”结合“混合模式”来将模糊照片变清晰，流程如图 9-32 所示。

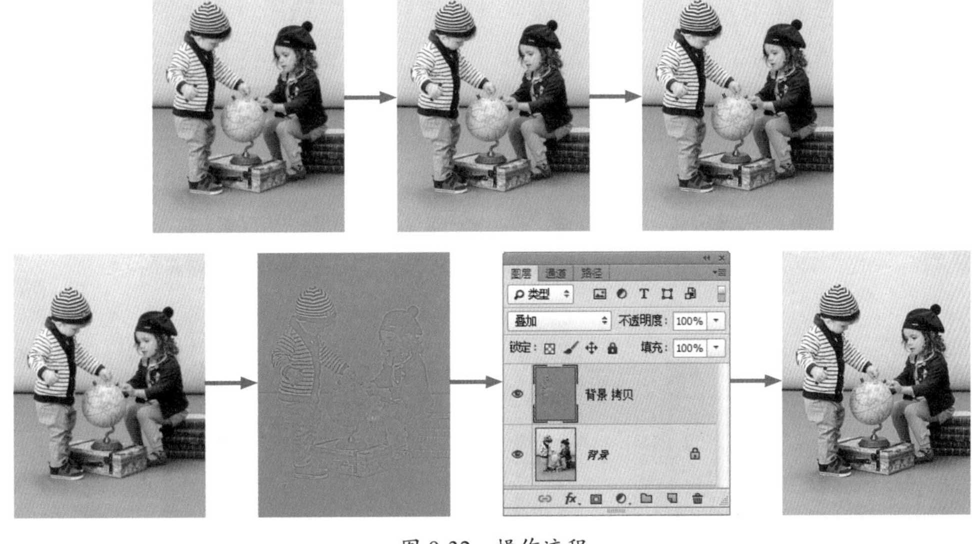

图 9-32 操作流程

实例要点

- 打开素材
- 应用“智能锐化”命令
- 复制图层再次应用“智能锐化”命令
- 设置“不透明度”
- 复制图层应用“高反差保留”滤镜
- 设置“混合模式”为“叠加”

操作步骤

1. 通过“智能滤镜”调整

步骤01 执行菜单中的“文件”|“打开”命令或按Ctrl+O键，打开随书附带的“素材文件\第9章\儿童.jpg”文件，如图9-33所示。

步骤02 素材打开后，发现照片清晰度不是很理想，我们现在就快速对其进行锐化处理，执行菜单中的“滤镜”|“锐化”|“智能锐化”命令，打开“智能锐化”对话框，其中的参数设置如图9-34所示。

图 9-33 素材

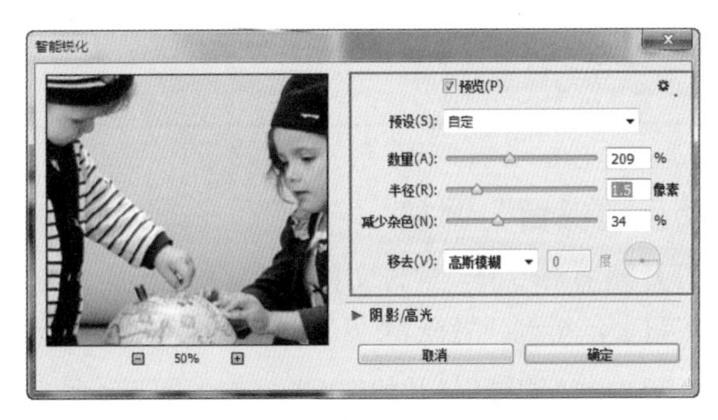

图 9-34 “智能锐化”对话框

提示：将照片调整得较清晰的方法除了“智能滤镜”以外，“进一步锐化”和“USM 锐化”同样可以做到。

步骤03 设置完成单击“确定”按钮，此时大家会发现照片的轮廓比先前的清晰了很多，效果如图 9-35 所示。

步骤04 按 Ctrl+J 键可以快速复制出当前图层的一个图层 1，复制图层后，按 Ctrl+F 键再次执行一遍“智能锐化”命令，使当前图层中的图像变得更加锐利，效果如图 9-36 所示。

图 9-35 锐化后效果

图 9-36 再一次智能锐化

步骤05 但是我们会发现图像有些锐化过头了，此时我们只要将上面一层的图像变得透明一些就会使图像变得非常完美，此时“图层”面板如图 9-37 所示。

步骤06 至此本例制作完成，效果如图 9-38 所示。

图 9-37 降低不透明度

图 9-38 最终效果

技巧：对于整体照片都需要锐化的图片，我们可以使用相应的锐化命令，但是对于照片中只想将局部变得清晰一点的话，我们就不能再使用该命令，此时工具箱中的（锐化工具）将会是非常便利的武器，只要使用工具轻轻一涂，就会将经过的地方变得清晰。

2. 通过“高反差保留”调整

步骤01 再次打开随书附带的“素材文件 \ 第 9 章 \ 儿童 .jpg”文件，拖动“背景”图层到（创建新图层）按钮上，得到“背景 拷贝”图层，如图 9-39 所示。

步骤02 执行菜单中的“滤镜”|“其他”|“高反差保留”命令，打开“高反差保留”对话框，设置“半径”为 4.5 像素，如图 9-40 所示。

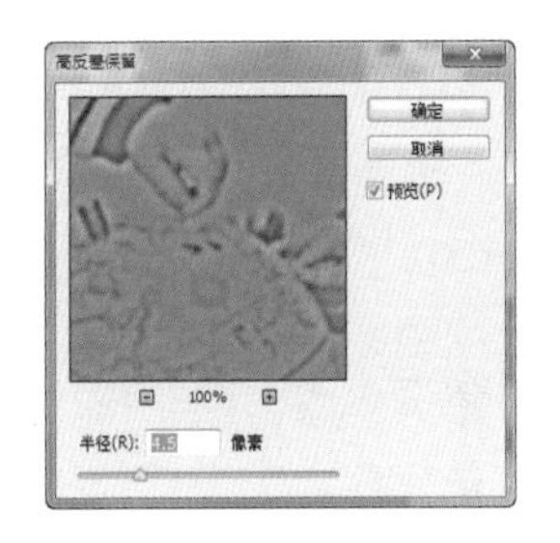

图 9-39 复制　　图 9-40 “高反差保留”对话框

步骤03 设置完成单击“确定”按钮，效果如图 9-41 所示。

步骤04 设置“混合模式”为“叠加”，至此本例制作完成，效果如图 9-42 所示。

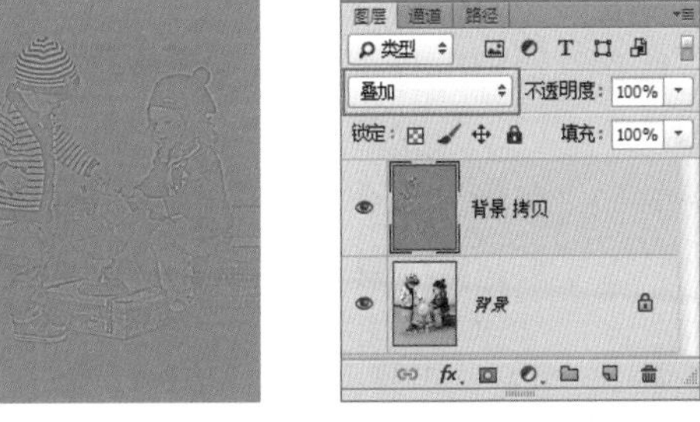

图 9-41 高反差保留后　　图 9-42 最终效果

实例 92 制作老照片效果

实例思路

有的年轻人总是喜欢复古的风格，但是单凭相机本身是不能够得到自己喜欢的老照片效果的，本例就是通过“渐变映射”“颗粒”“纤维”和“添加杂色”滤镜来制作老照片效果，流程如图 9-43 所示。

图 9-43 操作流程

实例要点

- 打开素材
- 应用“色阶”调整对比
- 应用“渐变映射”调整色调
- 设置“混合模式”为“正片叠底”
- 应用“颗粒”滤镜
- “画笔工具”编辑蒙版
- 图层蒙版中应用“纤维”滤镜
- 应用“添加杂色”滤镜
- 创建“黑白”调整图层

操作步骤

步骤01 执行菜单中的“文件”|“打开”命令或按Ctrl+O键，打开随书附带的“素材文件\第9章\小朋友背影.jpg”文件，如图9-44所示。

步骤02 执行菜单中的“图像”|“调整”|“色阶”命令，打开“色阶”对话框，其中的参数设置如图9-45所示。

技巧：使用“色阶”命令调整图像的目的是为了增加图片的对比，加强整体的层次感。

步骤03 设置完成单击“确定”按钮，效果如图9-46所示。

图9-44 素材

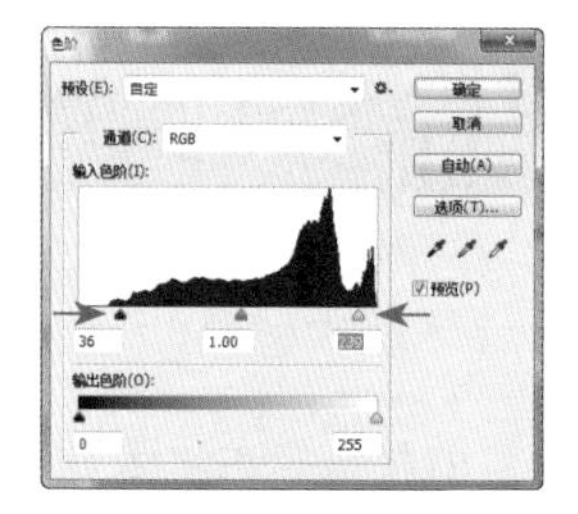

图9-45 “色阶”对话框

图9-46 色阶调整后

步骤04 执行菜单中的“图像”|“调整”|“渐变映射”命令，打开“渐变映射”对话框，其中的参数值设置如图9-47所示。

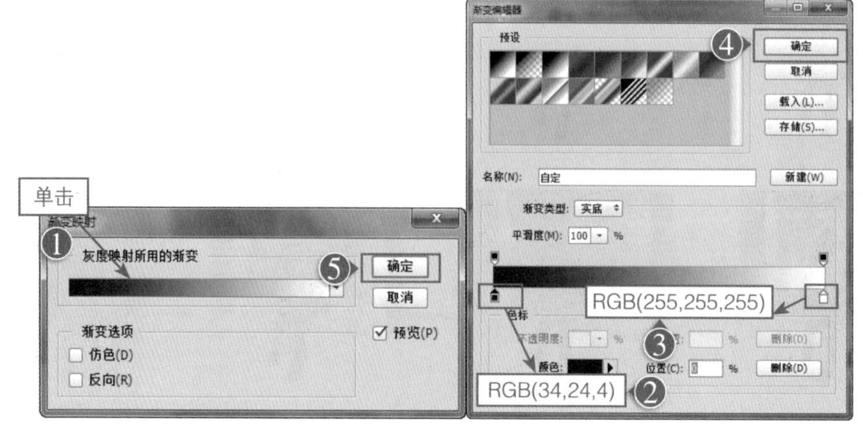

图9-47 渐变映射

步骤05 调整完成后单击“确定”按钮，效果如图 9-48 所示。

步骤06 复制“背景”图层，得到“背景 拷贝”图层，设置“混合模式”为“正片叠底”，如图 9-49 所示。

图 9-48 渐变映射后

图 9-49 混合模式

步骤07 新建一个“图层 1”图层，将其填充为白色，执行菜单中的“滤镜”|“滤镜库”命令，打开“滤镜库”对话框，选择“纹理”|“颗粒”滤镜，此时变为“颗粒”对话框，其中的参数设置如图 9-50 所示。

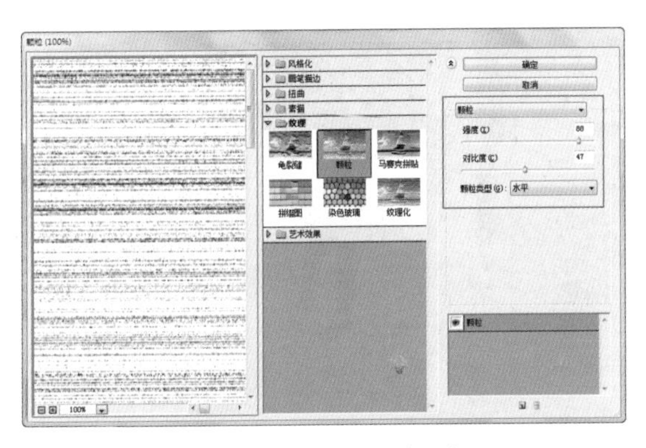

图 9-50 “颗粒”对话框

步骤08 设置完成单击“确定”按钮，设置“混合模式”为“划分”、“不透明度”为 40%，效果如图 9-51 所示。

步骤09 单击 (添加图层蒙版）按钮，为“图层 1”图层添加一个空白蒙版，使用 (画笔工具），设置前景色为黑色，在人物上进行涂抹，效果如图 9-52 所示。

图 9-51 颗粒化后

图 9-52 涂抹

步骤10 新建一个“图层 2”图层，将其填充为白色，单击 (添加图层蒙版）按钮，为“图层 2”

图层添加一个空白蒙版，执行菜单中的“滤镜”|“渲染”|“纤维”命令，打开“纤维”对话框，其中的参数设置如图 9-53 所示。

步骤11 设置完成单击“确定”按钮，效果如图 9-54 所示。

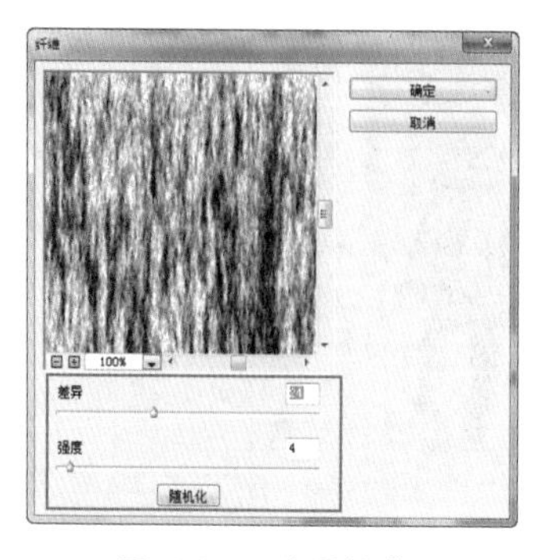

图 9-53 设置纤维

图 9-54 纤维化后

步骤12 设置“混合模式”为“柔光”、“不透明度”为 42%，效果如图 9-55 所示。

步骤13 新建一个“图层 3”图层，将其填充为白色，执行菜单中的“滤镜”|“杂色”|“添加杂色”命令，打开“添加杂色”对话框，其中的参数设置如图 9-56 所示。

图 9-55 混合模式

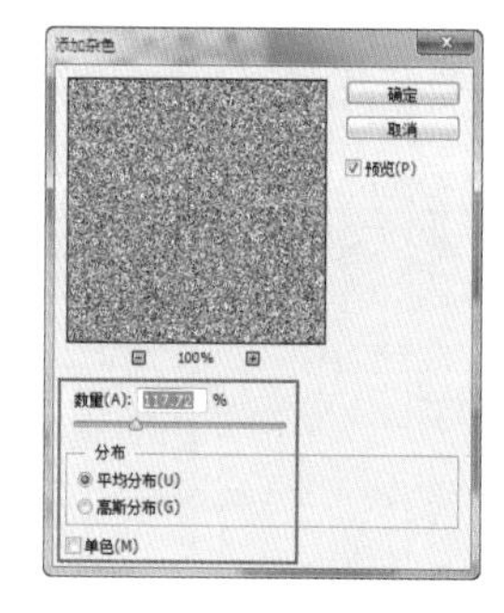

图 9-56 “添加杂色”对话框

步骤14 设置完成单击“确定”按钮，设置“混合模式”为“划分”，效果如图 9-57 所示。

图 9-57 添加杂色并混合后

步骤15 单击 （创建新的填充或调整图层）按钮，在弹出的菜单中选择“黑白”命令，打开“黑白”调整属性面板，其中的参数设置如图 9-58 所示。

步骤16 至此本例制作完成，效果如图 9-59 所示。

图 9-58 黑白调整

图 9-59 最终效果

实例 93 为黑白照片上色

实例思路

没颜色的老照片或是使用黑白照相机拍摄的黑白照片，时间久了就会忘记当时的色彩，通常后悔当初为何不记录下来原始的颜色，现在我们就可以使用 Photoshop 来对黑白的照片进行彩色还原，使其具有彩色效果。本例就是通过“色相 / 饱和度”调整图层为选区内的区域上色，流程如图 9-60 所示。

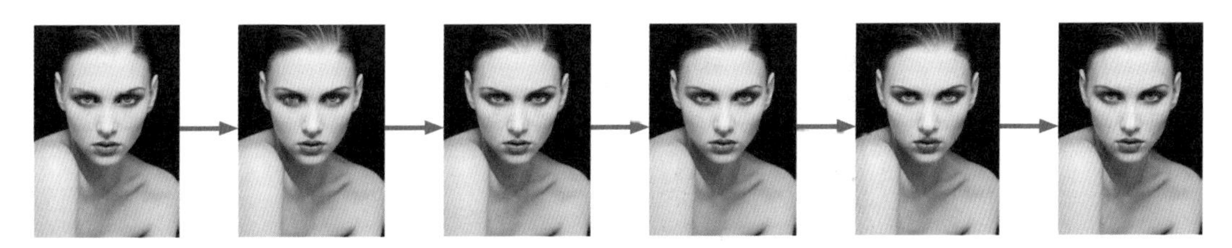

图 9-60 操作流程

实例要点

- 打开素材
- 使用“快速选择工具”创建选区
- 创建“色相 / 饱和度”调整图层
- “钢笔工具”创建路径
- 将路径转换成选区

操作步骤

步骤 01 执行菜单中的“文件”|“打开”命令或按 Ctrl+O 键，打开随书附带的“素材文件\第 9 章\黑白照片 .jpg”文件，如图 9-61 所示。

步骤02 下面使用 Photoshop 软件来为当前的素材上色。首先选择（快速选择工具），在属性栏中单击（添加到选区）按钮，在人物的肌肤上进行拖动，鼠标经过的位置系统会自动生成选区，如图 9-62 所示。

步骤03 在“图层”面板中，单击（创建新的填充或调整图层）按钮，在弹出的菜单中选择“色相 / 饱和度”命令，打开“色相 / 饱和度”调整属性面板，勾选“着色”复选框，设置“色相”为 25、“饱和度”为 30、“明度”为 0，如图 9-63 所示。

图 9-61　素材

图 9-62　创建选区

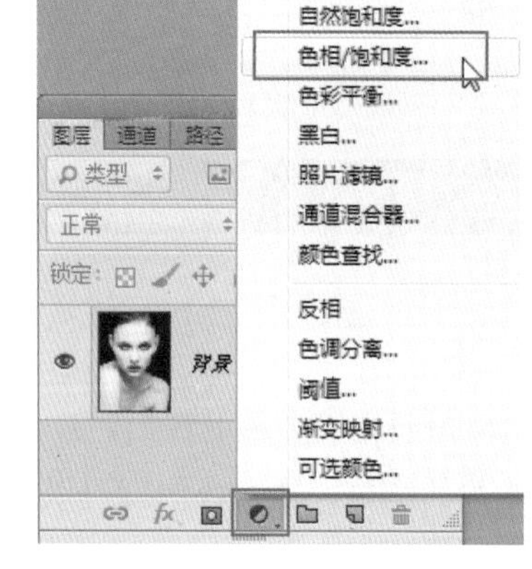

图 9-63　调整

步骤04 调整完成效果，如图 9-64 所示。

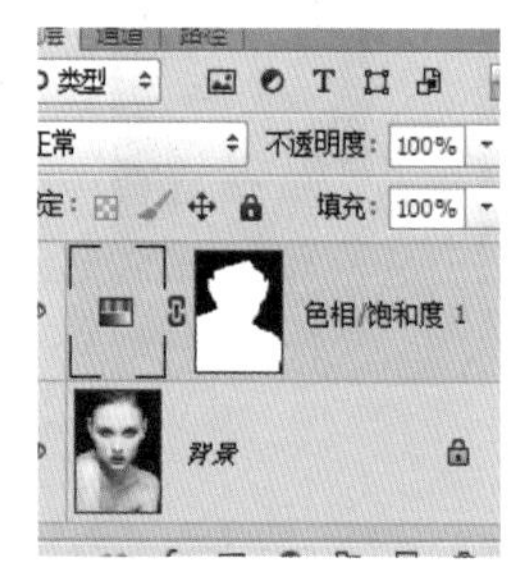

图 9-64　渐变映射

步骤05 肌肤设置完成后，再使用同样的方法对头发进行上色，效果如图 9-65 所示。

图 9-65　头发上色

步骤06 头发设置完成后，再使用同样的方法对眼球进行上色，效果如图 9-66 所示。

图 9-66 眼球上色

步骤07 眼睛设置完成后，再使用同样的方法对眉毛进行调色，设置“不透明度”为 53%，效果如图 9-67 所示。

步骤08 使用（钢笔工具）沿嘴唇绘制封闭路径，按 Ctrl+Enter 键将路径转换成选区，效果如图 9-68 所示。

步骤09 在“图层”面板中，单击（创建新的填充或调整图层）按钮，在弹出的菜单中选择“色相 / 饱和度”命令，打开“色相 / 饱和度”调整属性面板，勾选“着色”复选框，设置“色相”为 339、“饱和度”为 48、“明度”为 0，如图 9-69 所示。

步骤10 调整完成后，上色完成，至此本例制作完成，效果如图 9-70 所示。

图 9-67 眉毛调色

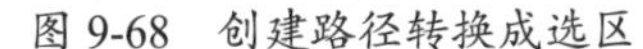

图 9-68 创建路径转换成选区　图 9-69 色相 / 饱和度调整　图 9-70 最终效果

实例 94　为人物添加文身

实例思路

也许您非常喜欢文身，但是又没有胆量去文，使用 Photoshop 为人物添加文身，操作起来非常方便。本例就是通过“置换”滤镜结合“混合模式”制作文身效果，流程如图 9-71 所示。

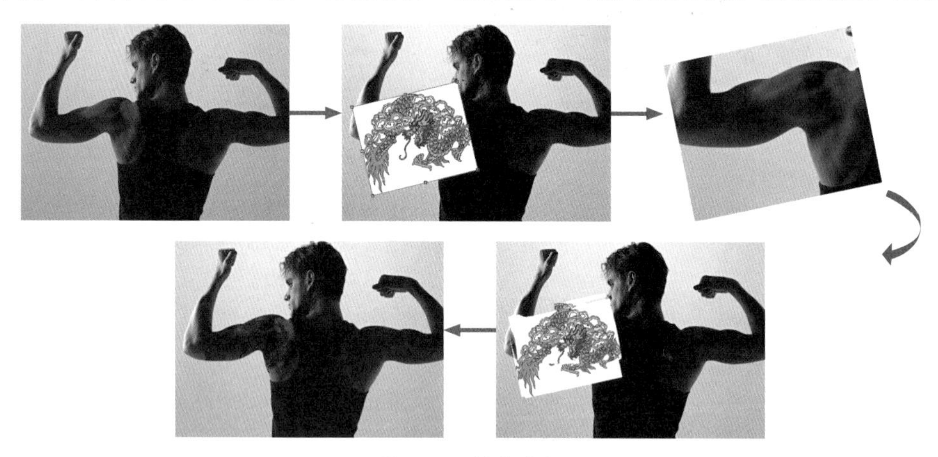

图 9-71　操作流程

实例要点

- 打开素材
- 应用“置换”滤镜
- “色阶”调整图像
- 设置“混合模式”为“正片叠底”

操作步骤

步骤 01 执行菜单中的“文件”|“打开”命令或按 Ctrl+O 键，打开随书附带的“素材文件\第 9 章\健身.jpg”文件，如图 9-72 所示。

步骤 02 执行菜单中的“图像”|“调整”|“色阶”命令，打开“色阶”对话框，向右拖动“阴影”控制杆，向左拖动“高光”的控制杆，如图 9-73 所示。

图 9-72　素材

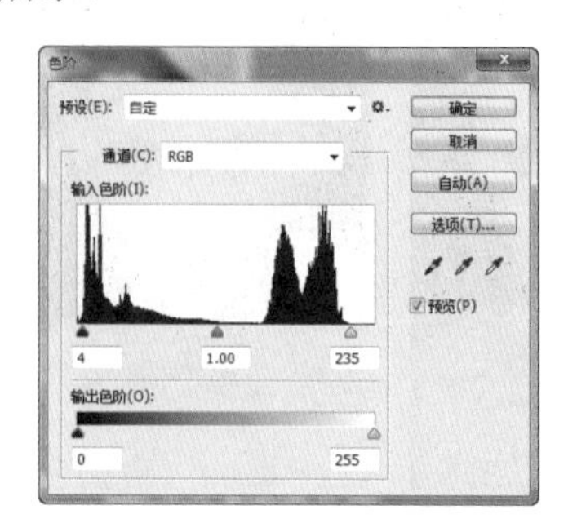

图 9-73　“色阶”对话框

步骤03 设置完成单击“确定”按钮，效果如图 9-74 所示。

步骤04 执行菜单中的“文件”|“打开”命令或按 Ctrl+O 键，打开随书附带的“素材文件 \ 第 9 章 \ 龙纹 .jpg”文件，如图 9-75 所示。

图 9-74 调整色阶后

图 9-75 素材

步骤05 使用 （移动工具）将“龙纹”素材中的图像拖动到“健身”图像中，按 Ctrl+T 键调出变换框，拖动控制点将图像缩小并旋转，效果如图 9-76 所示。

步骤06 按住 Ctrl 键单击“图层 1”图层的缩览图，调出“图层 1”图层的选区，选中“背景”图层，按 Ctrl+C 键复制选区内的图像，如图 9-77 所示。

步骤07 按 Ctrl+N 键打开“新建”对话框，此时的大小为之前复制的图像大小，将名称设置为“置换文件”，如图 9-78 所示。

步骤08 单击“确定”按钮，新建一个空白文件，按 Ctrl+V 键粘贴到新文件中，如图 9-79 所示。

图 9-76 移动

图 9-77 调出选区并复制图像

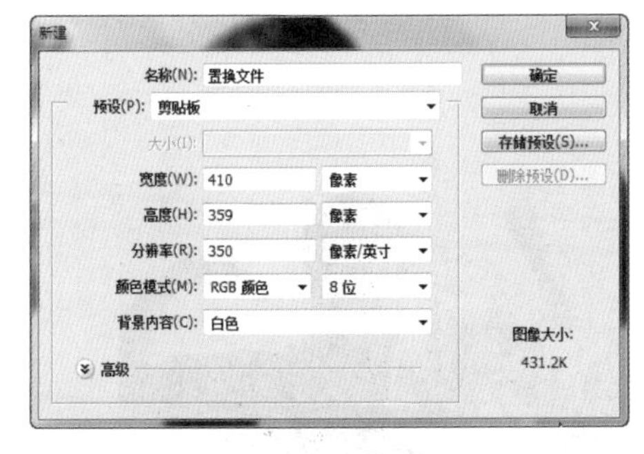

图 9-78 新建文件

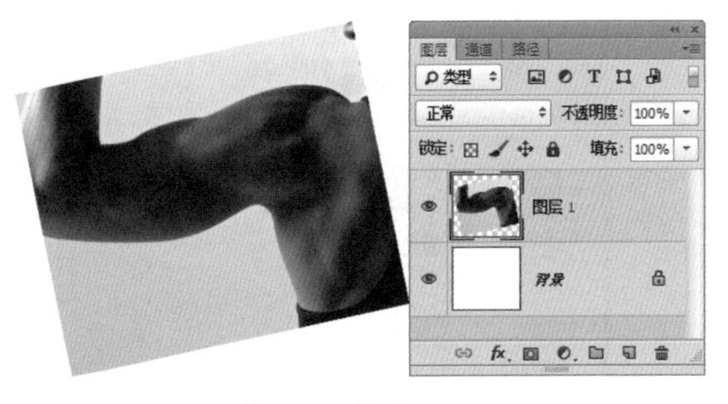

图 9-79 粘贴

步骤09 按 Shift+Ctrl+U 键将彩色图像变为黑白效果，如图 9-80 所示。

步骤10 按 Ctrl+S 键对去色后的图像进行存储，将格式设置为 PSD，如图 9-81 所示。

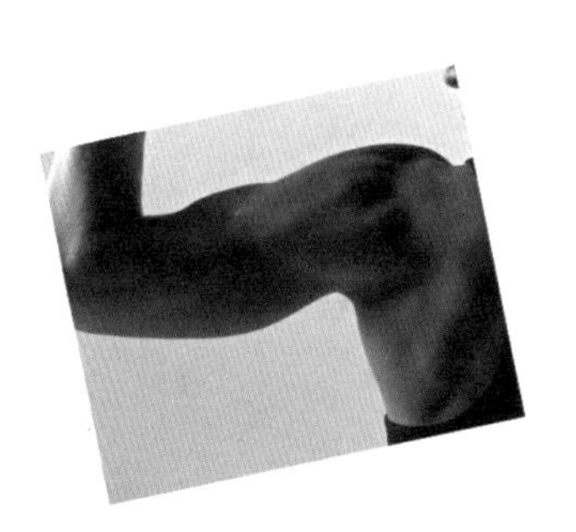

图 9-80　去色

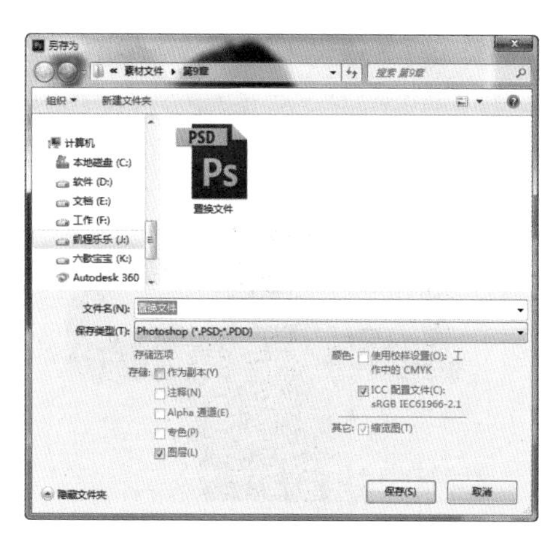

图 9-81　存储

提示：当文件存储后，再存储时要执行“存储为”命令。

步骤11 存储完成后，将“置换文件”关闭，选择“健身”文件的“图层 1”图层，执行菜单中的“滤镜”|“扭曲”|“置换”命令，设置参数如图 9-82 所示。

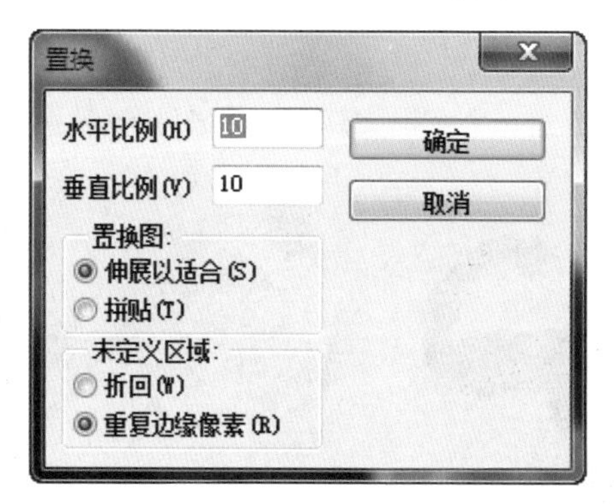

图 9-82　“置换”对话框

步骤12 设置完成单击“确定”按钮，打开“选取一个置换图”对话框，参数设置如图 9-83 所示。

步骤13 设置完成单击“确定”按钮，效果如图 9-84 所示。

图 9-83　“选取一个置换图”对话框

图 9-84　置换后

步骤14 设置“混合模式”为“正片叠底”，使用（橡皮擦工具）擦除边缘多余部分，效果如图 9-85 所示。

步骤15 认真擦除多余区域，至此本例制作完成，效果如图 9-86 所示。

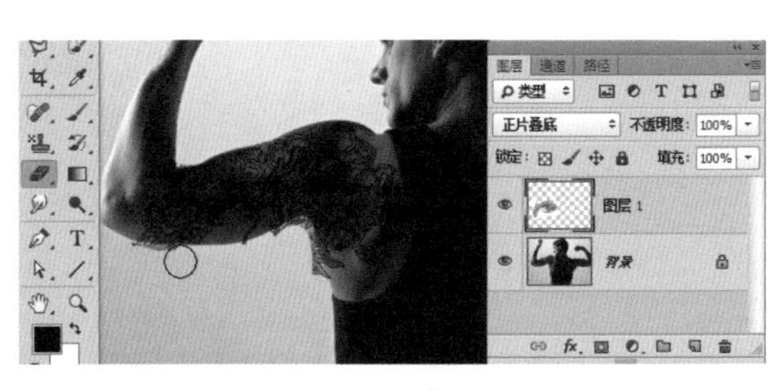

图 9-85 混合模式

图 9-86 最终效果

第 10 章

特效文字的制作

通过对前面章节的学习，大家已经对 Photoshop 软件绘制与编辑图像的强大功能有了初步了解，下面带领大家使用 Photoshop 对文字特效部分进行编辑与应用的制作，使大家了解平面设计中文字的魅力。

本章案例内容

- 蛇皮文字
- 电波文字
- 选区文字

1. 常用字体的分类与特征

基本字体是在承袭汉字书写发展史中各种字体风格的基础上，经过统一整理、修改、装饰而成的字体，实用而美观，因多被应用于印刷之中，又称为印刷字体。按照基本笔画标准笔形的差异，印刷字分为宋体、黑体、楷体、仿宋体四种基本类型。

基本笔画指汉字结构组成的基本因素：点、横、竖、撇、捺、挑、钩，以及由它们组成的不可再分的折、拐等综合性笔画。

标准笔形是字体设计的基础，它统一安排基本笔画的粗细、形式，直接影响到字体的风格。

1）基本字体

- 宋体

字体设计中的宋体是从古代印刷体中的宋体、明刻书中汲取精华演变发展而来的，历史最为悠久，应用最为广泛，可分为标宋、中宋、书宋、细宋等。

宋体的基本特征：字型方正，横竖粗，横画和横、竖转折处行钝角，点、横、竖、撇、捺、挑、钩的粗细差异大。粗度与竖画相当，收笔处呈尖锋状，整体形状短而有力。

宋体风格：典雅工整、严肃大方。

- 黑体

黑体可以分为粗黑、大黑、中黑、细黑、圆头黑体等。

黑体的基本特征：笔画单纯，粗细一致，黑体起收笔呈方形，圆头黑体起收笔呈圆形。

黑体的风格：结构严谨，庄重而有力，朴素大方，视觉效果强烈，运用于标题等需要醒目的位置。

- 仿宋体

仿宋体基本特征：字身略长，粗细均匀，起落笔有钝角，横画向右上方倾斜，点、横、竖、撇、捺、挑、钩尖锋较长。

仿宋体的风格：字形秀美、挺拔，适用于书刊的注释、说明等。

- 楷体

楷体基本特征：楷体保持楷书钝笔、行笔的形式，笔画富于弹性，横、竖粗细略有变化，横画向右上方倾斜，点、横、竖、撇、捺、挑、钩尖锋柔和。

楷体的风格：接近于手写，亲切而且易读性好，适用于书籍、信函等文化性说明文字。

2）字体特征元素

字体的表现力由字体的特征元素的特性决定，下面向读者介绍与字体关系密切的几种特征元素。

- 字号

计算字体面积的大小有号数制、级数制和点数制（也称为磅）。一般常用的是号数制，简称“字号”。照排机排版使用的是毫米制，基本单位是级（K），1 级为 0.25 毫米。点数制是世界流行的计算字体的标准制度。电脑字也是采用点数制的计算方式（每一点等于 0.35 毫米）。标题用字一般大约为 4 点以上，正文用字一般为 10~12 点，文字多的版面，字号可减到 7 点或 8 点。注意，字越小，精密度越高，整体性越强，但过小会影响阅读。

● 行距

行距的宽窄是设计师比较难把握的问题。行距过窄，上下文字相互干扰，目光难以沿字行扫视，因为没有一条明显的水平空白带引导浏览者的目光，而行距过宽，太多的空白使字行不能有较好的延续性。这两种极端的排列法，都会使阅读长篇文字者感到疲劳。行距在常规下的比例为：文字大小 10 点，行距则设置为 12 点，即 10:12。

事实上，除行距的常规比例外，行宽行窄是依主题内容需要而定的。一般娱乐性、抒情性的网页，通过加宽行距以体现轻松、舒展的情绪；也有纯粹出于版式的装饰效果而加宽行距的。另外，为增强版面的空间层次与弹性，可以采用宽、窄同时并存的手法。

● 字重

同一种类型的字体有不同的外在表现形式，有些字体显示黑、重，而有些字体则显得浅而单薄，有的字体则比较正常，在轻重方面处于平均值。字重影响了一种字体的显示方式。

Roman：如果需要一种笔画粗细适当的字体，那么就选择 Roman 字体。Roman 字体是没有任何装饰的最简单的字体。

Bold（粗体）：通常用于正文中需要强调的信息，粗体字应该与细体字一同使用。设计人员应用的粗体字越多，设计中所表达的信息就越强。

Light（细体）：单薄而细致的字就被称作细字体。细字体的作用不像 Roman 或粗体字那么重要，但是它们也可以满足设计中细致、优雅的字体需要。

● 字体宽度

同一字体可以有不同的宽度，也就是在水平方向上占用的实际空间。

紧缩：也称为压缩，这种紧缩格式字体的宽度要比 Roman 格式的小。

加宽：也有人把这一宽度特征称为扩展。这种格式与紧缩格式正好相反，它在水平方向上占用的空间要比 Roman 格式大，或者说是加宽了。

● 字形

字形是指字体站立的角度，这里有两种不同的字形。

正常体（regular）：这是人们最熟悉的一种字形，它不加任何修饰，一般用于正文。

斜体（Italic）：它与粗体字一样，用于页面中需要强调的文本。Italic 是从手写体发展而来的，类似于向右倾斜的书法体效果。

下划线体（Underline）：它和斜体的作用类似，用在正文中需要强调的文本，更多的时候用于链接的文字。

● 字体和比例

在处理字体时，一种字体的字号与另一种字体及页面上其他元素之间的比例关系问题是非常重要的，需要认真对待。

字体的尺寸是以不同方式来计算的，它的单位包括磅（pt）和像素（pixel）。以磅为单位的计算方法是根据打印设立的，以计算机的像素技术为基础的单位需要在打印时转换为磅。总之，在设置字体尺寸时，采用磅为单位是比较明智的。

● 方向

向上、向下、向左、向右——字体显示方向对其使用效果将会产生很大影响。

● 行间距

在排版设计中还需要注意行间距，两行文本相距多远也会对可读性产生很大影响。

● 字符间距与字母间距

字符间距指的是没有字体差别的一个字符与另一个字符之间的水平间距。也就是说，设计者可以同时设置整个词中的相邻两个字符之间的距离。

与行距一样，字符间距也会影响段落的可读性。虽然调整字符间距可以为页面增加趣味性，但非常规的间距值应该限制在装饰应用的范围内。正文要求使用正常间距，这样才能适应读者的需要。

字母间距提的是一种字体中每个字母之间的距离。在一般设置下，人们可以看到两个相邻的字母是相互接触的，这有时会影响到可读性。

3）字体的图形表述

注重文字的编排和文字的创意，是通过视觉传达设计的现代感的一种方法。设计师不仅应该在有限的文字空间和文字结构中进行创意编排，而且应该赋予编排形式更深的内涵，提高平面广告的趣味性与可读性，突出平面广告的主题内容。

● 字意图形表述

字意图形是将文字意象化，以简洁、直观的图形传达文字更深层的含义。

● 字画编排的表述

人类最初表达思维的符号是图画及进一步的象形文字。虽然象形文字只是一种形态性的记号，目前已不再使用，但在现代编排设计中却把记号性的文字作为构成元素来表现，这便是字画图形。

字画图形包括由字构成的图形和把图形加入文字两种形式。前者强调形与功能，具有商业性；后者注重形式、趣味，不特定表述某种含义，而在于可给我们一些创作的灵感和启示。

2. 文字设计的基本原则

作为文化的重要传播媒介，字体设计应该遵循思想性、实用性、艺术性并重的原则。

● 思想性

字体设计必须从文字的内容和应用方式出发，确切而生动地体现文字的精神内涵，用直观的形式突出宣传的目的和意义。

● 实用性

文字的实用性首先指易识别。文字的结构是人们经过几千年实践才创造、流传、改进并认定的，不可随意更改。进行字体设计，必须使字形与结构清晰，易于正确识别。其次，字体设计的实用性还体现在众多文字结合时，设计师应该考虑字距、行距、周边空白的妥当处理，做到一目了然，准确传达文章具有的特定信息。

● 艺术性

现代设计中，文字因受其历史、文化背景的影响，可作为特定情境的象征。因此在具体设计中，字体可以成为单纯的审美因素，发挥着和纹样、图片一样的装饰功能。在兼顾实用性的同时，可以按照对称、均衡、对比、韵律等形式美法则调整字形大小，笔画粗细，甚至字体结构，充分发挥设计者独特的个性并体现出对设计作品的理解。

实例 95　蛇皮文字

实例思路

本例中的蛇皮字以“颗粒、干画笔、波浪和水彩”滤镜结合“斜面和浮雕、描边”图层样式和“色相 / 饱和度、色阶”调整图层来制作蛇皮文字的顶层部分，底部的文字应用“染色玻璃”滤镜制作出蛇皮纹效果，流程如图 10-1 所示。

图 10-1　操作流程

实例要点

- 新建文档并输入文字
- 转转为智能对象
- 应用“颗粒、干画笔、波浪、水彩和染色玻璃”滤镜
- 应用“斜面和浮雕、描边、内阴影和内发光”图层样式
- 应用“色相 / 饱和度、色阶”调整图层
- 设置“混合模式”
- 应用“垂直翻转”变换
- 应用“高斯模糊”滤镜

操作步骤

步骤 01 执行菜单中的“文件”|“新建”命令或按 Ctrl+N 键，新建一个“宽度”为 18 厘米、“高度”为 10 厘米、“分辨率”为 150 像素 / 英寸的空白文档，使用 T（横排文字工具）在页面中输入灰色文字“snake”，如图 10-2 所示。

步骤 02 按住 Ctrl 键的同时单击文字图层的缩览图，调出文字的选区，新建一个“图层 1”图层，将选区填充为橘黄色，如图 10-3 所示。

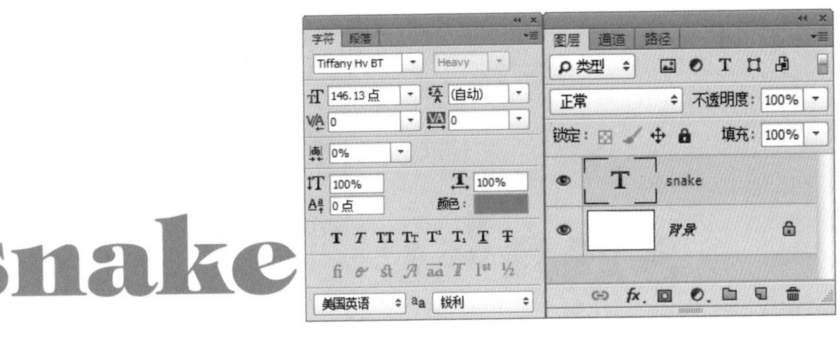

图 10-2 输入文字

图 10-3 填充选区

步骤 03 执行菜单中的“滤镜”|“转换为智能滤镜”命令，将“图层 1”图层转换为智能对象，如图 10-4 所示。

步骤 04 执行菜单中的“滤镜”|“滤镜库”命令，打开“滤镜库”对话框，选择“纹理”|“颗粒”滤镜，此时变为“颗粒”对话框，设置“强度”为 27、“对比度”为 47、“颗粒类型”为“柔和”，如图 10-5 所示。

图 10-4 转换为智能对象

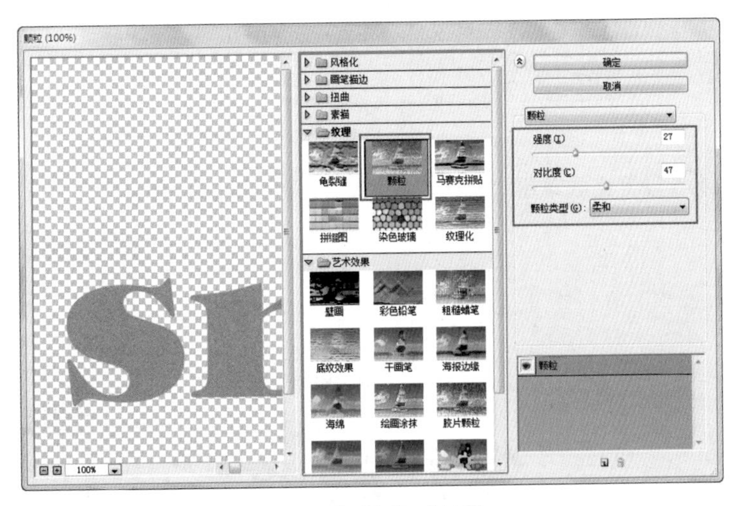

图 10-5 “颗粒”对话框

步骤 05 设置完成单击“确定”按钮，效果如图 10-6 所示。

图 10-6 应用颗粒后

步骤06 执行菜单中的“滤镜”|“滤镜库”命令，打开“滤镜库”对话框，选择“艺术效果”|“干画笔”滤镜，此时变为“干画笔”对话框，设置“画笔大小”为2、“画笔细节”为9、“纹理”为3，如图10-7所示。

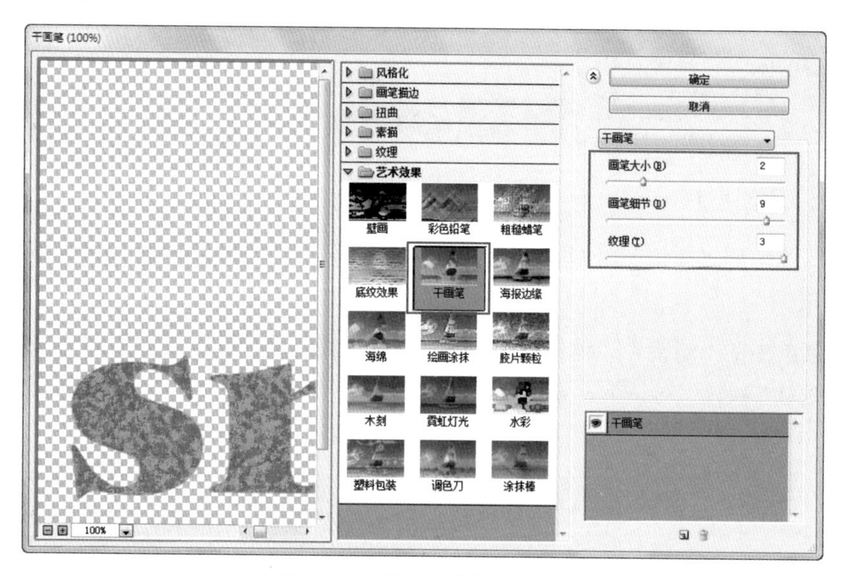

图 10-7 “干画笔”对话框

步骤07 设置完成单击“确定”按钮，效果如图10-8所示。

图 10-8 应用干画笔后

步骤08 执行菜单中的“滤镜”|“扭曲”|“波浪”命令，打开“波浪”对话框，其中的参数设置如图10-9所示。

步骤09 设置完成单击“确定”按钮，效果如图 10-10 所示。

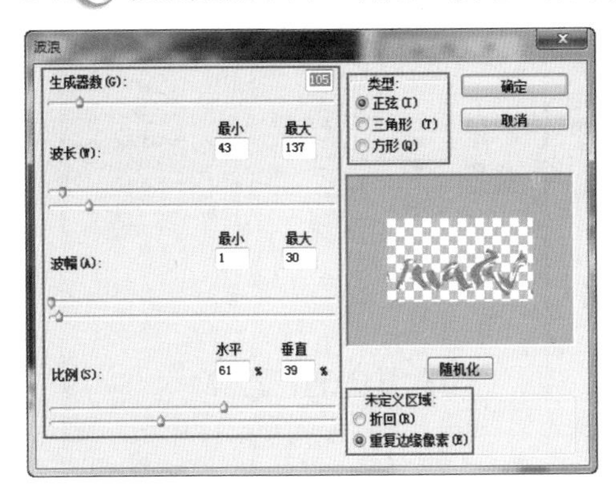

图 10-9 “波浪”对话框

图 10-10 应用波浪后

步骤10 执行菜单中的“滤镜”|“滤镜库”命令，打开“滤镜库”对话框，选择“艺术效果”|“水彩”滤镜，此时变为“水彩”对话框，设置“画笔细节”为 12、“阴影强度”为 1、“纹理”为 1，如图 10-11 所示。

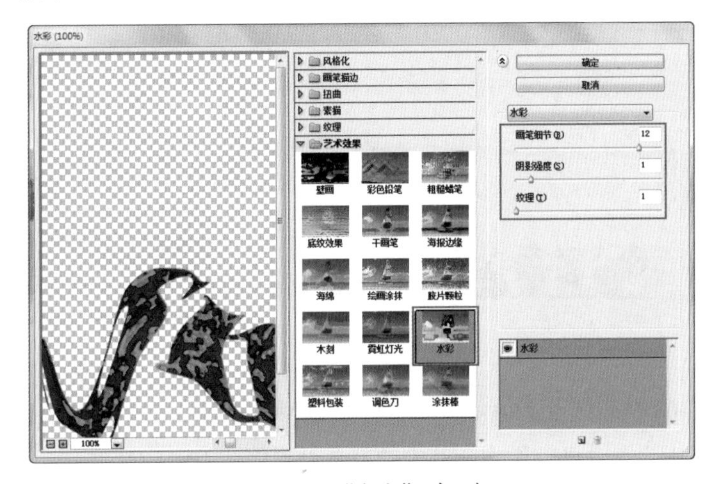

图 10-11 “水彩”对话框

步骤11 设置完成单击“确定”按钮，效果如图 10-12 所示。

图 10-12 应用水彩后

步骤12 执行菜单中的“图层”|“图层样式”|“斜面和浮雕、描边”命令，分别打开“斜面和浮雕”

和“描边”对话框，其中的参数设置如图 10-13 所示。

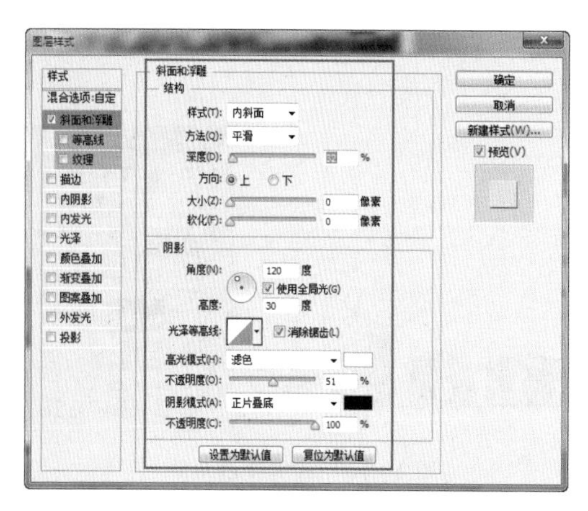

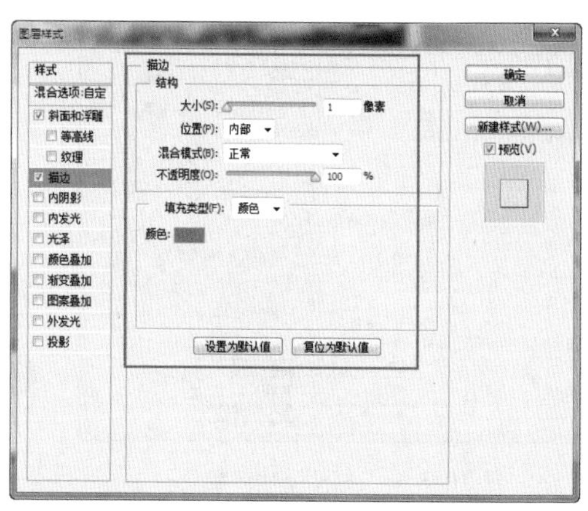

图 10-13　设置图层样式

步骤13 设置完成单击“确定”按钮，再在“图层”面板中设置“混合模式”为“滤色”、“填充”为 81%，效果如图 10-14 所示。

图 10-14　添加图层样式

步骤14 单击 （创建新的填充或调整图层）按钮，在弹出的菜单中选择“色相 / 饱和度”命令，打开“色相 / 饱和度”属性调整面板，其中的参数设置如图 10-15 所示。

步骤15 调整完成，效果如图 10-16 所示。

图 10-15　调整色相 / 饱和度

图 10-16　调整后

步骤16 单击 （创建新的填充或调整图层）按钮，在弹出的菜单中选择“色阶”命令，打开“色阶”属性调整面板，向右拖曳“阴影”控制滑块，向左拖曳“高光”控制滑块，单击（此调整剪切到此图层）按钮，如图 10-17 所示。

步骤17 调整完成，效果如图 10-18 所示。

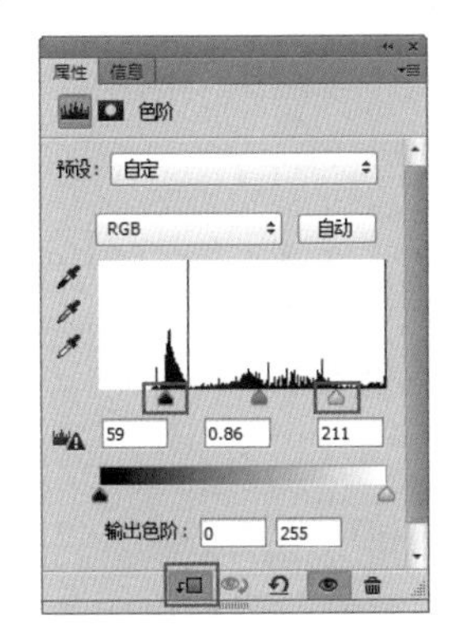

图 10-17 调整色阶

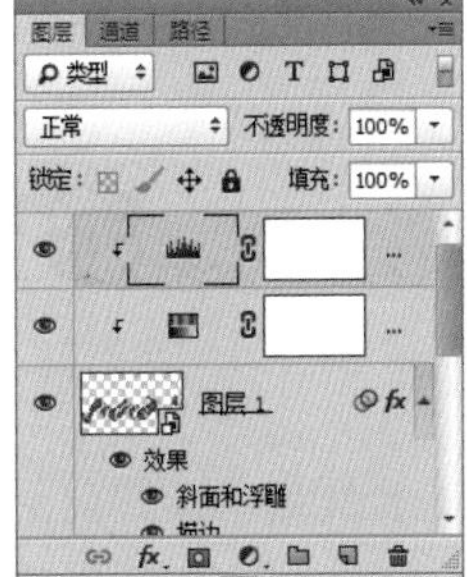

图 10-18 调整后

步骤18 拖动文字图层到（创建新图层）按钮上，得到一个文字图层的复制图层，选择此图层后，执行菜单中的“图层”|“图层样式”|“内阴影、内发光”命令，分别打开“内阴影”和“内发光”对话框，其中的参数设置如图 10-19 所示。

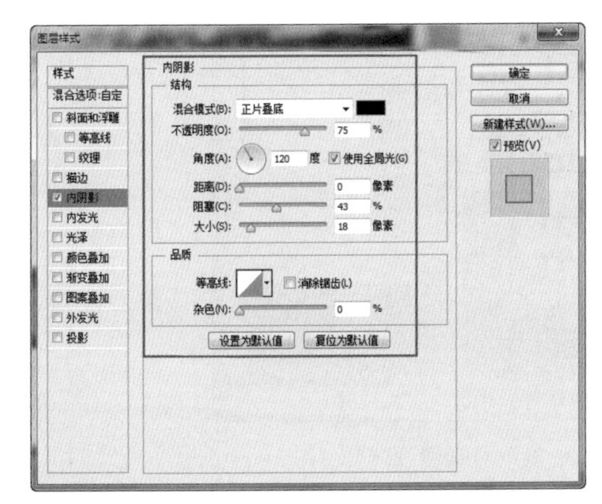

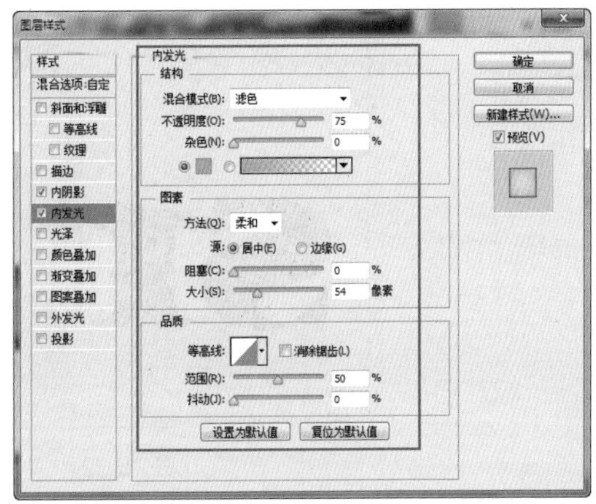

图 10-19 调整图层样式

步骤19 设置完成单击“确定”按钮，设置“混合模式”为“柔光”，效果如图 10-20 所示。

图 10-20 添加图层样式

步骤20 选择文字图层，将文字填充为黑色，效果如图 10-21 所示。

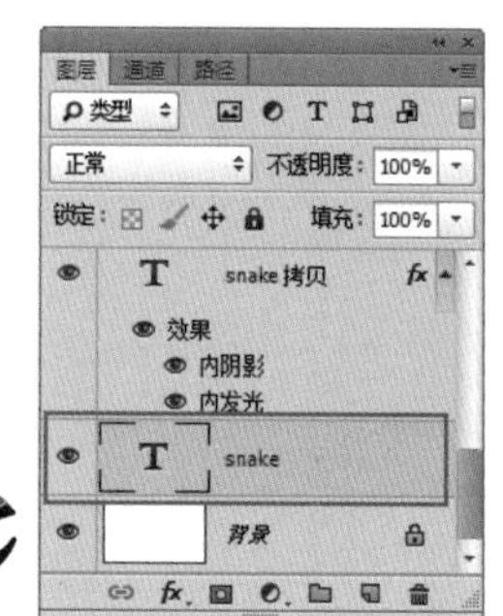

图 10-21　选择文字图层填充黑色

步骤21 在工具箱中设置前景色为橘黄色、背景色为黑色，执行菜单中的“滤镜”|“转换为智能滤镜”命令，将文字图层转换成智能对象，再执行菜单中的“滤镜”|“滤镜库”命令，打开“滤镜库”对话框，选择“纹理”|“染色玻璃”滤镜，此时变为“染色玻璃”对话框，设置“单元格大小”为 4、“边框粗细”为 2、“光照强度”为 2，如图 10-22 所示。

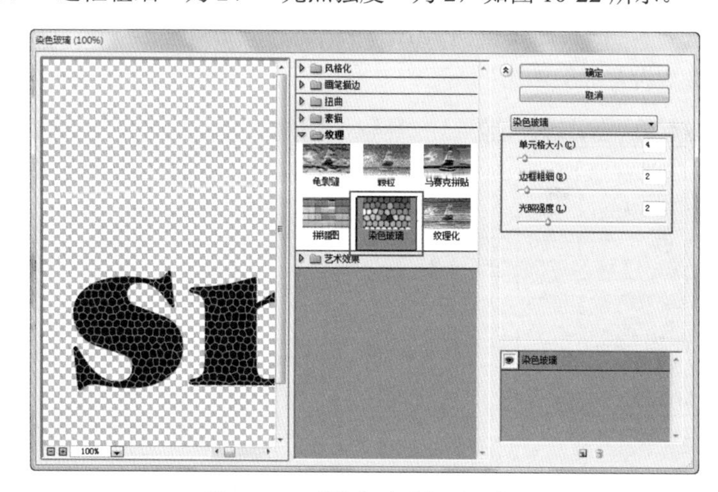

图 10-22　“染色玻璃”对话框

步骤22 设置完成单击“确定”按钮，效果如图 10-23 所示。

步骤23 执行菜单中的“文件”|“打开”命令或按 Ctrl+O 键，打开随书附带的“素材文件\第 10 章\蛇皮字背景 .jpg”文件，如图 10-24 所示。

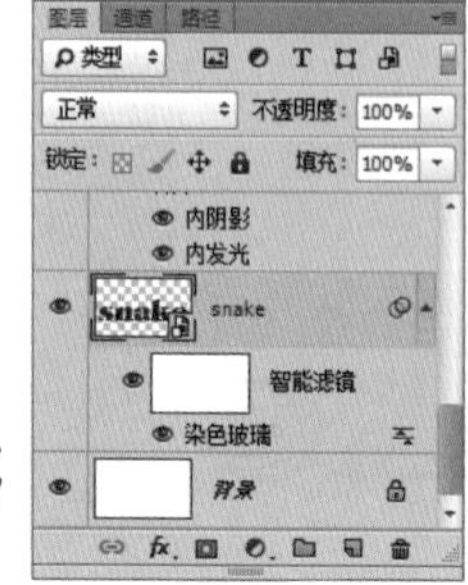

图 10-23　应用染色玻璃

图 10-24　素材

步骤24 使用▶（移动工具）将“蛇皮字背景”素材中的图像拖曳到新建文档中，将其放置到最底层，如图10-25所示。

图10-25 移动

步骤25 新建一个“图层3”图层，按住Ctrl键的同时单击文字图层的缩览图，调出文字的选区，将选区填充为黑色，如图10-26所示。

图10-26 新建图层并填充选区

步骤26 按Ctrl+D键去掉选区，执行菜单中的“编辑”|“变换”|“垂直翻转”命令，再将翻转后的图像向下移动，如图10-27所示。

图10-27 翻转

步骤27 使用▭（矩形选框工具）在黑色文字上创建一个矩形选区，按Delete键清除选区内容，如图10-28所示。

步骤28 按Ctrl+D键去掉选区，执行菜单中的“滤镜”|“模糊”|“高斯模糊”命令，打开“高斯模糊”对话框，其中的参数设置如图10-29所示。

图 10-28　清除选区内容

图 10-29　“高斯模糊”对话框

步骤29 设置完成单击“确定”按钮，至此本例制作完成，效果如图 10-30 所示。

图 10-30　最终效果

实例 96　选区文字

实例思路

本例中的选区文字以段落文本和编辑文字内容后的效果，再通过“载入选区”对话框中的“与选区交叉”命令，来制作交叉的选区操作，以此来制作出选区内容的文字区域，流程如图 10-31 所示。

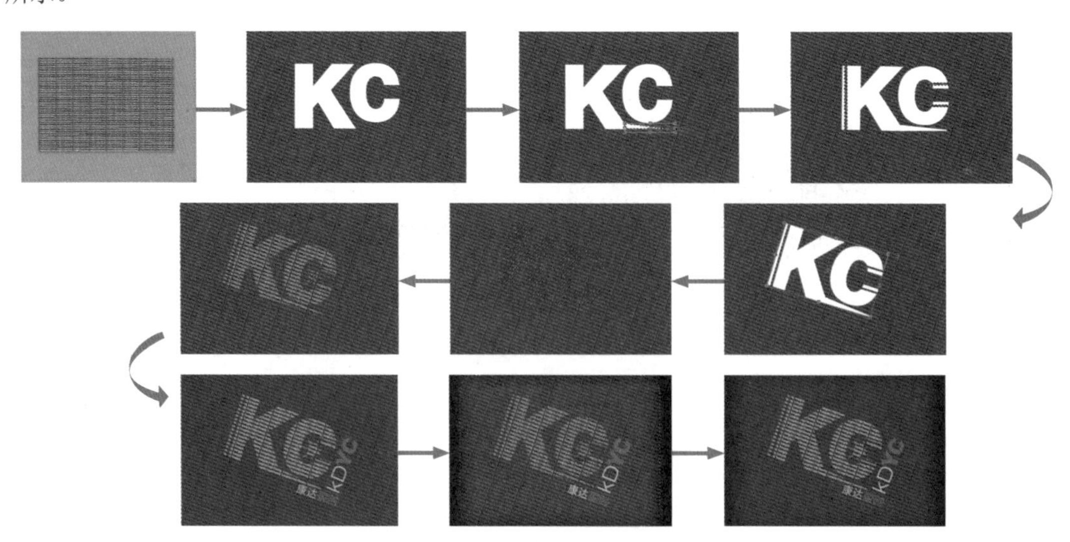

图 10-31　操作流程

实例要点

- 新建文档并输入段落文字
- 旋转段落文字并设置不透明度
- 输入文字并进行栅格化处理
- 通过矩形选区编辑图形
- 应用“载入选区”命令调出交叉选区
- 输入美术文字
- 填充图层后绘制羽化选区并清除选区内容

操作步骤

步骤01 执行菜单中的“文件”|“新建”命令或按 Ctrl+N 键，新建一个“宽度”为 18 厘米、“高度”为 12 厘米、“分辨率”为 150 像素/英寸的空白文档，将文档填充“深灰色”，如图 10-32 所示。

图 10-32 新建文档并填充

步骤02 使用 T（横排文字工具）从左上角向右下角拖动鼠标创建一个段落文本框，在文本框中输入白色文字，如图 10-33 所示。

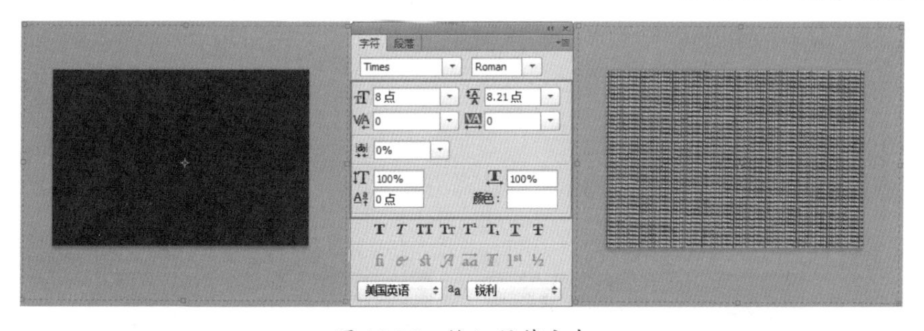

图 10-33 输入段落文本

技巧： 按住 Alt 键在页面中拖动或者单击鼠标，会出现“段落文字大小”对话框，设置“高度”与“宽度”后，单击“确定”按钮，可以设置更为精确的文字定界框。

步骤03 拖动文本框的控制点，将其进行旋转，设置“不透明度”为 25%，如图 10-34 所示。

步骤04 使用 T（横排文字工具）输入白色字母，如图 10-35 所示。

步骤05 选择字母图层，执行菜单中的“类型”|“栅格化文字图层”，将文字图层变为普通图层，如图 10-36 所示。

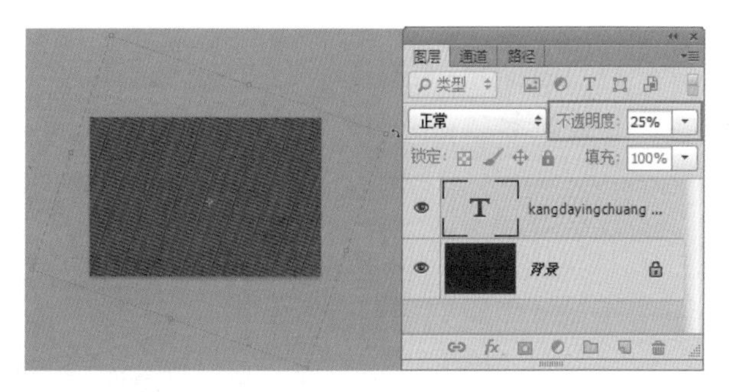

图 10-34 设置不透明度

图 10-35　输入字母

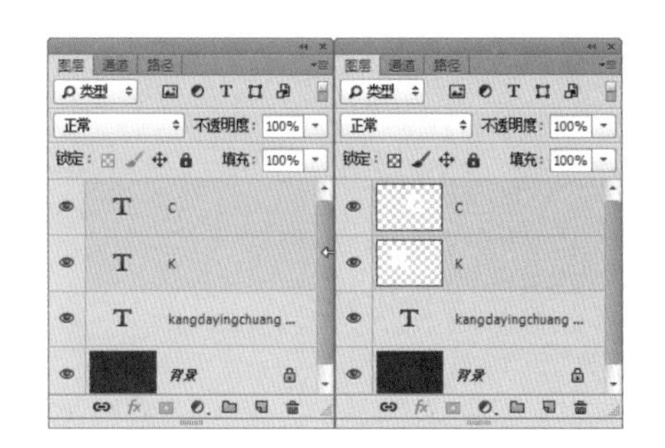

图 10-36　栅格化文字图层

步骤06 选择字母 K 所在的图层，使用（矩形选框工具）绘制一个矩形选区，按 Ctrl+T 键调出变换框，拖动控制点将其拉长，如图 10-37 所示。

步骤07 按 Enter 键完成变换，按 Ctrl+D 键去掉选区，如图 10-38 所示。

图 10-37　变换

图 10-38　去掉选区

步骤08 使用（矩形选框工具）在字母上创建 3 个选区，按 Delete 键清除选区内容，如图 10-39 所示。

步骤09 按 Ctrl+D 键去掉选区，按 Ctrl+T 键调出变换框，拖动控制点将文字进行旋转，如图 10-40 所示。

图 10-39　清除选区内容

图 10-40　变换

步骤10 按 Enter 键完成变换，按住 Ctrl+Shift 键的同时，单击 K 和 C 图层的缩览图，调出选区，如图 10-41 所示。

图 10-41　调出选区

步骤11 选择kangdayingchuang图层，执行菜单中的“选择”|“载入选区”命令，打开“载入选区”对话框，其中的参数设置如图10-42所示。

步骤12 设置完成单击“确定”按钮，隐藏K和C图层，如图10-43所示。

步骤13 新建一个图层，将选区填充为白色，效果如图10-44所示。

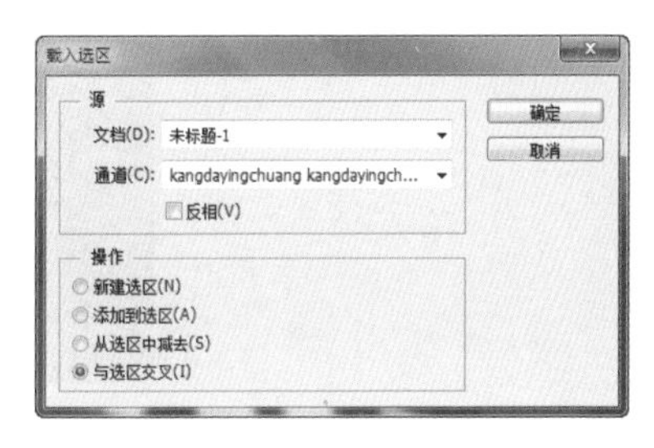

图 10-42 “载入选区”对话框

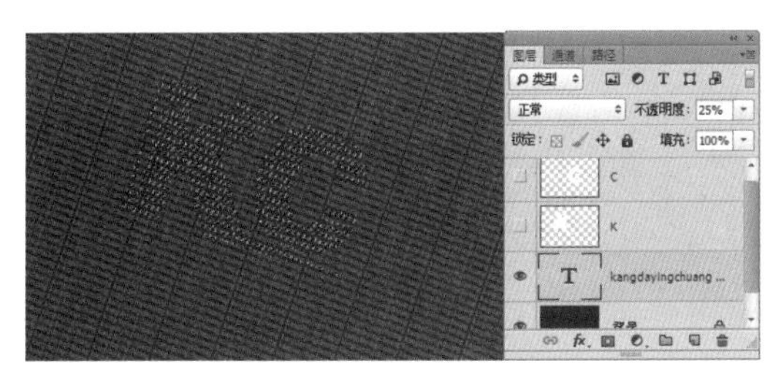

图 10-43 载入选区并隐藏图层

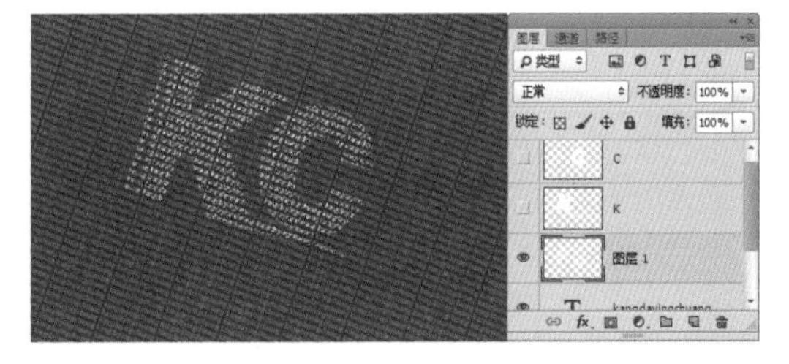

图 10-44 填充选区

步骤14 按Ctrl+D键去掉选区，新建一个图层，使用 （自定形状工具）在页面中绘制“爆炸”形状，效果如图10-45所示。

图 10-45 绘制形状

步骤15 按住Ctrl键单击“图层2”图层的缩览图，调出该图层的选区，选择kangdayingchuang图层，执行菜单中的“选择”|“载入选区”命令，打开“载入选区”对话框，其中的参数设置如图10-46所示。

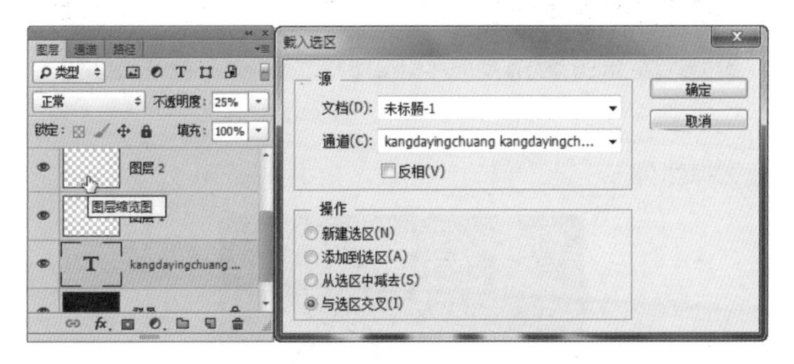

图 10-46 载入选区

步骤16 设置完成单击“确定”按钮，调出相交区域的选区，隐藏“图层2”图层，新建“图层3”图层，将选区填充为青色，如图10-47所示。

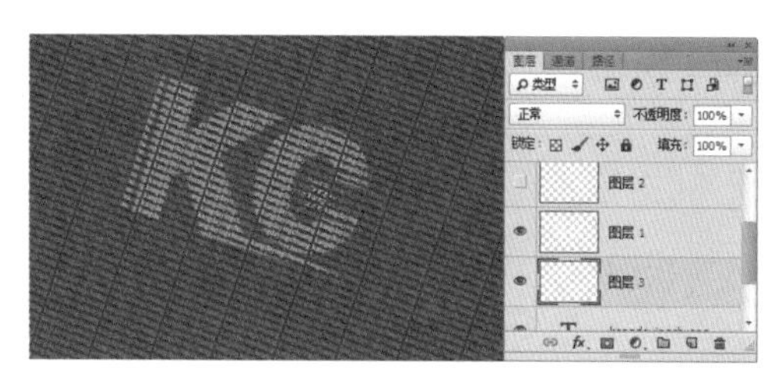

图 10-47　新建图层并填充

步骤17 使用 T（横排文字工具）输入其他的文字，效果如图 10-48 所示。

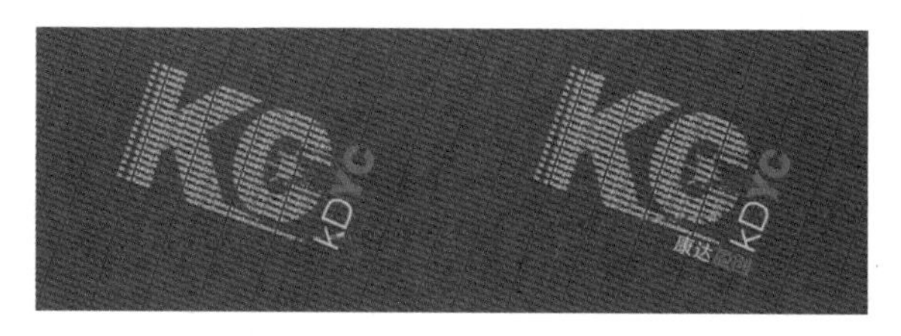

图 10-48　输入文字

步骤18 新建“图层 4”图层，将其填充为黑色，如图 10-49 所示。

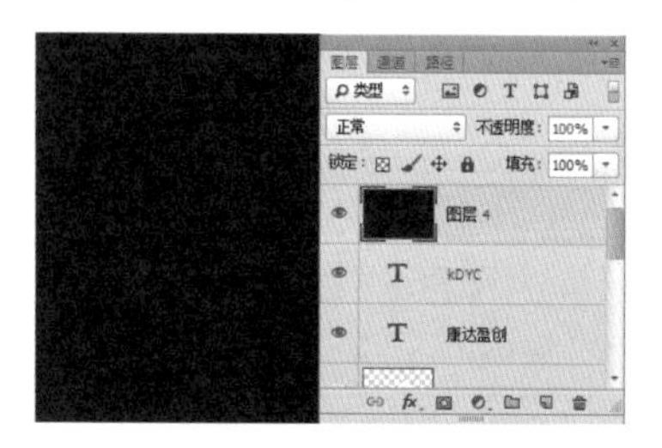

图 10-49　新建图层并填充黑色

步骤19 使用 ⬚（矩形选框工具）绘制一个“羽化”为 40 像素的矩形选区，按 Delete 键清除选区内容，如图 10-50 所示。

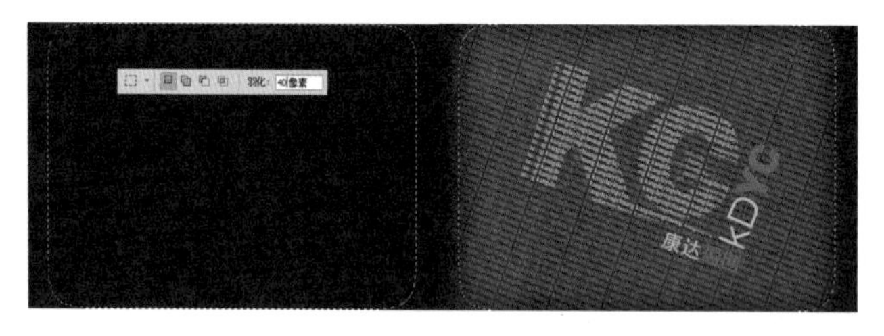

图 10-50　清除选区内容

步骤20 按 Ctrl+D 键去掉选区，至此本例制作完成，效果如图 10-51 所示。

图 10-51　最终效果

实例 97 电波文字

实例思路

本例中的电波文字主要以“风”滤镜结合旋转图像来完成，再加上“波纹”滤镜和“渐变映射”调整图层，来为电波字添加颜色，流程如图 10-52 所示。

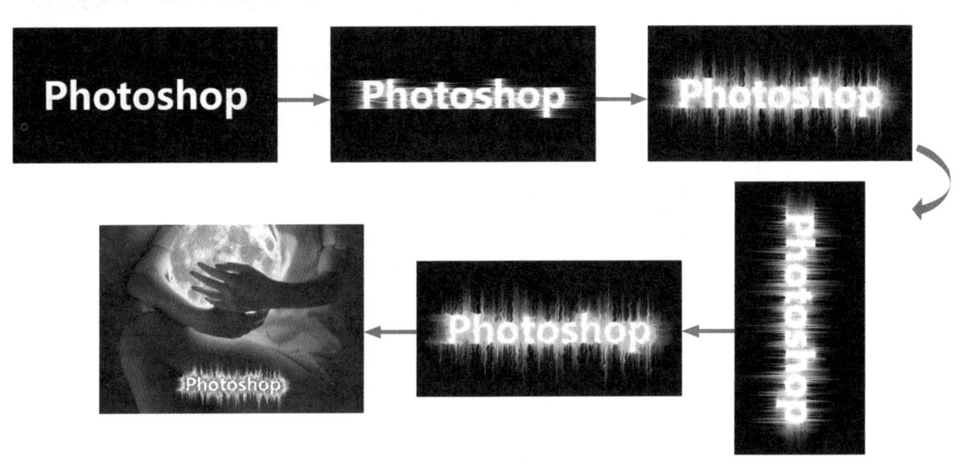

图 10-52 操作流程

实例要点

- 新建文档
- 输入文字并应用“风”滤镜
- 应用“波纹”滤镜
- 应用“渐变映射”调整图像

操作步骤

步骤01 执行菜单中的“文件”|“新建”命令或按 Ctrl+N 键，新建一个“宽度”为 18 厘米、“高度”为 9 厘米、“分辨率”为 72 像素 / 英寸的空白文档，将文档填充“黑色”，使用T（横排文字工具）选择自己喜欢的文字字体并设置相应大小后，在文档中输入白色文字，如图 10-53 所示。

步骤02 执行菜单中的“滤镜”|“风格化”|“风”命令，打开“风”滤镜对话框，设置“方法”为“风”、“方向”为“从右”，如图 10-54 所示。

图 10-53 输入文字

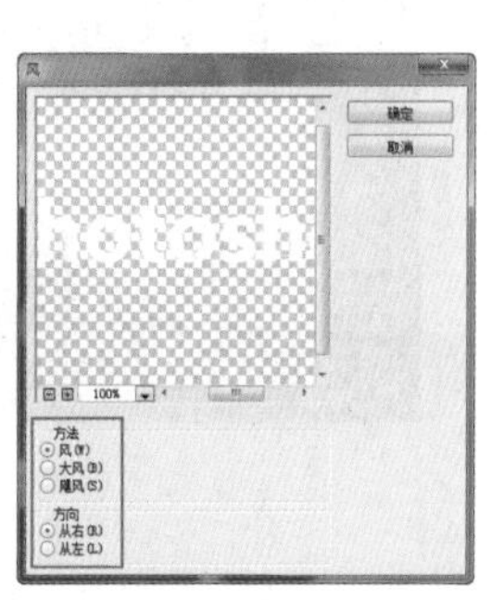

图 10-54 “风”对话框

步骤03 设置完成单击“确定”按钮，按 Ctrl+F 键一次，效果如图 10-55 所示。

步骤04 再次执行菜单中的“滤镜”|“风格化”|“风”命令，打开“风”对话框，改变刮风方向后，其他参数不变，按 Ctrl+F 键一次，效果如图 10-56 所示。

图 10-55　使用“风”滤镜后

图 10-56　刮风效果

步骤05 执行菜单中的“图像”|“图像旋转”|“顺时针旋转 90 度”命令，再按 Ctrl+F 键 2 次，效果如图 10-57 所示。

步骤06 再次执行菜单中的“滤镜”|“风格化”|“风”命令，打开“风”对话框，改变刮风方向后，其他参数不变，按 Ctrl+F 键一次，如图 10-58 所示。

步骤07 执行菜单中的“图像”|“图像旋转”|“逆时针旋转 90 度”命令，再执行菜单中的“滤镜”|“扭曲”|“波纹”命令，打开“波纹”对话框，其中的参数值设置如图 10-59 所示。

图 10-57　90°旋转

图 10-58　风效果

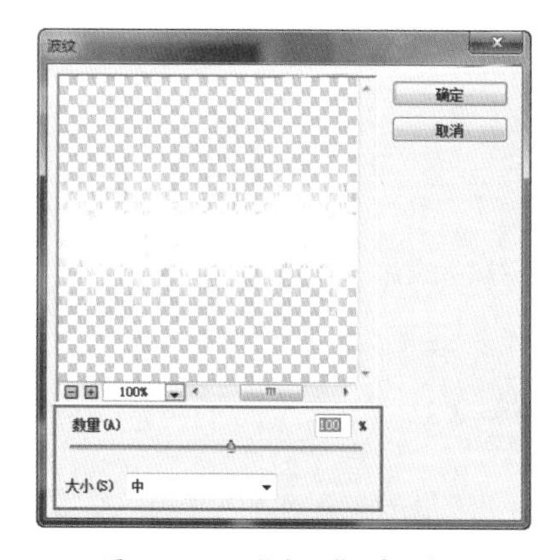

图 10-59　“波纹”对话框

步骤08 设置完成单击“确定”按钮，效果如图 10-60 所示。

图 10-60　应用波纹后

步骤09 执行菜单中的“图层”|“创建新的调整图层”|“渐变映射”命令，打开“属性”面板，

单击渐变颜色条，在“渐变编辑器”中设置从左到右的颜色为黑色、蓝色、青色、淡黄色和白色，如图 10-61 所示。

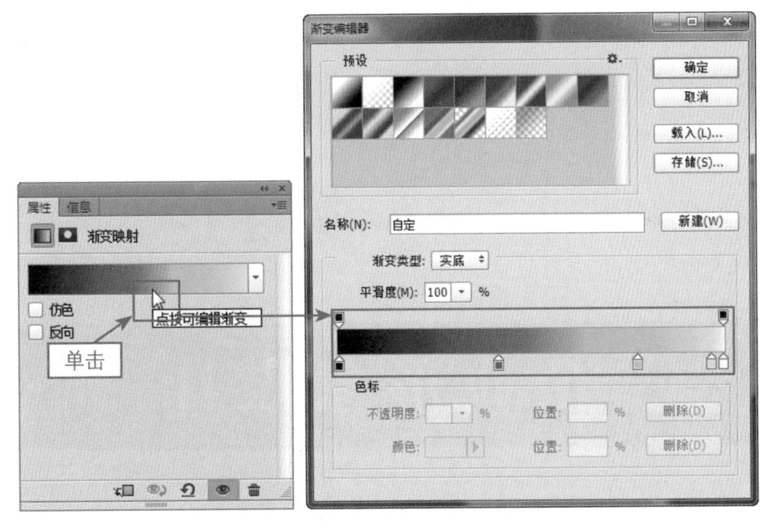

图 10-61 编辑渐变映射

步骤10 调整完成单击“确定”按钮，至此本例制作完成，效果如图 10-62 所示。

图 10-62 文字制作完成

步骤11 此时的文字可以替换到其他图片中，创建一个“色相/饱和度”调整图层，效果如图 10-63 所示。

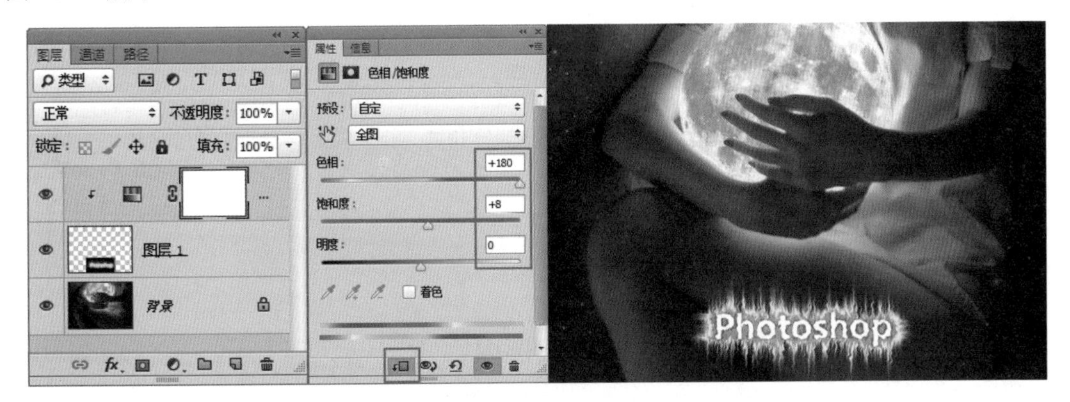

图 10-63 最终效果

第 11 章

企业形象设计

企业形象设计在专业设计中被称为 CIS。

CIS 的定义是企业形象识别系统，英文为 Corporate Identity System，简称 CI。它是将企业经营理念与精神文化，运用整体设计传达给企业内部与社会大众，使受众对企业产生一致的认同感或价值观，从而形成良好的企业形象和实现促销产品的设计系统。CI 分为 MI（理念识别 Mind Identity）、BI（行为识别 Behavior Identity）和 VI（视觉识别 Visual Identity）三个部分，相辅相成。企业需要确定核心的经营理念、市场定位以及长远发展战略，CI 体现企业发展的主导思想，也是 BI 和 VI 展开的根本依据。MI 也并不是空穴来风，它要经过对市场的周密分析及对竞争环境的细致观察，结合企业当前的状况来制定和实施。

本章案例内容

- Logo
- 企业前台
- 名片

学习企业形象设计应对以下几点进行了解：

- 设计理念。
- 要素。
- CIS 的具体组成部分。
- 企业理念。
- 企业行为。
- 企业视觉。
- VI 欣赏。

1. 设计理念

设计者拒绝平庸，讨厌安逸。设计者认为苦也是一种味道，不要平淡无味。

设计者拒绝墨守成规，立志创业创新。设计者认为创业是一种生活方式。时时刻刻在前进！

设计者设计一个梦想，策划一个未来，但是如果得不到好的执行，设计者一定会愤怒。设计者不满足于客户的认可，更希望客户成功，因为人们渴望成为英雄！

2. 要素

具体地说，就是指企业的经营理念、文化素质、经营方针、产品开发、商品流通等有关企业经营的所有因素。从信息这一观点出发，从文化、形象、传播的角度来进行筛选，找出企业具有的潜力，找出其存在价值及美的价值，加以整合，使其在信息社会环境中转换为有效的标识。这种开发以及设计的行为就叫“CI”。

3. CIS 的具体组成部分

CIS 包括三部分，即 MI（理念识别）、BI（行为识别）、VI（视觉识别）。其中核心是 MI，它是整个 CIS 的最高决策层，给整个系统奠定了理论基础和行为准则，并通过 BI、VI 表达出来。所有的行为活动与视觉设计都是围绕着 MI 这个中心展开的，成功的 BI 与 VI 就是将企业富有个性的独特精神准确地表达出来。BI 直接反映企业理念的个性和特殊性，包括对内的组织管理和教育、对外的公共关系、促销活动、资助社会性的文化活动等。VI 是企业的视觉识别系统，包括基本要素（企业名称、企业标志、标准字、标准色、企业造型等）和应用要素（产品造型、办公用品、服装、招牌、交通工具等），通过具体符号的视觉传达设计，直接进入人脑，留下对企业的视觉影像。企业形象是企业自身的一项重要无形资产，因为它代表着企业的信誉、产品质量、人员素质、股票的涨跌等。塑造企业形象虽然不一定马上给企业带来经济效益，但它能创造良好的社会效益，获得社会的认同感、形成优良价值观，最终会收到由社会效益转化来的经济效益。它是一笔重大而长远的无形资产投资。未来的企业竞争不仅仅是产品品质、品种之战，更重要的还是企业形象之战，因此，塑造企业形象便逐渐成为有长远眼光企业的长期战略。

CI 直译为“企业形象规范体系”。这是指一个企业为了获得社会的理解与信任，将其企业的宗旨和产品包含的文化内涵传达给公众，而建立自己的视觉体系形象系统。

4. 企业理念

从理论上说，企业的经营理念是企业的灵魂，是企业哲学、企业精神的集中表现。同时，也是整个企业识别系统的核心和依据。企业的经营理念要反映企业存在的社会价值、企业追求的目标以及企业的经营等内容，要尽可能地用简明确切的、能为企业内外乐意接受的、易懂易记的语句来表达。

5. 企业行为

企业行为识别的要旨是企业在内部协调和对外交往中应该有一种规范性准则。这种准则具体体现在全体员工上下一致的日常行为中。也就是说，员工一招一式的行为举止都应该是一种企业行为，能反映出企业的经营理念和价值取向，而不是独立的随心所欲的个人行为。行为识别需要员工在理解企业经营理念的基础上，把它变为发自内心的自觉行动，只有这样，才能使同一理念在不同的场合、不同的层面中具体落实到管理行为、销售行为、服务行为和公共关系行为中去。企业的行为识别是企业处理和协调人、事、物的动态动作系统。行为识别的贯彻实施，对内包括新产品开发、干部分配以及文明礼貌规范等，对外包括市场调研及商品促进、各种服务及公关准则，以及与金融、上下游合作伙伴和代理经销商交往的行为准则。

6. 企业视觉

任何一个企业想进行宣传，从而塑造可视的企业形象，都需要依赖传播系统，传播的成效大小完全依赖于在传播系统模式中的符号系统的设计能否被社会大众辨认与接受，并给社会大众留下深刻的印象。符号系统中的基本要素都是传播企业形象的载体，企业通过这些载体来反映企业形象，这种符号系统可称作企业形象的符号系统。VI 是一个严密而完整的符号系统，它的特点在于展示清晰的“视觉力”结构，从而准确地传达独特的企业形象，通过差异性面貌的展现，达成企业认识、识别的目的。

7. VI 欣赏

相关 VI 案例列举如下：

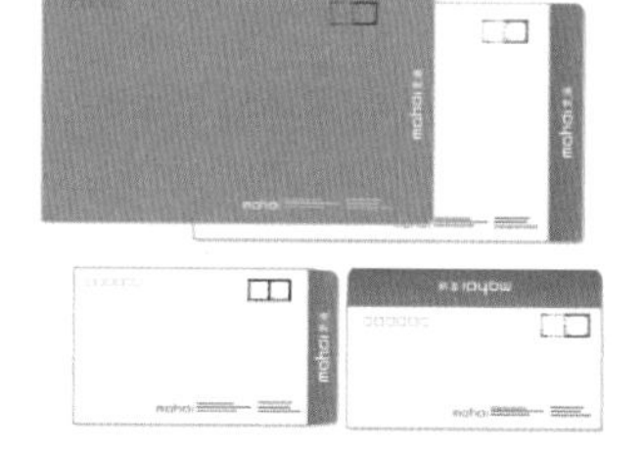

实例 98 Logo

实例思路

本例中要设计的 Logo 是一个生物防护公司的图标，在设计时以人物头像意向作为设计起始点，要做到真正的防护，就要有护目镜、口罩等设施，所以制作时在正圆上填充了渐变色，并为其应用了眼睛和嘴巴防护的抽象设计，为其应用了“内阴影”图层样式，让其在视觉上有一种凹陷的感觉，流程如图 11-1 所示。

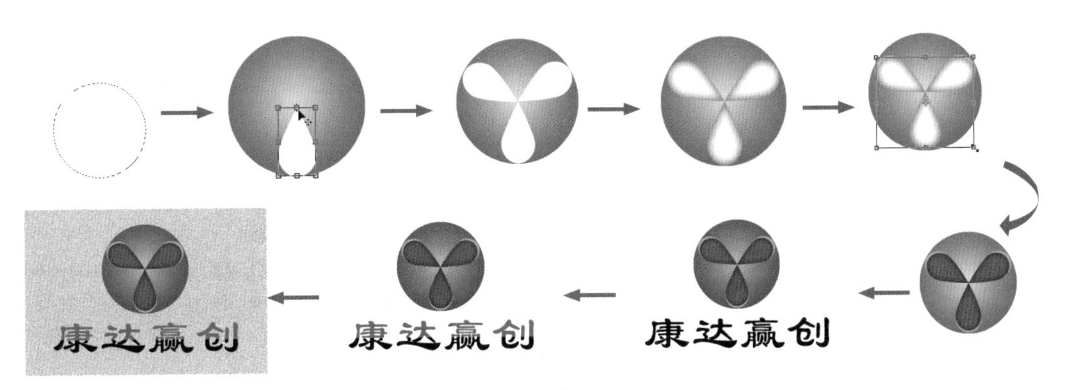

图 11-1 操作流程

实例要点

- 新建文档并绘制正圆选区
- 填充渐变色
- 绘制雨滴形状
- 旋转复制图形
- 合并图层
- 应用“内阴影”图层样式
- 为背景应用“便条纸”滤镜

操作步骤

步骤 01 执行菜单中的“文件”|“新建”命令或按 Ctrl+N 键，新建一个“宽度”为 18 厘米、“高度”为 12 厘米、“分辨率”为 150 像素 / 英寸的空白文档，新建一个图层后，选择 （椭圆工具）按住 Shift 键在页面中绘制一个正圆选区，如图 11-2 所示。

步骤 02 选择 （渐变工具）后，设置前景色为淡灰色、背景色设置为深灰色，在选区中心位置向选区边缘拖曳鼠标填充从前景色到背景色的“径向渐变”，如图 11-3 所示。

步骤 03 将前景色设置为白色，新建一个“图层 2”图层，选择 （自定形状工具），在属性栏中选择“填充类型”为“像素”后，在“形状选择器”中选择“雨滴”，然后在页面中绘制白色雨滴形状，如图 11-4 所示。

步骤 04 按 Ctrl+J 键得到一个“图层 2 拷贝”图层，按 Ctrl+T 键调出变换框，将旋转中心点调整到顶点位置，在属性栏中设置“旋转角度”为 120°，如图 11-5 所示。

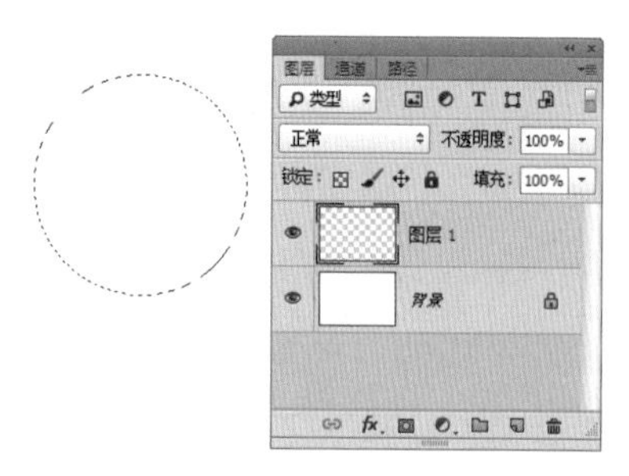

图 11-2　新建文档并绘制正圆选区

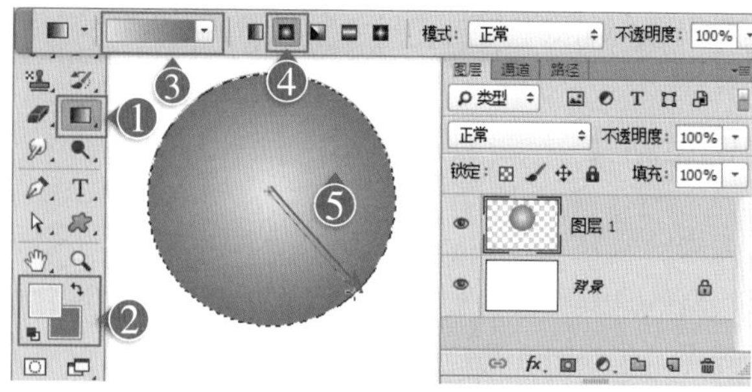

图 11-3　填充渐变色

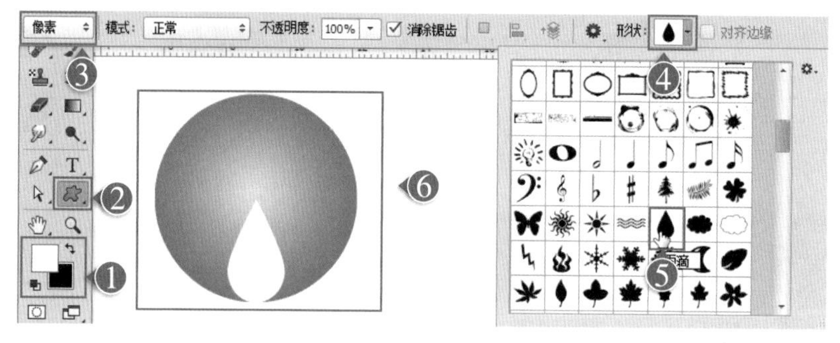

图 11-4　绘制形状

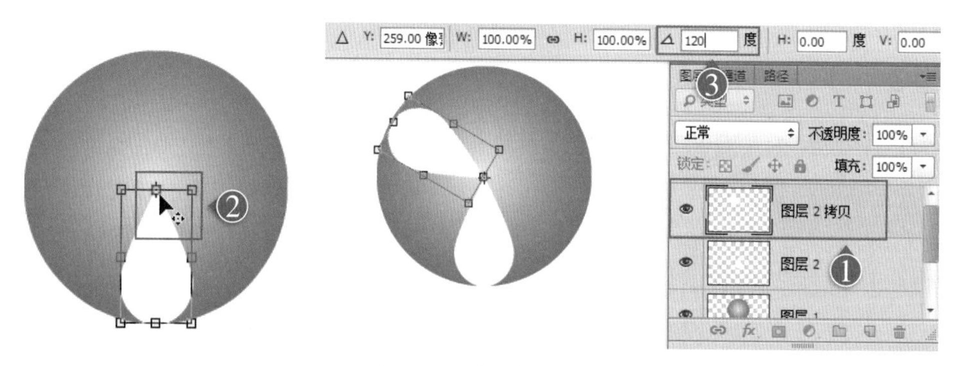

图 11-5　旋转复制

步骤05 按 Enter 键完成变换，再按 Ctrl+Shift+Alt+T 键，会按照上一步的变换进行继续变换，效果如图 11-6 所示。

技巧：按 Ctrl+Alt+E 键会将选择的图层复制一个合并后的图层；按 Ctrl+Alt+Shift+E 键会将当前文档盖印一个图层；按 Ctrl+Alt+Shift+T 键会按照上步的旋转角度，自动旋转复制一个图层。

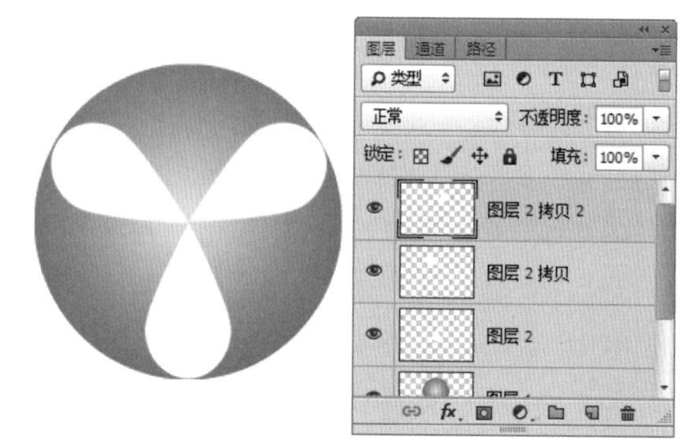

图 11-6　继续变换

步骤06 按住 Ctrl 键的同时，单击“图层 2”图层、“图层 2 拷贝”图层和“图层 2 拷贝 2”图层，再按 Ctrl+E 键将选择的图层合并为一个图层，并将其命名为“防护”，如图 11-7 所示。

步骤07 执行菜单中的“图层”|“图层样式”|“内阴影”命令，打开“内阴影”面板，其中的参数设置如图 11-8 所示。

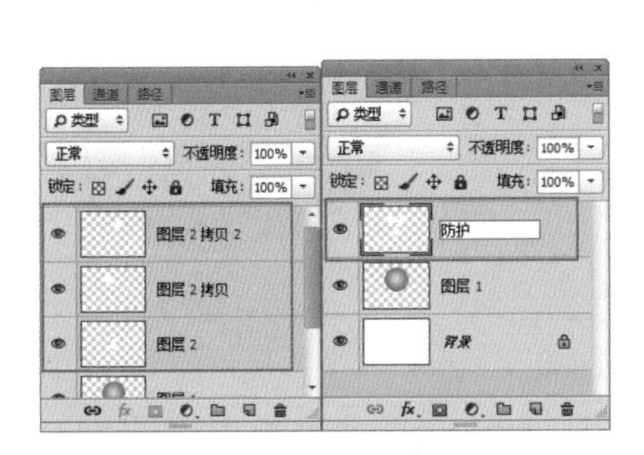

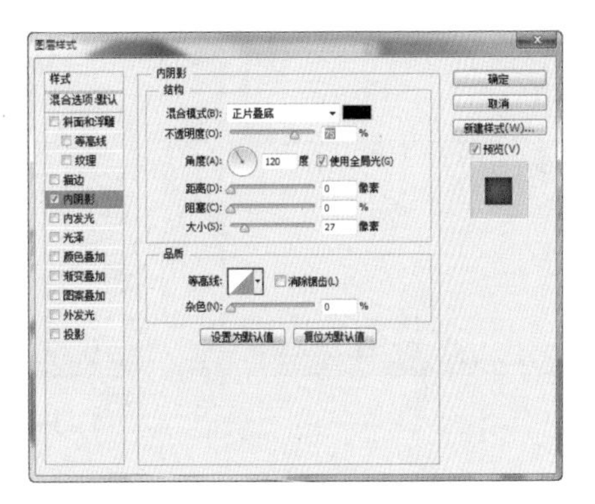

图 11-7 合并图层　　图 11-8 “内阴影”界面

步骤08 设置完成单击“确定”按钮，效果如图 11-9 所示。

步骤09 按 Ctrl+J 键得到一个“防护 拷贝”图层，略微变换、效果如图 11-10 所示。

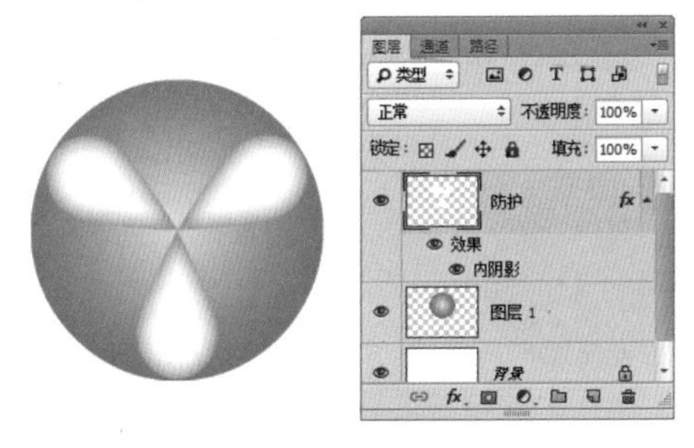

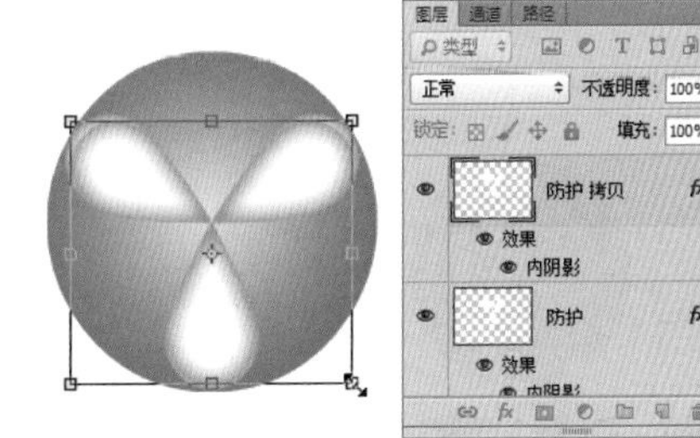

图 11-9 应用内阴影　　图 11-10 复制图层并变换

步骤10 按 Enter 键完成变换，执行菜单中的“图层”|“图层样式”|“颜色叠加”命令，打开“颜色叠加”面板，将“叠加颜色”设置为“橘色”，其他的参数设置如图 11-11 所示。

步骤11 设置完成单击“确定”按钮，效果如图 11-12 所示。

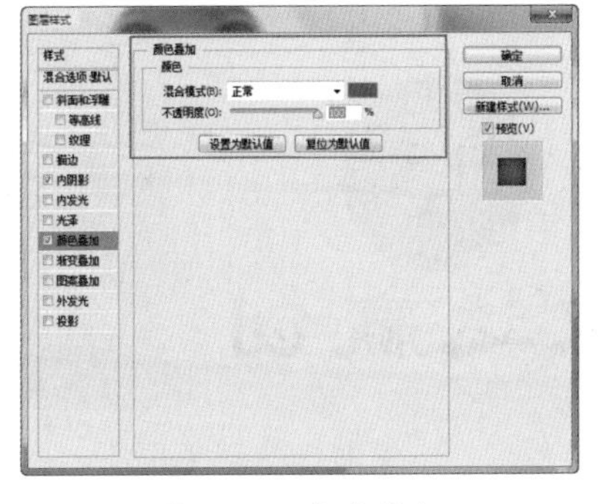

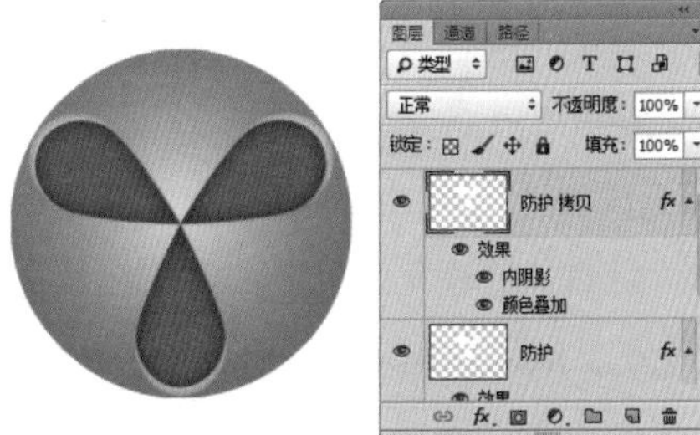

图 11-11 颜色叠加　　图 11-12 应用颜色叠加后

步骤12 选中“图层 1”图层，单击 (创建新的填充或调整图层）按钮，在弹出的菜单中选择

“亮度 / 对比度”命令，打开“亮度 / 对比度”属性调整面板，其中的参数设置如图 11-13 所示。

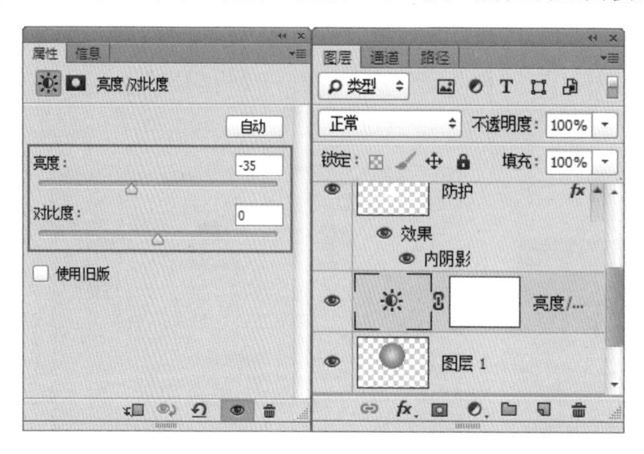

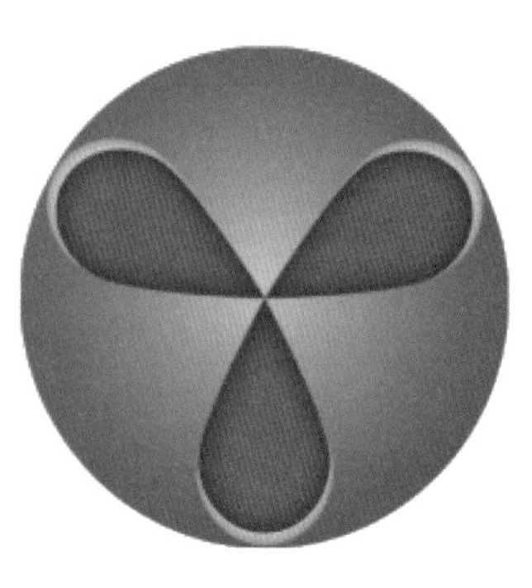

图 11-13 调整图层

步骤13 使用T（横排文字工具）在页面中输入文字，如图 11-14 所示。

步骤14 在文字图层的上方新建一个图层，使用▭（矩形工具）在文字上方绘制一个白色矩形，如图 11-15 所示。

图 11-14 输入文字

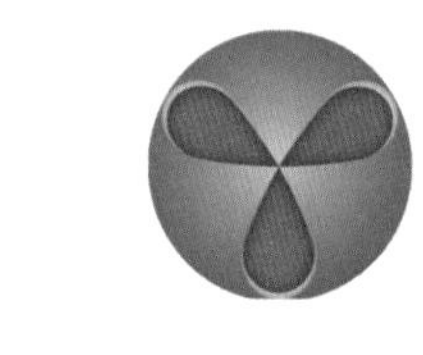

图 11-15 新建图层并绘制矩形

步骤15 执行菜单中的“图层”|“创建剪贴蒙版”命令，再设置“不透明度”为 40%，效果如图 11-16 所示。

步骤16 此时 Logo 部分制作完成，为了能让 Logo 看起来更有层次感，我们将背景制作一个效果，选择背景图层，执行菜单中的“滤镜”|“滤镜库”命令，在弹出的“滤镜库”对话框中，选择“素描”|“便条纸”滤镜，此时变为“便条纸”对话框，设置各个参数如图 11-17 所示。

步骤17 设置完成单击“确定”按钮，至此本例制作完成，效果如图 11-18 所示。

图 11-16 调整后

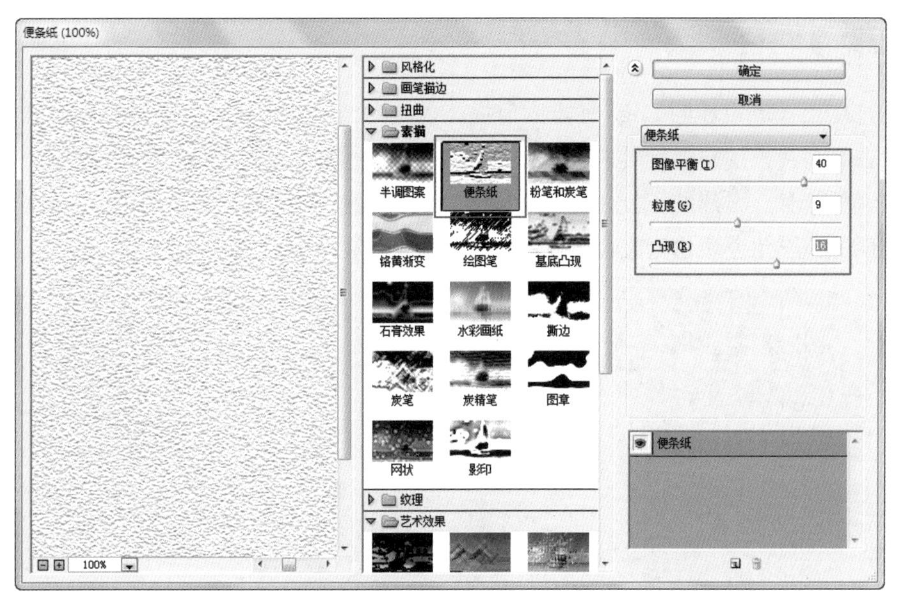

图 11-17 便条纸

图 11-18 最终效果

实例 99 名片

名片的设计要求

名片是现代社会中应用得较为广泛的一种交流工具，也是现代交际中不可或缺的展现个性风貌的必备工具，名片的标准尺寸为 90mm×55mm、90mm×50mm 和 90mm×45mm。但是加上上、下、左、右各 3mm 的出血，制作尺寸则必须设定为 96mm×61mm、96mm×56mm、96mm×51mm。设计名片时还得确定名片上所要印刷的内容。名片的主体是名片上所提供的信息，名片信息主要由姓名、工作单位、电话、手机、职称、地址、网址、E-mail，以及企业的经营范围、标志、图片、宣传语等。

实例思路

本名片以上一例设计的 Logo 标志为前提，以此为公司人员设计一款属于自己风格的名片样式。在白板名片上用延展旋转的色块作为底色，是提升名片设计感最简单的方法。在色块上加入要强调的信息。名片的正反面色调搭配要一致，这样会增加整体感，同时加深客户品牌记忆。以不同颜色三角色块作为底色，在底色上加上文字的布局。流程如图 11-19 所示。

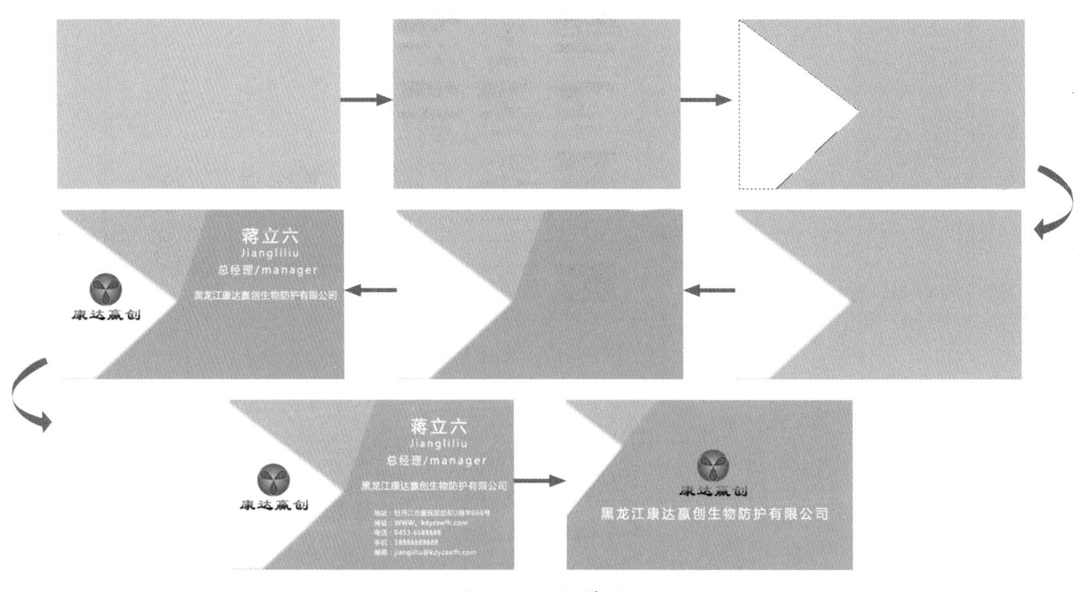

图 11-19　操作流程

实例要点

- 新建文档
- 复制图层
- 应用“半调图案”滤镜
- 新建图层绘制选区填充颜色
- 应用“内阴影和投影”图层样式
- 输入美术文字

操作步骤

1. 名片正面

步骤 01 执行菜单中的“文件”|“新建”命令或按 Ctrl+N 键，新建一个“宽度”为 9.5 厘米、“高度”为 5 厘米、“分辨率”为 150 像素 / 英寸的空白文档，将文档填充“灰色”，如图 11-20 所示。

图 11-20　新建文档

步骤 02 拖曳背景图层到 (创建新图层) 按钮上，复制一个背景拷贝层，执行菜单中的“滤镜”|“滤镜库”命令，在弹出的“滤镜库”对话框中，选择“素描”|“半调图案”滤镜，此时变为“半调图案”对话框，

设置各个参数如图 11-21 所示。

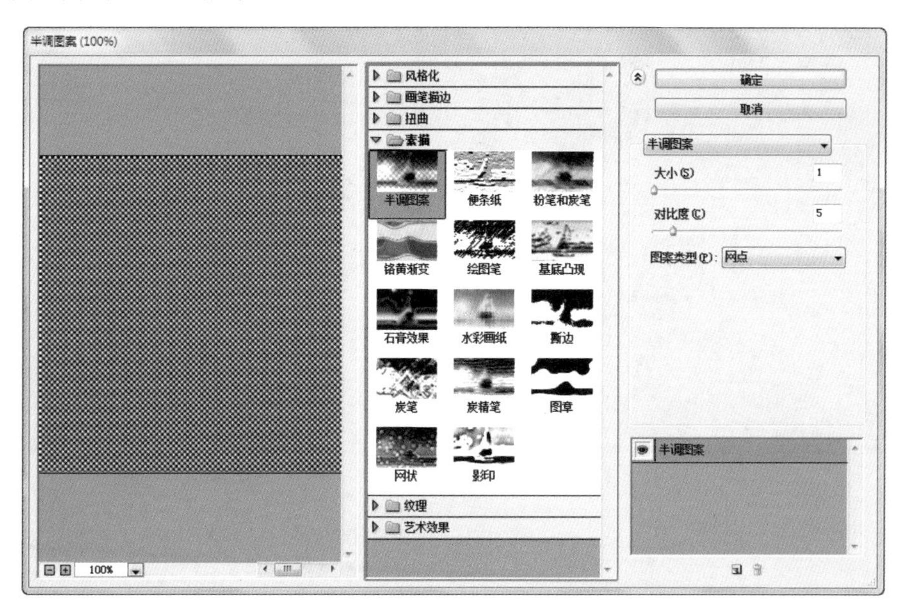

图 11-21 设置半调图案

步骤03 设置完成单击“确定”按钮，设置“不透明度”为 15%，效果如图 11-22 所示。

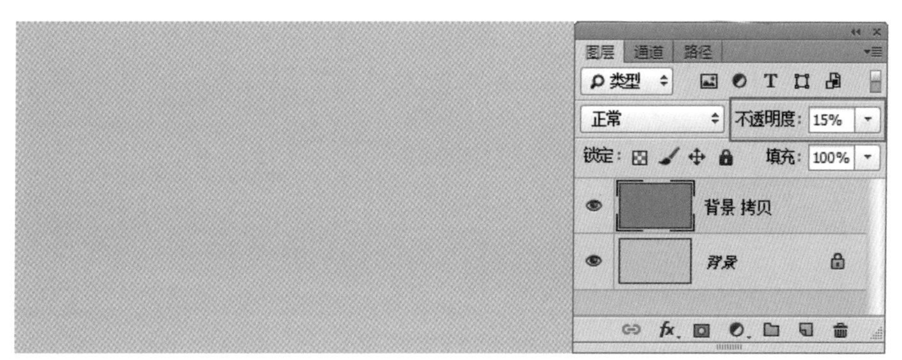

图 11-22 应用半调图案

步骤04 新建一个“图层 1”图层，使用（多边形套索工具）绘制一个封闭选区，将其填充为白色，如图 11-23 所示。

图 11-23 绘制选区并填充白色

步骤05 按 Ctrl+D 键去掉选区，执行菜单中的“图层”|“图层样式”|“内阴影”命令，打开“内阴影”面板，其中的参数设置如图 11-24 所示。

步骤06 设置完成单击“确定”按钮，效果如图 11-25 所示。

步骤07 新建一个“图层 2”图层，使用（多边形套索工具）绘制一个封闭选区，将其填充为青色，如图 11-26 所示。

步骤08 按 Ctrl+D 键去掉选区，执行菜单中的“图层”|“图层样式”|“投影”命令，打开“投影”面板，其中的参数设置如图 11-27 所示。

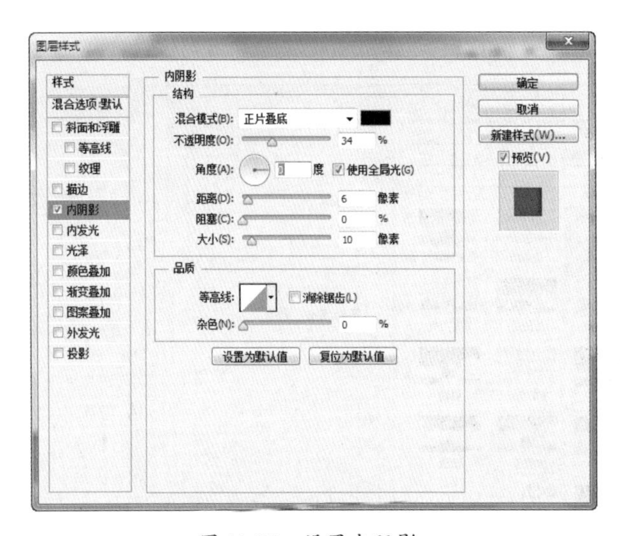

图 11-24 设置内阴影

图 11-25 应用内阴影

图 11-26 绘制选区并填充颜色

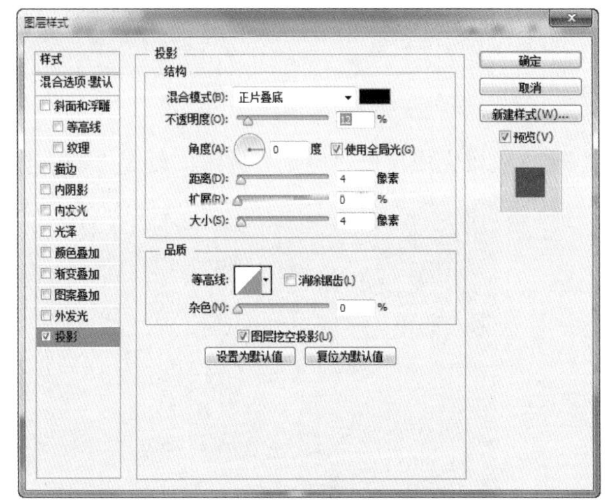

图 11-27 清除选区内容后设置投影

步骤09 设置完成单击“确定”按钮，效果如图 11-28 所示。

图 11-28 应用投影

步骤10 打开 Logo，将除了背景以外的所有图层一同选取，按 Ctrl+E 键合并，再将合并后的图像拖曳到“名片正面”文档中，按 Ctrl+T 调整大小和位置，如图 11-29 所示。

步骤11 按 Enter 键完成变换，使用 T（横排文字工具）在右面上半部分输入文字，将文字按照居中对齐进行分布，如图 11-30 所示。

图 11-29　移入

图 11-30　输入文字

步骤12 使用 T（横排文字工具）在页面中拖曳，绘制出一个段落文本框，在文本框中输入文字，至此名片正面制作完成，效果如图 11-31 所示。

图 11-31　名片正面

2. 名片背面

步骤01 将名片正面另存为一个背面文件，将文字和“青色”色块对应的图层删除，如图 11-32 所示。

图 11-32　删除后

步骤02 在“图层 2”图层的上面新建一个“图层 3”图层，使用（多边形套索工具）绘制一个封闭选区，将其填充为青色，如图 11-33 所示。

步骤03 按 Ctrl+D 键去掉选区，执行菜单中的“图层”|“图层样式”|“投影”命令，打开“投影”界面，其中的参数值设置如图 11-34 所示。

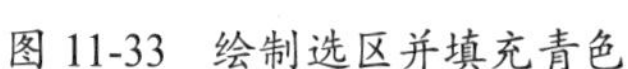

图 11-33 绘制选区并填充青色

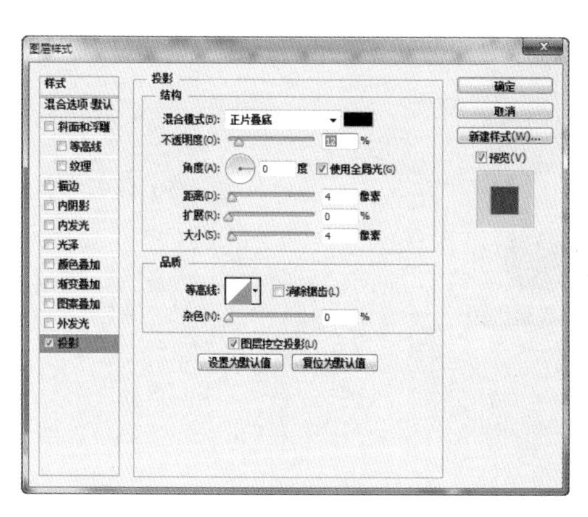

图 11-34 投影

步骤04 设置完成单击“确定”按钮，效果如图 11-35 所示。

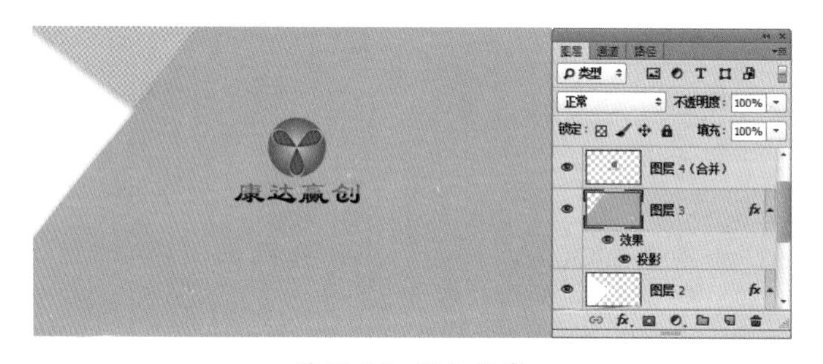

图 11-35 添加投影

步骤05 使用 T（横排文字工具）在标志的下方输入公司的名称，至此本例制作完成，效果如图 11-36 所示。

图 11-36 名片背面

实例 100 企业前台

实例思路

企业前台区域是客户进入该公司时第一眼的印象，该区域一定要体现出公司的 Logo、名称等内容。本例中的企业前台主要以“填充”命令制作背景，通过选区结合 （渐变工具）来制作前台的桌子和背景墙，流程如图 11-37 所示。

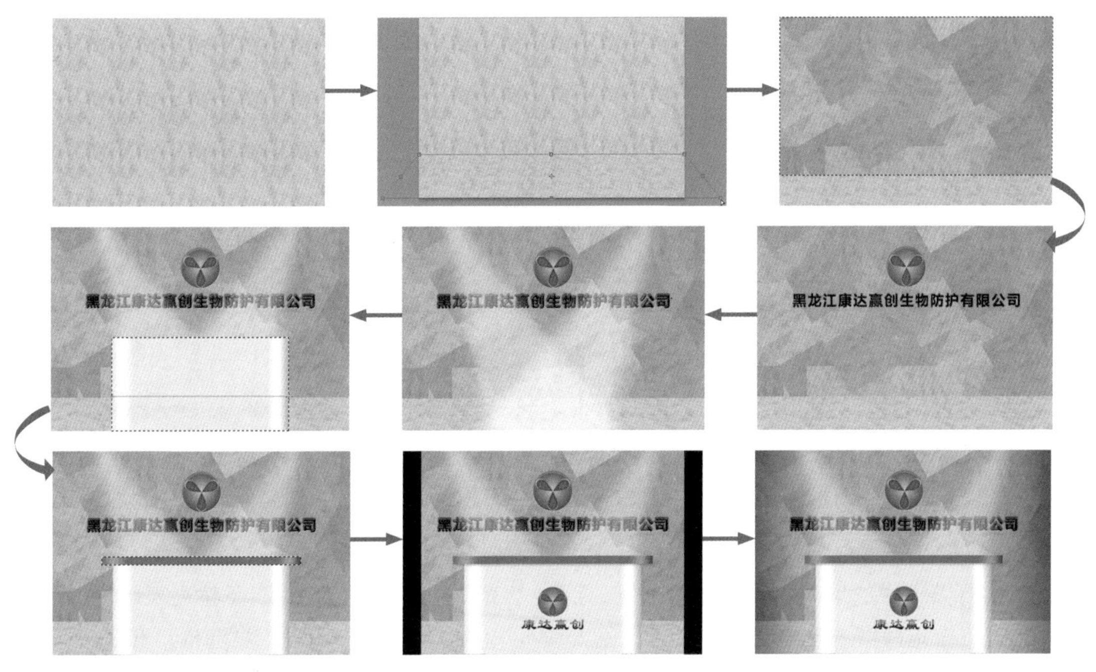

图 11-37 操作流程

实例要点

- 新建文档并应用“填充”命令填充图案
- 变换图像
- 移入素材和输入文字
- 应用“斜面和浮雕、投影”图层样式
- 绘制选区并填充颜色
- 应用“高斯模糊”滤镜
- “渐变工具”填充渐变色

操作步骤

步骤01 执行菜单中的“文件”|“新建”命令或按 Ctrl+N 键，新建一个“宽度”为 18 厘米、“高度”为 12 厘米、“分辨率”为 150 像素 / 英寸的空白文档，执行菜单中的“编辑” | “填充”命令，打开“填充”对话框，在“使用”下拉列表中选择“图案”，在“自定图案”选取器中选择“浅色大理石”，如图 11-38 所示。

步骤02 设置完成单击“确定”按钮，效果如图 11-39 所示。

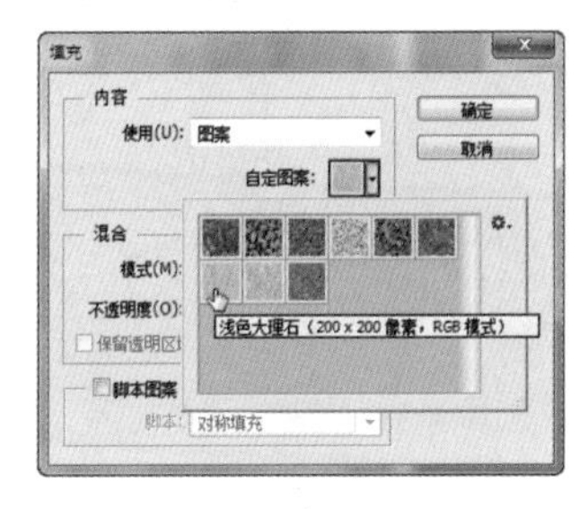

图 11-38 “填充”对话框

图 11-39 应用填充后

步骤03 复制“背景”图层得到一个“背景 拷贝”图层，按Ctrl+T键调出变换框，现将图像调矮，再按住Ctrl+Alt+Shift键拖动控制点将其进行透视处理，如图11-40所示。

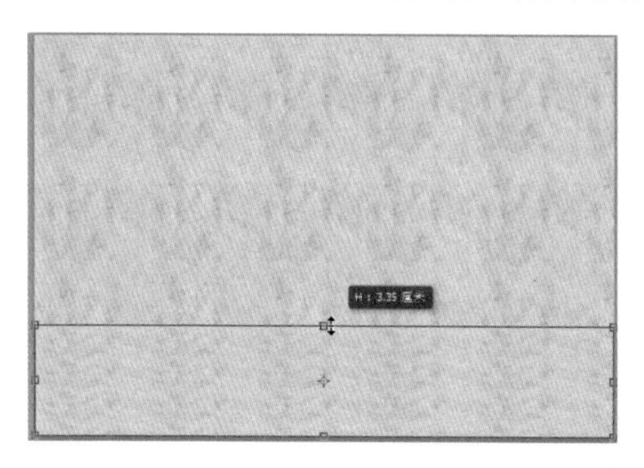

图11-40 变换

步骤04 按Enter键完成变换，新建一个图层，使用（矩形选框工具）绘制一个矩形选区，如图11-41所示。

步骤05 执行菜单中的“编辑”|“填充”命令，打开“填充”对话框，在“使用”下拉列表中选择“图案”，在“自定图案”选取器中选择“浅色大理石”，勾选“脚本图案”复选框，在“脚本”下拉列表中选择“对称填充”，如图11-42所示。

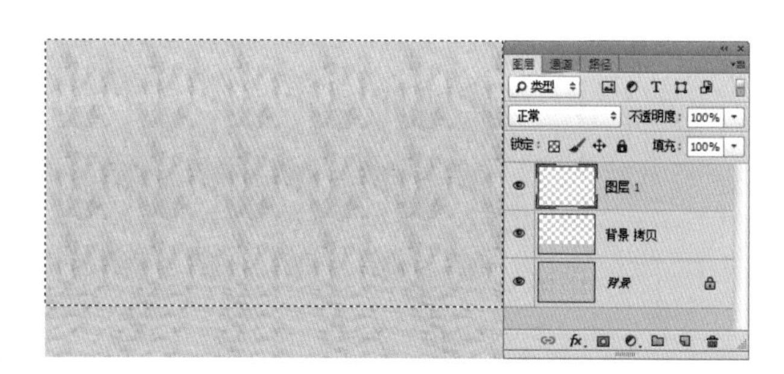

图11-41 绘制矩形选区

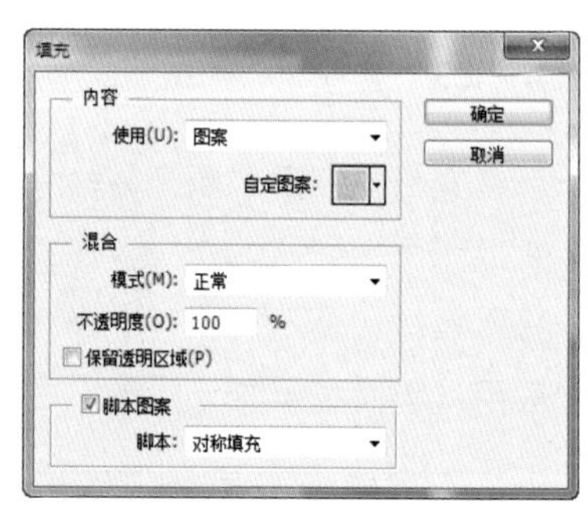

图11-42 “填充”对话框

步骤06 设置完成单击“确定”按钮，效果如图11-43所示。

步骤07 按Ctrl+D键去掉选区，打开Logo，将除了背景以外的所有图层一同选取，按Ctrl+E键合并，再将合并后的图像拖曳到“企业前台”文档中，使用（橡皮擦工具）擦除文字区域，如图11-44所示。

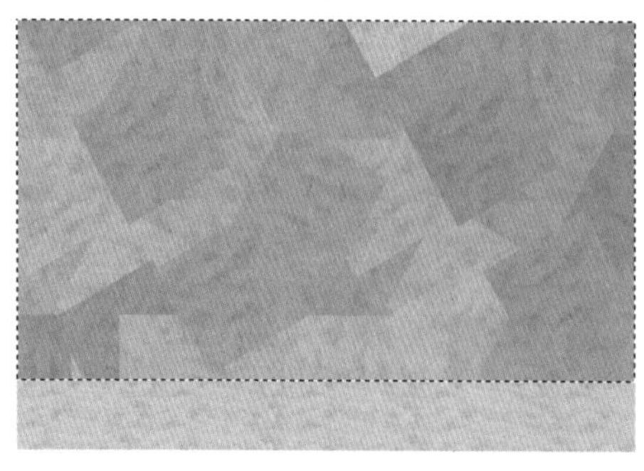

图11-43 填充后

图11-44 移入

步骤08 执行菜单中的“图层”|“图层样式”|“斜面和浮雕”命令，打开“斜面和浮雕”面板，其中的参数值设置如图 11-45 所示。

步骤09 设置完成单击“确定”按钮，效果如图 11-46 所示。

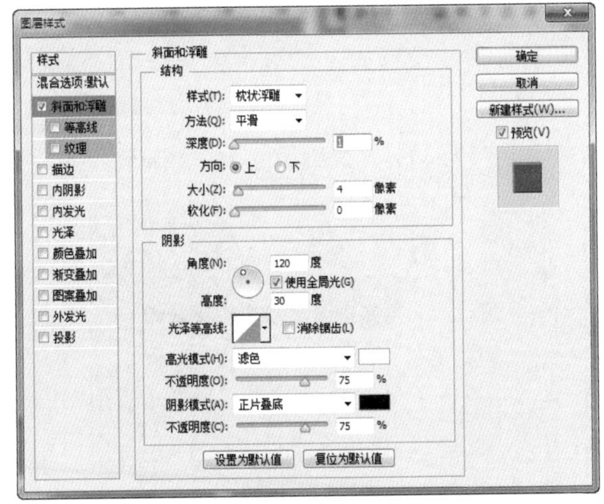

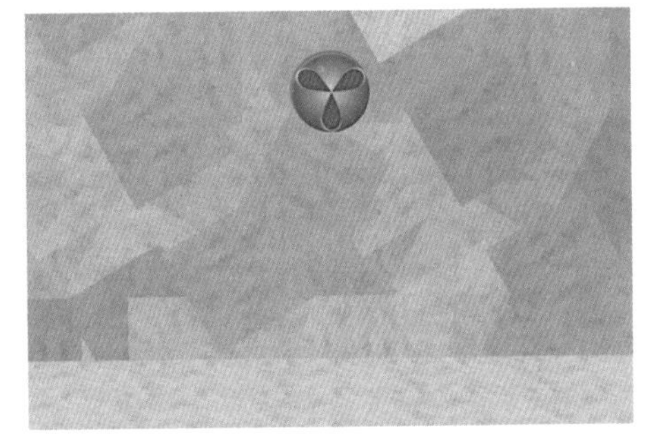

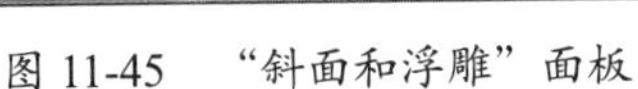
图 11-45 “斜面和浮雕”面板

图 11-46 应用斜面和浮雕

步骤10 使用 T（横排文字工具）在图标下方输入黑色文字，如图 11-47 所示。

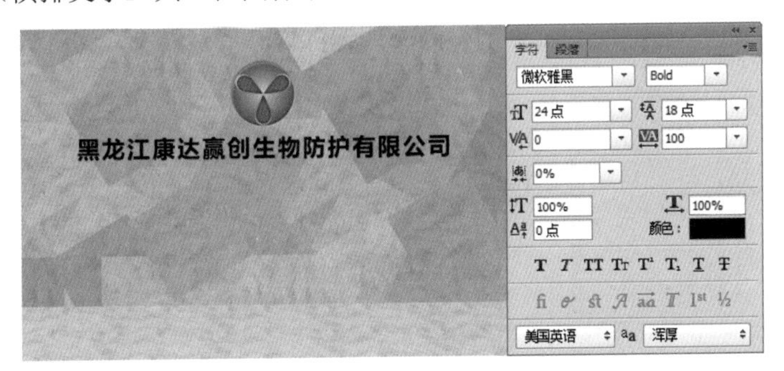

图 11-47 键入文字

步骤11 执行菜单中的“图层”|“图层样式|斜面和浮雕、投影”命令，分别打开“斜面和浮雕”和“投影”面板，其中的参数设置如图 11-48 所示。

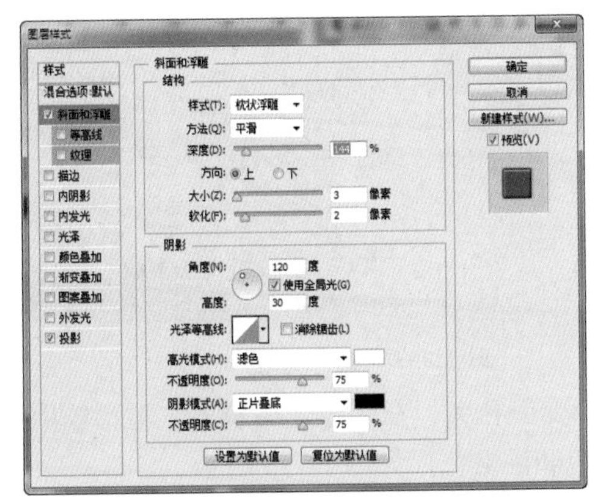

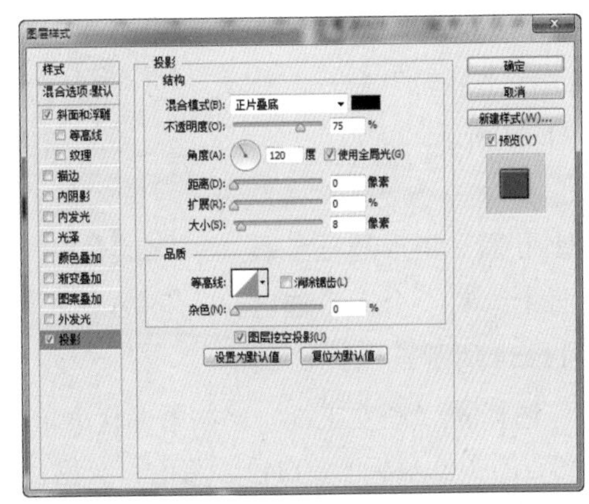

图 11-48 图层样式

步骤12 设置完成单击“确定”按钮，效果如图 11-49 所示。

图 11-49　应用图层样式

步骤13 新建一个图层，使用（多边形套索工具）绘制一个封闭选区，将选区填充为白色，效果如图 11-50 所示。

步骤14 按 Ctrl+D 键去掉选区，执行菜单中的“滤镜”|“模糊”|“高斯模糊”命令，打开“高斯模糊”对话框，其中的参数设置如图 11-51 所示。

步骤15 设置完成单击“确定”按钮，设置“不透明度”为 47%，效果如图 11-52 所示。

图 11-50　绘制选区并填充白色

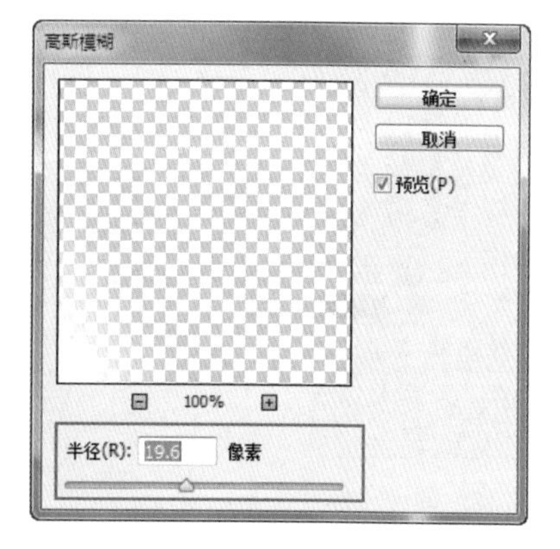

图 11-51　“高斯模糊”对话框

图 11-52　高斯模糊后

步骤16 按 Ctrl+J 键复制一个图层，执行菜单中的“编辑”|“变换”|“水平翻转”命令，效果如图 11-53 所示。

步骤17 新建一个“图层 4”图层，使用（矩形选框工具）在页面中绘制一个矩形选区，如图 11-54 所示。

图 11-53　水平翻转

步骤18 选择（渐变工具），在属性栏中单击渐变颜色条，在“渐变编辑器”对话框中设置从左到右的颜色为灰色、白色、灰色、灰色、白色和深灰色，如图 11-55 所示。

图 11-54 绘制选区

图 11-55 设置渐变色

步骤19 使用（渐变工具）在选区中从左向右拖曳鼠标填充线性渐变色，如图 11-56 所示。

步骤20 新建一个“图层 5”图层，使用（矩形选框工具）在页面中绘制一个矩形选区，如图 11-57 所示。

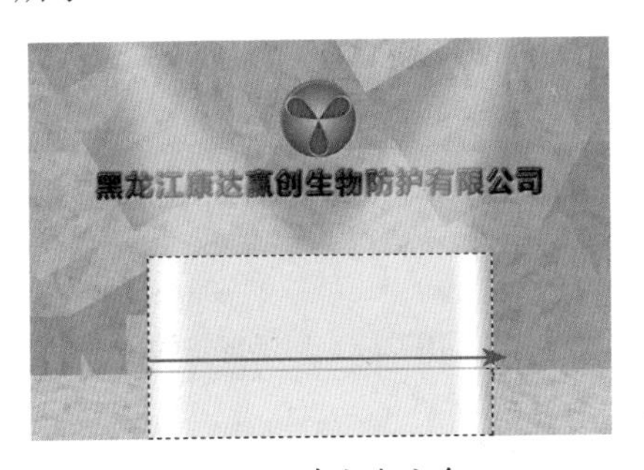

图 11-56 填充渐变色

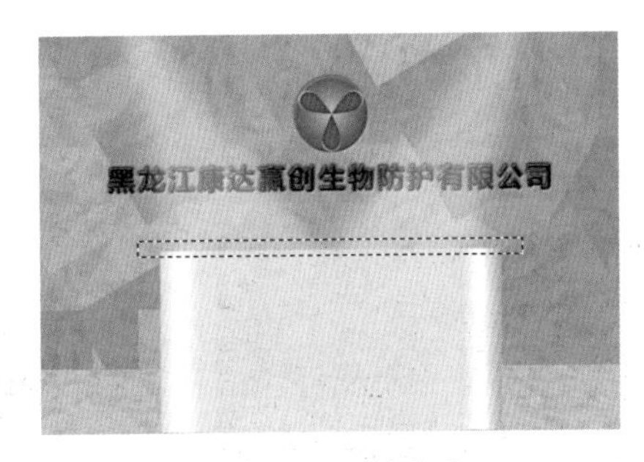

图 11-57 绘制选区

步骤21 选择（渐变工具），在属性栏中单击渐变颜色条，在“渐变编辑器”对话框中设置从左到右的颜色为蓝色、单青色、蓝色、蓝色、单青色和深蓝色，如图 11-58 所示。

步骤22 使用（渐变工具）在选区中从左向右拖曳鼠标填充线性渐变色，如图 11-59 所示。

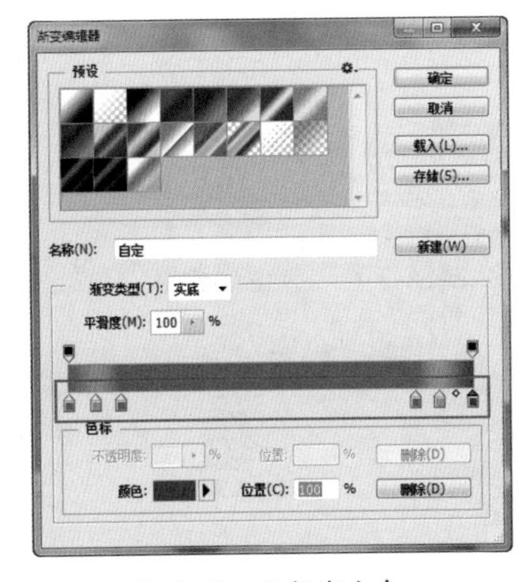

图 11-58 编辑渐变色

图 11-59 填充渐变色

步骤23 按 Ctrl+D 键去掉选区，执行菜单中的“图层”|“图层样式”|“投影”命令，打开“投影”面板，其中的参数设置如图 11-60 所示。

步骤24 设置完成单击“确定”按钮，效果如图 11-61 所示。

步骤25 将打开的 Logo 拖曳到“企业前台”文档中，效果如图 11-62 所示。

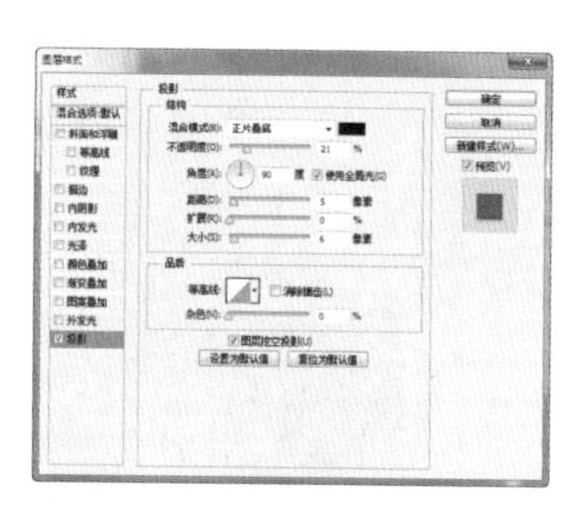

图 11-60 投影

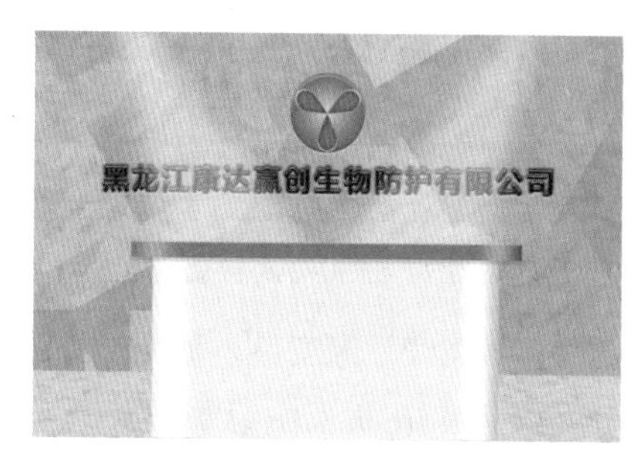

图 11-61 应用投影

图 11-62 移入图标

步骤26 新建一个图层，将其填充为黑色，使用（矩形选框工具）绘制一个矩形选区，单击（添加图层蒙版）按钮，效果如图 11-63 所示。

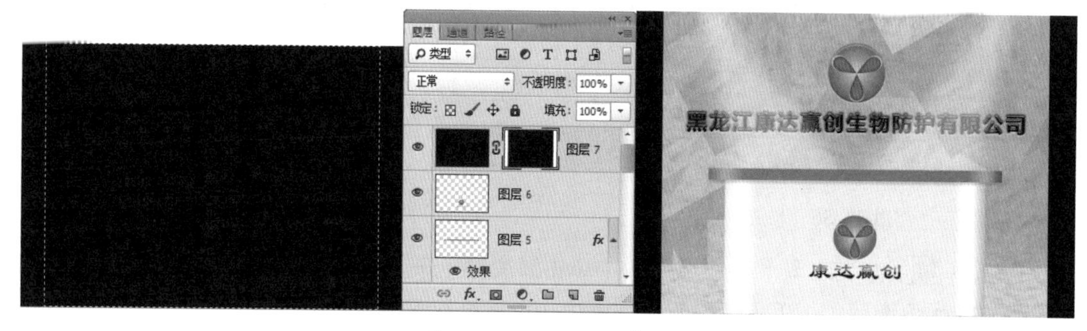

图 11-63 添加图层蒙版

步骤27 在“蒙版”属性面板中设置“羽化”为 78.3 像素，效果如图 11-64 所示。

步骤28 至此本例制作完成，效果如图 11-65 所示。

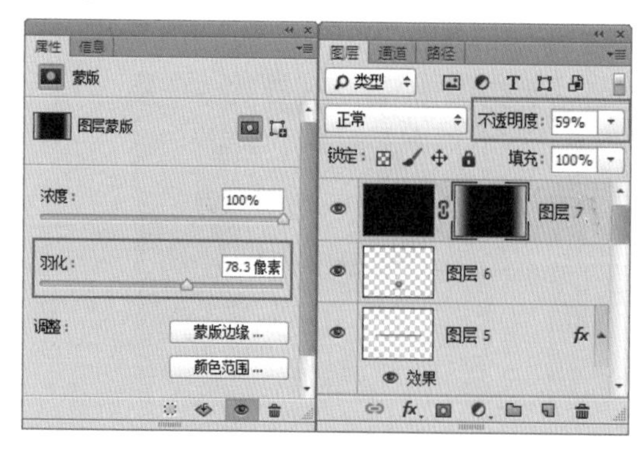

图 11-64 编辑蒙版

图 11-65 最终效果

第12章

海报广告设计与制作

海报广告设计是一种职业，是在计算机平面设计技术应用的基础上，随着广告行业发展所形成的一个新职业。该职业的主要特征是对图像、文字、色彩、版面、图形等表达广告的元素，结合广告媒体的使用特征，在计算机上通过相关设计软件来实现广告目的和意图，进行平面艺术创意。

所谓广告海报设计，是指从创意到制作的这个中间过程。海报设计是广告的主题、创意、语言文字、形象、衬托等要素构成的组合安排。海报设计的最终目的，就是通过广告来达到吸引眼球的目的。

本章就以海报广告的形式为大家精心设计三个不同行业的海报广告，分别是网店首屏广告、电影海报和文化海报。

本章案例内容

- 网店首屏广告
- 电影海报
- 文化海报

学习广告设计时应对以下几点进行了解：

- 广告设计的 3I 要求。
- 设计形式。
- 海报广告分类。
- 广告设计欣赏。

1. 广告设计的 3I 要求

1）Impact（冲击力）

从视觉表现的角度来衡量，视觉效果是吸引读者并用他们自己的语言来传达产品的利益点，一则成功的平面广告在画面上应该有非常强的吸引力，要重视彩色的科学运用、合理搭配，图片的准确运用并且有吸引力。

2）Information（信息内容）

一则成功的平面广告，要通过清晰明了的信息内容准确传递利益要点。广告信息内容要能够系统化地融合消费者的需求点、利益点和支持点等沟通要素。

3）Image（品牌形象）

从品牌的定位策略高度来衡量，一则成功的平面广告画面应该符合稳定、统一的品牌个性和符合品牌定位策略；在同一宣传主题下面的不同广告版本，其创作表现的风格和整体表现应该能够保持一致和具有连贯性。

2. 设计形式

店内海报设计：店内海报通常应用于营业店面内，做店内装饰和宣传用途。店内海报的设计需要考虑到店内的整体风格、色调及营业的内容，力求与环境相融。

招商海报设计：招商海报通常以商业宣传为目的，采用引人注目的视觉效果达到宣传某种商品或服务的目的。设计是要表现商业主题、突出重点，不宜太花哨。

展览海报设计：展览海报主要用于展览会的宣传，常分布于街道、影剧院、展览会、商业闹区、车站、码头、公园等公共场所。它具有传播信息的作用，涉及内容广泛、艺术表现力丰富、远视效果强。

平面海报设计：平面海报设计不同于海报设计，它是单体的、独立的一种海报广告文案，这种海报往往需要更多的抽象表达。平面海报设计时没有那么多的拘束，它可以是随意的一笔，只要能表达出宣传的主体就很好了。所以平面海报设计是比较符合现代广告界青睐的一种低成本、观赏力强的画报。

3. 海报广告分类

海报按其应用不同，大致可以分为商业海报、文化海报、电影海报和公益海报等，这里对它们做个大概的介绍。

1）商业海报

商业海报是指宣传商品或商业服务的商业广告性海报。商业海报的设计，要恰当地配合产品的格调和受众对象。

2）文化海报

文化海报是指各种社会文娱活动及各类展览的宣传海报。展览的种类很多，不同的展览都有各自的特点，设计师需要了解展览和活动的内容，才能运用恰当的方法表现内容和风格。

3）电影海报

电影海报是海报的分支，电影海报主要是起到吸引观众注意、刺激电影票房收入的作用，与戏剧海报、文化海报等有几分类似。

4）公益海报

社会公益海报是带有一定思想性的。这类海报具有特定的对公众的教育意义，其海报主题包括各种社会公益、道德的宣传，或政治思想的宣传，弘扬爱心奉献、共同进步的精神等。

4. 广告设计欣赏

相关的广告设计列举如下：

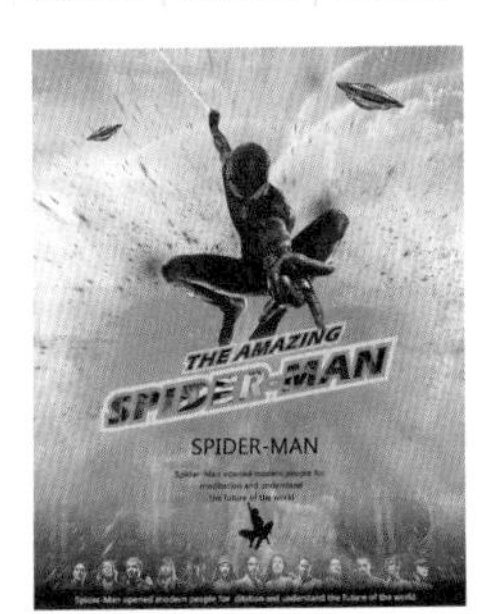

实例 101 网店首屏广告

实例思路

淘宝网店中的首屏广告分为全屏和标准全屏两种，宽度分别是 1920 像素和 950 像素，高度可以根据产品的特点自定义设置，本例中的广告配色以黄色为主，加以白色和黑色的辅助，让整个广告显得非常简洁大气。本例以黄色分页的形式作为广告的背景，制作的展台以立方体的样式来展现，加上文字、图形、素材的点缀，让整个画面显得非常有层次感，流程如图 12-1 所示。

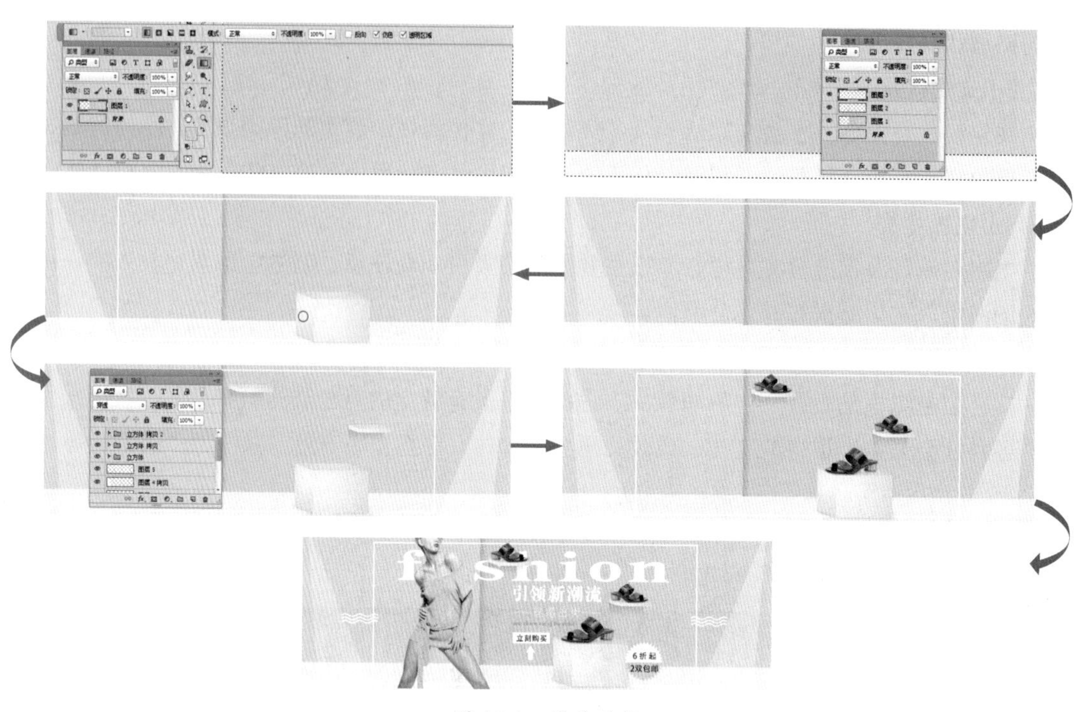

图 12-1　操作流程

实例要点

- 新建文档并绘制选区
- 填充渐变色
- 绘制选区并添加描边
- 变换图像制作立方体
- 创建图层组
- 输入文字并绘制形状
- 移入素材
- 调整“色相 / 饱和度”

操作步骤

1. 背景部分

步骤 01 执行菜单中的“文件”|“新建”命令或按 Ctrl+N 键，新建一个“宽度”为 1920 像素、“高度”为 600 像素、“分辨率”为 72 像素 / 英寸的空白文档，将背景填充“淡黄色”，如图 12-2 所示。

图 12-2　新建文档并填充淡黄色

步骤 02 使用（矩形选框工具）绘制一个矩形选区。新建一个图层，选择（渐变工具）后，设置前景色为黄色，设置背景色为淡黄色，在选区左侧位置向选区右侧拖曳鼠标填充从前景色到背景色的“线性渐变”，如图 12-3 所示。

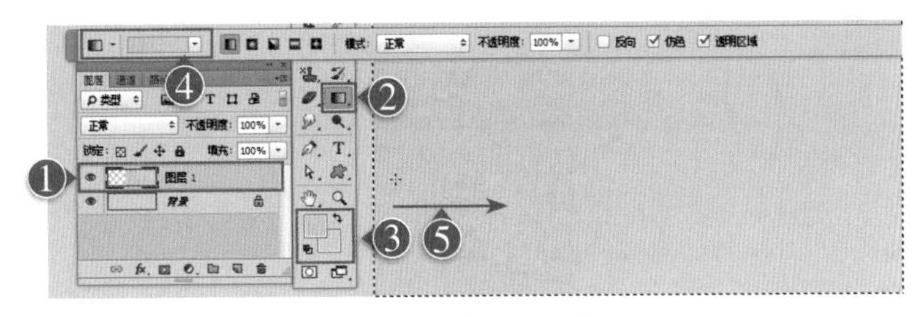

图 12-3 填充渐变色

步骤03 按 Ctrl+D 键去掉选区，使用（矩形选框工具）在相交的区域绘制一个小矩形选区。将前景色设置为深黄色，新建一个“图层 2”图层，选择（渐变工具），在属性栏中勾选“透明区域”复选框后，在选区左侧位置向选区右侧拖曳鼠标填充从前景色到透明的“线性渐变”，设置“不透明度”为 52%，如图 12-4 所示。

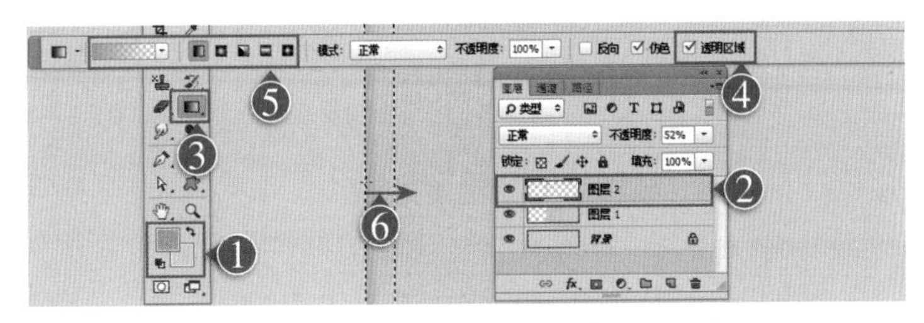

图 12-4 填充渐变色

步骤04 按 Ctrl+D 键去掉选区，新建一个图层，使用（矩形选框工具）绘制一个矩形选区，将其填充为白色，如图 12-5 所示。

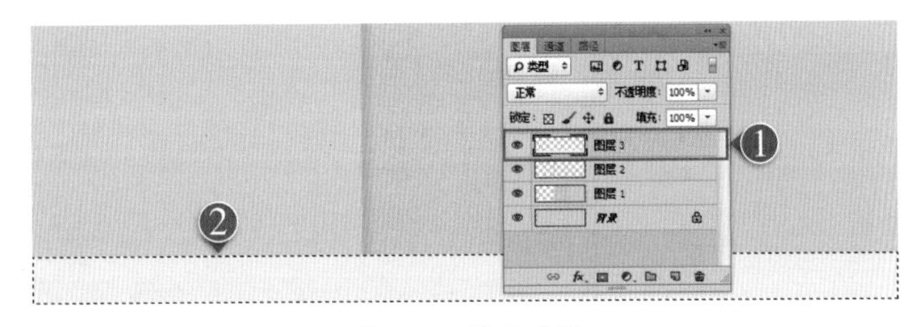

图 12-5 填充选区

步骤05 按 Ctrl+D 键去掉选区，使用（矩形选框工具）在相交处靠右绘制一个矩形选区，按 Delete 删除选区内容，如图 12-6 所示。

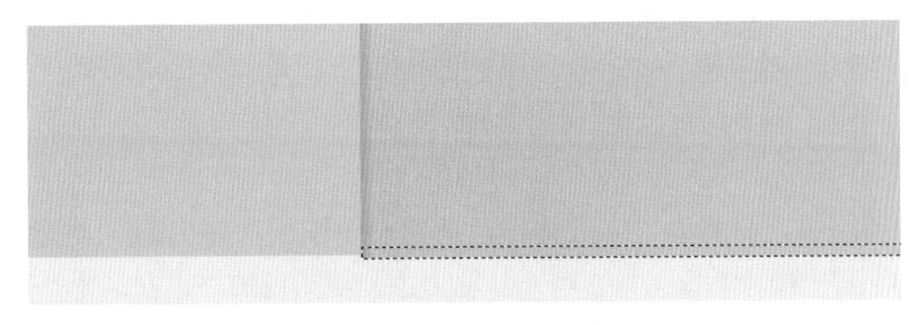

图 12-6 清除选区内容

步骤06 按 Ctrl+D 键去掉选区，新建一个图层，使用 （多边形套索工具）绘制封闭选区，将其填充“白色”，设置“不透明度”为 33%，如图 12-7 所示。

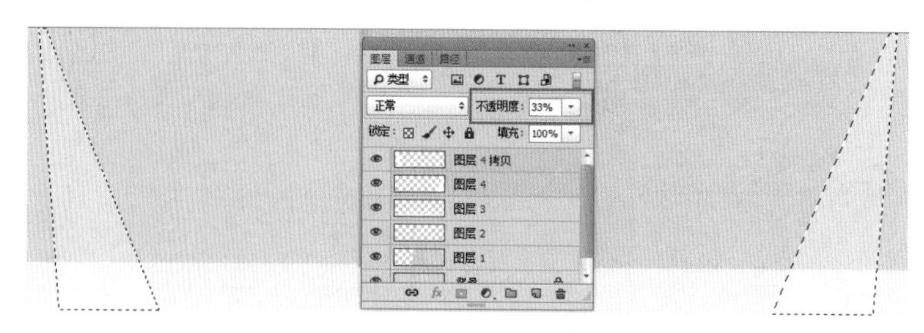

图 12-7 填充选区

步骤07 按 Ctrl+D 键去掉选区，新建一个图层，使用 （矩形选框工具）在中间绘制一个大矩形选区，如图 12-8 所示。

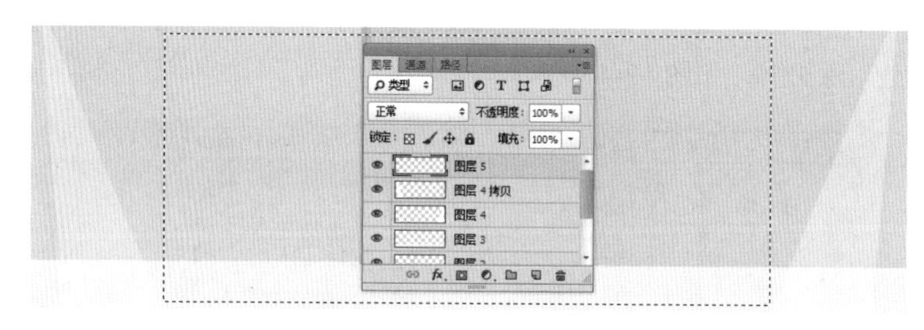

图 12-8 绘制选区

步骤08 执行菜单中的“编辑”|“描边”命令，打开“描边”对话框，设置“宽度”为 5 像素、“颜色”为白色、“位置”为“内部”，其他参数不变，如图 12-9 所示。

步骤09 设置完成单击“确定”按钮，按 Ctrl+D 键去掉选区，此时背景部分制作完成，效果如图 12-10 所示。

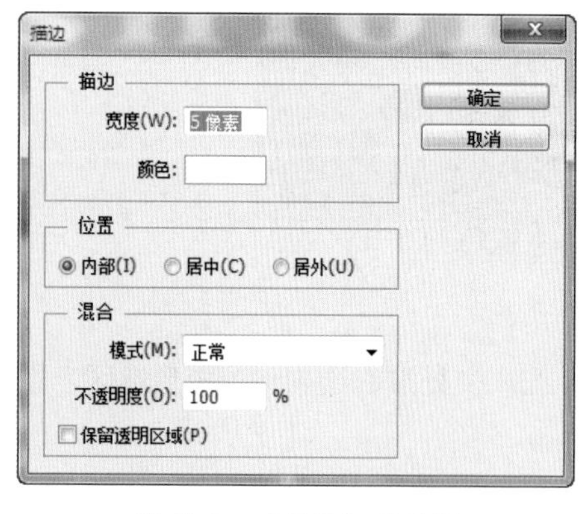

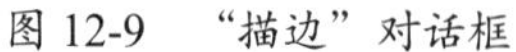

图 12-9 “描边”对话框

图 12-10 描边后

2. 立方体制作

步骤01 新建一个图层组，命名为“立方体”，新建一个图层，使用 （矩形选框工具）绘制一个矩形选区，再使用 （渐变工具）填充从乳白色到淡灰色的“径向渐变”，效果如图 12-11 所示。

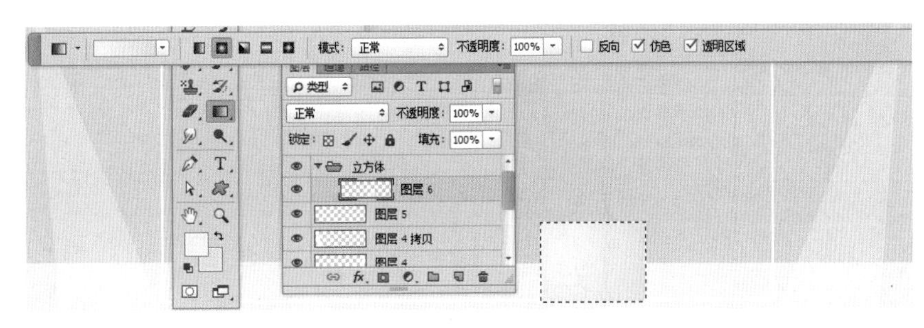

图 12-11　绘制矩形选区并填充渐变色

步骤02 按 Ctrl+D 键去掉选区，按 Ctrl+J 键复制一个图层，按 Ctrl+T 键调出变换框，按住 Ctrl 键的同时拖动控制点，将矩形进行变换，效果如图 12-12 所示。

步骤03 按 Enter 键完成变换，再次复制“图层 6”图层，得到一个“图层 6 拷贝 2”图层，按 Ctrl+T 键调出变换框，按住 Ctrl 键的同时拖动控制点，将矩形进行变换，效果如图 12-13 所示。

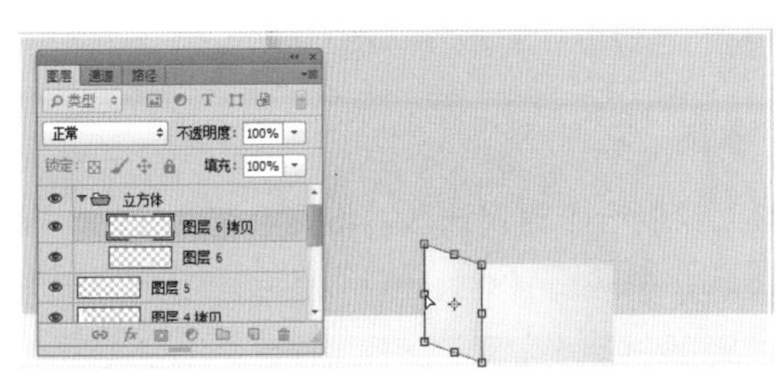

图 12-12　变换

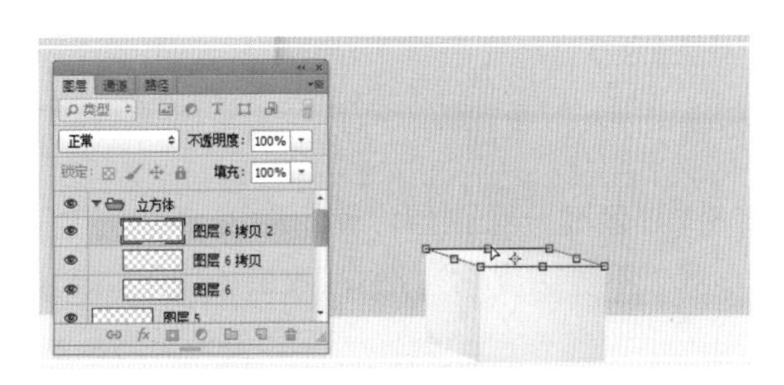

图 12-13　拷贝 2 变换

步骤04 按 Enter 键完成变换，新建一个图层，按住 Ctrl 键的同时单击“图层 6 拷贝 2”图层的缩览图，调出选区后，将其填充为黄色，设置“不透明度”为如图 12-14 所示。

步骤05 按 Ctrl+D 键去掉选区，按住 Ctrl+Shift 键的同时单击“图层 6”图层和“图层 6 拷贝”图层的缩览图，调出选区，在“图层 6”图层的下方新建一个“图层 8”图层，将选区填充为黑色，如图 12-15 所示。

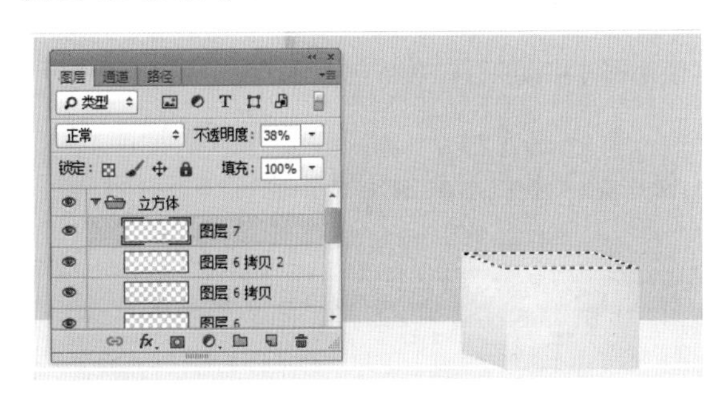

图 12-14　填色并设置

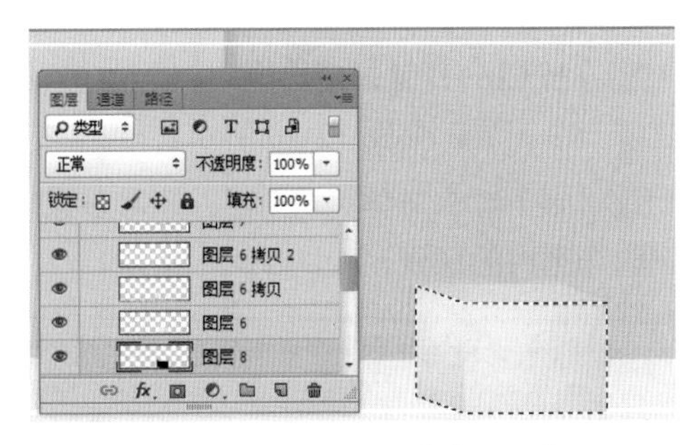

图 12-15　调出选区并填充颜色

步骤06 按 Ctrl+D 键去掉选区，执行菜单中的“滤镜”|“模糊”|“高斯模糊”命令，打开“高斯模糊”对话框，其中的参数设置如图 12-16 所示。

步骤07 设置完成单击“确定”按钮，效果如图 12-17 所示。

步骤08 使用（橡皮擦工具）擦除多余区域，效果如图 12-18 所示。

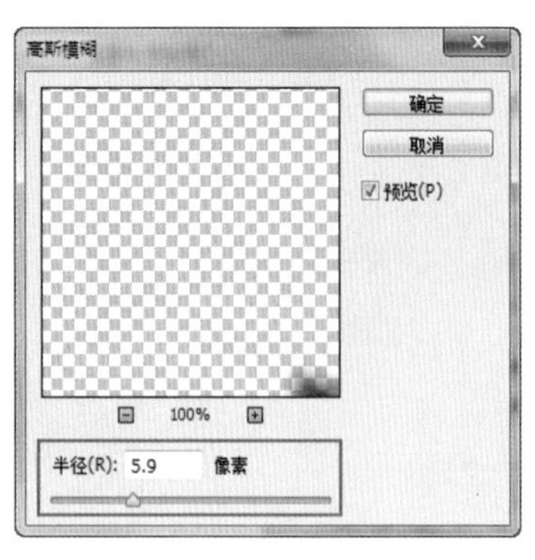

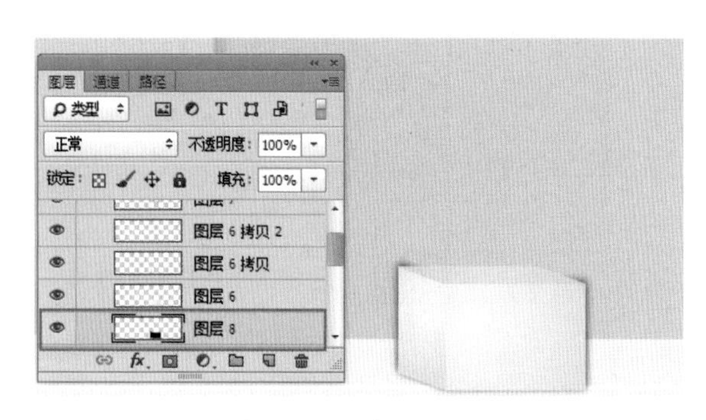

图 12-16 高斯模糊　　图 12-17 模糊后

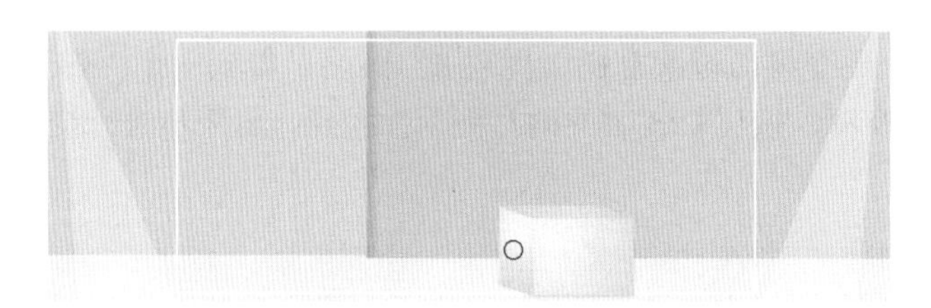

图 12-18 擦除

步骤09 新建一个图层，使用（多边形套索工具）绘制一个封闭选区，将其填充为黑色，再设置“不透明度”为 4%，效果如图 12-19 所示。

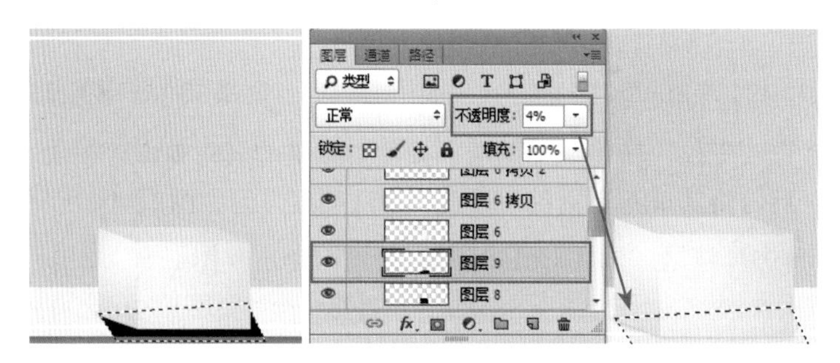

图 12-19 绘制选区并填充

步骤10 按 Ctrl+D 键去掉选区，按住 Alt 键的同时使用（移动工具）将“立方体”图层组向上拖曳，复制一个图层，如图 12-20 所示。

步骤11 展开“立方体拷贝”组，删除多余图层，使用（多边形套索工具）绘制一个封闭选区，删除选区内的像素，如图 12-21 所示。

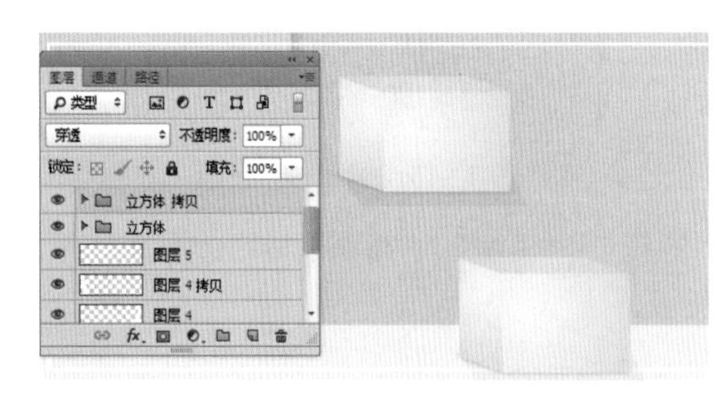

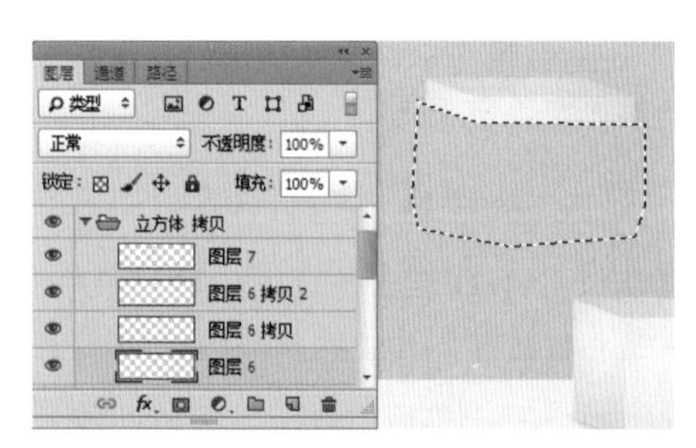

图 12-20 复制　　图 12-21 删除

步骤12 选择“立方体拷贝”组，按 Ctrl+T 键调出变换框，将图像缩小，如图 12-22 所示。

步骤13 按 Enter 键完成变换，在“立方体拷贝”组中新建一个图层，使用▭（矩形工具）绘制一个黑色矩形，设置“不透明度”为 31%，如图 12-23 所示。

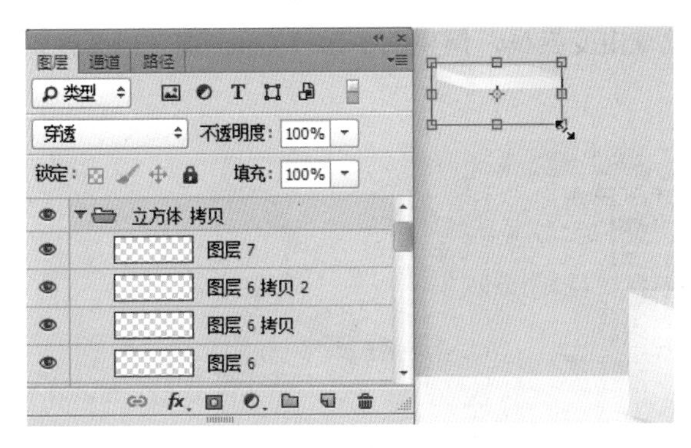

图 12-22 变换

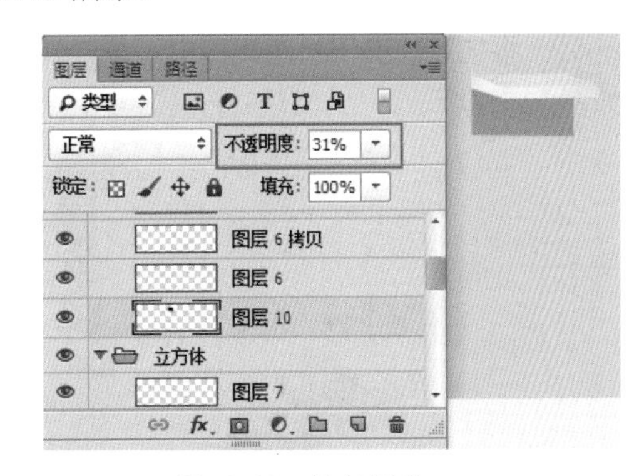

图 12-23 绘制矩形

步骤14 单击▣（添加图层蒙版）按钮，为“图层 10”图层添加一个图层蒙版，使用▣（渐变工具）填充从黑色到白色的“线性渐变”，效果如图 12-24 所示。

步骤15 新建一个图层，使用▭（矩形工具）绘制一个黑色矩形，执行菜单中的“滤镜”|“模糊”|“高斯模糊”命令，打开“高斯模糊”对话框，设置“半径”为 5，设置完成单击“确定”按钮，设置“不透明度”为 15%，效果如图 12-25 所示。

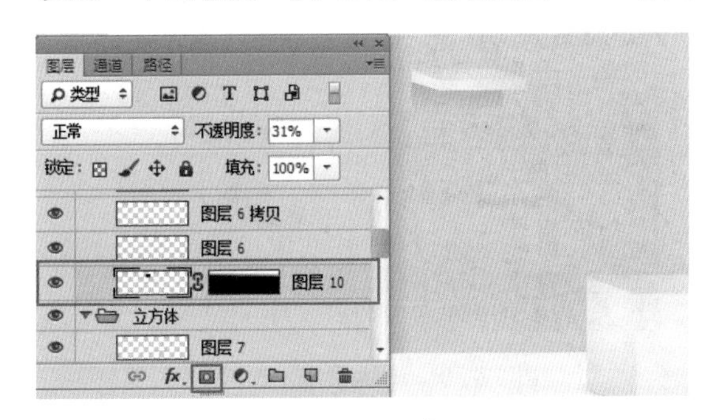

图 12-24 编辑蒙版

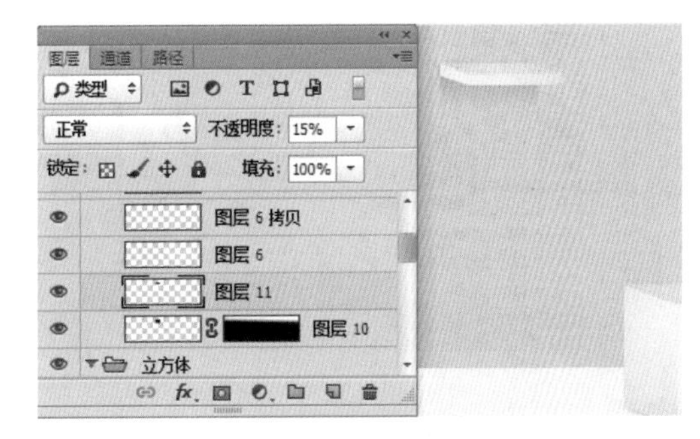

图 12-25 模糊后

步骤16 复制“立方体拷贝”组得到“立方体拷贝 2”组，将其移动位置，此时立方体部分制作完成，效果如图 12-26 所示。

图 12-26 复制

3. 鞋子区域制作

步骤01 执行菜单中的“文件”|“打开”命令或按 Ctrl+O 键，打开随书附带的“素材文件\第 12 章\拖鞋 .jpg”文件，使用（魔术橡皮擦工具）去掉鞋子背景，如图 12-27 所示。

步骤02 将拖鞋拖曳到新建文档中，按 Ctrl+T 键调出变换框，调整大小后按 Enter 键完成变换，如图 12-28 所示。

图 12-27　素材

图 12-28　移入

步骤03 复制一个拖鞋副本，执行菜单中的“编辑”|“变换”|“垂直翻转”命令，将其进行垂直翻转，如图 12-29 所示。

步骤04 单击（添加图层蒙版）按钮，为翻转鞋子所在图层添加一个图层蒙版，使用（渐变工具）填充从黑色到白色的“线性渐变”，效果如图 12-30 所示。

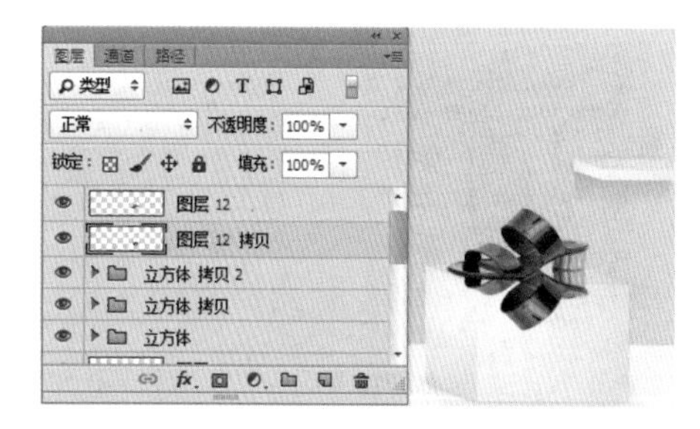

图 12-29　翻转

图 12-30　编辑蒙版

步骤05 选择鞋子所在的“图层 12”图层，执行菜单中的“图层”|“图层样式”|“投影”命令，打开“投影”面板，其中的参数设置如图 12-31 所示。

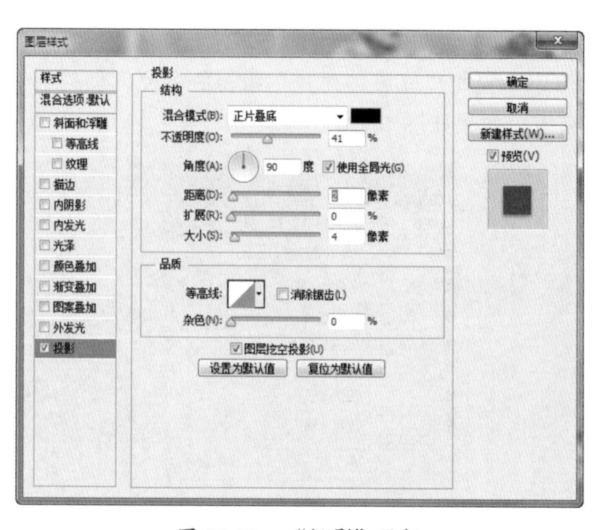

图 12-31　“投影”面板

步骤06 设置完成单击“确定”按钮，再执行菜单中的“图层”|“图层样式”|“创建图层”命令，将投影分离，使用（橡皮擦工具）擦除多余区域，效果如图 12-32 所示。

步骤07 选择鞋子对应的图层，按 Ctrl+G 键将其编组，将组命名为“鞋子”，复制“鞋子”组，得到两个副本，将其移动到另两个平台上，将其缩小和水平翻转，此时鞋子区域制作完成，效果如图 12-33 所示。

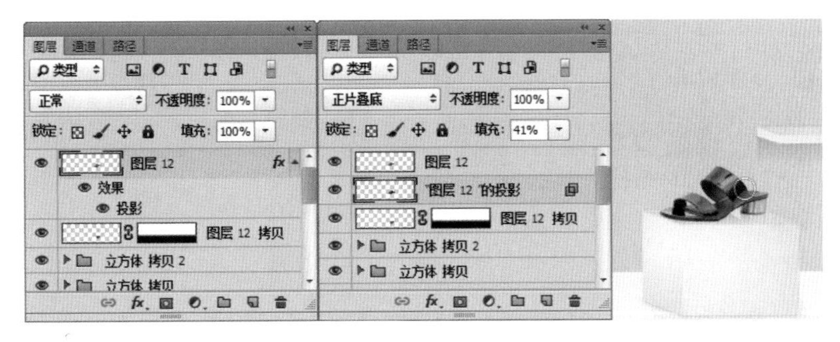

图 12-32 擦除投影

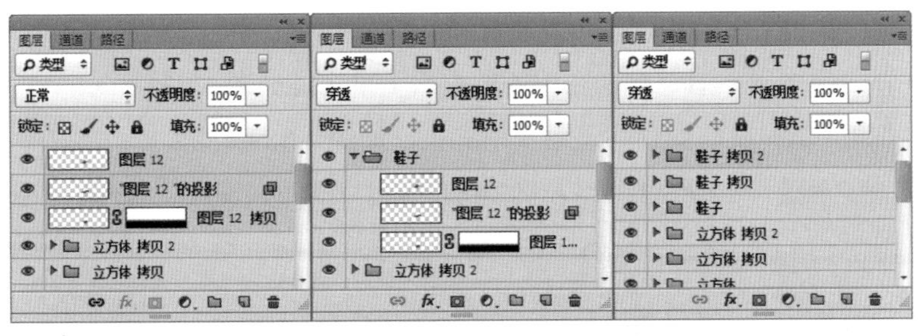

图 12-33 鞋子

4. 其他区域制作

步骤01 使用 (自定形状工具) 和 (矩形工具) 绘制形状和矩形，使用 T (横排文字工具) 输入文字，效果如图 12-34 所示。

图 12-34 绘制图形和输入文字

步骤02 执行菜单中“文件”|“打开”命令或按 Ctrl+O 键，打开随书附带的“素材文件\第 12 章\模特 .png” 文件，如图 12-35 所示。

步骤03 使用 (移动工具) 将素材中的人物拖曳到新建文档中，然后调整大小和位置，如图 12-36 所示。

图 12-35　素材

图 12-36　移入

步骤 04 单击 （创建新的填充或调整图层）按钮，在弹出的菜单中选择“色相 / 饱和度”命令，在打开的“色相 / 饱和度”属性调整面板中，单击 （此调整剪切到此图层）按钮，选择“调整范围”为洋红，如图 12-37 所示。

步骤 05 选择 （习惯工具）后，将其在人物的衣服上单击，如图 12-38 所示。

步骤 06 调整“色相 / 饱和度”属性调整面板中参数，如图 12-39 所示。

图 12-37　色相 / 饱和度

图 12-38　单击衣服

图 12-39　调整参数

步骤 07 至此本例制作完成，效果如图 12-40 所示。

图 12-40　最终效果

实例 102　电影海报

实例思路

本次的电影海报是一款科幻类型的海报，背景中以夜空和爆炸效果及爆炸碎片来展现科幻效果，主角中的飞碟以爆炸中飞出的感觉来产生画面的动感，单色的文字加入了爆炸和飞碟元素，使其更加具有科幻感，本例中只需以图层之间的“混合模式”“不透明度”结合图层样式和剪贴蒙版来制作效果，流程如图 12-41 所示。

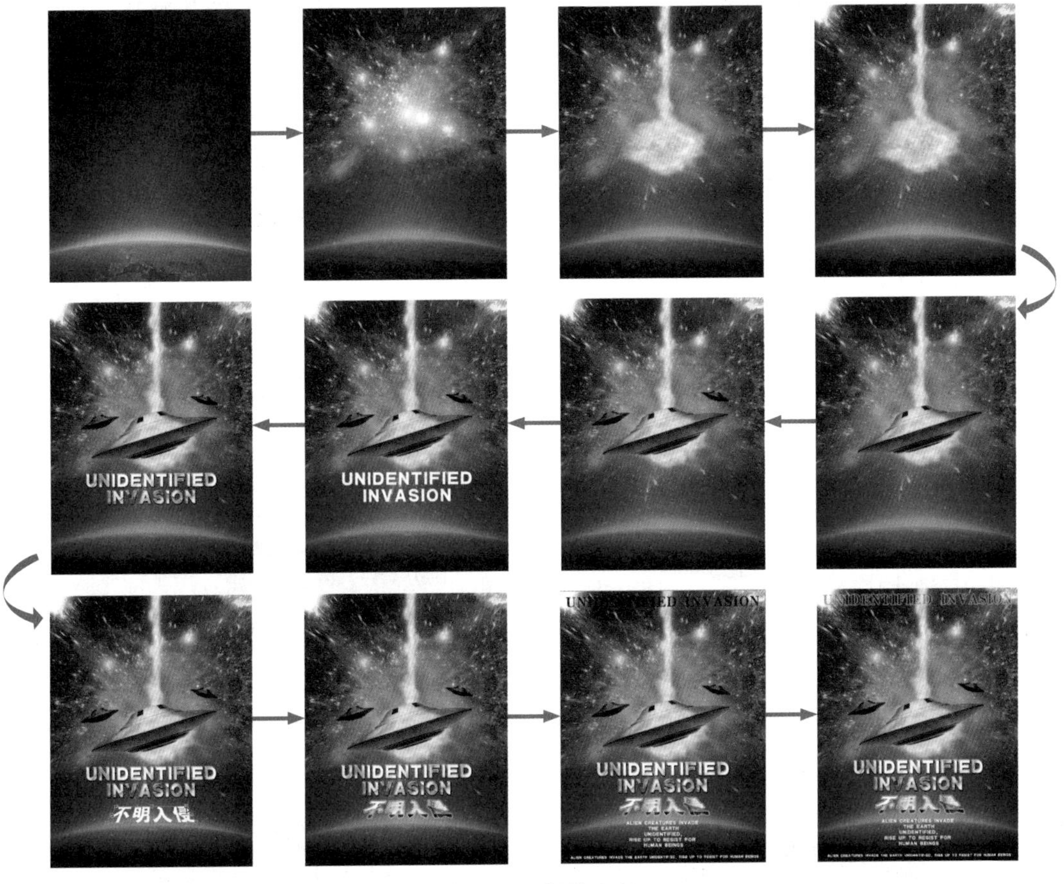

图 12-41　操作流程

实例要点

- 新建文档
- 打开并移入素材
- 设置“混合模式”为“变亮、颜色减淡和线性加深”
- 复制图层
- 创建剪贴蒙版
- 输入美术文字
- 应用“斜面和浮雕、外发光”图层样式

操作步骤

步骤 01 执行菜单中的“文件”|“新建”命令或按 Ctrl+N 键，新建一个“宽度”为 20 厘米、“高度”为 26 厘米、“分辨率”为 150 像素 / 英寸的空白文档，再执行菜单中的“文件”|“打开”命令或按 Ctrl+O 键，打开随书附带的“素材文件 \ 第 12 章 \ 夜空 .png”文件，使用（移动工具）将素材中的图像拖曳到新建文档中，如图 12-42 所示。

步骤 02 执行菜单中的“文件”|“打开”命令或按 Ctrl+O 键，打开随书附带的“素材文件 \ 第 12 章 \ 星空 .jpg”文件，使用（移动工具）将素材中的图像拖曳到新建文档中，如图 12-43 所示。

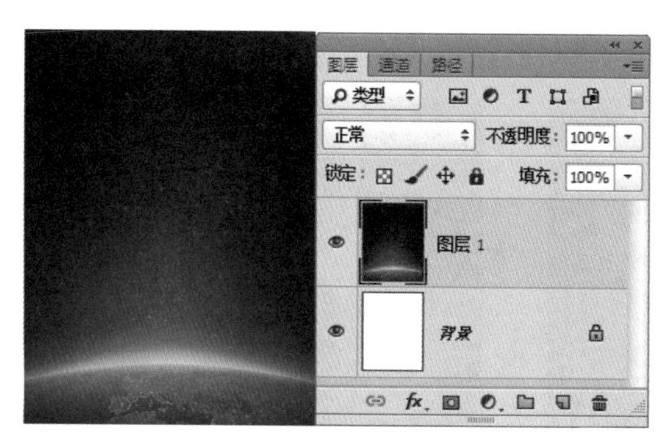

图 12-42 新建文档并移入素材

图 12-43 移入素材

步骤03 单击（添加图层蒙版）按钮，为图层创建一个图层蒙版，使用（渐变工具）填充从黑色到白色的“线性渐变”，设置“混合模式”为“变亮”，效果如图 12-44 所示。

图 12-44 编辑蒙版

步骤04 新建一个“图层 3”图层，将其填充为黑色，单击（添加图层蒙版）按钮，为图层创建一个图层蒙版，使用（渐变工具）填充从黑色到白色的“线性渐变”，如图 12-45 所示。

步骤05 执行菜单中的“文件”|“打开”命令或按 Ctrl+O 键，打开随书附带的“素材文件 \ 第 12 章 .png\ 爆炸”文件，使用（移动工具）将素材中的图像拖曳到新建文档中，如图 12-46 所示。

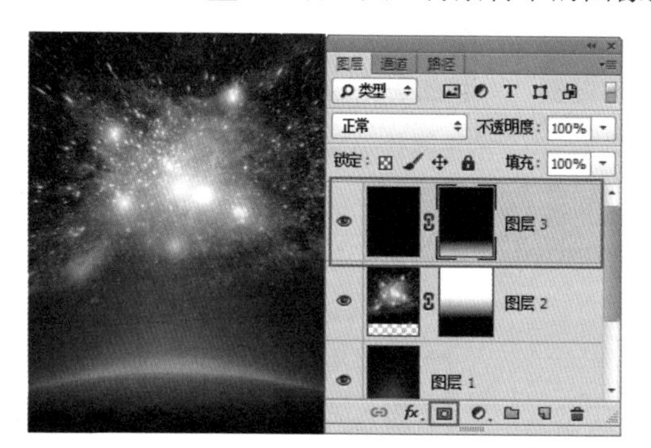

图 12-45 新建图层并编辑蒙版

图 12-46 移入素材

步骤06 执行菜单中的“图层”|“图层样式”|“外发光”命令，打开“外发光”面板，其中的参数设置如图 12-47 所示。

步骤07 设置完成单击“确定”按钮，效果如图 12-48 所示。

步骤08 按 Ctrl+J 键复制一个图层，将其移动到右上角处，设置“混合模式”为“颜色减淡”，效果如图 12-49 所示。

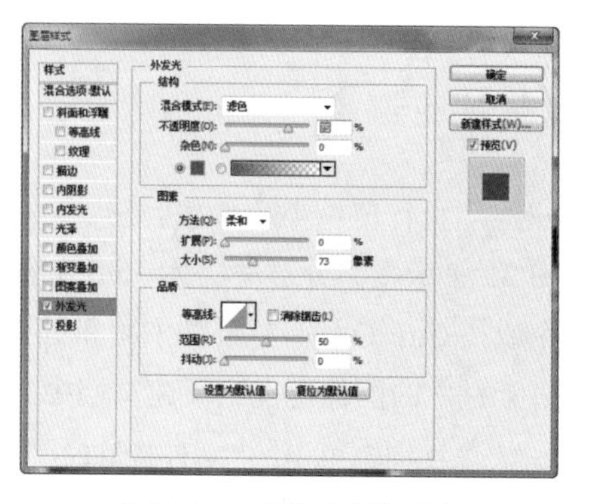

图 12-47 “外发光”面板

图 12-48 添加外发光

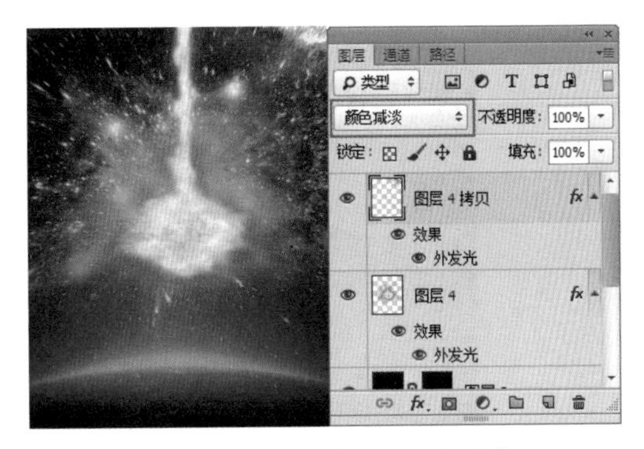

图 12-49 复制并设置混合模式

步骤09 执行菜单中的“文件”|“打开”命令或按 Ctrl+O 键，打开随书附带的“素材文件 \ 第 12 章 \ 爆炸 2.png”文件，使用 (移动工具）将素材中的图像拖曳到新建文档中，将位置调整到左上角处，设置“混合模式”为“颜色减淡”，效果如图 12-50 所示。

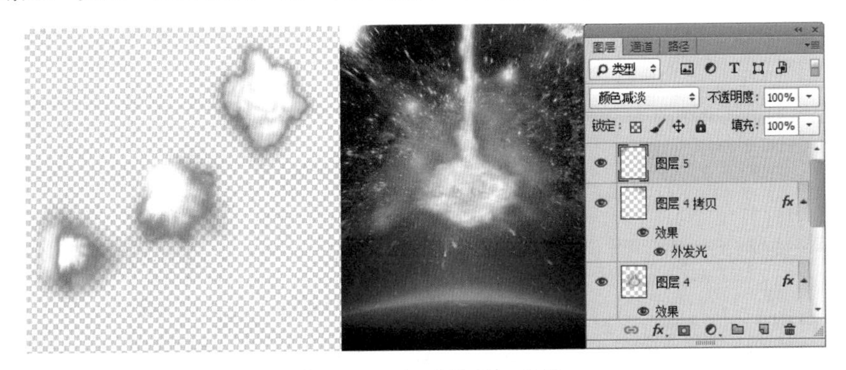

图 12-50 打开并移入素材

步骤10 执行菜单中的“文件”|“打开”命令或按 Ctrl+O 键，打开随书附带的“素材文件 \ 第 12 章 \ 飞碟 .png”文件，使用 (移动工具）将素材中的图像拖曳到新建文档中，设置“混合模式”为“线性加深”，如图 12-51 所示。

步骤11 按 Ctrl+J 键复制“图层 6”图层，得到一个“图层 6”拷贝图层，设置“混合模式”为“正常”、“不透明度”为 50%，如图 12-52 所示。

图 12-51 移入

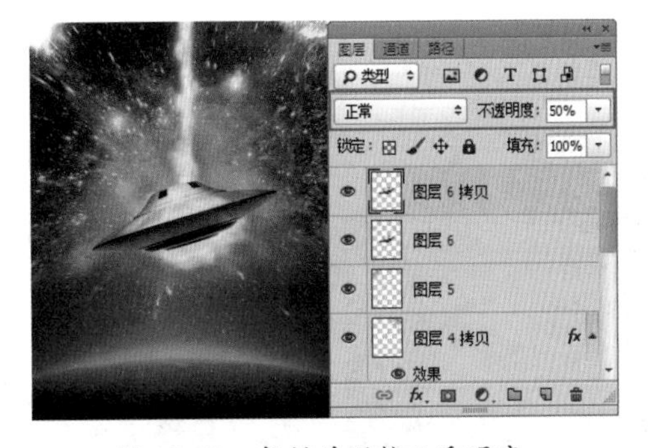

图 12-52 复制并调整不透明度

步骤12 再复制“图层 2”图层，得到两个复制图层，分别调整大小和位置，效果如图 12-53 所示。

步骤13 使用 T（横排文字工具）在图像的中下部输入白色文字，如图 12-54 所示。

图 12-53 复制并调整大小

图 12-54 输入文字

步骤14 执行菜单中的“图层”|“图层样式”|“斜面和浮雕”命令，打开“斜面和浮雕”面板，其中的参数设置如图 12-55 所示。

步骤15 设置完成单击“确定”按钮，效果如图 12-56 所示。

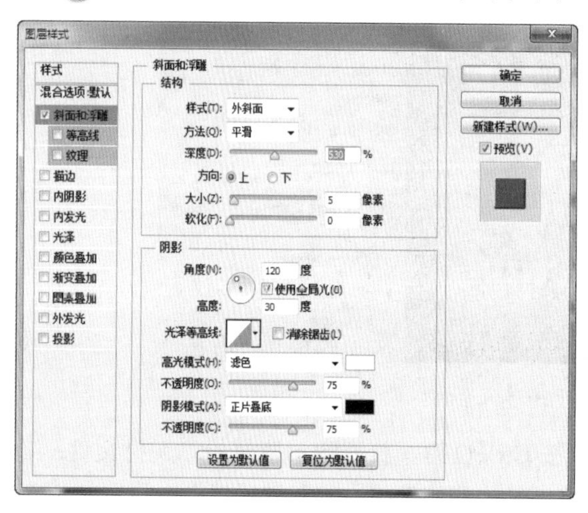

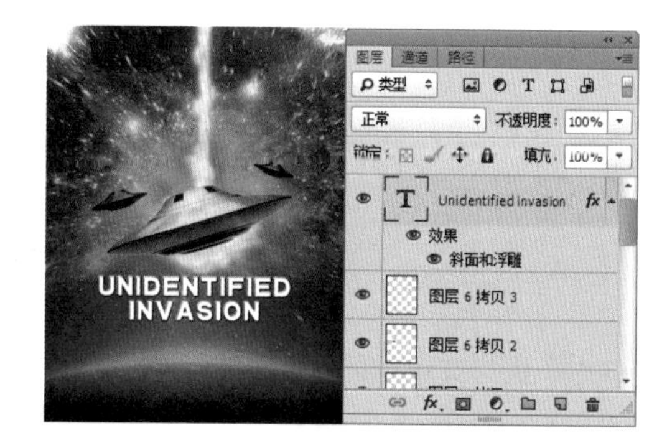

图 12-55 “斜面和浮雕”面板

图 12-56 设置斜面和浮雕后

步骤16 复制“图层 5”图层，得到一个“图层 5 拷贝”图层，将其拖曳到文字图层的上方，执行菜单中的“图层”|“创建剪贴蒙版”命令，效果如图 12-57 所示。

步骤17 复制“图层 6”图层，得到一个“图层 6 拷贝”图层，将其拖曳到最顶层，执行菜单中的“图层”|“创建剪贴蒙版”命令，效果如图 12-58 所示。

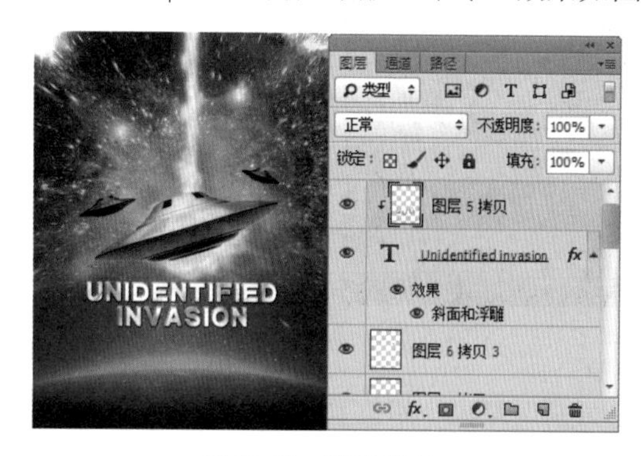

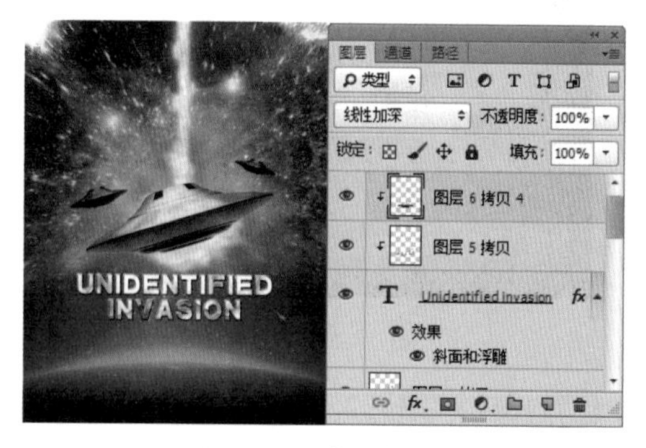

图 12-57 剪贴蒙版

图 12-58 剪贴蒙版

步骤18 使用 T.（横排文字工具）在图像中的文字下方输入白色文字，执行菜单中的“图层”|“栅格化”|“文字”命令，将文字图层变为普通图层，如图 12-59 所示。

步骤19 按 Ctrl+T 键调出变换框，按住 Ctrl 键的同时调整控制点，对文字进行变换，效果如图 12-60 所示。

图 12-59 输入文字并栅格化　　图 12-60 变换

步骤20 按 Enter 键完成变换，执行菜单中的“图层”|“图层样式”|“外发光”命令，打开“外发光”面板，其中的参数设置如图 12-61 所示。

步骤21 设置完成单击“确定”按钮，效果如图 12-62 所示。

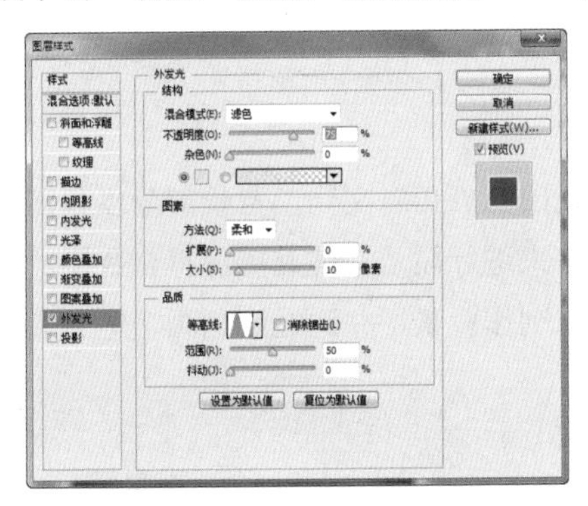

图 12-61 “外发光”面板　　图 12-62 设置外发光后

步骤22 使用与制作英文文字剪贴蒙版的方法，来为中文文字创建剪贴蒙版，效果如图 12-63 所示。

步骤23 使用 T.（横排文字工具）在文档中输入文字，效果如图 12-64 所示。

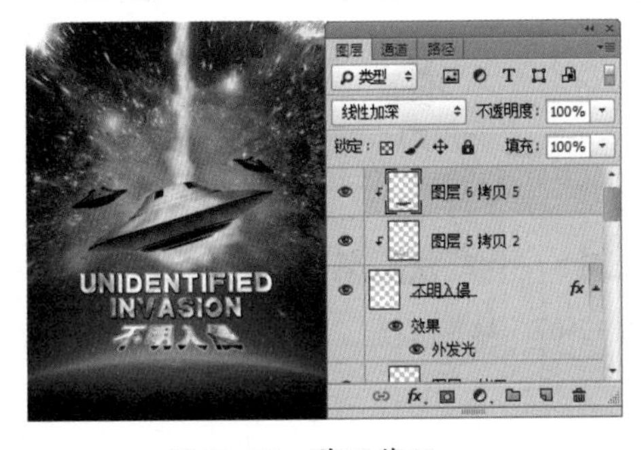

图 12-63 剪贴蒙版　　图 12-64 输入文字

步骤24 选择顶部的黑色文字图层，执行菜单中的“图层”|“图层样式”|“外发光”命令，打开“外发光”面板，其中的参数值设置如图 12-65 所示。

步骤25 设置完成单击“确定”按钮，然后设置“填充”为50%，至此本例制作完成，效果如图12-66所示。

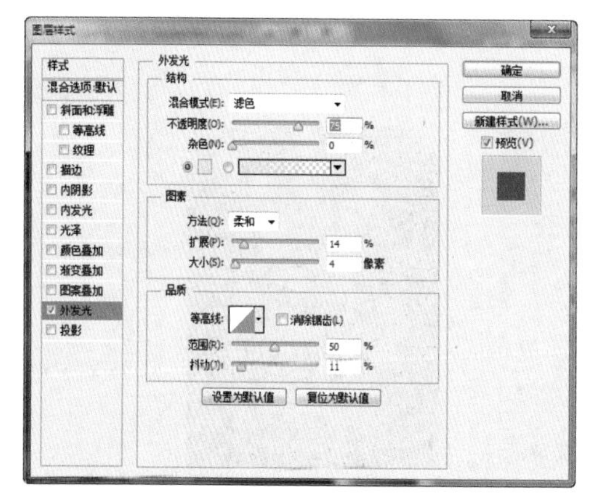

图 12-65 “外发光”面板

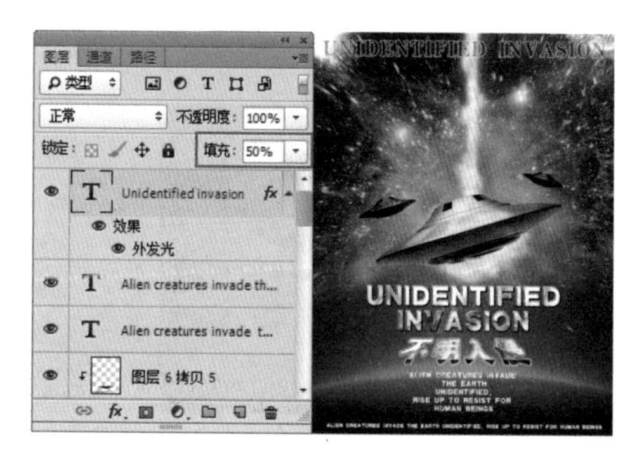

图 12-66 最终效果

实例 103 文化海报

实例思路

本例中的文化海报所要表示的内容是我国的“礼”文化，背景部分以我国的水墨画、古建筑组成，主体部分以墨点笔触结合书法文字来进行显示，使其更加符合我国的文化，案例的制作主要以图层的“混合模式”和调整图层来制作背景，并通过绘制画笔笔触和输入文字来制作主体部分和修饰部分，流程如图12-67所示。

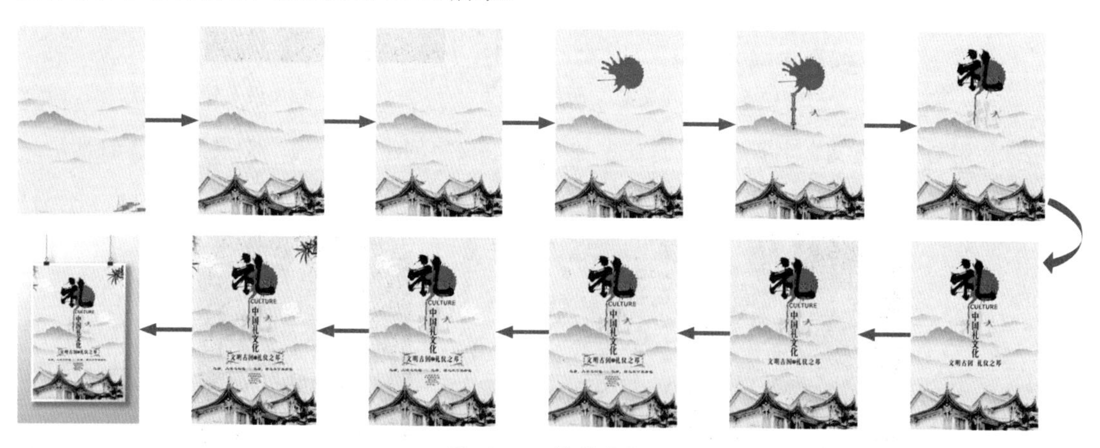

图 12-67 操作流程

实例要点

- 新建文档
- 应用“便条纸”滤镜
- 新建图层并调整“不透明度”
- 移入素材并设置“混合模式”为“变暗、

颜色加深”

- 新建“黑白”调整图层
- 绘制画笔笔触
- 输入文字
- 移入素材及应用“去色”命令

操作步骤

步骤 01 执行菜单中的“文件”|“新建”命令或按 Ctrl+N 键，新建一个“宽度”为 25 厘米、“高度”为 36 厘米、“分辨率”为 150 像素 / 英寸的空白文档，执行菜单中的“滤镜”|“滤镜库”命令，打开“滤镜库”对话框，选择“素描”|“便条纸”滤镜，此时变为“便条纸”对话框，设置“图像平衡”为 30、“粒度”为 4、“凸现”为 14，如图 12-68 所示。

步骤 02 设置完成单击“确定”按钮，效果如图 12-69 所示。

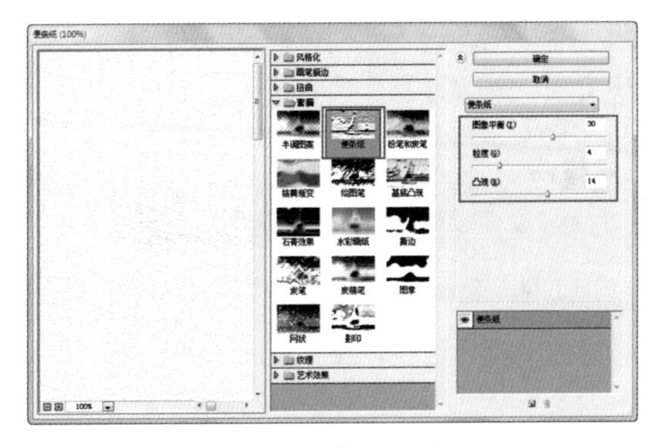

图 12-68 “便条纸”对话框　　图 12-69 应用便条纸后

步骤 03 新建一个“图层 1”图层，将其填充为黑色，设置“不透明度”为 5%，效果如图 12-70 所示。

步骤 04 执行菜单中的“文件”|“打开”命令或按 Ctrl+O 键，打开随书附带的“素材文件 \ 第 12 章 \ 水墨画 .jpg”文件，使用（移动工具）将素材中的图像拖曳到新建文档中，设置“混合模式”为“变暗”，效果如图 12-71 所示。

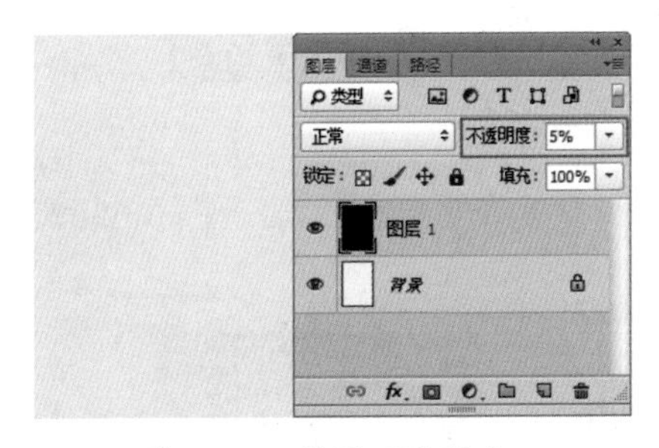

图 12-70 设置不透明度

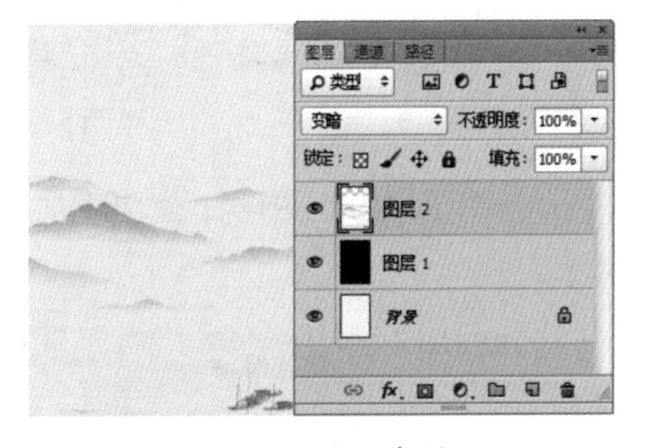

图 12-71 移入素材

步骤 05 执行菜单中的“文件”|“打开”命令或按 Ctrl+O 键，打开随书附带的“素材文件 \ 第 12 章 \ 古建筑 .jpg”文件，使用（移动工具）将素材中的图像拖曳到新建文档中，设置“混合模式”为“颜色加深”，效果如图 12-72 所示。

步骤 06 单击（添加图层蒙版）按钮，为“图层 3”图层创建一个图层蒙版，使用（画笔工具）绘制黑色笔触来编辑图层蒙版，效果如图 12-73 所示。

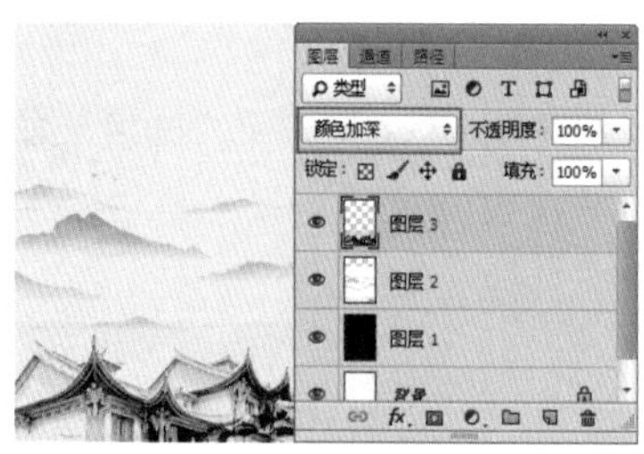

图 12-72　移入素材　　　　图 12-73　编辑蒙版

步骤07 单击 (创建新的填充或调整图层)按钮，在弹出的菜单中选择“黑白”命令，在打开的“黑白”属性调整面板中，设置各项参数，再设置“不透明度”为 63%，如图 12-74 所示。

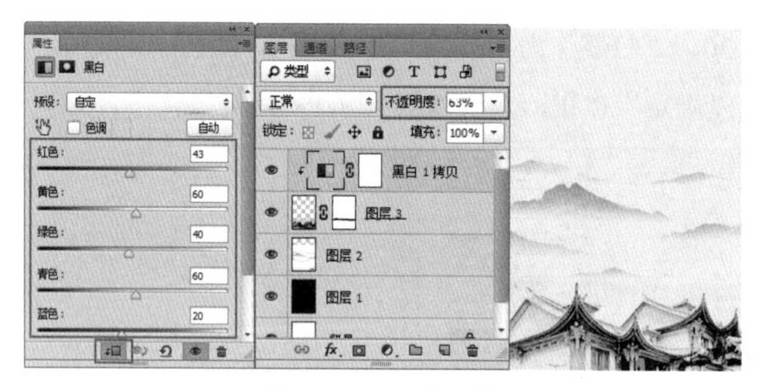

图 12-74　黑白调整

步骤08 新建一个“图层 4”图层，将前景色设置为红色，使用 （画笔工具）在页面中绘制一个墨点笔触，如图 12-75 所示。

图 12-75　绘制画笔

步骤09 新建一个“图层 5”图层，使用 （画笔工具）在页面中绘制一个红色蜻蜓笔触，如图 12-76 所示。

图 12-76　绘制蜻蜓

步骤10 新建一个“图层 6”图层，使用（画笔工具）在页面中绘制一个红色墨迹笔触，如图 12-77 所示。

图 12-77 绘制墨迹笔触

步骤11 按 Ctrl+T 键调出变换框，拖动控制点，将墨迹进行变换，如图 12-78 所示。

步骤12 按 Enter 键完成变换，使用（横排文字工具）输入一个书法字体的文字“礼”，再输入青色的文字“文化”，如图 12-79 所示。

图 12-78 变换

图 12-79 输入文字

步骤13 选择“礼”图层，按 Ctrl+J 键复制一个图层，向下移动后调整“不透明度”为 11%，效果如图 12-80 所示。

步骤14 再输入英文 CULTURE，将其放置到红色墨点的下方，再使用（直排文字工具）输入文字，在“字符”面板中调整参数，如图 12-81 所示。

步骤15 使用（横排文字工具）输入文字“文明古国 礼仪之邦”，如图 12-82 所示。

图 12-80 复制

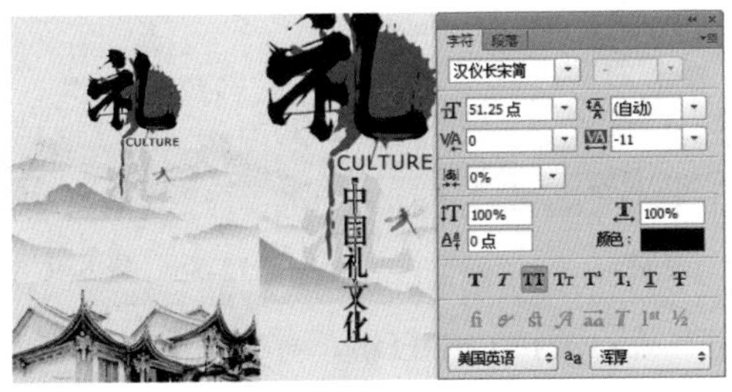

图 12-81 输入直排文字

图 12-82 输入文字

步骤16 新建一个“图层 7”图层，使用（自定形状工具）绘制黑色“花 1 边框”形状。新建一个“图层 8”图层，再使用（椭圆工具）在“花 1 边框”形状中绘制一个黑色正圆，效果如图 12-83 所示。

图 12-83　绘制

步骤17 新建一个“图层 9”图层，使用（画笔工具）在页面中绘制一个黑色花纹笔触，如图 12-84 所示。

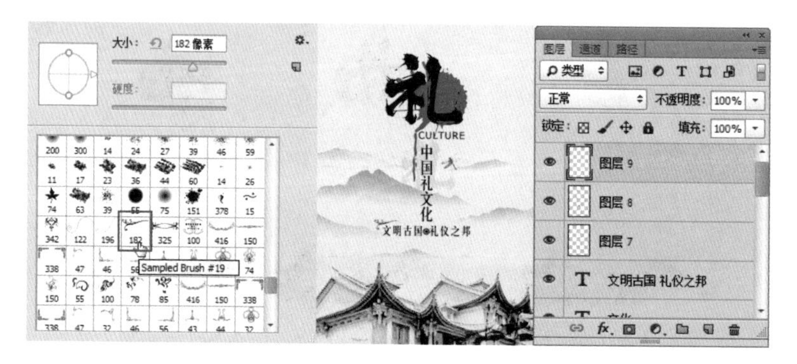

图 12-84　绘制笔触

步骤18 将“图层 9”图层复制 3 个，通过“水平翻转”和“垂直翻转”命令，将花纹进行变换调整，如图 12-85 所示。

步骤19 使用（横排文字工具）在下半部分输入文字，如图 12-86 所示。

图 12-85　变换　　　　图 12-86　输入文字

步骤20 执行菜单中的“文件”|“打开”命令或按 Ctrl+O 键，打开随书附带的“素材文件 \ 第 12 章 \ 祥云 .png”文件，使用（移动工具）将素材中的图像拖曳到新建文档中，设置“混合模式”

为“颜色减淡”，效果如图 12-87 所示。

步骤21 将祥云所在图层复制 3 个，移动到合适的位置，再调整其中的两个祥云大小，效果如图 12-88 所示。

图 12-87 移入素材

图 12-88 调整大小和位置

步骤22 执行菜单中的“文件”|“打开”命令或按 Ctrl+O 键，打开随书附带的“素材文件\第 12 章\竹叶 .png”文件，使用（移动工具）将素材中的图像拖曳到新建文档中，按 Shift+Ctrl+U 键去掉颜色，效果如图 12-89 所示。

图 12-89 移入素材

步骤23 按 Ctrl+J 键复制一个图层，执行菜单中的“编辑”|“变换”|“水平翻转”命令，将复制图层中的图像翻转后移动到左上角，至此本例制作完成，效果如图 12-90 所示。

步骤24 打开一个“展板”素材，将制作完成的文化海报移入到文档中，效果如图 12-91 所示。

图 12-90 水平翻转后效果

图 12-91 最终效果

习题答案

第1章

1. B	2. C	3. A	4. B	5. D

第2章

1. A	2. B	3. ACD	4. B	5. A

第3章

1. B	2. C	3. D	4. B	5. B

第4章

1. B	2. B	3. A	4. ABC

第5章

1. A	2. A	3. CD	4. AC

第6章

1. BC	2. B	3. D	4. D

第7章

1. C	2. AB	3. AD	4. ABCD
5. AC	6. AB	7. AD	8. C

第8章

1. ABC	2. B	3. C	4. B